灵境蓝图

明日科技 编著

C#
开发手册

基础·案例·应用

U0299026

全国百佳图书出版单位

化学工业出版社

·北 京·

内容简介

《C# 开发手册：基础·案例·应用》是"计算机科学与技术手册系列"图书之一，该系列图书内容全面，以理论联系实际、能学到并做到为宗旨，以技术为核心，以案例为辅助，引领读者全面学习基础技术、代码编写方法和具体应用项目，旨在为想要进入相应领域或者已经在该领域深耕多年的技术人员提供新而全的技术性内容及案例。

本书是侧重编程基础＋实践的 C# 程序开发图书，为了保证读者可以学以致用，在实践方面循序渐进地进行了 3 个层次的讲解：基础知识实践、进阶案例实践和综合应用实践。本书全面介绍了使用 C# 进行窗体程序开发的必备知识，以帮助读者快速掌握 C# 开发的技能，拓宽职场的道路。本书通过各种示例将学习与应用相结合，打造轻松学习、零压力学习的环境，通过案例对所学知识进行综合应用，通过开发实际项目将 C# 开发的各项技能应用到实际工作中。

本书提供丰富的资源，包含实例 87 个、实战练习 20 个、案例 12 个、项目 2 个，力求为读者打造一本基础＋案例＋应用一体化的、精彩的 C# 开发实例图书。

本书不仅适合初学者、编程爱好者、准备毕业设计的学生、参加实习的程序员，而且适合初中级程序开发人员以及程序测试和维护人员使用。

图书在版编目（CIP）数据

C#开发手册：基础·案例·应用/明日科技编著.
一北京：化学工业出版社，2022.1
ISBN 978-7-122-40197-7

Ⅰ.①C…　Ⅱ.①明…　Ⅲ.①C 语言－程序设计－手册
Ⅳ.①TP312.8-62

中国版本图书馆 CIP 数据核字（2021）第 219598 号

责任编辑：周　红
文字编辑：林　丹　师明远
责任校对：张雨彤
装帧设计：尹琳琳

出版发行：化学工业出版社
　　　　　（北京市东城区青年湖南街13号　邮政编码100011）
印　　装：大厂聚鑫印刷有限责任公司
880mm×1230mm　1/16　印张28　字数812千字
2022年2月北京第1版第1次印刷

购书咨询：010-64518888
售后服务：010-64518899
网　　址：http://www.cip.com.cn
凡购买本书，如有缺损质量问题，本社销售中心负责调换。

定　　价：128.00元

前言

从工业 4.0 到"十四五"规划，我国信息时代正式踏上新的阶梯，电子设备已经普及，在人们的日常生活中随处可见。信息社会给人们带来了极大的便利，信息捕获、信息处理分析等在各个行业得到普遍应用，推动整个社会向前稳固发展。

计算机设备和信息数据的相互融合，对各个行业来说都是一次非常大的进步，已经渗入到工业、农业、商业、军事等领域，同时其相关应用产业也得到一定发展。就目前来看，各类编程语言的发展、人工智能相关算法的应用、大数据时代的数据处理和分析都是计算机科学领域各大高校、各个企业在不断攻关的难题，是挑战也是机遇。因此，我们策划编写了"计算机科学与技术手册系列"图书，旨在为想要进入相应领域的初学者或者已经在该领域深耕多年的从业者提供新而全的技术性内容，以及丰富、典型的实战案例。

本书从初学者的角度出发，为想要学习 C# 程序开发、想要进行 Windows 窗体开发的初中级开发人员、编程爱好者、大学师生精心策划。所讲内容从技术应用的角度出发，结合实际应用深入浅出地循序渐进。

本书内容

全书共分为 32 章，主要通过"基础篇（18 章）+ 案例篇（12 章）+ 应用篇（2 章）"3 大维度一体化的讲解方式，具体的知识结构如下图所示。

本书特色

1. 突出重点、学以致用

书中每个知识点都结合了简单易懂的示例代码以及非常详细的注释信息，力求读者能够快速理解所学知识，提高学习效率，缩短学习路径。

2. 提升思维、综合运用

本书以知识点综合运用的方式，带领读者学习各种趣味性较强的应用案例，让读者不断提升编写 C# 程序的思维，还可以快速提升对知识点的综合运用能力，让读者能够回顾以往所学的知识点，并结合新的知识点进行综合应用。

3. 综合技术、实际项目

本书在应用篇中提供了两个贴近实际应用的项目，力求通过实际应用使读者更容易地掌握 C# 技术与对应业务的需求。两个项目都是根据实际开发经验总结而来，包含了在实际开发中所遇到的各种问题。项目结构清晰、扩展性强，读者可根据个人需求进行扩展开发。

4. 精彩栏目、贴心提示

本书根据实际学习的需要，设置了"注意""说明""指点迷津"等许多贴心的小栏目，辅助读者轻松理解所学知识，规避编程陷阱。

本书由明日科技的 .NET 开发团队策划并组织编写，主要编写人员有王小科、李菁菁、张鑫、何平、申小琦、赵宁、周佳星、李磊、王国辉、高春艳、李再天、赛奎春、葛忠月、李春林、宋万勇、张宝华、杨丽、刘媛媛、庞凤、谭畅、依莹莹等。在编写本书的过程中，我们本着科学、严谨的态度，力求精益求精，但疏漏之处在所难免，敬请广大读者批评斧正。

感谢您阅读本书，希望本书能成为您编程路上的领航者。

祝您读书快乐！

编著者

如何使用本书

本书资源下载及在线交流服务

方法1：使用微信立体学习系统获取配套资源。用手机微信扫描下方二维码，根据提示关注"易读书坊"公众号，选择您需要的资源或服务，点击获取。微信立体学习系统提供的资源和服务包括：

- ♺ 视 频 讲 解：**快速掌握编程技巧**
- ♺ 源 码 下 载：**全书代码一键下载**
- ♺ 配 套 答 案：**自主检测学习效果**
- ♺ 闯 关 练 习：**在线答题巩固学习**
- ♺ 拓 展 资 源：**术语解释指令速查**

扫码享受
全方位沉浸式学 C#

 操作步骤指南 | ①微信扫描本书二维码。②根据提示关注"易读书坊"公众号。
③选取您需要的资源，点击获取。④如需重复使用可再次扫码。

方法2：推荐加入 QQ 群：162973740（若此群已满，请根据提示加入相应的群），可在线交流学习，作者会不定时在线答疑解惑。

方法3：使用学习码获取配套资源。

（1）激活学习码，下载本书配套的资源。

第一步：刮开后勒口的"在线学习码"（如图1所示），用手机扫描二维码（如图2所示），进入如图3所示的登录页面。单击图3页面中的"立即注册"成为明日学院会员。

第二步：登录后，进入如图4所示的激活页面，在"激活图书 VIP 会员"后输入后勒口的学习码，单击"立即激活"，成为本书的"图书 VIP 会员"，专享明日学院为您提供的有关本书的服务。

第三步：学习码激活成功后，还可以查看您的激活记录，如果您需要下载本书的资源，请单击如图5所示的云盘资源地址，输入密码后即可完成下载。

图1　在线学习码

图2　手机扫描二维码

图3　扫码后弹出的登录页面

图4　输入图书激活码

图5　学习码激活成功页面

（2）打开下载到的资源包，找到源码资源。本书共计 32 章，源码文件夹主要包括：实例源码、案例源码、项目源码，具体文件夹结构如下图所示。

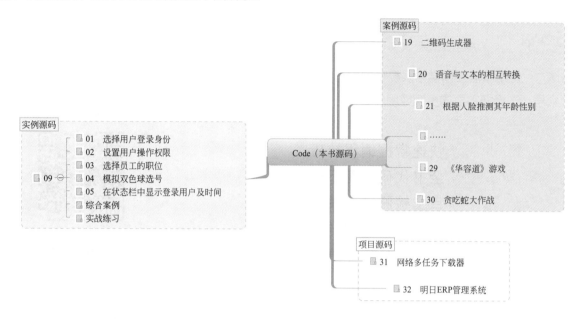

（3）使用开发环境（如 Visual Studion 2019）打开实例或项目所对应 .sln 文件，运行即可。

本书约定

本书推荐系统及开发工具		
系统（Win7、Win11 兼容）	Visual Studio 2019（2022、2017、2015 等兼容）	SQL Server 2019（2017、2016、2014、2012 等兼容）
![Windows 10]	![Visual Studio]	![Microsoft SQL Server]
本书用到的第三方组件			
Baidu.AI	Spire.PDF	Spire.Doc	ffmpeg
![Baidu 大脑]	![Spire.PDF for .NET]	![Spire.Doc for .NET]	![FFmpeg]

读者服务

为方便解决读者在学习本书过程中遇到的疑难问题及获取更多图书配套资源，我们在明日学院网站为您提供了社区服务和配套学习服务支持。此外，我们还提供了读者服务邮箱及售后服务电话等，如图书有质量问题，可以及时联系我们，我们将竭诚为您服务 。

读者服务邮箱：mingrisoft@mingrisoft.com

售后服务电话：4006751066

目录

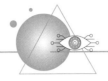

第 3 章　流程控制

第 4 章　字符与字符串

第5章　数组与集合

第6章　面向对象编程基础

第 7 章　面向对象核心技术

第 8 章　Windows 编程基础

第 9 章　Windows 控件的使用

第 10 章　ADO.NET 数据访问技术

第 11 章 LINQ 编程

第 12 章 文件流

第 13 章 GDI+ 绘图

第 14 章　网络编程

第 15 章　多线程编程

第 16 章　程序调试与异常处理

第 17 章　注册表应用

第 18 章　系统打包部署

第 2 篇　案例篇

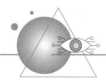

第 19 章　二维码生成器——C#+ZXing.Net 组件实现

第 20 章　语音与文本的相互转换——Baidu.AI+ffmpeg 多媒体框架实现

第 21 章　根据人脸推测其年龄性别——C#+Baidu.AI 框架 + 人脸识别技术实现

第 22 章　AI 图像识别工具——Baidu.AI 框架 + 图像识别技术 + 文字识别技术实现

第 23 章　从文档中提取所有图片——Sprie.PDF 组件 + 文件流 +Image 图片类实现

第 24 章　为图片批量添加水印——C#+GDI+ 绘图技术实现

第25章　语音计算器——系统 API 函数 +INI 文件读写 + 语音播放技术实现

第26章　Word 与 PDF 转换工具——C# + Spire.PDF 组件 + Spire.Doc 组件实现

第27章　EXE 文件加密器——WMI+ 文件流 + 注册表 + 异或加密算法实现

第28章　365 桌面提醒器——多线程 + 数据库 + 注册表技术实现

第29章 《华容道》游戏——C#+ 鼠标键盘处理技术实现

第30章 贪吃蛇大作战——C#+GDI+ 技术 + 键盘处理实现

第3篇 应用篇

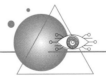

第31章 网络多任务下载器——C#+Thread 多线程 + 断点续传技术实现

第 32 章 明日 ERP 管理系统——WinForm+SQL Server+ 事务处理技术实现

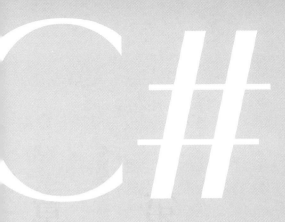

C#

开发手册

基础·案例·应用

第1篇
基础篇

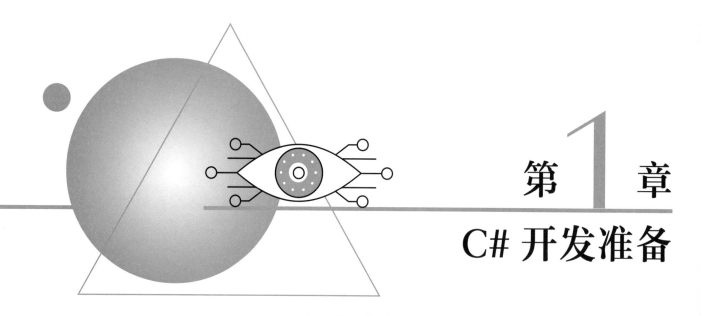

第 1 章

C# 开发准备

　　C# 是微软公司推出的一种语法简洁、类型安全的面向对象的编程语言，开发人员可以通过它编写在 .NET 平台上运行的各种安全可靠的应用程序。本书涉及的程序都是通过 Visual Studio 2019 开发环境编译的，它也是目前开发 C# 应用程序最好的工具。另外，本章还讲解了如何使用 Visual Studio 2019 开发环境编写一个简单的 C# 程序，并对 C# 程序的结构进行了详细分析，为后期的程序开发打下一个良好的基础。

　　本章知识架构如下：

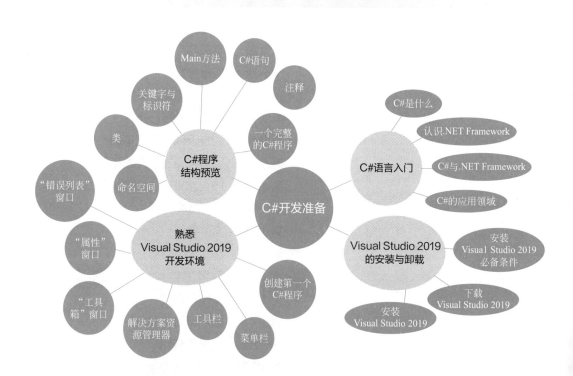

1.1 C# 语言入门

1.1.1 C# 是什么

C# 是微软公司在 2000 年 6 月发布的一种编程语言，主要由 Anders Hejlsberg（Delphi 和 Turbo Pascal 语言的设计者）主持开发，它主要是微软公司为配合 .NET 战略推出的一种全新的编程语言。

C# 语言的主要特点如下：

① 语法简洁：不允许直接操作内存，去掉了指针操作。

② 彻底地面向对象设计：C# 具有面向对象语言所应有的一切特性——封装、继承和多态。

③ 与 Web 紧密结合：C# 支持绝大多数的 Web 标准，例如 HTML、XML、SOAP 等。

④ 强大的安全性机制：可以消除软件开发中常见的错误（如语法错误），.NET 提供的垃圾回收器能够帮助开发者有效地管理内存资源。

⑤ 兼容性：因为 C# 遵循 .NET 的公共语言规范（CLS），从而保证能够与其他语言开发的组件兼容。

⑥ 完善的错误、异常处理机制：C# 提供了完善的错误和异常处理机制，使程序在交付应用时能够更加健壮。

1.1.2 认识 .NET Framework

.NET Framework 又称 .NET 框架，它是微软公司推出的完全面向对象的软件开发与运行平台，它有两个主要组件，分别是公共语言运行库（Common Language Runtime, CLR）和类库，如图 1.1 所示。

下面分别对 .NET Framework 的两个主要组成部分进行介绍。

① 公共语言运行库：公共语言运行库（CLR）负责管理和执行由 .NET 编译器编译产生的中间语言代码（.NET 程序执行原理如图 1.2 所示）。在公共语言运行库中包含两部分内容，分别为 CLS 和 CTS，其中，CLS 表示公共语言规范，它是许多应用程序所需的一套基本语言功能；而 CTS 表示通用类型系统，它定义了可以在中间语言中使用的预定义数据类型，所有面向 .NET Framework 的语言都可以生成最终基于这些类型的编译代码。

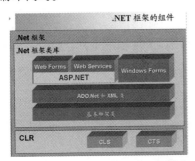

图 1.1 .NET Framework 的组成

图 1.2 .NET 程序执行原理

📑 **说明**

> 中间语言（IL 或 MSIL，Microsoft Intermediate Language）是使用 C# 或者 VB.NET 编写的软件，只有在软件运行时，.NET 编译器才将中间代码编译成计算机可以直接读取的数据。

② 类库：类库里有很多编译好的类，可以拿来直接使用。例如，进行多线程操作时，可以直接使用类库里的 Thread 类；进行文件操作时，可以直接使用类库中的 IO 类等。

1.1.3 C# 与 .NET Framework

.NET Framework 是微软公司推出的一个全新的开发平台，而 C# 是专门为与微软公司的 .NET Framework 一起使用而设计的一种编程语言，在 .NET Framework 平台上开发时，可以使用多种开发语言，比如 C#、VB.NET、VC++.NET、F# 等，而 C# 只是其中的一种。

说明

> 运行使用 C# 开发的程序时，必须安装 .NET Framework，.NET Framework 可以随 Visual Studio 2019 开发环境一起安装到计算机上，也可以到 https://dotnet.microsoft.com/download/dotnet-framework 网站下载单独的安装文件进行安装。

1.1.4 C# 的应用领域

C# 几乎可用于所有领域，如便携式计算机、手机或者网站等，其应用领域主要包括：游戏软件开发、桌面应用系统开发、智能手机程序开发、多媒体系统开发、网络系统开发、操作系统平台开发、Web 应用开发。

1.2 Visual Studio 2019 的安装与卸载

Visual Studio 2019 是微软为了配合 .NET 战略推出的 IDE 开发环境，同时也是目前开发 C# 程序最新的工具，本节将对 Visual Studio 2019 的安装与卸载进行详细讲解。

说明

> 截止到当前，Visual Studio 已经推出了 2022 版本，但现在还是预览版，所以为了稳定性，本书采用了 Visual Studio 2019，但本书中的程序兼容 Visual Studio 2022。

1.2.1 安装 Visual Studio 2019 必备条件

安装 Visual Studio 2019 之前，首先要了解安装 Visual Studio 2019 所需的条件，检查计算机的软硬件配置是否满足 Visual Studio 2019 开发环境的安装要求，具体要求如表 1.1 所示。

表 1.1 **安装 Visual Studio 2019 所需的条件**

名称	说明
处理器	至少 2.0 GHz 双核处理器，建议使用 2.0 GHz 双核处理器
RAM	至少 4GB，建议使用 8GB 内存
可用硬盘空间	系统盘上最少需要 10GB 的可用空间（典型安装需要 20~50GB 可用空间）
操作系统及所需补丁	Windows 7（SP1）、Windows 8.1、Windows Server 2012 R2（x64）、Windows Server 2016、Windows Server 2019、Windows 10；另外建议使用 64 位

1.2.2 下载 Visual Studio 2019

这里以 Visual Studio 2019 社区版的安装为例讲解具体的下载及安装步骤，下载地址为：https://www.visualstudio.com/zh-hans/downloads/，在浏览器中输入该地址后，可以看到如图 1.3 所示的页面，单击

"Community"（社区）下面的"免费下载"按钮即可。

1.2.3 安装 Visual Studio 2019

安装 Visual Studio 2019 社区版的步骤如下：

① Visual Studio 2019 社区版的安装文件是 exe 可执行文件，其命名格式为"vs_community_ 编译版本号 .exe"，本书中下载的是安装文件名为 vs_community_1782859289.1611536897.exe 的文件，双击该文件开始安装。

② 程序首先跳转到如图 1.4 所示的 Visual Studio 2019 安装程序界面，在该界面中单击"继续"按钮。

图 1.3 下载 Visual Studio 2019

图 1.4 Visual Studio 2019 安装程序界面

③ 等待程序加载完成后，自动跳转到安装选择项界面，如图 1.5 所示，在该界面中主要将".NET 桌面开发"和"ASP.NET 和 Web 开发"这两个复选框选中，至于其他的复选框，读者可以根据自己的开发需要确定是否选择安装；选择完要安装的功能后，在下面"位置"处选择要安装的路径，这里建议不要安装在系统盘上，可以选择一个其他磁盘进行安装。设置完成后，单击"安装"按钮。

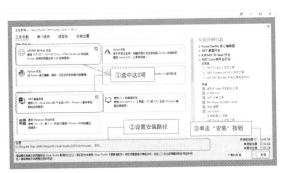

图 1.5 Visual Studio 2019 安装选择项界面

图 1.6 Visual Studio 2019 安装进度界面

⚡ 注意

在安装 Visual Studio 2019 开发环境时，计算机一定要确保处于联网状态，否则无法正常安装。

④ 跳转到如图 1.6 所示的安装进度界面，该界面显示当前的安装进度。

⑤ 等待安装后，自动进入安装完成页，关闭即可。

⑥ 在系统的"开始"菜单中，单击 Visual Studio 2019 菜单启动 Visual Studio 2019 开发环境，如图 1.7 所示。

图 1.7 系统开始菜单中的 Visual Studio 2019 菜单

如果是第一次启动 Visual Studio 2019，会出现如图 1.8 所示的提示框，直接单击"以后再说。"超链接，即可进入 Visual Studio 2019 开发环境的开始使用界面。

Visual Studio 2019 开发环境的开始使用界面如图 1.9 所示。

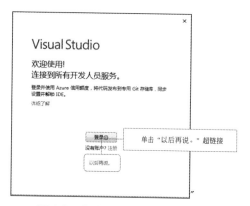

图 1.8　启动 Visual Studio 2019

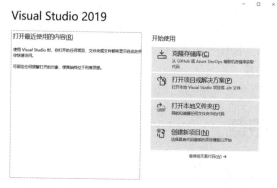

图 1.9　Visual Studio 2019 开始使用界面

1.3　熟悉 Visual Studio 2019 开发环境

1.3.1　创建第一个 C# 程序

初期学习 C# 语法和面向对象编程主要在 Windows 控制台应用程序环境下完成，下面将按步骤介绍控制台应用程序的创建过程。

在大多数编程语言中，编写的第一个程序通常都是输出"Hello World"，这里将使用 Visual Studio 2019 和 C# 语言来编写这个程序。首先看一下使用 Visual Studio 2019 开发 C# 程序的基本步骤，如图 1.10 所示。

图 1.10　使用 Visual Studio 2019 开发 C# 程序的基本步骤

通过图 1.10 中的 3 个步骤，开发人员即可很方便地创建并运行一个 C# 程序，例如，使用 Visual Studio 2019 在控制台中创建"Hello World"程序并运行，具体开发步骤如下。

① 在系统的开始菜单列表中找到 Visual Studio 2019，单击即可进入 Visual Studio 2019 开发环境开始页，单击"创建新项目"选项，如图 1.11 所示。

② 进入"创建新项目"页面，在右侧选择"控制台应用 (.NET Framework)"，单击"下一步"按钮，如图 1.12 所示。

图 1.11　单击"创建新项目"选项　　　　图 1.12　"创建新项目"页面

说明

> 在图 1.12 中选择 "Windows 窗体应用 (.NET Framework)",即可创建 Windows 窗体程序。

③ 进入 "配置新项目" 页面,在该页面中输入程序名称,并选择保存路径和使用的 .NET Framework 版本,然后单击 "创建" 按钮,即可创建一个控制台应用程序,如图 1.13 所示。

说明

> 图 1.13 中的 "位置" 可以设置为计算机上的任意路径。

④ 按照图 1.13 中的步骤创建一个控制台应用程序。

⑤ 控制台应用程序创建完成后,会自动打开 Program. cs 文件,在该文件的 Main 方法中输入如下代码:

图 1.13 "配置新项目" 对话框

```
01    static void Main(string[] args)              //Main 方法,程序的主入口方法
02    {
03        Console.WriteLine("Hello World");          // 输出 "Hello World"
04        Console.ReadLine();                        // 定位控制台窗体
05    }
```

单击 Visual Studio 2019 开发环境工具栏中 ▶ 启动 图标按钮,运行该程序,效果如图 1.14 所示。

1.3.2 菜单栏

菜单栏显示了所有可用的 Visual Studio 2019 命令,除了 "文件" "编辑" "视图" "窗口" 和 "帮助" 菜单之外,还提供编程专用的功能菜单,如 "项目" "生成" "调试" "工具" 和 "测试" 等,如图 1.15 所示。

图 1.14 输出 "Hello World"

图 1.15 Visual Studio 2019 菜单栏

每个菜单项中都包含若干个菜单命令,分别执行不同的操作,例如,"调试" 菜单包括调试程序的各种命令,如 "开始调试" "开始执行 (不调试) (H)" 和 "新建断点 (B)" 等,如图 1.16 所示。

1.3.3 工具栏

为了操作更方便、快捷,菜单项中常用的命令按功能分组分别放入相应的工具栏中。通过工具栏可以快速地访问常用的菜单命令。常用的工具栏有标准工具栏和调试工具栏,下面分别介绍。

① 标准工具栏包括大多数常用的命令按钮,如新建项目、打开文件、保存、全部保存等。标准工具栏如图 1.17 所示。

图 1.16 "调试" 菜单

图 1.17　Visual Studio 2019 标准工具栏

② 调试工具栏包括对应用程序进行调试的快捷按钮，如图 1.18 所示。

📋 说明

> 在调试程序或运行程序的过程中，通常可用以下 4 种快捷键来操作。
> a. 按下"F5"快捷键实现调试运行程序；
> b. 按下"Ctrl+F5"快捷键实现不调试运行程序；
> c. 按下"F11"快捷键实现逐语句调试程序；
> d. 按下"F10"快捷键实现逐过程调试程序。

1.3.4　解决方案资源管理器

解决方案资源管理器（如图 1.19 所示）提供了项目及文件的视图，并且提供对项目和文件相关命令的便捷访问。与此窗口关联的工具栏提供了适用于列表中突出显示项的常用命令。若要访问解决方案资源管理器，可以选择"视图"→"解决方案资源管理器"菜单打开。

图 1.18　Visual Studio 2019 调试工具栏

图 1.19　解决方案资源管理器

1.3.5　"工具箱"窗口

工具箱是 Visual Studio 2019 的重要工具，每一个开发人员都必须对这个工具非常熟悉。工具箱提供了进行 C# 程序开发所需的控件。通过工具箱，开发人员可以方便地进行可视化的窗体设计，简化程序设计的工作量，提高工作效率。根据控件功能的不同，将工具箱划分为 10 个栏目，如图 1.20 所示。

📋 说明

> "工具箱"窗口在 Windows 窗体应用程序或者 ASP.NET 网站应用程序才会显示，在控制台应用程序中没有"工具箱"窗口，图 1.20 中显示的是 Windows 窗体应用程序中的"工具箱"窗口。

图 1.20 "工具箱"窗口

图 1.21 展开后的"工具箱"窗口

单击某个栏目，显示该栏目下的所有控件，如图 1.21 所示。当需要某个控件时，可以通过双击所需要的控件直接将控件加载到 Windows 窗体中，也可以先单击选择需要的控件，再将其拖动到 Windows 窗体上。

1.3.6 "属性"窗口

"属性"窗口是 Visual Studio 2019 中另一个重要的工具，该窗口中为 C# 程序的开发提供了简单的属性修改方式。对 Windows 窗体中的各个控件属性都可以由"属性"窗口设置完成。"属性"窗口不仅提供了属性的设置及修改功能，还提供了事件的管理功能。"属性"窗口可以管理控件的事件，方便编程时对事件的处理。

另外，"属性"窗口采用了两种方式管理属性和方法，分别为按分类方式和按字母顺序方式，读者可以根据自己的习惯采用不同的方式。该窗口的下方还有简单的帮助，方便开发人员对控件的属性进行操作和修改，"属性"窗口的左侧是属性名称，相对应的右侧是属性值。"属性"窗口如图 1.22 所示。

图 1.22 "属性"窗口

1.3.7 "错误列表"窗口

"错误列表"窗口为代码中的错误提供了即时的提示和可能的解决方法。例如，当某句代码结束时忘记了输入分号，错误列表中会显示如图 1.23 所示的错误。错误列表就好像一个错误提示器，它可以将程序中的错误代码及时地显示给开发人员，并通过提示信息找到相应的错误代码。

图 1.23 "错误列表"窗口

 说明

双击错误列表中的某项，Visual Studio 2019 开发环境会自动定位到发生错误的代码。

1.4 C# 程序结构预览

前面讲解了如何创建第一个 C# 程序，其完整代码效果如图 1.24 所示。

从图 1.24 中可以看出，一个 C# 程序总体可以分为命名空间、类、关键字、标识符、Main 方法、C# 语句和注释等。本节将分别对 C# 程序的各个组成部分进行讲解。

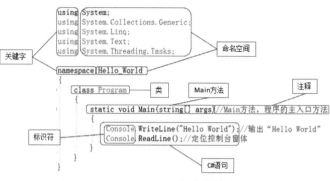

图 1.24　Hello World 程序完整代码效果

1.4.1　命名空间

在 Visual Studio 开发环境中创建项目时，会自动生成一个与项目名称相同的命名空间，如图 1.25 所示。

```
namespace Hello_World
```
图 1.25　自动生成的命名空间

命名空间在 C# 中起到组成程序的作用，在 C# 中定义命名空间时，需要使用 namespace 关键字，其语法如下：

```
namespace 命名空间名
```

📑 **说明**

> 开发人员一般不用自定义命名空间，因为在创建项目或者创建类文件时，Visual Studio 开发环境会自动生成一个命名空间。

如果要调用某个命名空间中的类或者方法，首先需要使用 using 指令引入命名空间，这样，就可以直接使用该命名空间中所包含的成员（包括类及类中的属性、方法等）。

using 指令的基本形式为：

```
using 命名空间名；
```

例如，下面的代码定义一个 Demo 命名空间：

```
namespace Demo  // 自定义一个名称为 Demo 的命名空间
```

定义完命名空间后，如果要使用命名空间中所包含的类，需要使用 using 引用命名空间，例如，下面的代码使用 using 引用 Demo 命名空间：

```
using Demo;  // 引用自定义的 Demo 命名空间
```

📁 **常见错误**

> 如果在使用指定命名空间中的类时没有使用 using 引用命名空间，则会出现如图 1.26 所示的错误提示信息。要改正以上代码，可以直接在命名空间区域使用 using 引用 Demo 命名空间。

图 1.26　没有引用命名空间而使用其中的类时出现的错误

技巧

在使用命名空间中的类时，如果不想用 using 指令引用命名空间，可以在代码中使用命名空间调用其中的类。例如，下面的代码直接使用 Demo 命名空间调用其中的 Operation 类：

```
Demo.Operation oper = new Demo.Operation();    // 创建 Demo 命名空间中 Operation 类的对象
```

1.4.2 类

C# 程序的主要功能代码都是在类中实现的，类是一种数据结构，它可以封装数据成员、方法成员和其他的类。因此，类是 C# 语言的核心和基本构成模块。C# 支持自定义类，使用 C# 编程就是编写自己的类来描述实际需要解决的问题。

使用类之前都必须首先进行声明，一个类一旦被声明，就可以当作一种新的类型来使用，在 C# 中通过使用 class 关键字来声明类，声明语法如下：

```
class  [ 类名 ]
{
       [ 类中的代码 ]
}
```

说明

声明类时，还可以指定类的修饰符和其要继承的基类或者接口等信息，这里只要知道如何声明一个最基本的类即可。

上面的语法中，在命名类的名称时，最好能够体现类的含义或者用途，而且类名一般采用第一个字母大写的名词，也可以采用多个词构成的组合词。

例如，声明一个汽车类，命名为 Car，该类没有任何意义，只演示如何声明一个类，代码如下。

```
01 class Car
02 {
03 }
```

1.4.3 关键字与标识符

（1）关键字

关键字是 C# 语言中已经被赋予特定意义的一些单词，开发程序时，不可以把这些关键字作为命名空间、类、方法或者属性等来使用。大家在 Hello World 程序中看到的 using、namespace、class、static 和 void 等都是关键字。C# 语言中的常用关键字如表 1.2 所示。

表 1.2　C# 常用关键字

int	public	this	finally	bool	abstract
continue	float	long	short	throw	return
break	for	foreach	static	new	interface
if	goto	default	byte	do	case
void	try	switch	else	catch	private
double	protected	while	char	class	using

📁 **常见错误**

如果在开发程序时，使用 C# 中的关键字作为命名空间、类、方法或者属性等的名称，如下面的代码使用 C# 关键字 void 作为类的名称，则会出现如图 1.27 所示的错误提示信息。

```
01 class void
02 {
03 }
```

图 1.27　使用 C# 关键字作为类名时的错误提示信息

（2）标识符

标识符可以简单地理解为一个名字，比如每个人都有自己的名字，它主要用来标识类名、变量名、方法名、属性名、数组名等各种成员。

C# 语言标识符命名规则如下：

① 由任意顺序的字母、下画线（_）和数字组成。

② 第一个字符不能是数字。

③ 不能是 C# 中的保留关键字。

下面是合法的标识符：

```
_ID
name
user_age
```

下面是非法标识符：

```
4word      // 以数字开头
string     //C# 中的关键字
```

⚡ **注意**

C# 中标识符中不能包含 #、% 或者 $ 等特殊字符。

在 C# 语言中，标识符中的字母是严格区分大小写的，两个同样的单词，如果大小写格式不一样，所代表的意义是完全不同的。例如，下面 3 个变量是完全独立、毫无关系的，就像 3 个长得比较像的人，彼此之间都是独立的个体。

```
01 int number=0;      // 全部小写
02 int Number=1;      // 部分大写
03 int NUMBER=2;      // 全部大写
```

📖 **说明**

在 C# 语言中允许使用汉字作为标识符，如 "class 运算类"，在程序运行时并不会出现错误，但建议读者尽量不要使用汉字作为标识符。

1.4.4　Main 方法

在 Visual Studio 开发环境中创建控制台应用程序后，会自动生成一个 Program.cs 文件，该文件有一个默认的 Main 方法，代码如下：

每一个 C# 程序中都必须包含一个 Main 方法，它是类

```
01 class Program
02 {
03     static void Main(string[] args)
04     {
05     }
06 }
```

体中的主方法，也叫入口方法，可以说是激活整个程序的开关。Main 方法从"{"号开始，至"}"号结束。static 和 void 分别是 Main 方法的静态修饰符和返回值修饰符，C# 程序中的 Main 方法必须声明为 static，并且区分大小写。

📁 **常见错误**

如果将 Main 方法前面的 static 关键字删除，则程序会在运行时出现如图 1.28 所示的错误提示信息。

图 1.28　删除 static 关键字时 Main 方法出现的错误提示信息

Main 方法一般都是创建项目时自动生成的，不用开发人员手动编写或者修改，如果需要修改，则需要注意以下 3 个方面：

① Main 方法在类或结构内声明，它必须是静态（static）的，而且不应该是公用（public）的。

② Main 的返回类型有两种：void 或 int。

③ Main 方法可以包含命令行参数 string[] args，也可以不包含。

根据以上 3 个注意事项，可以总结出，Main 方法可以有以下 4 种声明方式：

```
static void Main ( string[ ] args ) {  }
static void Main ( ) {  }
static int Main ( string[ ] args ) {  }
static int Main ( ) {  }
```

✏️ **技巧**

通常 Main 方法中不写具体逻辑代码，只做类实例化和方法调用。好比手机来电话了，只需要按"接通"键就可以通话，而不需要考虑手机通过怎样的信号转换将电磁信号转化成声音。这样的代码简洁明了，容易维护。养成良好的编码习惯，可以让程序员的工作事半功倍。

1.4.5　C# 语句

语句是构造所有 C# 程序的基本单位，使用 C# 语句可以声明变量、常量、调用方法、创建对象或执行任何逻辑操作，C# 语句以分号终止。

例如，在 Hello World 程序中输出"Hello World"字符串和定位控制台的代码就是 C# 语句：

```
01 Console.WriteLine("Hello World");        // 输出"Hello World"
02 Console.ReadLine();                      // 定位控制台窗体
```

上面的代码是两条最基本的 C# 语句，用来在控制台窗口中输出和读取内容，它们都用到了 Console 类。Console 类表示控制台应用程序的标准输入流、输出流和错误流，该类中包含很多的方法，但与输入输出相关的主要有 4 个方法，如表 1.3 所示。

表 1.3　Console 类中与输入输出相关的方法

方法	说明
Read	从标准输入流读取下一个字符
ReadLine	从标准输入流读取下一行字符
Write	将指定的值写入标准输出流
WriteLine	将当前行终止符写入标准输出流

其中，Console.Read 方法和 Console.ReadLine 方法用来从控制台读入，它们的使用区别如下：

↻ Console.Read 方法：返回值为 int 类型，只能记录 int 类型的数据。

↻ Console.ReadLine 方法：返回值为 string 类型，可以将控制台中输入的任何类型数据存储为字符串类型数据。

🖉 技巧

在开发控制台应用程序时，经常使用 Console.Read 方法或者 Console.ReadLine 方法定位控制台窗体。

Console.Write 方法和 Console.WriteLine 方法用来向控制台输出，它们的使用区别如下：

① Console.Write 方法——输出后不换行。

例如，使用 Console.Write 方法输出"Hello World"字符串，代码如下，效果如图 1.29 所示。

```
Console.Write("Hello World");
```

② Console.WriteLine 方法——输出后换行。

例如，使用 Console.WriteLine 方法输出"Hello World"字符串，代码如下，效果如图 1.30 所示。

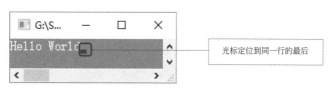

图 1.29　使用 Console.Write 方法输出"Hello World"字符串

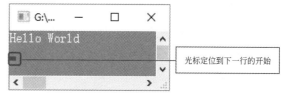

图 1.30　使用 Console.Writeline 方法输出"Hello World"字符串

```
Console.WriteLine("Hello World");
```

⚡ 注意

C# 代码中所有的字母、数字、括号以及标点符号均为英文输入法状态下的半角符号，而不能是中文输入法或者英文输入法状态下的全角符号。例如，图 1.31 为中文输入法的分号引起的错误提示。

1.4.6 注释

注释是在编译程序时不执行的代码或文字，其主要功能是对某行或某段代码进行说明，方便代码的理解与维护，或者在调试程序时，将某行或某段代码设置为无效代码。常用的注释主要有行注释和块注释两种，下面分别进行简单介绍。

图 1.31　中文输入法的分号引起的错误提示

📖 **说明**

> 注释就像是超市中各商品下面的价格标签，对商品的名称、价格、产地等信息进行说明；而程序中，注释的最基本作用就是描述代码的作用，告诉别人该代码要实现什么功能。

（1）行注释

行注释都以 "//" 开头，后面跟注释的内容。例如，在 Hello World 程序中使用行注释，解释每一行代码的作用，代码如下：

```
01 static void Main(string[] args)              //Main 方法，程序的主入口方法
02 {
03     Console.WriteLine("Hello World");         // 输出 "Hello World"
04     Console.ReadLine();                       // 定位控制台窗体
05 }
```

⚡ **注意**

> 注释可以出现在代码的任意位置，但是不能分隔关键字和标识符。例如，下面的代码注释是错误的：

```
static void  // 错误的注释 Main(string[] args)
```

（2）块注释

如果注释的行数较少，一般使用行注释。对于连续多行的大段注释，则使用块注释，块注释通常以 "/*" 开始，以 "*/" 结束，注释的内容放在它们之间。

例如，在 Hello World 程序中使用块注释将输出 "Hello World" 字符串和定位控制台窗体的 C# 语句注释为无效代码，代码如下：

```
01 static void Main(string[] args)              //Main 方法，程序的主入口方法
02 {
03     /* 块注释开始
04     Console.WriteLine("Hello World");         // 输出 "Hello World" 字符串
05     Console.ReadLine();
06     */
07 }
```

🖊 **技巧**

> 　　块注释通常用来为类文件、类或者方法等添加版权、功能等信息,例如,下面的代码使用块注释为 Program.cs 类键添加版权、功能及修改日志等信息。

```
01  /*
02   * 版权所有: 吉林省明日科技有限公司 © 版权所有
03   *
04   * 文件名: Program.cs
05   * 文件功能描述: 类的主程序文件, 主要作为入口
06   *
07   * 创建日期: 2021 年 6 月 1 日
08   * 创建人: 王小科
09   *
10   * 修改标识: 2021 年 6 月 5 日
11   * 修改描述: 增加 Add 方法, 用来计算不同类型数据的和
12   * 修改日期: 2021 年 6 月 5 日
13   *
14   */
15
16  using System;
17  using System.Collections.Generic;
18  using System.Linq;
19  using System.Text;
20
21  namespace Test
22  {
23      class Program
24      {
25      }
26  }
```

1.4.7　一个完整的 C# 程序

实例 1.1

输出名人名言

👁 **实例位置: 资源包 \Code\01\01**

　　按照 1.3.1 节的步骤创建一个控制台应用程序,使用 Console.WriteLine 方法输出小米董事长雷军的经典语录"人因梦想而伟大",完整代码如下:

```
01  using System;
02  using System.Collections.Generic;
03  using System.Linq;
04  using System.Text;
05
06  namespace Test
07  {
08      class Program
09      {
10          static void Main(string[] args)                      //Main 方法, 程序的主入口方法
11          {
12              Console.WriteLine(" 人因梦想而伟大 ");              // 输出文字
13              Console.WriteLine("              ——雷军 ");
14              Console.ReadLine();                              // 固定控制台界面
15          }
16      }
17  }
```

程序运行效果如图 1.32 所示。

图 1.32　输出名人名言

1.5　综合案例——打印美团外卖单据

1.5.1　案例描述

白领们经常在美团上点外卖。如图 1.33 所示就是一位白领点外卖的小票，使用本章所学的知识在控制台中打印一个类似的单据。

图 1.33　美团外卖单据

1.5.2　实现代码

使用 Visual Studio 开发环境创建一个控制台应用程序，然后使用 Console.WriteLine() 方法在控制台中模拟输出美团外卖单据。代码如下：

```
01 static void Main(string[] args)
02 {
03     Console.WriteLine("                               ");
04     Console.WriteLine("        221# 美团外卖           ");
05     Console.WriteLine("                               ");
06     Console.WriteLine("...............................");
07     Console.WriteLine("                               ");
08     Console.WriteLine("   下单时间: 2019-08-28 12:10   ");
09     Console.WriteLine("                               ");
10     Console.WriteLine("          （第一联）           ");
11     Console.WriteLine("                               ");
12     Console.WriteLine("...............................");
13     Console.WriteLine("                               ");
14     Console.WriteLine("          送啥都快             ");
15     Console.WriteLine("          越吃越帅             ");
16     Console.WriteLine("*******************************");
17     Console.WriteLine("_____");
18     Console.WriteLine("                               ");
19     Console.WriteLine("2 只松鼠         数量      价格 ");
20     Console.WriteLine("_____");
21     Console.WriteLine("                               ");
22     Console.WriteLine("麻辣烫（加辣）    *1      30.00 ");
```

```
23    Console.WriteLine(" 可乐              *2        5.00  ");
24    Console.WriteLine(" 餐盒费                      2.00");
25    Console.WriteLine(" 配送费减免                  0.00");
26    Console.WriteLine("_____");
27    Console.WriteLine(" 合计                       37.00");
28    Console.ReadLine();
29 }
```

完成以上操作后，单击 Visual Studio 2019 开发环境工具栏中的 ▶ 启动 图标按钮，即可运行该程序。程序运行结果如图 1.34 所示。

图 1.34　输出美团外卖单据

📖 小结

本章首先对 .NET 及 C# 语言进行了简单介绍，然后通过图文并茂的方式讲解了 Visual Studio 2019 集成开发环境的安装与卸载，并且对 Visual Studio 2019 的菜单栏、工具栏及常用窗口进行了详细的介绍；最后通过一个简单的 C# 程序对 C# 程序的结构进行了详细介绍，在 C# 程序的结构中，读者需要重点掌握命名空间、类以及 C# 语句；另外，本章还介绍了几种常用的代码注释方法，读者可以根据实际情况为自己的代码添加注释，以方便后期的阅读和维护。

1.6　实战练习

使用 Visual Studio 2019 创建 C# 控制台应用程序，然后模拟输出长春市地铁 1 号线运行路线图，如图 1.35 所示。

北环城路　一匡街　胜利公园　解放大路　工农广场　卫星广场　华庆路

庆丰路　长春北站　人民广场　东北师大　繁荣路　市政府　红嘴子

图 1.35　长春市地铁 1 号线运行路线图

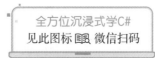

全方位沉浸式学C#
见此图标 🔲 微信扫码

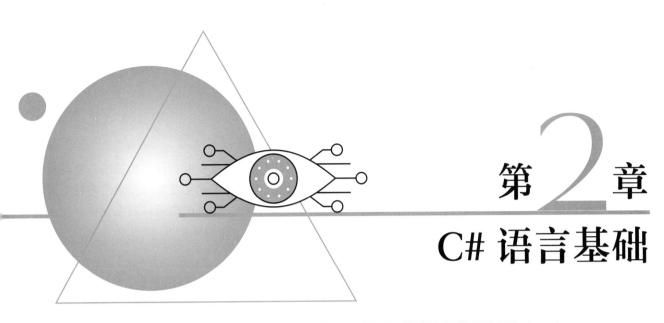

第2章
C# 语言基础

学习任何一门语言都不能一蹴而就，必须遵循一个客观的原则——从基础学起。有了牢固的基础，再进阶学习有一定难度的技术就会很轻松。本章将从初学者的角度考虑，对 C# 程序设计的一些基础知识（比如数据类型、变量、常量、数据类型转换及各种运算符的使用等）进行详细讲解。

本章知识架构如下：

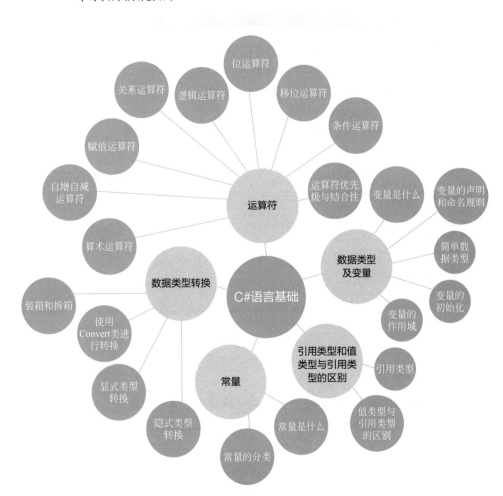

2.1 数据类型及变量

2.1.1 变量是什么

变量主要用来存储特定类型的数据，用户可以根据需要随时改变变量中所存储的数据值。变量具有名称、类型和值，其中，变量名是变量在程序源代码中的标识，类型用来确定变量所代表的内存的大小和类型，变量值是指它所代表的内存块中的数据。在程序执行过程中，变量的值可以发生变化。使用变量之前必须先声明变量，即指定变量的类型和名称。

2.1.2 变量的声明和命名规则

（1）声明变量

声明变量就是指定变量的名称和类型，变量的声明非常重要，未经声明的变量本身并不合法，也无法在程序中使用。在 C# 中，声明一个变量是由一个类型和跟在后面的一个或多个变量名组成的，多个变量之间用逗号分开，声明变量以分号结束，语法如下：

```
变量类型  变量名；                        // 声明一个变量
变量类型  变量名 1，变量名 2，…，变量名 n；    // 同时声明多个变量
```

例如，声明一个整型变量 mr，再同时声明 3 个字符串变量 mr_1、mr_2 和 mr_3，代码如下：

```
01 int mr;                              // 声明一个整型变量
02 string mr_1, mr_2, mr_3;            // 同时声明 3 个字符型变量
```

（2）变量的命名规则

在声明变量时，要注意变量的命名规则。C# 的变量名是一种标识符，应该符合标识符的命名规则。另外，需要注意的一点是：C# 中的变量名是区分大小写的，比如 num 和 Num 是两个不同的变量，在程序中使用时是有区别的。下面列出变量的命名规则：

① 变量名只能由数字、字母和下画线组成。

② 变量名的第一个符号只能是字母和下画线，不能是数字。

③ 不能使用 C# 中的关键字作为变量名。

④ 一旦在一个语句块中定义了一个变量名，那么在变量的作用域内都不能再定义同名的变量。

例如，下面的变量名是正确的：

```
city
_money
money_1
```

下面的变量名是不正确的：

```
123
2word
int
```

📋 说明

> 在 C# 语言中允许使用汉字或其他语言文字作为变量名，如"int 年龄 = 21"，在程序运行时并不出现什么错误，但建议读者尽量不要使用这些语言文字作为变量名。

2.1.3 简单数据类型

前面提到，声明变量时，首先需要确定变量的类型，那么，开发人员可以使用哪些类型呢？实际上，可以使用的变量类型是无限多的，因为开发人员可以通过自定义类型存储各种数据，但这里要讲解的简单数据类型是 C# 中预定义的一些类型。

C# 中的数据类型根据其定义可以分为两种：一种是值类型，另一种是引用类型。从概念上看，值类型是直接存储值，而引用类型存储的是对值的引用。C# 中的数据类型结构如图 2.1 所示。

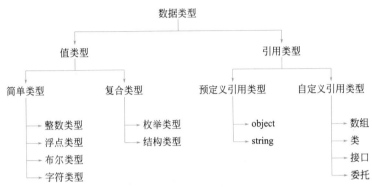

图 2.1　C# 中的数据类型结构

从图 2.1 可以看出，值类型主要包括简单类型和复合类型两种，其中简单类型是程序中使用的最基本类型，主要包括整数类型、浮点类型、布尔类型和字符类型 4 种，下面对简单数据类型进行介绍。

📑 **说明**

> 字符类型的使用将在第 4 章进行详细讲解。

（1）整数类型

整数类型用来存储整数数值，即没有小数部分的数值，可以是正数，也可以是负数。整型数据在 C# 程序中有 3 种表示形式，分别为十进制、八进制和十六进制。

① 十进制：十进制的表现形式大家都很熟悉，如 120、0、-127。

⚡ **注意**

> 不能以 0 作为十进制数的开头（0 除外）。

② 八进制：以 0 开头的数，如 0123（转换成十进制数为 83）、-0123（转换成十进制数为 -83）。

⚡ **注意**

> 八进制必须以 0 开头。

③ 十六进制：以 0x 或 0X 开头的数，如 0x25（转换成十进制数为 37）、0Xb01e（转换成十进制数为 45086）。

⚡ **注意**

> 十六进制必须以 0x 或 0X 开头。

C# 中内置的整数类型如表 2.1 所示。

表 2.1　C# 内置的整数类型

类型	说明（8 位等于 1 字节）	范围
sbyte	8 位有符号整数	−128~127
short	16 位有符号整数	−32768~32767
int	32 位有符号整数	−2147483648~2147483647
long	64 位有符号整数	−9223372036854775808~9223372036854775807
byte	8 位无符号整数	0~255
ushort	16 位无符号整数	0~65535
uint	32 位无符号整数	0~4294967295
ulong	64 位无符号整数	0~18446744073709551615

📋 说明

　　表 2.1 中出现了"有符号 **"和"无符号 **"，其中，"无符号 **"是在"有符号 **"类型的前面加了一个 u，这里的 u 是 unsigned 的缩写。它们的主要区别是："有符号 **"既可以存储正数，也可以存储负数；"无符号 **"只能存放不带符号的整数，因此，它只能存放正数。例如，下面的代码：

```
01 int i = 10;            // 正确
02 int j = -10;           // 正确
03 uint m = 10;           // 正确
04 uint n = -10;          // 错误
```

例如，定义一个 int 类型的变量 i 和一个 byte 类型的变量 j，并分别赋值为 2020 和 255，代码如下：

```
01 int i = 2020;          // 声明一个 int 类型的变量 i
02 byte j = 255;          // 声明一个 byte 类型的变量 j
```

此时，如果将 byte 类型的变量 j 赋值为 256，即将代码修改如下：

```
01 int i = 2020;          // 声明一个 int 类型的变量 i
02 byte j = 256;          // 将 byte 类型变量 j 的值修改为 256
```

图 2.2　取值超出指定类型的范围时出现的错误提示

此时在 Visual Studio 开发环境中编译程序，会出现如图 2.2 所示的错误提示。

分析图 2.2 中出现的错误提示，主要是由于 byte 类型的变量是 8 位无符号整数，它的范围在 0 ～ 255，而 256 这个值已经超出了 byte 类型的范围，所以编译程序会出现错误提示。

📋 说明

　　整数类型变量的默认值为 0。

（2）浮点类型
浮点类型变量主要用于处理含有小数的数据，浮点类型主要包含 float 和 double 两种类型。表 2.2 列出了这两种浮点类型的描述信息。

表 2.2　浮点类型及描述信息

类型	说明	范围
float	精确到 7 位数	$\pm 1.5 \times 10^{-45} \sim \pm 3.4 \times 10^{38}$
double	精确到 15~16 位数	$\pm 5.0 \times 10^{-324} \sim \pm 1.7 \times 10^{308}$

如果不做任何设置，包含小数点的数值都被认为是 double 类型，例如 9.27，没有特别指定的情况下，这个数值是 double 类型。如果要将数值以 float 类型来处理，就应该通过强制使用 f 或 F 将其指定为 float 类型。

例如，下面的代码就是将数值强制指定为 float 类型。

```
01 float theMySum = 9.27f;        // 使用 f 强制指定为 float 类型
02 float theMuSums = 1.12F;       // 使用 F 强制指定为 float 类型
```

如果要将数值强制指定为 double 类型，则应该使用 d 或 D 进行设置，但加不加 "d" 或 "D" 没有硬性规定，可以加也可以不加。

例如，下面的代码就是将数值强制指定为 double 类型。

```
01 double myDou = 927d;           // 使用 d 强制指定为 double 类型
02 double mudou = 112D;           // 使用 D 强制指定为 double 类型
```

⚡ **注意**

①需要使用 float 类型变量时，必须在数值的后面跟随 f 或 F，否则编译器会直接将其作为 double 类型处理；另外，也可以在 double 类型的值前面加上 "(float)"，对其进行强制转换。

②浮点类型变量的默认值是 0，而不是 0.0。

（3）decimal 类型

decimal 类型表示 128 位数据类型，它是一种精度更高的浮点类型，其精度可以达到 28 位，取值范围为 $\pm 1.0 \times 10^{-28} \sim \pm 7.9 \times 10^{28}$。

✎ **技巧**

由于 decimal 类型的高精度特性，它更合适于财务和货币计算。

如果希望一个小数被当成 decimal 类型使用，需要使用后缀 m 或 M，例如：

```
decimal myMoney = 1.12m;
```

如果小数没有后缀 m 或 M，数值将被视为 double 类型，从而导致编译器错误，例如，在开发环境中运行下面的代码：

```
01 static void Main(string[] args)
02 {
03     decimal d = 3.14;
04     Console.WriteLine(d);
05 }
```

将会出现如图 2.3 所示的错误提示。

图 2.3　不加后缀 m 或 M 时，decimal 出现的
错误提示

从图 2.3 可以看出，3.14 这个数如果没有后缀，直接被当成了 double 类型，所以赋值给 decimal 类型的变量时，就会出现错误提示。

（4）布尔（bool）类型

布尔类型主要用来表示 true/false 值，C# 中定义布尔类型时，需要使用 bool 关键字。例如，下面的代码定义一个布尔类型的变量：

```
bool x = true;
```

（目）说明

> 布尔类型通常被用在流程控制语句中作为判断条件。

这里需要注意的是，布尔类型变量的值只能是 true 或者 false，不能将其他的值指定给布尔类型变量，例如，将一个整数 10 赋值给布尔类型变量，这样的代码是错误的：

```
bool x = 10;
```

（目）说明

> 布尔类型变量的默认值为 false。

2.1.4　变量的初始化

变量的初始化实际上就是给变量赋值，以便在程序中使用。初始化变量有 3 种方法，分别是单独初始化变量、声明时初始化变量、同时初始化多个变量等，下面分别进行讲解。

（1）单独初始化变量

在 C# 中，使用赋值运算符"="（等号）对变量进行初始化，即将等号右边的值赋给左边的变量。

例如，声明一个变量 sum，并初始化其默认值为 2020，代码如下：

```
01 int sum;              // 声明一个变量
02 sum = 2020;           // 使用赋值运算符"="给变量赋值
```

（目）说明

> 在对变量进行初始化时，等号右边也可以是一个已经被赋值的变量。例如，首先声明两个变量 sum 和 num，然后将变量 sum 赋值为 2020，最后将变量 sum 赋值给变量 num，代码如下。

```
01 int sum, num;         // 声明两个变量
02 sum = 2020;           // 将变量 sum 初始化为 2020
03 num = sum;            // 将变量 sum 赋值给变量 num
```

（2）声明时初始化变量

声明变量时可以对变量进行初始化，即在每个变量名后面加上给变量赋初始值的指令。

例如，声明一个整型变量 a，并且赋值为 927，然后同时声明 3 个字符串型变量，并初始化，代码如下：

```
01 int mr = 927;                      // 初始化整型变量 mr
02                                     // 初始化字符串变量 mr_1、mr_2 和 mr_3
03 string mr_1 = " 零基础学 ", mr_2 = " 项目入门 ", mr_3 = " 实例精粹 ";
```

（3）同时初始化多个变量

在对多个同类型的变量赋同一个值时，为了节省代码的行数，可以同时对多个变量进行初始化。

```
01 int a, b, c, d, e;
02 a = b = c = d = e = 0;
```

例如，声明 5 个 int 类型的变量 a、b、c、d、e，然后将这 5 个变量都初始化为 0，代码如下：

2.1.5 变量的作用域

由于变量被定义后，只是暂时存储在内存中，等程序执行到某一个点后，该变量会被释放掉，也就是说变量有它的生命周期，因此，变量的作用域是指程序代码能够访问该变量的区域，如果超出该区域，则在编译时会出现错误。在程序中，一般会根据变量的"有效范围"将变量分为"成员变量"和"局部变量"。

（1）成员变量

在类体中定义的变量被称为成员变量，成员变量在整个类中都有效。类的成员变量又可以分为两种，即静态变量和实例变量。

例如，在 Test 类中声明静态变量和实例变量，代码如下：

```
01 class Test
02 {
03     int x = 45;
04     static int y = 90;
05 }
```

其中，x 为实例变量，y 为静态变量（也称类变量）。如果在成员变量的类型前面加上关键字 static，这样的成员变量称为静态变量。静态变量的有效范围可以跨类，甚至可达到整个应用程序之内。对于静态变量，除了能在定义它的类内存取，还能直接以"类名.静态变量"的方式在其他类内使用。

（2）局部变量

在类的方法体中定义的变量（定义方法的"{"与"}"之间的区域）称为局部变量，局部变量只在当前代码块中有效。

在类的方法中声明的变量，包括方法的参数，都属于局部变量。局部变量只有在当前定义的方法内有效，不能用于类的其他方法中。局部变量的生命周期取决于方法，当方法被调用时，C# 编译器为方法中的局部变量分配内存空间，当该方法的调用结束后，则会释放方法中局部变量占用的内存空间，局部变量也将会销毁。

变量的有效范围如图 2.4 所示。

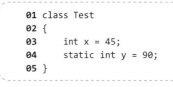

图 2.4 变量的有效范围

 实例 2.1

使用变量记录用户登录名

👁 **实例位置：资源包 \Code\02\01**

创建一个控制台应用程序，使用一个局部变量记录用户的登录名，代码如下：

```
01 static void Main(string[] args)
02 {
03     Console.WriteLine("    欢迎进入明日科技官网 \n\n    请首先输入用户名：");
04     string Name = Console.ReadLine();           // 记录用户的输入
05     Console.WriteLine("    登录用户：" + Name);   // 输出当前登录用户
06     Console.ReadLine();
07 }
```

⊘ **程序运行结果如图 2.5 所示。**

2.2　引用类型和值类型与引用类型的区别

C# 中的数据类型根据其定义可以分为两种：一种是值类型，另一种是引用类型，本节将对引用类型和值类型与引用类型的区别进行详细讲解。

图 2.5　使用一个局部变量记录用户的登录名

2.2.1　引用类型

引用类型是构建 C# 应用程序的主要对象类型数据，在应用程序执行的过程中，预先定义的对象类型以 new 创建对象实例，并且存储在堆中。引用类型具有如下特征：

① 必须在堆中为引用类型变量分配内存。

② 使用 new 关键字创建引用类型变量。

③ 在堆中分配的每个对象都有与之相关联的附加成员，这些成员必须被初始化。

④ 多个引用类型变量可以引用同一对象，这种情况下，对一个变量的操作会影响另一个变量所引用的同一对象。

⑤ 引用类型被赋值前的值都是 null。

C# 中支持两个预定义的引用类型，分别是 object 和 string，下面分别对两个类型进行介绍。

（1）object 类型

object 类是 System.Object 类的别名，在 C# 中，所有类型的基类都是 System.Object 类。由于 object 类型的这个特性，它通常用在以下两个方面：

① 使用 object 类绑定任何子类型的对象，比如，"object o=2;"这句代码就是使用 object 类型存储一个整型类型的值。

② 使用 object 类执行一些通用的方法，object 类的方法如表 2.3 所示。

表 2.3　**object 类的方法**

方法	说明
Equals(Object)	确定指定的 Object 是否等于当前的 Object
Equals(Object, Object)	确定指定的对象实例是否被视为相等
Finalize	允许对象在"垃圾回收"回收之前尝试释放资源并执行其他清理操作
GetHashCode	用作特定类型的哈希函数
GetType	获取当前实例的 Type
MemberwiseClone	创建当前 Object 的浅表副本
ReferenceEquals	确定指定的 Object 实例是否是相同的实例
ToString	返回表示当前对象的字符串

✐ **技巧**

Object 类是比较特殊的类，它是所有类的父类，是 C# 类层中的最高层类，实质上 C# 中任何一个类都是它的子类。由于所有类都是 Object 的子类，因此在定义类时，省略了": Object"关键字，图 2.6 便描述了这一原则。

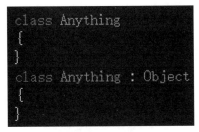

图 2.6　定义类时可以省略 ": Object"
关键字

（2）string 类型

string 类在 C# 中表示字符串，它对应 .NET Framework 公共语言运行库中的 System.String 类，通过该类，一些简单的字符串操作将变得非常简单，比如，有两个字符串 "C#""ASP.NET"，现在要将它们连接在一起，代码如下：

```
01 string str1 = "C#";
02 string str2 = "ASP.NET";
03 string str3 = str1 + str2;
```

2.2.2　值类型与引用类型的区别

从概念上看，值类型直接存储其值，而引用类型存储对其值的引用，这两种类型存储在内存的不同地方。从内存空间上看，值类型是在栈中操作，而引用类型则在堆中分配存储单元。栈在编译的时候就分配好内存空间，在代码中有栈的明确定义；而堆是程序运行中动态分配的内存空间，可以根据程序的运行情况动态地分配内存的大小。因此，值类型总是在内存中占用一个预定义的字节数，而引用类型的变量则在堆中分配一个内存空间，这个内存空间包含的是对另一个内存位置的引用，这个位置是托管堆中的一个地址，即存放此变量实际值的地方。也就是说值类型相当于现金，要用就直接用，而引用类型相当于存折，要用得先去银行取。

图 2.7 是值类型与引用类型的对比效果图。

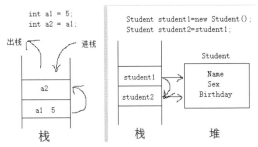

图 2.7　值类型与引用类型的对比效果图

2.3　常量

通过对前面知识的学习，我们知道了变量是随时可以改变值的量，那么，在遇到不允许改变值的情况时，该怎么办呢？这就是下面要讲解的常量。

2.3.1　常量是什么

常量就是程序运行过程中值不能改变的量，比如现实生活中的居民身份证号码、数学运算中的 π 值等，这些都是不会发生改变的，它们都可以定义为常量。常量可以区分为不同的类型，比如 98、368 是整型常量，3.14、0.25 是实数常量，即浮点类型的常量，'m'、'r' 是字符常量。

2.3.2　常量的分类

常量主要有两种，分别是 const 常量和 readonly 常量，下面分别对这两种常量进行讲解。

（1）const 常量

在 C# 中提到常量，通常指的是 const 常量。const 常量也叫静态常量，它在编译时就已经确定了值。const 常量的值必须在声明时就进行初始化，而且之后不可以再进行更改。

例如，声明一个正确的 const 常量，同时再声明一个错误的 const 常量，以便读者对比参考，代码如下。

```
01 const double PI = 3.1415926;     // 正确的声明方法
02 const int MyInt;                 // 错误：定义常量时没有初始化
```

（2）readonly 常量

readonly 常量是一种特殊的常量，也称为动态常量，从字面理解上看，readonly 常量可以进行动态赋值，但需要注意的是，这里的动态赋值是有条件的，它只能在构造函数中进行赋值，例如下面的代码：

```
01 class Program
02 {
03     readonly int Price;              // 定义一个 reanonly 常量
04     Program()                        // 构造函数
05     {
06         Price = 368;                 // 在构造函数中修改 reanonly 常量的值
07     }
08     static void Main(string[] args)
09     {
10     }
11 }
```

（3）const 常量与 readonly 常量的区别

const 常量与 readonly 常量的主要区别如下：

① const 常量必须在声明时初始化，而 readonly 常量则可以延迟到构造函数中初始化。

② const 常量在编译时就被解析，即将常量的值替换成了初始化的值，而 readonly 常量的值需要在运行时确定。

③ const 常量可以定义在类中或者方法体中，而 readonly 常量只能定义在类中。

2.4　数据类型转换

类型转换是将一个值从一种数据类型更改为另一种数据类型的过程。例如，可以将 string 类型数据 "457" 转换为一个 int 类型，而且可以将任意类型的数据转换为 string 类型。

数据类型转换有两种方式，即隐式转换与显式转换。如果从低精度数据类型向高精度数据类型转换，则永远不会溢出，并且总是成功的；而把高精度数据类型向低精度数据类型转换，则必然会有信息丢失，甚至有可能失败。

2.4.1　隐式类型转换

隐式类型转换就是不需要声明就能进行的转换，进行隐式类型转换时，编译器不需要进行检查就能自动进行转换。下列基本数据类型会涉及数据转换（不包括逻辑类型），这些类型按精度从 "低" 到 "高" 排列的顺序为 byte < short < int < long < float < double，可对照图 2.8，其中 char 类型比较特殊，它可以与部分 int 型数字兼容，且不会发生精度变化。

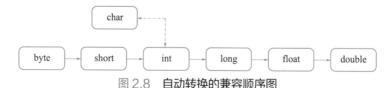

图 2.8　自动转换的兼容顺序图

例如，将 int 类型的值隐式转换成 long 类型，代码如下：

```
01 int i = 927;              // 声明一个整型变量 i 并初始化为 927
02 long j = i;               // 隐式转换成 long 类型
```

2.4.2 显式类型转换

有很多场合不能隐式地进行类型转换，否则编译器会出现错误，这时就需要用到 C# 中的显式类型转换。显式类型转换也称为强制类型转换，它需要在代码中明确地声明要转换的类型。如果要把高精度的变量转换为低精度的变量，就需要使用显式类型转换。

显式类型转换的一般形式为：

（类型说明符）表达式

其功能是把表达式的运算结果强制转换成类型说明符所表示的类型。

例如，下面的代码用来把 x 转换为 float 类型：

（float）x ;

通过显式类型转换，就可以解决高精度数据向低精度转换的问题，例如，将 double 类型的值 4.5 赋值给 int 类型变量时，可以使用下面的代码实现：

```
01 int  i ;
02 i = (int)4.5;                          // 使用显式类型转换
```

2.4.3 使用 Convert 类进行转换

前面讲解了使用"（类型说明符）表达式"可以进行显式类型转换，下面使用这种方式实现下面的类型转换：

```
01 long l=3000000000;
02 int i = (int)l;
```

按照代码的本意，i 的值应该是 3000000000，但在运行上面两行代码时，却发现 i 的值是 -1294967296。这主要是由于 int 类型的最大值为 2147483647，很明显，3000000000 要比 2147483647 大，所以在使用上面的代码进行显式类型转换时，出现了与预期不符的结果，但是程序并没有报告错误，如果在实际开发中遇到这种情况，可能会引起大的 BUG。那么，在遇到这种类型的错误时，有没有一种方式能够向开发人员报告错误呢？答案是肯定的。C# 中提供了 Convert 类，该类也可以进行显式类型转换，它的主要作用是将一个基本数据类型转换为另一个基本数据类型。Convert 类的常用方法及说明如表 2.4 所示。

表 2.4　Convert 类的常用方法及说明

方法	说明
ToByte	将指定的值转换为 8 位无符号整数
ToDateTime	将指定的值转换为 DateTime
ToDecimal	将指定值转换为 Decimal 数字
ToDouble	将指定的值转换为双精度浮点数字
ToInt32	将指定的值转换为 32 位有符号整数
ToInt64	将指定的值转换为 64 位有符号整数
ToString	将指定值转换为其等效的 String 表示形式

例如，定义一个 double 类型的变量 x，并赋值为 198.99，使用 Convert 类将其显式转换为 int 类型，代码如下：

```
01 double x = 198.99;            // 定义 double 类型变量并初始化
02 int y = Convert.ToInt32(x);   // 使用 Convert 类的方法进行显式类型转换
```

下面使用 Convert 类的 ToInt32 对上面的两行代码进行修改，修改后的代码如下：

```
01 long l=3000000000;
02 int i = Convert.ToInt32(l);
```

再次运行这两行代码，则会出现如图 2.9 所示的错误提示。

这样，开发人员即可根据图 2.9 中的错误提示对
程序代码进行修改，避免程序出现逻辑错误。

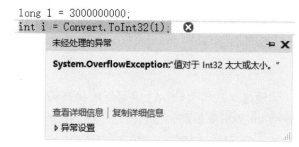

图 2.9　显式类型转换的错误提示

2.4.4　装箱和拆箱

C# 语言类型系统中有两个重要的概念，分别是装
箱和拆箱。通过装箱和拆箱，任何值类型都可以被当作
object 引用类型来看待。本节将对装箱和拆箱进行介绍。

（1）装箱

装箱实质上就是将值类型转换为引用类型的过程。例如，下面的代码用来对 int 类型的变量 i 进行装
箱操作。

```
01 int i = 2009;       // 声明一个值类型变量
02 object obj = i;     // 对值类型变量进行装箱操作
```

（2）拆箱

拆箱实质上就是将引用类型转换为值类型的过程。拆箱的执行过程大致可以分为以下两个阶段：

① 检查对象的实例，看它是不是值类型的装箱值。

② 把这个实例的值复制给值类型的变量。

例如，声明一个整型变量 i 并赋值为 112，然后将其复制到装箱对象 obj 中，最后进行拆箱操作，将
装箱对象 obj 赋值给整型变量 j。代码如下：

```
01    int i = 112;           // 声明一个 int 类型的变量 i，并初始化为 112
02    object obj = i;        // 执行装箱操作
03    Console.WriteLine(" 装箱操作：值为 {0}，装箱之后对象为 {1}", i, obj);
04    int j = (int)obj;      // 执行拆箱操作
05    Console.WriteLine(" 拆箱操作：装箱对象为 {0}，值为 {1}", obj, j);
```

程序运行结果为：

```
装箱操作：值为 112，装箱之后对象为 112
拆箱操作：装箱对象为 112，值为 112
```

从程序运行结果可以看出，拆箱后得到的值类型数据的值与装箱对象相等。

💡 **注意**

在执行拆箱操作时，要符合类型一致的原则，否则会出现异常。

2.5 运算符

2.5.1 算术运算符

运算符是具有运算功能的符号，根据使用运算符的个数，可以将运算符分为单目运算符、双目运算符和三目运算符，其中，单目运算符是作用在一个操作数上的运算符，如正号（+）等；双目运算符是作用在两个操作数上的运算符，如加法（+）、乘法（*）等；三目运算符是作用在 3 个操作数上的运算符，C# 中唯一的三目运算符就是条件运算符（?:）。下面将详细讲解 C# 中的运算符。

C# 中的算术运算符是双目运算符，主要包括 +、-、*、／和 % 等 5 种，它们分别用于进行加、减、乘、除和模（求余数）运算。C# 中算术运算符的功能及使用方式如表 2.5 所示。

表 2.5　算术运算符

运算符	说明	实例	结果
+	加	12.45f+15	27.45
-	减	4.56-0.16	4.4
*	乘	5L*12.45f	62.25
/	除	7/2	3
%	求余	12%10	2

💡 **注意**

使用除法（／）运算符和求余运算符时，除数不能为 0，否则将会出现异常，如图 2.10 所示。

2.5.2 自增自减运算符

使用算术运算符时，如果需要对数值型变量的值进行加 1 或者减 1 操作，可以使用下面的代码：

```
01 int i=5;
02 i=i+1;
03 i=i-1;
```

针对以上功能，C# 中还提供了另外的实现方式：自增、自减运算符，它们分别用 ++ 和 - 表示，下面分别对它们进行讲解。

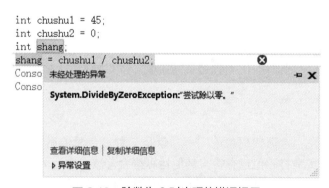

图 2.10　除数为 0 时出现的错误提示

自增、自减运算符是单目运算符，在使用时有两种形式，分别是 ++expr、expr++，或者 —expr、expr—，其中，++expr、--expr 是前置形式，它们表示 expr 自身先加 1 或者减 1，其运算结果是自身修改后的值，再参与其他运算；而 expr++、expr-- 是后置形式，它们也表示自身加 1 或者减 1，但其运算结果是自身未修改的值，也就是说，expr++、expr-- 是先参加完其他运算，再进行自身加 1 或者减 1 操作。

例如，下面的代码演示自增运算符放在变量的不同位置时的运算结果。

```
01 int i = 0, j = 0;         // 定义 int 类型的 i、j
02 Console.WriteLine(i++);   // 输出结果是 0
03 Console.WriteLine(++j);   // 输出结果是 1
```

⚡ **注意**

> 自增、自减运算符只能作用于变量，因此，下面的形式是不合法的。

```
01 3++;                    // 不合法，因为 3 是一个常量
02 (i+j)++;                // 不合法，因为 i+j 是一个表达式
```

✏️ **技巧**

> 如果程序中不需要使用操作原来的值，只是需要其自身进行加（减）1，那么建议使用前置自加（减），因为后置自加（减）必须先保存原来的值，而前置自加（减）不需要保存原来的值。

2.5.3 赋值运算符

赋值运算符主要用来为变量等赋值，它是双目运算符。C# 中的赋值运算符分为简单赋值运算符和复合赋值运算符，下面分别进行讲解。

（1）简单赋值运算符

简单赋值运算符以符号"="表示，其功能是将右操作数所含的值赋给左操作数。例如：

```
int a = 100; // 该表达式是将 100 赋值给变量 a
```

（2）复合赋值运算符

在程序中对某个对象进行某种操作后，如果要再将操作结果重新赋值给该对象，则可以通过下面的代码实现：

```
01 int a = 3;
02 int temp = 0 ;
03 temp = a + 2 ;
04 a= temp ;
```

上面的代码看起来很烦琐，在 C# 中，上面的代码等价于：

```
01 int a = 3;
02 a += 2;
```

上面代码中的"+="就是一种复合赋值运算符，复合赋值运算符又称为带运算的赋值运算符，它其实是将赋值运算符与其他运算符合并成一个运算符来使用，从而同时实现两种运算符的效果。

C# 提供了很多复合赋值运算符，其说明及运算规则如表 2.6 所示。

表 2.6 **复合赋值运算符的说明及运算规则**

名称	运算符	运算规则	意义
加赋值	+=	x+=y	x=x+y
减赋值	-=	x-=y	x=x-y
除赋值	/=	x/=y	x=x/y
乘赋值	*=	x*=y	x=x*y
模赋值	%=	x%=y	x=x%y
位与赋值	&=	x&=y	x=x&y

名称	运算符	运算规则	意义
位或赋值	|=	x|=y	x=x|y
右移赋值	>>=	x>>=y	x=x>>y
左移赋值	<<=	x<<=y	x=x<<y
异或赋值	^=	x^=y	x=x^y

（3）复合赋值运算符的优势及劣势

使用复合赋值运算符时，虽然 "a += 1" 与 "a = a + 1" 两者的计算结果是相同的，但是在不同的场景下，两种使用方法都有各自的优势和劣势，下面分别介绍。

① 低精度类型自增。在 C# 中，整数的默认类型时 int 型，所以下面的代码会报错：

```
01 byte a=1;                // 创建 byte 型变量 a
02 a=a+1;                   // 让 a 的值 +1，错误提示：无法将 int 型转换成 byte 型
```

上面的代码中，在没有进行强制类型转换的条件下，a+1 的结果是一个 int 值，无法直接赋给一个 byte 变量。但是如果使用 "+=" 实现递增计算，就不会出现这个问题，代码如下：

```
01 byte a=1;                // 创建 byte 型变量 a
02 a+=1;                    // 让 a 的值 +1
```

② 不规则的多值运算。复合赋值运算符虽然简洁、强大，但是有些时候是不推荐使用的，例如下面的代码：

```
a = (2 + 3 - 4) * 92 / 6;
```

上面的代码如果改成复合赋值运算符实现，就会显得非常烦琐，代码如下：

```
01 a += 2;
02 a += 3;
03 a -= 4;
04 a *= 92;
05 a /= 6;
```

📋 说明

在 C# 中可以把赋值运算符连在一起使用。如：

```
x = y = z = 5;
```

在这个语句中，变量 x、y、z 都得到同样的值 5，但在程序开发中不建议使用这种赋值语法。

（4）使用赋值运算符时的注意事项

使用赋值运算符时，其左操作数不能是常量，但所有表达式都可以作为赋值运算符的右操作数，例如，下面的 3 种赋值形式是错误的。

```
01 int  i=1 , j = 2 , k = 3 ;
02 const int val = 5 ;
03 5 = k ;                  // 错误，不能赋值给整型常量
04 i + j = k;               // 错误，i+j 表达式的结果是一个常量值，不能被赋值
05 val = i ;                // 错误，val 是 const 常量，不能被赋值
```

2.5.4　关系运算符

关系运算符是双目运算符，它用于在程序中的变量之间，以及其他类型的对象之间的比较，它返回一个代表运算结果的布尔值。当运算符对应的关系成立时，运算结果为 true，否则为 false。关系运算符通常用在条件语句中来作为判断的依据。C# 中的关系运算符共有 6 个，其使用及说明如表 2.7 所示。

表 2.7　关系运算符的使用及说明

运算符	作用	举例	操作数据	结果
>	大于	'a'>'b'	整型、浮点型、字符型	false
<	小于	156 < 456	整型、浮点型、字符型	true
==	等于	'c'=='c'	基本数据类型、引用型	true
!=	不等于	'y'!='t'	基本数据类型、引用型	true
>=	大于等于	479>=426	整型、浮点型、字符型	true
<=	小于等于	12.45<=45.5	整型、浮点型、字符型	true

📑 说明

> 不等运算符 (!=) 是与相等运算符相反的运算符，它与 !(a==b) 是等效的。

实例 2.2　使用关系运算符比较大小关系

👁 实例位置：资源包 \Code\02\02

创建一个控制台应用程序，声明 3 个 int 类型的变量，并分别对它们进行初始化，然后分别使用 C# 中的各种关系运算符对它们的大小关系进行比较，代码如下：

```
01 static void Main(string[] args)
02 {
03     int num1 = 4, num2 = 7, num3 = 7;                            // 定义 3 个 int 变量，并初始化
04                                                                   // 输出 3 个变量的值
05     Console.WriteLine("num1=" + num1 + " , num2=" + num2 + " , num3=" + num3);
06     Console.WriteLine();                                          // 换行
07     Console.WriteLine("num1<num2 的结果：" + (num1 < num2));       // 小于操作
08     Console.WriteLine("num1>num2 的结果：" + (num1 > num2));       // 大于操作
09     Console.WriteLine("num1==num2 的结果：" + (num1 == num2));     // 等于操作
10     Console.WriteLine("num1!=num2 的结果：" + (num1 != num2));     // 不等于操作
11     Console.WriteLine("num1<=num2 的结果：" + (num1 <= num2));     // 小于等于操作
12     Console.WriteLine("num2>=num3 的结果：" + (num2 >= num3));     // 大于等于操作
13     Console.ReadLine();
```

⚙ 程序运行结果如图 2.11 所示。

2.5.5　逻辑运算符

逻辑运算符是对真和假这两种布尔值进行运算，运算后的结果仍是一个布尔值，C# 中的逻辑运算符主要包括 & (&&) (逻辑与)、| (||) (逻辑或)、!(逻辑非)。在逻辑运算符中，除了 "!" 是单目运算符之外，其他都是双目运算符。表 2.8 列出了逻辑运算符的用法和说明。

图 2.11　使用关系运算符比较大小关系

表2.8　逻辑运算符的用法和说明

运算符	含义	用法	结合方向
&&、&	逻辑与	op1&&op2	左到右
||、|	逻辑或	op1||op2	左到右
!	逻辑非	!op	右到左

使用逻辑运算符进行逻辑运算时，其运算结果如表 2.9 所示。

表2.9　使用逻辑运算符进行逻辑运算

表达式1	表达式2	表达式1&& 表达式2	表达式1|| 表达式2	! 表达式1
true	true	true	true	false
true	false	false	true	false
false	false	false	false	true
false	true	false	true	true

✏ 技巧

　　逻辑运算符"&&"与"&"都表示"逻辑与"，那么它们之间的区别在哪里呢？从表 2.9 可以看出，当两个表达式都为 true 时，逻辑与的结果才会是 true。使用"&"会判断两个表达式；而"&&"则是针对 bool 类型的数据进行判断，当第一个表达式为 false 时，不去判断第二个表达式，而是直接输出结果，从而节省计算机判断的次数。通常将这种在逻辑表达式中从左端的表达式可推断出整个表达式的值称为"短路"，而那些始终执行逻辑运算符两边的表达式称为"非短路"。"&&"属于"短路"运算符，而"&"则属于"非短路"运算符。"\|\|"与"\|"的区别跟"&&"与"&"的区别类似。

2.5.6　位运算符

　　位运算符的操作数类型是整型，可以是有符号的也可以是无符号的。C# 中的位运算符有位与、位或、位异或和取反运算符，其中位与、位或、位异或为双目运算符，取反运算符为单目运算符。位运算是完全针对位方面的操作，因此，它在实际使用时，需要先将要执行运算的数据转换为二进制，然后才能进行执行运算。

📑 说明

　　整型数据在内存中以二进制的形式表示，如整型变量 7 的 32 位二进制表示是 00000000 00000000 00000000 00000111，其中，左边最高位是符号位，最高位是 0 表示正数，若为 1 则表示负数。负数采用补码表示，如 −8 的 32 位二进制表示为 11111111 11111111 11111111 11111000。

　　(1)"位与"运算
　　"位与"运算的运算符为"&"，"位与"运算的运算法则是：如果两个整型数据 a、b 对应位都是 1，则结果位才是 1，否则为 0。如果两个操作数的精度不同，则结果的精度与精度高的操作数相同，如图 2.12 所示。
　　(2)"位或"运算
　　"位或"运算的运算符为"\|"，"位或"运算的运算法则是：如果两个操作数对应位都是 0，则结果位才

是 0，否则为 1。如果两个操作数的精度不同，则结果的精度与精度高的操作数相同，如图 2.13 所示。

```
   0000 0000 0000 1100              0000 0000 0000 0100
&  0000 0000 0000 1000           |  0000 0000 0000 1000
   0000 0000 0000 1000              0000 0000 0000 1100
```

图 2.12　12&8 的运算过程　　　　　　　图 2.13　4|8 的运算过程

（3）"位异或"运算

"位异或"运算的运算符是"^"，"位异或"运算的运算法则是：当两个操作数的二进制表示相同（同时为 0 或同时为 1）时，结果为 0，否则为 1。若两个操作数的精度不同，则结果数的精度与精度高的操作数相同，如图 2.14 所示。

（4）"取反"运算

"取反"运算也称"按位非"运算，运算符为"～"。"取反"运算就是将操作数对应二进制中的 1 修改为 0，0 修改为 1，如图 2.15 所示。

```
   0000 0000 0001 1111
^  0000 0000 0001 0110          ~  0000 0000 0111 1011
   0000 0000 0000 1001             1111 1111 1000 0100
```

图 2.14　31^22 的运算过程　　　　　　　图 2.15　～123 的运算过程

在 C# 中使用 Console.WriteLine 输出各种位运算符的运算结果，主要代码如下：

```
01 Console.WriteLine("12 与 8 的结果为：" + (12 & 8));        // 位与计算整数的结果
02 Console.WriteLine("4 或 8 的结果为：" + (4 | 8));          // 位或计算整数的结果
03 Console.WriteLine("31 异或 22 的结果为：" + (31 ^ 22));     // 位异或计算整数的结果
04 Console.WriteLine("123 取反的结果为：" + ~123);            // 位取反计算整数的结果
```

♻ 运算结果如下：

12 与 8 的结果为：8
4 或 8 的结果为：12
31 异或 22 的结果为：9
123 取反的结果为：−124

2.5.7　移位运算符

C# 中的移位运算符有两个，分别是左移位 << 和右移位 >>，这两个运算符都是双目运算符，它们主要用来对整数类型数据进行移位操作。移位运算符的右操作数不可以是负数，并且要小于左操作数的位数。下面分别对左移位 << 和右移位 >> 进行讲解。

（1）左移位运算符 <<

左移位运算符 << 是将一个二进制操作数向左移动指定的位数，左边（高位端）溢出的位被丢弃，右边（低位端）的空位用 0 补充。左移位运算相当于乘以 2 的 n 次幂。

例如，int 类型数据 48 对应的二进制数为 00110000，将其左移 1 位，根据左移位运算符的运算规则可以得出 (00110000<<1)=01100000，所以转换为十进制数就是 96（48×2）；将其左移

2 位，根据左移位运算符的运算规则可以得出 (00110000<<2)=11000000，所以转换为十进制数就是 192（48×2^2）。其运算过程如图 2.16 所示。

（2）右移位运算符 >>

右移位运算符 >> 是将一个二进制操作数向右移动指定的位数，右边（低位端）溢出的位被丢弃，而在填充左边（高位端）的空位时，如果最高位是 0（正数），左侧空位填入 0；如果最高位是 1（负数），左侧空位填入 1。右移位运算相当于除以 2 的 n 次幂。

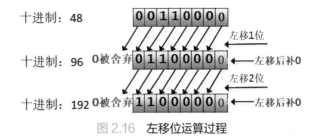

图 2.16   左移位运算过程

正数 48 右移 1 位的运算过程如图 2.17 所示。负数 -80 右移 2 位的运算过程如图 2.18 所示。

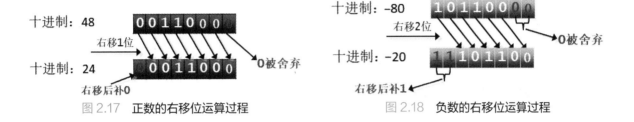

图 2.17   正数的右移位运算过程   图 2.18   负数的右移位运算过程

✎ **技巧**

由于移位运算的速度很快，因此在程序中遇到表达式乘以或除以 2 的 n 次幂的情况时，一般采用移位运算来代替。

2.5.8   条件运算符

条件运算符用 "?:" 表示，它是 C# 中唯一的三目运算符，该运算符需要 3 个操作数，形式如下：

< 表达式 1> ? < 表达式 2> ： < 表达式 3>

其中，表达式 1 是一个布尔值，可以为真或假，如果表达式 1 为真，则返回表达式 2 的运算结果，如果表达式 1 为假，则返回表达式 3 的运算结果。例如：

```
01 int  x=5, y=6, max;
02 max=x<y? y : x ;
```

✎ **技巧**

条件运算符相当于一个 if 语句，因此，上面的第 2 行代码可以修改如下。

```
01 if (x<y)
02     max=y;
03 else
04     max=x;
```

另外，条件运算符的结合性是从右向左的，即从右向左运算，例如：

```
01 int  x =5 , y = 6 ;
02 int  a = 1 ,b = 2 ;
03 int  z=0;
04 z= x>y ? x : a>b? a : b ;          // z 的值是 2
```

等价于：

```
01 int  x =5 , y = 6 ;
02 int  a = 1 ,b = 2 ;
03 int  z=0;
04 z= x>y ? x : (a>b? a : b) ;            // z 的值是 2
```

💡 **注意**

"?:" 是 C# 中的三目运算符，三目运算符是不能单独构成语句的。

2.5.9　运算符优先级与结合性

C# 中的表达式是使用运算符连接起来的符合 C# 规范的式子，运算符的优先级决定了表达式中运算执行的先后顺序。如果两个运算符具有相同的优先级，则会根据其结合性确定是从左至右运算，还是从右至左运算。表 2.10 列出了运算符从高到低的优先级顺序及结合性。

表 2.10　**运算符的优先级顺序及结合性**

运算符类别	运算符	数目	结合性
单目运算符	++, --, !	单目	←
算术运算符	*, /, %	双目	→
	+, -	双目	→
移位运算符	<<, >>	双目	→
关系运算符	>, >=, <, <=	双目	→
	==, !=	双目	→
逻辑运算符	&&	双目	→
	||	双目	→
条件运算符	?:	三目	←
赋值运算符	=,+=,-=,*=,/=,%=	双目	←

📖 **说明**

表 2.10 中的 "←" 表示从右至左，"→" 表示从左至右。从表中可以看出，C# 中的运算符中，只有单目、条件和赋值运算符的结合性为从右至左，其他运算符的结合性都是从左至右，所以，下面的代码是等效的：

```
01 !a++;          等效于:     !(a++);
02 a ? b : c ? d : e;  等效于:    a ? b : (c ? d : e);
03 a = b = c;        等效于:     a = (b = c);
04 a + b - c;         等效于:    (a + b) - c;
```

2.6 综合案例——记录你的密码

2.6.1 案例描述

编写一个程序，让用户输入密码，假设密码为 0oO1Il，要求把每次用户输入的密码保存到变量 pass，输入 6 次后输出每次输入的密码并退出程序，实现效果如图 2.19 所示。

```
请输入密码：101010
请输入密码：100100
请输入密码：010101
请输入密码：xiaoke
请输入密码：110110
请输入密码：111000
```

您六次输入的密码分别是101010、100100、010101、xiaoke、110110、111000

图 2.19 **记录你的密码**

2.6.2 实现代码

创建一个控制台应用程序，其中定义一个变量，用来记录用户每次输入的密码，然后使用 += 赋值运算符记录每次的输入。代码如下：

```
01 static void Main(string[] args)
02 {
03     string password = "";
04     Console.Write(" 请输入密码: ");
05     password += Console.ReadLine();
06     Console.Write(" 请输入密码: ");
07     password += "、" + Console.ReadLine();
08     Console.Write(" 请输入密码: ");
09     password += "、" + Console.ReadLine();
10     Console.Write(" 请输入密码: ");
11     password += "、" + Console.ReadLine();
12     Console.Write(" 请输入密码: ");
13     password += "、" + Console.ReadLine();
14     Console.Write(" 请输入密码: ");
15     password += "、" + Console.ReadLine();
16     Console.Write("\n 您六次输入的密码分别是 "+password);
17     Console.ReadLine();
18 }
```

▽ 小结

本章对 C# 程序设计的基础知识进行了详细讲解，学习本章时，应该重点掌握变量的使用、数据类型转换及各种运算符的使用，同时对 C# 中的数据类型及常量也要有一定的了解。本章学习的难点是引用类型的使用及装箱、拆箱操作，引用类型其实就是各种类型的对象，它存储的是对实际数据的引用，C# 中提供了两个预定义的引用类型 object 和 string；而装箱和拆箱操作实质上就是值类型和引用类型相互转换的过程。

2.7 实战练习

① 编写一个程序，实现给 4 部电影打分并输出的功能，需要定义四个浮点型变量，分别存储 4 部电影的用户打分，然后整体输出 4 部电影的打分，如图 2.20 所示。

② 圆锥也称为圆锥体，是三维几何体的一种。一个圆锥所占空间的大小，叫作这个圆锥的体积。圆锥体积公式为:

$$V = \frac{1}{3} Sh = \frac{\pi r^2 h}{3}$$

其中，S 是底面积，h 是高，r 是底面半径。编写一个程序，用户输入底面半径和高，计算出圆锥体的体积（π 值取 3.14），程序的运行结果如图 2.21 所示。

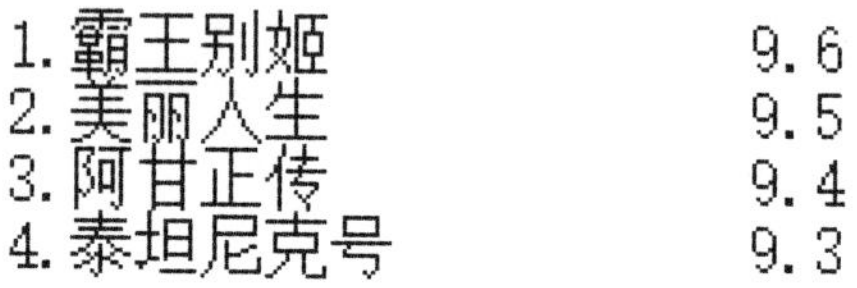

```
1.霸王别姬          9.6
2.美丽人生          9.5
3.阿甘正传          9.4
4.泰坦尼克号        9.3
```

图 2.20　输出电影打分

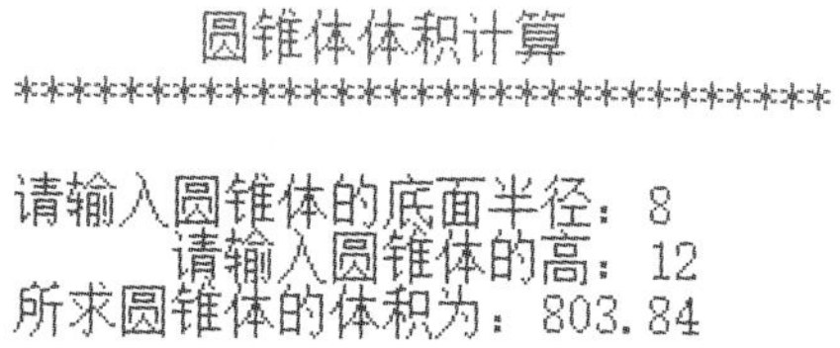

```
         圆锥体体积计算
**********************************
请输入圆锥体的底面半径：8
    请输入圆锥体的高：12
所求圆锥体的体积为：803.84
```

图 2.21　计算圆锥的体积

扫码领取
· 配 套 答 案
· 在 线 试 题
· 视 频 讲 解
· 实 战 经 验
· 源 文 件 下 载

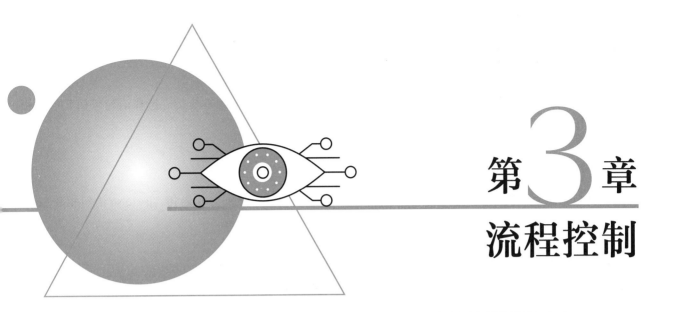

第3章
流程控制

语句是对计算机下达的命令，每一个程序都是由很多个语句组合起来的，也就是说语句是组成程序的基本单元，同时它也控制着整个程序的执行流程。本章将对 C# 中的流程控制语句及其使用方法进行详细地讲解。

本章知识架构如下：

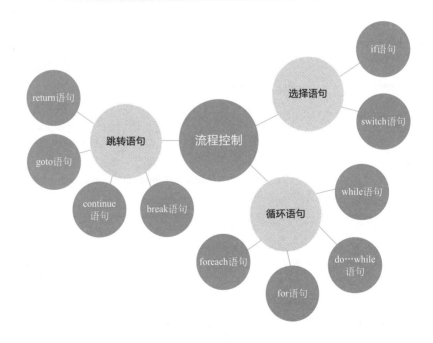

3.1 选择语句

选择语句用于根据某个表达式的值从若干条给定语句中选择一个来执行。选择语句包括 if 语句和 switch 语句两种，下面对这两种选择语句进行详细讲解。

3.1.1 if 语句

if 语句是最基础的一种选择结构语句，它主要有 3 种形式，分别为 if 语句、if⋯else 语句和 if⋯else if⋯else 多分支语句，本节将分别对它们进行详细讲解。

（1）最简单的 if 语句

C# 语言中使用 if 关键字来组成选择语句，其最简单的语法形式如下：

```
if( 表达式 )
{
    语句块
}
```

📑 **说明**

使用 if 语句时，如果只有一条语句，省略 {} 是没有语法错误的，而且不影响程序的执行，但是为了程序代码的可读性，建议不要省略。

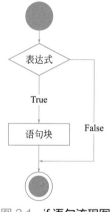

图 3.1 if 语句流程图

其中，表达式部分必须用小括号括起来，它可以是一个单纯的布尔变量或常量，也可以是关系表达式或逻辑表达式，如果表达式为真，则执行"语句块"，之后继续执行"下一条语句"；如果表达式的值为假，就跳过"语句块"，执行"下一条语句"，这种形式的 if 语句相当于汉语里的"如果⋯⋯那么⋯⋯"，其流程图如图 3.1 所示。

例如，使用 if 语句判断用户输入的数字是不是奇数，代码如下：

```
01 int iInput = Convert.ToInt32(Console.ReadLine());   // 记录用户的输入
02 if (iInput % 2 != 0)                                 // 使用 if 语句进行判断
03 {
04     Console.WriteLine(iInput + " 是一个奇数! ");
05 }
```

📑 **说明**

if 语句后面如果只有一条语句，可以不使用大括号 {}，例如下面的代码。

但是，不建议开发人员使用这种形式，不管 if 语句后面有多少要执行的语句，都建议使用大括号 {} 括起来，这样方便代码的阅读。

```
01 if (a > b)
02     max = a;
```

📁 **常见错误**

if 语句后面多加了分号，if 语句就起不到判断的作用。

（2）if⋯else 语句

如果遇到只能二选一的条件，C# 中提供了 if⋯else 语句解决类似问题，其语法如下：

```
if( 表达式 )
{
    语句块 1;
}
else
{
    语句块 2;
}
```

使用 if…else 语句时，表达式可以是一个单纯的布尔变量或常量，也可以是关系表达式或逻辑表达式，如果满足条件，则执行 if 后面的语句块，否则，执行 else 后面的语句块，这种形式的选择语句相当于汉语里的"如果……否则……"，其流程图如图 3.2 所示。

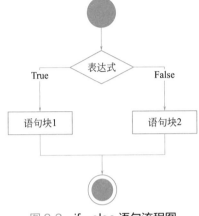

图 3.2 if…else 语句流程图

技巧

if…else 语句可以使用条件运算符进行简化，如下面的代码。

```
01 if(a > 0)
02 b = a;
03 else
04   b = -a;
```

可以简写成：

```
b = a > 0?a:-a;
```

例如，使用 if…else 语句判断用户输入的分数是不是足够优秀，如果大于 90，则表示优秀，否则，输出"希望你继续努力"，代码如下：

```
01 int score = Convert.ToInt32(Console.ReadLine());    // 记录用户的输入
02 if (score > 90)                                       // 判断输入是否大于 90
03 {
04     Console.WriteLine(" 你非常优秀！ ");
05 }
06 else                                                  // 不大于 90 的情况
07 {
08     Console.WriteLine(" 希望你继续努力！ ");
09 }
```

注意

在使用 else 语句时，else 一定不可以单独使用，它必须和关键字 if 一起使用，例如，下面的代码是错误的。

```
01 else
02 {
03     max=a;
04 }
```

程序中使用 if…else 语句时，如果出现 if 语句多于 else 语句的情况，将会出现悬垂 else 问题：究竟 else 和哪个 if 相匹配呢？例如下面的代码：

```
01 if(x>1)
02     if(y>x)
```

```
03        y++;
04 else
05        x++;
```

如果遇到上面的情况，记住：在没有特殊处理的情况下，else 永远都与最后出现的 if 语句相匹配，即：上面代码中的 else 是与 if(y>x) 语句相匹配的。如果要改变 else 语句的匹配对象，可以使用大括号，例如，将上面的代码修改如下：

```
01 if(x>1)
02 {
03     if(y>x)
04          y++;
05 }
06 else
07        x++;
```

如果修改成这样，else 将与 if(x>1) 语句相匹配。

✏️ **技巧**

> 建议总是在 if 后面使用大括号 {} 将要执行的语句括起来，这样可以避免程序代码混乱。

（3）if…else if…else 语句

如果遇到多选一的情况，则可以使用 if…else if…else 语句，该语句是一个多分支选择语句，通常表现为"如果满足某种条件，进行某种处理，否则，如果满足另一种条件，则执行另一种处理……"。if…else if…else 语句的语法格式如下：

```
if( 表达式 1)
{
    语句 1;
}
else if( 表达式 2)
{
    语句 2;
}
else if( 表达式 3)
{
    语句 3
}
…
else if( 表达式 m)
{
    语句 m
}
else
{
    语句 n
}
```

if…else if…else 语句的流程图如图 3.3 所示。

⚡ **注意**

> if 和 else if 都需要判断表达式的真假，而 else 则不需要判断；另外，else if 和 else 都必须跟 if 一起使用，不能单独使用。

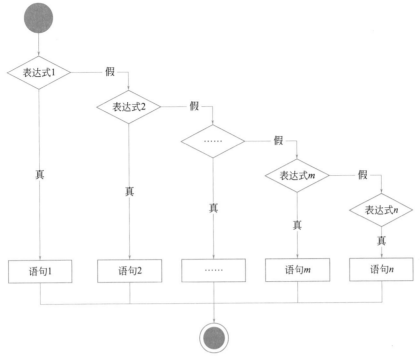

图 3.3 if…else if…else 语句的流程图

根据输入年龄输出相应信息提示

👁 **实例位置：资源包 \Code\03\01**

使用 if…else if…else 多分支语句实现根据用户输入的年龄输出相应信息提示的功能，代码如下：

```
01  static void Main(string[] args)
02  {
03      int YouAge = 0;                                  // 声明一个 int 类型的变量 YouAge，值为 0
04      Console.WriteLine(" 请输入您的年龄: ");
05      YouAge = int.Parse(Console.ReadLine());          // 获取用户输入的数据
06      if (YouAge <= 18)                                // 调用 if 语句判断输入的数据是否小于等于 18
07      {
08                                                       // 如果小于等于 18 则输出提示信息
09          Console.WriteLine(" 您的年龄还小，要努力奋斗哦！");
10      }
11      else if (YouAge > 18 && YouAge <= 30)            // 判断是否大于 18 岁小于 30 岁
12      {
13                                                       // 如果输入的年龄大于 18 岁并且小于 30 岁则输出提示信息
14          Console.WriteLine(" 您现在的阶段正是努力奋斗的黄金阶段！");
15      }
16      else if (YouAge > 30 && YouAge <= 50)            // 判断输入的年龄是否大于 30 岁小于等于 50 岁
17      {
18                                                       // 如果输入的年龄大于 30 岁而小于等于 50 岁则输出提示信息
19          Console.WriteLine(" 您现在的阶段正是人生的黄金阶段！");
20      }
21      else
22      {
23          Console.WriteLine(" 最美不过夕阳红！");
24      }
25      Console.ReadLine();
26  }
```

运行程序，输入一个年龄值，按回车键，即可输出相应的信息提示，效果如图 3.4 所示。

✏️ 技巧

使用 if 选择语句时，尽量遵循以下原则。

图 3.4　if…else if…else 多分支语句的使用

① 使用 bool 变量作为判断条件，假设 bool 变量 falg，较为规范的书写格式如下：

```
01   if(flag)                         // 表示为真
02   if(!flag)                        // 表示为假
```

不符合规范的书写格式如下：

```
01   if(flag==true)
02   if(flag==false)
```

② 使用浮点类型变量与 0 值进行比较时，规范的书写格式如下：

```
if(d_value>=-0.00001&&d_value<=0.00001)// 这里的 0.00001 是 d_value 的精度，d_value 是 double 类型
```

不符合规范的书写格式如下：

```
if(d_value==0.0)
```

③ 使用 if(1==a) 这样的书写格式可以防止错写成 if(a=1) 这种形式，以避免逻辑上的错误。

（4）if 语句的嵌套

前面讲过 3 种形式的 if 语句，这 3 种形式的选择语句之间都可以进行互相嵌套。例如，在最简单的 if 语句中嵌套 if…else 语句，形式如下：

```
if( 表达式 1)
{
if( 表达式 2)
      语句 1;
else
      语句 2;
}
```

例如，在 if…else 语句中嵌套 if…else 语句，形式如下：

```
if( 表达式 1)
{
    if( 表达式 2)
        语句 1;
    else
        语句 2;
}
else
{
    if( 表达式 2)
        语句 1;
    else
        语句 2;
}
```

📄 说明

if 选择语句可以有多种嵌套方式，开发程序时，可以根据自身需要选择合适的嵌套方式，但一定要注意逻辑关系的正确处理。

实例 3.2

判断输入的年份是不是闰年

👁 **实例位置：资源包 \Code\03\02**

通过使用嵌套的 if 语句实现判断用户输入的年份是不是闰年的功能，代码如下：

```
01  static void Main(string[] args)
02  {
03      Console.WriteLine(" 请输入一个年份: ");
04      int iYear = Convert.ToInt32(Console.ReadLine());          // 记录用户输入的年份
05      if (iYear % 4 == 0)                                       // 四年一闰
06      {
07          if (iYear % 100 == 0)
08          {
09              if (iYear % 400 == 0)                             // 四百年再闰
10              {
11                  Console.WriteLine(" 这是闰年 ");
12              }
13              else                                             // 百年不闰
14              {
15                  Console.WriteLine(" 这不是闰年 ");
16              }
17          }
18          else
19          {
20              Console.WriteLine(" 这是闰年 ");
21          }
22      }
23      else
24      {
25          Console.WriteLine(" 这不是闰年 ");
26      }
27      Console.ReadLine();
28  }
```

运行程序，当输入一个闰年年份时（比如 2000），效果如图 3.5 所示；当输入一个非闰年年份时（比如 2017），效果如图 3.6 所示。

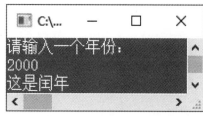

图 3.5　输入闰年年份的结果

图 3.6　输入非闰年年份的结果

📖 **说明**

① 使用 if 语句嵌套时，要注意 else 关键字要和 if 关键字成对出现，并且遵守邻近原则，即：else 关键字总是和离自己最近的 if 语句相匹配。

② 在进行条件判断时，应该尽量使用复合语句，以免产生二义性，导致运行结果和预想的不一致。

3.1.2 switch 语句

switch 语句是多分支条件判断语句，它根据参数的值使程序从多个分支中选择一个用于执行的分支，其基本语法如下

```
switch( 判断参数 )
{
        case 常量值 1:
            语句块 1
            break;
        case 常量值 2:
            语句块 2
            break;
        …
        case 常量值 n:
            语句块 n
            break;
        defaul:
            语句块 n+1
            break;
}
```

switch 关键字后面的小括号中是要判断的参数，参数可以是 sbyte、byte、short、ushort、int、uint、long、ulong、char、string、bool、float、double 或者枚举类型中的一种，大括号中的代码是由多个 case 子句组成的，每个 case 关键字后面都有相应的语句块，这些语句块都是 switch 语句可能执行的语句块。如果符合常量值，则 case 下的语句块就会被执行，语句块执行完毕后，执行 break 语句，使程序跳出 switch 语句；如果条件都不满足，则执行 default 中的语句块。

⚡ **注意**

① case 后的各常量值不可以相同，否则会出现错误。
② case 后面的语句块可以有多条语句，不必使用大括号括起来。
③ case 语句和 default 语句的顺序可以改变，但不会影响程序执行结果。
④ 一个 switch 语句中只能有一个 default 语句，而且 default 语句可以省略。

switch 语句的执行流程图如图 3.7 所示。

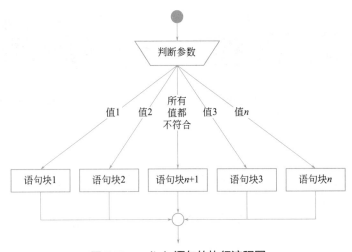

图 3.7　switch 语句的执行流程图

实例 3.3

👁 **实例位置：资源包 \Code\03\03**

查询高考录取分数线

使用 switch 多分支语句实现查询高考录取分数线的功能，其中，民办本科 350 分、艺术类本科 290 分、体育类本科 280 分、二本 445 分、一本 555 分。代码如下：

```
01  static void Main(string[] args)
02  {
03                                                      // 输出提示问题
04      Console.WriteLine(" 请输入要查询的录取分数线（比如民办本科、艺术类本科、体育类本科、二本、一本）");
05      string strNum = Console.ReadLine();             // 获取用户输入的数据
06      switch (strNum)
07      {
08          case " 民办本科 ":                            // 查询民办本科分数线
09              Console.WriteLine(" 民办本科录取分数线: 350");
10              break;
11          case " 艺术类本科 ":                          // 查询艺术类本科分数线
12              Console.WriteLine(" 艺术类本科录取分数线: 290");
13              break;
14          case " 体育类本科 ":                          // 查询体育类本科分数线
15              Console.WriteLine(" 体育类本科录取分数线: 280");
16              break;
17          case " 二本 ":                               // 查询二本分数线
18              Console.WriteLine(" 二本录取分数线: 445");
19              break;
20          case " 一本 ":                               // 查询一本分数线
21              Console.WriteLine(" 一本录取分数线: 555");
22              break;
23          default:                                     // 如果不是以上输入，则输入错误
24              Console.WriteLine(" 您输入的查询信息有误！");
25              break;
26      }
27      Console.ReadLine();
28  }
```

⚙ **程序运行效果如图 3.8 所示。**

图 3.8　查询高考录取分数线

📁 **常见错误**

使用 switch 语句时，每一个 case 语句或者 default 后面必须有一个 break 关键字，否则，将会出现错误提示。

3.2　循环语句

循环语句主要用于重复执行嵌入语句，在 C# 中，常见的循环语句有 while 语句、do…while 语句、for 语句和 foreach 语句。下面将对这几种循环语句做详细讲解。

3.2.1 while 语句

while 语句用来实现"当型"循环结构，它的语法格式如下：

```
while( 表达式 )
{
    语句
}
```

表达式一般是一个关系表达式或一个逻辑表达式，其表达式的值应该是一个逻辑值真或假（true 和 false），当表达式的值为真时，开始循环执行语句；而当表达式的值为假时，退出循环，执行循环外的下一条语句。循环每次都是执行完语句后回到表达式处重新开始判断，重新计算表达式的值。

while 循环流程图如图 3.9 所示。

图 3.9　while 循环流程图

实例 3.4

计算 1 到 100 的累加和

◉ **实例位置：资源包 \Code\03\04**

本实例将使用 while 循环挑战高斯，通过程序实现 1 到 100 的累加，代码如下：

```
01  static void Main(string[] args)
02  {
03      int iNum = 1;                   //iNum 从 1 到 100 递增
04      int iSum = 0;                   // 记录每次累加后的结果
05      while (iNum <= 100)             //iNum <= 100 是循环条件
06      {
07          iSum += iNum;              // 把每次的 iNum 的值累加到上次累加的结果中
08          iNum++;                    // 每次循环 iNum 的值加 1
09      }
10                                     // 输出结果
11      Console.WriteLine("1 到 100 的累加结果是：" + iSum);
12      Console.ReadLine();
13  }
```

⚙ **程序运行结果如下：**

> 1 到 100 的累加结果是：5050

💡 **注意**

> ① 循环体如果是多条语句，需要用大括号括起来，如果不用大括号，则循环体只包含 while 语句后的第一条语句。
> ② 循环体内或表达式中必须有使循环结束的条件，例如，实例 3.4 中的循环条件是 iNum <= 100，iNum 的初始值为 1，循环体中就用 iNum++ 来使得 iNum 趋向于 100，使循环结束。

3.2.2 do…while 语句

有些情况下无论循环条件是否成立，循环体的内容都要被执行一次，这时可以使用 do…while 循环。do…while 循环的特点是先执行循环体，再判断循环条件，其语法格式如下：

```
do
{
```

```
              语句
    }
    while( 表达式 );
```

do 为关键字，必须与 while 配对使用。do 与 while 之间的语句称为循环体，该语句是用大括号括起来的复合语句。循环语句中的表达式与 while 语句中的相同，也为关系表达式或逻辑表达式，但特别值得注意的是：do…while 语句后一定要有分号 ";"。do…while 循环的流程图如图 3.10 所示。

从图 3.10 中可以看出，当程序运行到 do…while 时，先执行一次循环体的内容，然后判断循环条件，当循环条件为 "真" 的时候，重新返回执行循环体的内容，如此反复，直到循环条件为 "假"，循环结束，程序执行 do…while 循环后面的语句。

图 3.10 do…while 循环流程图

例如，使用 do…while 循环实现例 3.4 中计算 1 到 100 累加的功能。代码如下：

```
01  int iNum = 1;                     //iNum 从 1 到 100 递增
02  int iSum = 0;                     // 记录每次累加后的结果
03  do
04  {
05      iSum += iNum;                 // 把每次的 iNum 的值累加到上次累加的结果中
06      iNum++;                       // 每次循环 iNum 的值加 1
07  } while (iNum <= 100);           //iNum <= 100 是循环条件
08  Console.WriteLine("1 到 100 的累加结果是: " + iSum);   // 输出结果
```

指点迷津

> while 语句和 do…while 语句都用来控制代码的循环，但 while 语句适用于先条件判断，再执行循环结构的场合；而 do…while 语句则适合于先执行循环结构，再进行条件判断的场合。具体来说，使用 while 语句时，如果条件不成立，则循环结构一次都不会执行，而如果使用 do…while 语句，即使条件不成立，程序也至少会执行一次循环结构。

3.2.3 for 语句

for 循环是 C# 中最常用、最灵活的一种循环结构，for 循环既能够用于循环次数已知的情况，又能够用于循环次数未知的情况，本节将对 for 循环的使用进行详细讲解。

（1）for 循环的一般形式

for 循环的常用语法格式如下：

```
for( 表达式 1; 表达式 2; 表达式 3)
{
语句
}
```

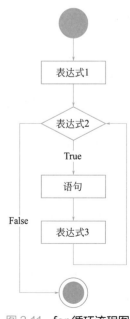

for 循环的执行过程如下：

① 求解表达式 1；

② 求解表达式 2，若表达式 2 的值为 "真"，则执行循环体内的语句组，然后执行下面第③步，若值为 "假"，转到下面第⑤步；

③ 求解表达式 3；

④ 转回到第②步执行；

⑤ 循环结束，执行 for 循环接下来的语句。

for 循环流程图如图 3.11 所示。

for 循环最常用的格式如下：

图 3.11 for 循环流程图

```
for( 循环变量赋初值 ; 循环条件 ; 循环变量增值 )
{
    语句组
}
```

例如，使用 for 循环实现例 3.4 中计算 1 到 100 累加的功能。代码如下：

```
01  int iSum = 0;                                    // 记录每次累加后的结果
02  for (int iNum = 1; iNum <= 100; iNum++)
03  {
04      iSum += iNum;                                // 把每次的 iNum 的值累加到上次累加的结果中
05  }
06  Console.WriteLine("1 到 100 的累加结果是: " + iSum);   // 输出结果
```

✎ 技巧

> 可以把 for 循环改成 while 循环，代码如下。

```
表达式 1;
while (表达式 2)
{
    语句组
    表达式 3;
}
```

（2）for 循环的变体

for 循环在具体使用时，有很多种变体形式，比如，可以省略"表达式 1"、省略"表达式 2"、省略"表达式 3"或者 3 个表达式都省略，下面分别对 for 的常用变体形式进行讲解。

① 省略"表达式 1"的情况。for 循环语句的一般格式中的"表达式 1"可以省略，在 for 循环中"表达式 1"一般是用于为循环变量赋初值，若省略了"表达式 1"，则需要在 for 循环的前面为循环条件赋初值。例如：

```
01  for(;iNum <= 100; iNum++)
02  {
03      sum += iNum;
04  }
```

此时，需要在 for 循环之前，为 iNum 这个循环变量赋初值。程序执行时，跳过"表达式 1"这一步，其他过程不变。

② 省略"表达式 2"的情况。使用 for 循环时，"表达式 2"也可以省略，如果省略了"表达式 2"，则循环没有终止条件，会无限地循环下去。针对这种使用方法，一般会配合后面将会学到的 break 语句等来结束循环。

```
01  for(iNum = 1;;iNum++)
02  {
03    iSum += iNum;
04  }
```

省略"表达式 2"情况的举例如下：

这种情况的 for 循环相当于以下 while 语句：

```
01  while(true)                  // 条件永远为真
02  {
03      iSum += iNum;
04      iNum ++;
05  }
```

③ 省略"表达式 3"的情况。使用 for 循环时，"表达式 3"也可以省略，但此时程序设计者应另外设法保证循环变量的改变。例如，下面的代码在循环体中对循环变量的值进行了改变。

此时，在 for 循环的循环体内，对 iNum 这个循环变量的值进

```
01  for(iNum = 1; iNum<=100;)
02  {
03      iSum += iNum;
04      iNum ++;
05  }
```

行了改变，这样才能使程序随着循环的进行逐渐趋近并满足程序终止条件。程序执行时，跳过"表达式 3"这一步，其他过程不变。

④ 3 个表达式都省略的情况。for 循环语句中的 3 个表达式都可以省略，这种情况既没有对循环变量赋初值的操作，又没有循环条件，也没有改变循环变量的操作。这种情况下，同省略"表达式 2"的情况类似，都需要配合使用 break 语句来结束循环，否则，会造成死循环。

例如，下面的代码就将会成为死循环，因为没有能够跳出循环的条件判断语句。

```
01  int i = 100;
02  for(;;)
03  {
04      Console.WriteLine(i);
05  }
```

（3）for 循环中逗号的应用

在 for 循环语句中，"表达式 1"和"表达式 3"处都可以使用逗号表达式，即：包含一个以上的表达式，中间用逗号间隔。例如，在"表达式 1"处为变量 iNum 和 iSum 同时赋初值。

```
01  for(iSum = 0, iNum = 1; iNum <= 100; iNum++)
02  {
03                              iSum += iNum;
04  }
```

3.2.4　foreach 语句

foreach 语句用于循环列举一个集合的元素，并对该集合中的每个元素执行一次相关的语句，其基本格式如下：

```
foreach(【类型】【迭代变量名】in【集合类型表达式】)
{
    【语句块】
}
```

💡 **注意**

> 变量的类型一定要与集合类型相同，例如，如果想遍历一个字符串数组中的每一项，那么此处变量的类型就应该是 string 类型，以此类推。

foreach 语句的执行流程如图 3.12 所示。

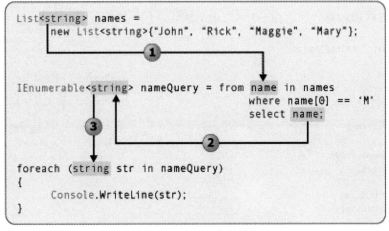

图 3.12　foreach 语句的执行流程

例如，使用 foreach 语句遍历泛型集合中的每个元素，并进行输出，代码如下：

```
01   string [] strNames={"C#","ASP.NET","Python","Java","C"};     // 定义一个字符串数组
02   List<string> lists = new List<string>(strNames);             // 使用字符串数组实例化泛型列表对象
03   foreach (string str in lists)                                // 使用 foreach 语句遍历泛型集合
04   {
05       Console.Write(str + " ");                                // 输出遍历到的泛型集合元素
06   }
```

3.3 跳转语句

跳转语句主要用于无条件地转移控制，跳转语句会将控制转到某个位置，这个位置就成为跳转语句的目标。如果跳转语句出现在一个语句块内，而跳转语句的目标却在该语句块之外，则称该跳转语句退出该语句块。跳转语句主要包括 break 语句、continue 语句、goto 语句和 return 语句，本节将对这几种跳转语句分别进行介绍。

3.3.1 break 语句

在学习条件语句时，我们知道使用 break 语句可以跳出 switch 多分支结构，实际上，break 语句还可以用来跳出循环体，执行循环体之外的语句。break 语句通常应用在 switch、while、do…while 或 for 语句中，当多个 switch、while、do…while 或 for 语句互相嵌套时，break 语句只应用于最里层的语句。break 语句的语法格式如下：

```
break;
```

 说明

> break 一般会结合 if 语句进行搭配使用，表示在某种条件下，循环结束。

 使用 break 跳出循环   👁 **实例位置：资源包 \Code\03\05**

执行 1 到 100 的累加运算，在值为 50 时，退出循环，代码如下：

```
01   static void Main(string[] args)
02   {
03       int iNum = 1;                                            //iNum 从 1 到 100 递增
04       int iSum = 0;                                            // 记录每次累加后的结果
05       while (iNum <= 100)                                      //iNum <= 100 是循环条件
06       {
07           iSum += iNum;                                        // 把每次的 iNum 的值累加到上次累加的结果中
08           iNum++;                                              // 每次循环 iNum 的值加 1
09           if (iNum == 50)                                      // 判断 iNum 的值是否为 50
10               break;                                           // 退出循环
11       }
12       Console.WriteLine("1 到 49 的累加结果是: " + iSum);        // 输出结果
13       Console.ReadLine();
14   }
```

程序运行结果如下：

> 1 到 49 的累加结果是：1225

3.3.2　continue 语句

continue 语句的作用是结束本次循环，它通常应用于 while、do…while 或 for 语句中，用来忽略循环语句内位于它后面的代码而直接开始一次的循环。当多个 while、do…while 或 for 语句互相嵌套时，continue 语句只能使直接包含它的循环开始一次新的循环。continue 的语法格式如下：

```
continue;
```

说明

> continue 一般会结合 if 语句进行搭配使用，表示在某种条件下不执行后面的语句，直接开始下一次的循环。

实例 3.6　使用 continue 语句实现
1 到 100 之间的偶数和
　　👁 **实例位置：资源包 \Code\03\06**

通过在 for 循环中使用 continue 语句实现 1 到 100 之间的偶数和，代码如下：

```
01  static void Main(string[] args)
02  {
03      int iSum = 0;                                      // 定义变量，用来存储偶数和
04      int iNum = 1;                                      // 定义变量，用来作为循环变量
05      for (; iNum <= 100; iNum++)                        // 执行 for 循环
06      {
07          if (iNum % 2 == 1)                             // 判断是否为偶数
08              continue;                                  // 继续下一次循环
09          iSum += iNum;                                  // 记录偶数的和
10      }
11      Console.WriteLine("1 到 100 之间的偶数的和: " + iSum);   // 输出偶数和
12      Console.ReadLine();
13  }
```

程序运行结果如下：

> 1 到 100 之间的偶数的和：2550

3.3.3　goto 语句

goto 语句是无条件跳转语句，使用 goto 语句可以无条件地使程序跳转到方法内部的任何一条语句。goto 语句后面带一个标识符，这个标识符是同一个方法内某条语句的标号，标号可以出现在任何可执行语句的前面，并且以一个冒号 "："作为后缀。goto 语句的一般语法格式如下：

```
goto 标识符;
```

goto 后面的标识符是要跳转的目标，这个标识符要在程序的其他位置给出，但是其标识符必须在方法内部。例如：

```
01  goto Lable;
02      Console.WriteLine("the message before Label");
03  Lable:
04      Console.WriteLine("the Label message");
```

上面的代码中，goto 后面的 Lable 是跳转的标识符，接下来"Lable："后面的代码表示 goto 语句要跳转的位置，这样在上面的代码中，第一个输出语句将不会被执行，而直接去执行 Lable 标识符后面的语句。

💡 注意

> ① 跳转的方向可以向前也可以向后；可以跳出一个循环，也可以跳入一个循环。
>
> ② goto 语句可以忽略当前程序的逻辑，直接使程序跳转到某一语句执行，有时非常方便，但是也正是由于 goto 语句的这种特性，在程序开发中一般不主张使用 goto 语句，以免造成程序流程的混乱，使理解和调试程序都产生困难。

3.3.4 return 语句

return 语句用于退出类的方法，是控制返回方法的调用者，如果方法有返回类型，则 return 语句必须返回这个类型的值。

 实例 3.7

使用 return 设置返回值

👁 **实例位置：资源包 \Code\03\07**

例如，定义一个返回类型为 string 类型的方法，利用 return 语句，返回一个 string 类型的值，代码如下：

```
01  static string MyStr(string str)              // 创建一个 string 类型方法
02  {
03      string OutStr;                           // 声明一个字符串变量
04      OutStr = " 您输入的数据是： " + str;       // 为字符串变量赋值
05      return OutStr;                           // 使用 return 语句返回字符串变量
06  }
```

3.4 综合案例——猜数字游戏

3.4.1 案例描述

使用 C# 开发一个猜数字的小游戏，随机生成一个 1 到 200 之间的数字作为基准数，玩家每次通过键盘输入一个数字，如果输入的数字和基准数相同，则成功过关，否则重新输入。如果玩家输入"-1"，表示退出游戏。运行结果如图 3.13 所示（提示：使用 Random 类生成随机数字）。

```
——————猜数字游戏——————

请输入你猜的数字：50
太大，请重新输入：30
太小，请重新输入：40
太小，请重新输入：45
太大，请重新输入：42
太大，请重新输入：41
恭喜你，你赢了，猜中的数字是：41

——————游戏结束——————
```

图 3.13 **猜数字游戏**

3.4.2 实现代码

创建一个控制台应用程序，首先使用 Random 类生成一个随机数，表示要猜的数字；然后让用户进行输入，使用 if 判断输入的数字是否与随机生成的要猜的数字一样，如果一样则提示猜中，否则循环输入进行游戏。代码如下：

```
01  static void Main(string[] args)
02  {
03      Console.WriteLine("\n ——— 猜数字游戏 ———\n");
04      int iNum;
05      int iGuess;
06      Random rand = new Random();
07      iNum = rand.Next(1, 200);                         // 生成 1 到 200 之间的随机数
08      Console.Write(" 请输入你猜的数字: ");
09      iGuess = Convert.ToInt32(Console.ReadLine());     // 输入首次猜测的数字
10      while ((iGuess != -1) && (iGuess != iNum))
11      {
12          if (iGuess < iNum)                            // 若猜测的数字小于基准数，则提示用户输入的数太
                                                          //   小，并让用户重新输入
13          {
14              Console.Write(" 太小，请重新输入: ");
15              iGuess = Convert.ToInt32(Console.ReadLine());
16          }
17          else                                          // 若猜测的数字大于基准数，则提示用户输入的数太
                                                          //   大，并让用户重新输入
18          {
19              Console.Write(" 太大，重新输入: ");
20              iGuess = Convert.ToInt32(Console.ReadLine());
21          }
22      }
23      if (iGuess == -1)                                 // 若最后一次输入的数字是 -1，循环结束的原因是用
                                                          //   户选择退出游戏
24      {
25          Console.WriteLine(" 退出游戏！ ");
26      }
27      else                                              // 若最后一次输入的数字不是 -1，用户猜对数字，获
                                                          //   得成功，游戏结束
28      {
29          Console.WriteLine(" 恭喜你，你赢了，猜中的数字是: " + iNum);
30      }
31      Console.WriteLine("\n ——— 游戏结束 ———");
32      Console.ReadLine();
33  }
```

❖ 小结

本章详细介绍了选择语句、循环语句和跳转语句的概念及用法。在程序中，语句是程序完成一次操作的基本单位，而流程语句控制语句执行的顺序，在讲解流程语句的过程中，通过实例演示每种语句的用法。在阅读过程中，读者要重点掌握 if 语句、switch 语句、for 语句和 while 语句的用法，因为这几种语句在程序开发中会经常用到，希望读者通过对本章的学习，能够对流程语句有一个深刻的认识。

3.5　实战练习

① 使用 do…while 循环语句计算 n 的阶乘（$1×2×3×⋯×n$），要求输入 n 的值，输出 n 的阶乘。

② 模拟拨打电话场景：官方电话号码为 4006751066，如果输入的电话号码是 4006751066，显示"电话正在接通，请等待……"，否则，提示拨打的号码不存在。效果如图 3.14 和图 3.15 所示。

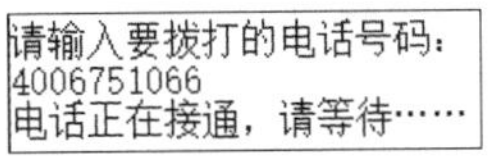

请输入要拨打的电话号码：
4006751066
电话正在接通，请等待……

请输入要拨打的电话号码：
13610780204
对不起，您拨打的号码不存在！

全方位沉浸式学C#
见此图标 👀 微信扫码

图 3.14　电话正在接通的提示 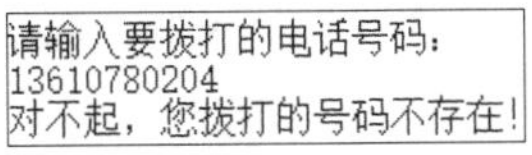　　　图 3.15　电话号码不存在的提示

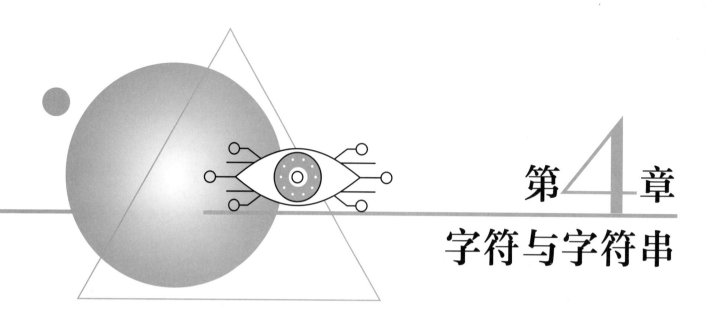

第4章

字符与字符串

　　.NET Framework 类库中提供了强大的字符和字符串处理功能，其中 Char 类是 C# 提供的字符类型，String 类是 C# 提供的字符串类型，开发人员可以通过这两个类提供的方法对字符和字符串进行各种操作；另外，.NET Framework 中还提供了一个 StringBuilder 类，用来对经常需要变化的字符串进行处理。本章将对 C# 中的字符及字符串进行详细讲解。

　　本章知识架构如下：

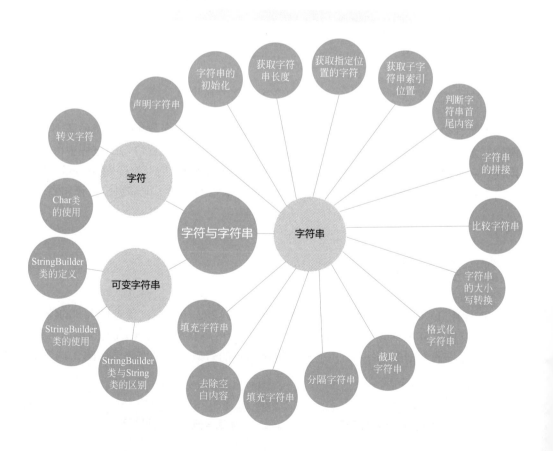

4.1 字符

字符类型在 C# 中使用 Char 类来表示，该类主要用来存储单个字符，它占用 16 位（两个字节）的内存空间。在定义字符型变量时，要以单引号（' '）表示，如 'a' 表示一个字符，而 "a" 则表示一个字符串，虽然其只有一个字符，但因使用双引号，所以它仍然表示字符串，而不是字符。字符类型变量的声明非常简单，代码如下：

```
char ch1 = 'L';
char ch2 = '1';
```

⚡ 注意

> Char 类只能定义一个 Unicode 字符。Unicode 字符是目前计算机中通用的字符编码，它为针对不同语言中的每个字符设定了统一的二进制编码，用于满足跨语言、跨平台的文本转换和处理的要求，这里了解 Unicode 即可。

4.1.1 Char 类的使用

Char 类为开发人员提供了许多方法，可以通过这些方法灵活地对字符进行各种操作。Char 类的常用方法及说明如表 4.1 所示。

表 4.1 **Char 类的常用方法及说明**

方法	说明
IsDigit	指示某个 Unicode 字符是否属于十进制数字类别
IsLetter	指示某个 Unicode 字符是否属于字母类别
IsLetterOrDigit	指示某个 Unicode 字符是属于字母类别还是属于十进制数字类别
IsLower	指示某个 Unicode 字符是否属于小写字母类别
IsNumber	指示某个 Unicode 字符是否属于数字类别
IsPunctuation	指示某个 Unicode 字符是否属于标点符号类别
IsSeparator	指示某个 Unicode 字符是否属于分隔符类别
IsUpper	指示某个 Unicode 字符是否属于大写字母类别
IsWhiteSpace	指示某个 Unicode 字符是否属于空白类别
Parse	将指定字符串的值转换为它的等效 Unicode 字符
ToLower	将 Unicode 字符的值转换为它的小写等效项
ToString	将字符的值转换为其等效的字符串表示
ToUpper	将 Unicode 字符的值转换为它的大写等效项
TryParse	将指定字符串的值转换为它的等效 Unicode 字符

从表 4.1 可以看到，C# 中的 Char 类提供了很多操作字符的方法，其中以 Is 和 To 开始的方法比较常用。以 Is 开始的方法大多是判断 Unicode 字符是否为某个类别，比如是否大小写、是否是数字等；而以 To 开始的方法主要是对字符进行转换大小写及转换字符串的操作。

实例 4.1

字符类 Char 的常用方法应用

👁 **实例位置：资源包 \Code\04\01**

创建一个控制台应用程序，演示如何使用 Char 类提供的常见方法，代码如下：

```
01  static void Main(string[] args)
02  {
03      char a = 'a';                // 声明字符 a
04      char b = '8';                // 声明字符 b
05      char c = 'L';                // 声明字符 c
06      char d = '.';                // 声明字符 d
07      char e = '|';                // 声明字符 e
08      char f = ' ';                // 声明字符 f
09      Console.WriteLine("IsLetter 方法判断 a 是否为字母: {0}", Char.IsLetter(a));
10      Console.WriteLine("IsDigit 方法判断 b 是否为数字: {0}", Char.IsDigit(b));
11      Console.WriteLine("IsLetterOrDigit 方法判断 c 是否为字母或数字: {0}", Char.IsLetterOrDigit(c));
12      Console.WriteLine("IsLower 方法判断 a 是否为小写字母: {0}", Char.IsLower(a));
13      Console.WriteLine("IsUpper 方法判断 c 是否为大写字母: {0}", Char.IsUpper(c));
14      Console.WriteLine("IsPunctuation 方法判断 d 是否为标点符号: {0}", Char.IsPunctuation(d));
15      Console.WriteLine("IsSeparator 方法判断 e 是否为分隔符: {0}", Char.IsSeparator(e));
16      Console.WriteLine("IsWhiteSpace 方法判断 f 是否为空白: {0}", Char.IsWhiteSpace(f));
17      Console.ReadLine();
18  }
```

⚙ **程序的运行结果如图 4.1 所示。**

4.1.2 转义字符

前面讲到了字符只能存储单个字符，但是，如果在 Visual Studio 开发环境中编写如下代码：

```
char ch = '\';
```

会出现如图 4.2 所示的错误提示。

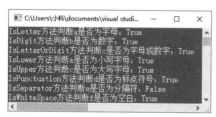

图 4.1　Char 类常用方法的应用

图 4.2　定义反斜线时的错误提示

从代码表面上看，反斜线 "\" 是一个字符，正常应该是可以定义为字符的，但为什么会出现错误呢？这里就引出了转义字符的概念。

转义字符是一种特殊的字符变量，以反斜线 "\" 开头，后跟一个或多个字符，也就是说，在 C# 中，反斜线 "\" 是一个转义字符，不能单独作为字符使用。因此，如果要在 C# 中使用反斜线，可以使用下面的代码表示：

```
char ch = '\\';
```

⚡ **注意**

转义符 "\"（单个反斜杠）只针对后面紧跟着的单个字符进行操作。

C# 中的常用转义字符如表 4.2 所示。

表 4.2　转义字符及其作用

转义字符	说明	转义字符	说明
\n	回车换行	\r	回车
\t	横向跳到下一制表位置	\f	换页
\"	双引号	\\	反斜线
\b	退格	\'	单引号
\uxxxx	4 位十六进制所表示的字符，如 \u0052		

实例 4.2　　**输出 Windows 系统目录**　　　◉ **实例位置：资源包 \Code\04\02**

创建一个控制台应用程序，通过使用转义字符在控制台窗口中输出 Windows 的系统目录，代码如下：

```
01  static void Main(string[] args)
02  {
03      Console.WriteLine("Windows 的系统目录为：C:\\Windows");    // 输出 Windows 的系统目录
04      Console.ReadLine();
05  }
```

⏻ **程序的运行结果如图 4.3 所示。**

图 4.3　**输出 Windows 的系统目录**

✎ **技巧**

上面的实例在输出系统目录时，遇到反斜杠时使用 "\\" 表示。但是，如果遇到下面的情况：

```
Console.WriteLine("C:\\Windows\\Microsoft.NET\\Framework\\v4.0.30319\\2052");
```

从上面的代码看到，如果有多级目录，遇到反斜杠时，如果都使用 "\\"，会显得非常麻烦，这时可以用一个 @ 符号来进行多级转义，代码修改如下：

```
Console.WriteLine(@"C:\Windows\Microsoft.NET\Framework\v4.0.30319\2052");
```

4.2　字符串

char 类型可以保存字符，但它只能表示单个字符。如果要表示多个字符，就需要使用字符串。C# 语言中，可以通过 string 类创建字符串。

4.2.1　声明字符串

在 C# 语言中，字符串必须包含在一对双引号（""）之内。例如：

```
"23.23"、"ABCDE"、" 你好 "
```

这些都是字符串常量，字符串常量是系统能够显示的任何文字信息，甚至是单个字符。

注意

> 在 C# 中，由双引号（""）包围的都是字符串，不能作为其他数据类型来使用，例如 "1+2" 的输出结果永远也不会是 3。

可以通过以下语法格式来声明字符串:

```
string str = [null]
```

- string：指定该变量为字符串类型。
- str：任意有效的标识符，表示字符串变量的名称。
- null：如果省略 null，表示 str 变量是未初始化的状态，否则，表示声明的字符串的值就等于 null。

例如，声明一个字符串变量 strName，代码如下:

```
string strName;
```

也可以同时声明多个字符串，字符串名称中间用英文逗号隔开即可，例如下面的代码:

```
string name, info, remark;
```

4.2.2 字符串的初始化

对字符串进行初始化的方法主要有以下几种:

① 引用字符串常量，示例代码如下:

```
01  string a = " 时间就是金钱，我的朋友。";
02  string b = " 锄禾日当午 ";
03  string str1, str2;
04  str1 = "We are students";
05  str2 = "We are students";
```

说明

> 当两个字符串对象引用相同的常量，就会具有相同的实体，例如，上面代码中的 str1 和 str2 的内存示意图如图 4.4 所示。

② 利用字符数组初始化，示例代码如下:

```
01  char[] charArray = { 't', 'i', 'm', 'e' };
02  string str = new string(charArray);
```

③ 提取字符数组中的一部分初始化字符串，示例代码如下:

```
01  char[] charArray = { '时', '间', '就', '是', '金', '钱' };
02  string str = new string(charArray, 4, 2);
```

图 4.4　两个字符串对象引用相同的常量

说明

> "string str=null;" 和 "string str= "";" 是两种不同的概念，前者是空对象，没有指向任何引用地址，调用 string 类的方法会抛出 NullReferenceException 空引用异常；而后者是一个字符串，分配了内存空间，可以调用 string 的任何方法，只是没有显示出任何数据而已。

上面提到，字符串在使用之前必须初始化，但有一种情况，可以不对其进行初始化，程序也不会出现错误，就是字符串作为成员变量，即将字符串的定义放到类中，而不是方法中，这时定义的字符串变量就叫作成员变量，它会保持默认值 null，例如，下面的代码运行时，程序就不会出现错误。

```
01  internal class Program
02  {
03      static string name;
04      private static void Main(string[] args)
05      {
06          Console.Write(name);
07          Console.ReadLine();
08      }
09  }
```

上面的代码运行时，不会出现异常，因为 name 直接定义在了 Program 类中，它将作为成员变量，在 main 方法中使用 Console.Write 输出时，它的值为默认值 null。

4.2.3　获取字符串长度

获取字符串的长度可以使用 String 类的 Length 属性，其语法格式如下：

```
public int Length { get; }
```

属性值：表示当前字符串中字符的数量。

例如，定义一个字符串变量，并为其赋值，然后使用 Length 属性获取该字符串的长度，代码如下：

```
01  string num1 = "1234567890";
02  int size1 = num1.Length;
03  string num2 = "12345 67890";
04  int size2 = num2.Length;
```

运行上面的代码，size1 的值为 10，而 size2 的值为 11，这说明使用 Length 属性返回的字符串长度是包括字符串中空格的，每个空格都单独作为一个字符计算长度。

4.2.4　获取指定位置的字符

获取指定位置的字符可以使用 String 类的 Chars 属性，其语法格式如下：

```
public char this[
    int index
] { get; }
```

↻ index：当前的字符串中的位置。
↻ 属性值：位于 index 位置的字符。

Chars 属性是一个索引器属性，它的调用语法是一对中括号，中间加索引位置，具体形式为 str[index]。例如，定义一个字符串变量，并为其赋值，然后获取该字符串索引位置 5 处的字符并输出，代码如下：

```
01  string str = "努力工作是人生最好的投资";      // 创建字符串对象 str
02  char chr = str[5];                          // 将字符串 str 中索引位置为 5 的字符赋值给 chr
03  Console.WriteLine("字符串中索引位置为 5 的字符是: " + chr);  // 输出 chr
```

◯ 运行结果如下：

字符串中索引位置为 5 的字符是：人

📋 **说明**

字符串中的索引位置是从 0 开始的。

4.2.5 获取子字符串索引位置

String 类提供了两种查找字符串索引的方法，即 IndexOf 与 LastIndexOf 方法。其中，IndexOf 方法返回的是搜索的字符或字符串首次出现的索引位置，而 LastIndexOf 方法返回的是搜索的字符或字符串最后一次出现的索引位置，下面分别对这两个方法的使用进行讲解。

（1）IndexOf 方法

IndexOf 方法返回的是搜索的字符或字符串首次出现的索引位置，它有多种重载形式，其中常用的几种语法格式如下：

```
public int IndexOf(char value)
public int IndexOf(string value)
public int IndexOf(char value,int startIndex)
public int IndexOf(string value,int startIndex)
public int IndexOf(char value,int startIndex,int count)
public int IndexOf(string value,int startIndex,int count)
```

🔁 value：要搜寻的字符或字符串。

🔁 startIndex：搜索起始位置。

🔁 count：要检查的字符位置数。

🔁 返回值：如果找到字符或字符串，则为 value 的从零开始的索引位置；如果未找到字符或字符串，则为 -1。

例如，查找字符 e 在字符串 str 中第一次出现的索引位置，代码如下：

```
01  string str = "We are the world";
02  int size = str.IndexOf('e');  //size 的值为 1
```

理解字符串的索引位置，要对字符串的下标有所了解。在计算机中，string 对象是用数组表示的。字符串的下标是 0 ～ Length-1。上面代码中的字符串 str 的下标排列如图 4.5 所示。

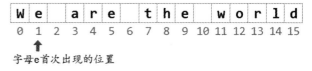

图 4.5　字符串 str 的下标排列

✏️ **技巧**

在日常开发工作中，经常会遇到判断一个字符串中是否包含某个字符或者某个子字符串的情况，这时就可以使用 IndexOf 方法，判断获取到的索引是否大于等于 0，如果是，则表示包含，否则，不包含。

（2）LastIndexOf 方法

LastIndexOf 方法返回的是搜索的字符或字符串最后一次出现的索引位置，它有多种重载形式，其中常用的几种语法格式如下：

```
public int LastIndexOf(char value)
public int LastIndexOf(string value)
public int LastIndexOf(char value,int startIndex)
public int LastIndexOf(string value,int startIndex)
public int LastIndexOf(char value,int startIndex,int count)
public int LastIndexOf(string value,int startIndex,int count)
```

♻ value：要搜寻的字符或字符串。

♻ startIndex：搜索起始位置。

♻ count：要检查的字符位置数。

♻ 返回值：如果找到字符或字符串，则为 value 的从零开始的索引位置；如果未找到字符或字符串，则为 –1。

例如，查找字符 e 在字符串 str 中最后一次出现的索引位置，代码如下：

```
01  string str = "We are the world";
02  int size = str.LastIndexOf('e');  //size 的值为 9
```

4.2.6 判断字符串首尾内容

判断字符串首尾内容，可以使用 StartsWith 与 EndsWith 方法，其中，StartsWith 方法用来判断字符串是否以指定的内容开始，而 EndsWith 方法用来判断字符串是否以指定的内容结束，下面将分别对这两个方法进行讲解。

（1）StartsWith 方法

StartsWith 方法用来判断字符串是否以指定的内容开始，其常用的两种语法格式如下：

```
public bool StartsWith(string value)
public bool StartsWith(string value,bool ignoreCase,CultureInfo culture)
```

♻ value：要判断的字符串。

♻ ignoreCase：要在判断过程中忽略大小写，则为 true；否则为 false。

♻ culture：CultureInfo 对象，用来确定如何对字符串与 value 进行比较的区域性信息。如果 culture 为 null，则使用当前区域性。

♻ 返回值：如果 value 与字符串的开头匹配，则为 true；否则为 false。

例如，使用 StartsWith 方法判断一个字符串是否以"梦想"开始，代码如下：

```
01  string str = "梦想还是要有的，万一实现了呢！";      // 定义一个字符串，并初始化
02  bool result = str.StartsWith("梦想");              // 判断 str 是否以"梦想"开始
03  Console.WriteLine(result);
```

上面代码的运行结果为：true。

✏ 技巧

> 如果在判断某一个英文字符串是否以某字母开始时，需要忽略大小写，可以使用第 2 种形式，并将第 2 个参数设置为 true。例如，定义一个字符串"Keep on going never give up"，然后使用 StartsWith 方法判断该字符串是否以"keep"开始，代码如下：

```
01  string str = "Keep on going never give up";
02  bool result = str.StartsWith("keep", true, null);      // 判断 str 是否以 keep 开始
03  Console.WriteLine(result);
```

上面代码的返回结果为 true，因为这里使用了 StartsWith 方法的第 2 种形式，并且第 2 个参数为 true，因此在比较时，"Keep"和"keep"会忽略大小写，因此返回结果为 true。

（2）EndsWith 方法

EndsWith 方法用来判断字符串是否以指定的内容结束，其常用的两种语法格式如下：

```
public bool EndsWith(string value)
public bool EndsWith(string value,bool ignoreCase,CultureInfo culture)
```

    ♻ value ： 要判断的字符串。

    ♻ ignoreCase ： 要在判断过程中忽略大小写，则为 true ； 否则为 false。

    ♻ culture ：CultureInfo 对象，用来确定如何对字符串与 value 进行比较的区域性信息。 如果 culture 为 null，则使用当前区域性。

    ♻ 返回值： 如果 value 与字符串的末尾匹配，则为 true ； 否则为 false。

🖋 技巧

> 如果在比较时需要忽略大小写，通常使用第 2 种形式，并将第 2 个参数设置为 true。

例如，使用 EndsWith 方法判断一个字符串是否以句号（。）结束，代码如下：

```
01  string str = "梦想还是要有的，万一实现了呢！ "；  // 定义一个字符串，并初始化
02  bool result = str.EndsWith("。");  // 判断 str 是否以 "。" 结尾
03  Console.WriteLine(result);
```

上面代码的运行结果为: false。

4.2.7　字符串的拼接

使用 "+" 运算符可完成对多个字符串的拼接，"+" 运算符可以连接多个字符串并产生一个 string 对象。
例如，定义两个字符串，使用 "+" 运算符连接，代码如下：

```
01  string s1 = "hello";              // 声明 string 对象 s1
02  string s2 = "world";              // 声明 string 对象 s2
03  string s = s1 + " " + s2;         // 将对象 s1 和 s2 连接后的结果赋值给 s
```

🖋 技巧

> C# 中一个相连的字符串不能分开在两行中写。例如：

```
01  Console.WriteLine("I like
02  C#");
```

这种写法是错误的，如果一个字符串太长，为了便于阅读，可以将这个字符串分在两行上书写，此时就可以使用 "+" 将两个字符串拼接起来，之后在加号处换行。因此，上面的语句可以修改如下：

```
01  Console.WriteLine("I like" +
02  "C#");
```

"+" 运算符连接字符串时，也可以将数字、bool 值等跟字符串相连，最终得到的是一个字符串，例如下面的代码：

```
01  string str1 = 123 + "456";           // 数字与 "数字字符串" 连接，结果为 123456，而不是 579
02  string str2 = 123 + "string";        // 数字与字符串连接，结果为 123string
03  string str3 = true + "456";          //bool 值与字符串连接，结果为 True456
```

4.2.8　比较字符串

对字符串值进行比较时，可以使用前面学过的关系运算符 "==" 实现。
例如，使用关系运算符比较两个字符串的值是否相等，代码如下：

```
01  string str1 = "mingrikeji";
02  string str2 = "mingrikeji";
03  Console.WriteLine((str1 == str2));
```

上面代码的输出结果为 true。

除了使用比较运算符"=="，在 C# 中最常见的比较字符串的方法还有 Equals 方法。

Equals 方法主要用于比较两个字符串是否相同，如果相同返回值是 true，否则为 false，其常用的两种方式的语法如下。

```
public bool Equals (string value)
public static bool Equals (string a,string b)
```

- value：是与实例比较的字符串。
- a 和 b：是要进行比较的两个字符串。

4.2.9 字符串的大小写转换

对字符串进行大小写转换时，需要使用 String 类提供的 ToUpper 方法和 ToLower 方法，其中，ToUpper 方法用来将字符串转换为大写形式，而 ToLower 方法用来将字符串转换为小写形式，它们的语法格式如下：

```
public string ToUpper()
public string ToLower()
```

📋 说明

如果字符串中没有需要被转换的字符（比如数字或者汉字），则返回原字符串。

例如，定义一个字符串，赋值为"Learn and live"，分别用大写、小写两种格式输出该字符串，代码如下：

```
01  string str = "Learn and live";
02  Console.WriteLine(str.ToUpper());  // 大写输出
03  Console.WriteLine(str.ToLower());  // 小写输出
```

⟳ 运行结果为：

```
LEARN AND LIVE
learn and live
```

✎ 技巧

在各种网站的登录页面中，验证码的输入通常都是不区分大小写的，这样的情况下，就可以使用 ToUpper 或者 ToLower 方法将网页显示的验证码和用户输入的验证码同时转换为大写或者小写，以方便验证。

4.2.10 格式化字符串

在 C# 中，string 类提供了一个静态的 Format 方法，用于将字符串数据格式化成指定的格式，其常用的语法格式如下：

```
public static string Format(string format,Object arg0)
public static string Format(string format,params Object[] args)
```

① format：用来指定字符串所要格式化的形式。该参数的基本格式如下：

```
{index[,length][:formatString]}
```

⟳ index：要设置格式的对象的参数列表中的位置（从零开始）。

⟳ length：参数的字符串表示形式中包含的最小字符数。如果该值是正的，则参数右对齐；如果该值是负的，则参数左对齐。

⟳ formatString：要设置格式的对象支持的标准或自定义格式字符串。

② arg0：要设置格式的对象。

③ args：一个对象数组，其中包含零个或多个要设置格式的对象。

④ 返回值：格式化后的字符串。

格式化字符串主要有两种情况，分别是数值类型数据的格式化和日期时间类型数据的格式化，下面分别讲解。

（1）数值类型的格式化

实际开发中，数值类型有多种显示方式，比如货币形式、百分比形式等，C# 支持的标准数值格式规范如表 4.3 所示。

表 4.3　C# 支持的标准数值格式规范

格式说明符	名称	说明	示例
C 或 c	货币	结果：货币值 受以下类型支持：所有数值类型 精度说明符：小数位数	¥123 或 －¥123.456
D 或 d	Decimal	结果：整型数字，负号可选 受以下类型支持：仅整型 精度说明符：最小位数	1234 或 －001234
E 或 e	指数（科学型）	结果：指数计数法 受以下类型支持：所有数值类型 精度说明符：小数位数	1.052033E+003 或 －1.05e+003
F 或 f	定点	结果：整数和小数，负号可选 受以下类型支持：所有数值类型 精度说明符：小数位数	1234.57 或 －1234.5600
N 或 n	Number	结果：整数和小数，组分隔符和小数分隔符，负号可选 受以下类型支持：所有数值类型 精度说明符：所需的小数位数	1234.57 或 －1234.560
P 或 p	百分比	结果：乘以 100 并显示百分比符号的数字 受以下类型支持：所有数值类型 精度说明符：所需的小数位数	100.00 % 或 100 %
X 或 x	十六进制	结果：十六进制字符串 受以下类型支持：仅整型 精度说明符：结果字符串中的位数	FF 或 00ff

💡 注意

使用 string.Format 方法对数值类型数据格式化时，传入的参数必须为数值类型。

实例 4.3

格式化不同的数值类型数据

👁 实例位置：资源包 \Code\04\03

使用表 4.3 中的标准数值格式规范对不同的数值类型数据进行格式化，并输出，代码如下：

```
01  static void Main(string[] args)
02  {
03      // 输出金额
04      Console.WriteLine(string.Format("1251+3950 的结果是（以货币形式显示）:{0:C}", 1251 + 3950));
05      // 输出科学计数法
06      Console.WriteLine(string.Format("120000.1 用科学计数法表示:{0:E}", 120000.1));
07      // 输出以分隔符显示的数字
08      Console.WriteLine(string.Format("12800 以分隔符数字显示的结果是:{0:N0}", 12800));
09      // 输出小数点后两位
10      Console.WriteLine(string.Format("π 取两位小数点:{0:F2}", Math.PI));
11      // 输出十六进制
12      Console.WriteLine(string.Format("33 的十六进制结果是:{0:X4}", 33));
13      // 输出百分号数字
14      Console.WriteLine(string.Format(" 天才是由 {0:P0} 的灵感，加上 {1:P0} 的汗水 。", 0.01, 0.99));
15      Console.ReadLine();
16                                  }
```

⚙ **程序运行结果如图 4.6 所示。**

（2）日期时间类型的格式化

如果希望日期时间按照某种标准格式输出，比如短日期格式、完整日期时间格式等，那么可以使用 String 类的 Format 方法将日期时间格式化为指定的格式。C# 支持的日期时间类型格式规范如表 4.4 所示。

图 4.6　数值类型的格式化

表 4.4　**C# 支持的日期时间类型格式规范**

格式说明符	说明	举例
d	短日期格式	YYYY-MM-dd
D	长日期格式	YYYY 年 MM 月 dd 日
f	完整日期 / 时间格式（短时间）	YYYY 年 MM 月 dd 日 hh:mm
F	完整日期 / 时间格式（长时间）	YYYY 年 MM 月 dd 日 hh:mm:ss
g	常规日期 / 时间格式（短时间）	YYYY-MM-dd hh:mm
G	常规日期 / 时间格式（长时间）	YYYY-MM-dd hh:mm:ss
M 或 m	月 / 日格式	MM 月 dd 日
t	短时间格式	hh:mm
T	长时间格式	hh:mm:ss
Y 或 y	年 / 月格式	YYYY 年 MM 月

⚡ **注意**

使用 string.Format 方法对日期时间类型数据格式化时，传入的参数必须为 DataTime 类型。

实例 4.4 输出不同形式的日期时间 ⊙ **实例位置: 资源包 Code\04\04**

使用表 4.4 中的标准日期时间格式规范对不同的日期时间数据进行格式化,并输出,代码如下:

```
01  static void Main(string[] args)
02  {
03      DateTime strDate = DateTime.Now;              // 获取当前日期时间
04      Console.WriteLine(string.Format(" 当前日期的短日期格式表示: {0:d}", strDate));
05      Console.WriteLine(string.Format(" 当前日期的长日期格式表示: {0:D}", strDate));
06      Console.WriteLine();                          // 换行
07      Console.WriteLine(string.Format(" 当前日期时间的完整日期 / 时间格式(短时间)表示: {0:f}", strDate));
08      Console.WriteLine(string.Format(" 当前日期时间的完整日期 / 时间格式(长时间)表示: {0:F}", strDate));
09      Console.WriteLine();                          // 换行
10      Console.WriteLine(string.Format(" 当前日期时间的常规日期 / 时间格式(短时间)表示: {0:g}", strDate));
11      Console.WriteLine(string.Format(" 当前日期时间的常规日期 / 时间格式(长时间)表示: {0:G}", strDate));
12      Console.WriteLine();                          // 换行
13      Console.WriteLine(string.Format(" 当前时间的短时间格式表示: {0:t}", strDate));
14      Console.WriteLine(string.Format(" 当前时间的长时间格式表示: {0:T}", strDate));
15      Console.WriteLine();                          // 换行
16      Console.WriteLine(string.Format(" 当前日期的月 / 日格式表示: {0:M}", strDate));
17      Console.WriteLine(string.Format(" 当前日期的年 / 月格式表示: {0:Y}", strDate));
18      Console.ReadLine();
19  }
```

⚙ 程序运行结果如图 4.7 所示。

图 4.7 日期时间类型的格式化

✏️ 技巧

通过在 ToString 方法中传入指定的 "格式说明符",也可以实现对数值型数据和日期时间型数据的格式化,例如,下面的代码分别使用 ToString 方法将数字 1298 格式化为货币形式,当前日期格式化为年 / 月格式,代码如下:

```
01  int money = 1298;
02  Console.WriteLine(money.ToString("C"));            // 使用 ToString 方法格式化数值类型
03  Console.WriteLine(money.ToString("000000"));       // 使用 ToString 方法格式化为 6 位数字
04  DateTime dTime = DateTime.Now;
05  Console.WriteLine(dTime.ToString("Y"));            // 使用 ToString 方法格式化日期时间类型
```

4.2.11 截取字符串

String 类提供了一个 Substring 方法,该方法可以截取字符串中指定位置和指定长度的子字符串,该方法有两种使用形式，分别如下：

```
public string Substring(int startIndex)
public string Substring (int startIndex,int length)
```

- ⟳ startIndex：子字符串的起始位置的索引。
- ⟳ length：子字符串中的字符数。
- ⟳ 返回值：截取的子字符串。

例如，使用 SubString 方法的两种形式从一个完整文件名中分别获取文件名称和文件扩展名，代码如下：

```
01  string strFile = "Program.cs";                                    // 定义字符串
02  Console.WriteLine(" 文件完整名称: " + strFile);                    // 输出文件完整名称
03  string strFileName = strFile.Substring(0, strFile.IndexOf('.'));  // 获取文件名
04  string strExtension = strFile.Substring(strFile.IndexOf('.'));    // 获取扩展名
05  Console.WriteLine(" 文件名: " + strFileName);                      // 输出文件名
06  Console.WriteLine(" 扩展名: " + strExtension);                     // 输出扩展名
```

4.2.12 分隔字符串

String 类提供了一个 Split 方法，用于根据指定的字符数组或者字符串数组对字符串进行分隔，该方法有 5 种使用形式，分别如下：

```
public string[] Split(params char[] separator)
public string[] Split(char[] separator,int count)
public string[] Split(string[] separator,StringSplitOptions options)
public string[] Split(char[] separator,int count,StringSplitOptions options)
public string[] Split(string[] separator,int count,StringSplitOptions options)
```

- ⟳ separator：分隔字符串的字符数组或字符串数组。
- ⟳ count：要返回的子字符串的最大数量。
- ⟳ options：要省略返回的数组中的空数组元素，则为 RemoveEmptyEntries；要包含返回的数组中的空数组元素，则为 None。
- ⟳ 返回值：一个数组，其元素包含分隔得到的子字符串，这些子字符串由 separator 中的一个或多个字符或字符串分隔。

下面以逗号为分隔符使用 Split 方法分隔一段话，代码如下：

```
01                                                         // 声明字符串
02  string str = " 让编程学习不再难 , 让编程创造财富不再难 , 让编程改变工作和人生不再难 ";
03  char[] separator = { ',' };                            // 声明分隔字符的数组
04                                                         // 分隔字符串
05  string[] splitStrings = str.Split(separator, StringSplitOptions.RemoveEmptyEntries);
06                                                         // 使用 for 循环遍历数组，并输出
07  for (int i = 0; i < splitStrings.Length; i++)
08  {
09      Console.WriteLine(splitStrings[i]);
10  }
```

4.2.13 填充字符串

C# 中的 String 类提供了 PadLeft/PadRight 方法用于填充字符串，PadLeft 方法在字符串的左侧进行字符填充，而 PadRight 方法在字符串的右侧进行字符填充。PadLeft 方法的语法格式如下。

```
public string PadLeft(int totalWidth,char paddingChar)
```

PadRight 方法的语法格式如下。

```
public string PadRight(int totalWidth,char paddingChar)
```

♻ totalWidth：指定填充后的字符串长度。

♻ paddingChar：指定所要填充的字符，如果省略，则填充空格符号。

对字符串进行填充

◉ **实例位置：资源包 \Code\04\05**

定义一个字符串，存储"*"号，然后分别使用空格和"-"对齐进行左右填充，以便使填充后的字符串能够右对齐和左对齐显示，代码如下。

```
01  string str = "*";
02  string newStr1 = str.PadLeft(8);              // 以默认的空格在左侧填充字符串，使其右对齐
03  string newStr2 = str.PadLeft(8, '-');         // 以"-"号在左侧填充字符串，使其右对齐
04  Console.WriteLine("【" + newStr1 + "】");
05  Console.WriteLine("【" + newStr2 + "】");
06  Console.WriteLine("------------");
07  string newStr3 = str.PadRight(8);             // 以默认的空格在右侧填充字符串，使其左对齐
08  string newStr4 = str.PadRight(8, '-');        // 以"-"号在右侧填充字符串，使其左对齐
09  Console.WriteLine("【" + newStr3 + "】");
10  Console.WriteLine("【" + newStr4 + "】");
```

⟳ 程序的运行结果如图 4.8 所示。

4.2.14　去除空白内容

String 类提供了一个 Trim 方法，用来移除字符串中的所有开头空白字符和结尾空白字符，其语法格式如下：

```
public string Trim()
```

Trim 方法的返回值是从当前字符串的开头和结尾删除所有空白字符后剩余的字符串。

例如，定义一个字符串 strOld，并初始化为"　　abc　　　"，然后使用 Trim 方法删除该字符串中开头和结尾处的所有空白字符，代码如下：

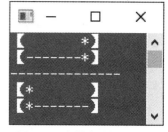

图 4.8　字符串的填充应用

```
01  string str = "      abc           ";          // 定义原始字符串
02  string shortStr = str.Trim();                 // 去掉字符串的首尾空格
03  Console.WriteLine("str 的原值是: [" + str + "]");
04  Console.WriteLine(" 去掉首尾空白的值: [" + shortStr + "]");
```

上面代码的运行结果如下：

```
str 的原值是: [      abc           ]
去掉首尾空白的值: [abc]
```

✐ 技巧

使用 Trim 方法还可以从字符串的开头和结尾删除指定的字符，它的使用形式如下。

```
public string Trim(params char[] trimChars)
```

例如，使用 Trim 方法删除字符串开头和结尾处的 "*" 字符，代码如下：

```
01  char[] charsToTrim = { '*' };            // 定义要删除的字符数组
02  string str = "*****abc*****";            // 定义原始字符串
03  string shortStr = str.Trim(charsToTrim); // 去掉字符串的首尾 "*" 字符
```

4.2.15 替换字符串

String 类提供了一个 Replace 方法，用于将字符串中的某个字符或字符串替换成其他的字符或字符串，该方法有两种语法形式，分别如下：

```
public string Replace(char OChar,char NChar)
public string Replace(string OValue,string NValue)
```

- ♻ OChar： 待替换的字符。
- ♻ NChar： 替换后的新字符。
- ♻ OValue： 待替换的字符串。
- ♻ NValue： 替换后的新字符串。
- ♻ 返回值：替换后字符或字符串之后得到的新字符串。

📖 说明

> 如果要替换的字符或字符串在原字符串中重复出现多次，Replace 方法会将所有的都进行替换。

例如，下面代码用来把字符串中的小写 a 替换为大写 A：

```
string strNew2 = strOld.Replace("a", "A");
```

✏️ 技巧

> 在使用 Replace 方法时，还有一种常用的技巧，我们平时在处理字符串中的空格时，遇到去掉首尾空格的情况，可以直接使用 Trim 方法处理，但如果字符串中间有空格，比如在开发上位机程序时，接收到的十六进制数据中间就是以空格隔开的（例如：1A 3B F4 E6 C5 7F 8A 9C），这时如果需要去掉中间的所有空格，该怎么办呢？这时就可以使用 Replace 方法将接收到的数据中的所有空格都替换掉，例如下面的代码：

```
01  string strOld = "1A 3B F4 E6 C5 7F 8A 9C";
02  string strNew = strOld.Replace(" ", "");
```

4.3 可变字符串

对于创建成功的 string 字符串，它的长度是固定的，内容不能被改变和编译。虽然使用 "+" 可以达到附加新字符或字符串的目的，但 "+" 会产生一个新的 string 对象，会在内存中创建新的字符串对象。如果重复地对字符串进行修改，将会极大地增加系统开销。而 C# 中提供了一个可变的字符序列

StringBuilder 类，大大提高了频繁增加字符串的效率。下面对可变字符串的使用进行讲解。

4.3.1　StringBuilder 类的定义

StringBuilder 类位于 System.Text 命名空间中，如果要创建 StringBuilder 对象，首先必须引用该命名空间。StringBuilder 类有 6 种不同的构造方法，分别如下：

```
public StringBuilder()
public StringBuilder(int capacity)
public StringBuilder(string value)
public StringBuilder(int capacity,int maxCapacity)
public StringBuilder(string value,int capacity)
public StringBuilder(string value,int startIndex,int length,int capacity)
```

↻ capacity：StringBuilder 对象的建议起始大小。

↻ value：字符串，包含用于初始化 StringBuilder 对象的子字符串。

↻ maxCapacity：当前字符串可包含的最大字符数。

↻ startIndex：value 中子字符串开始的位置。

↻ length：子字符串中的字符数。

例如，创建一个 StringBuilder 对象，其初始引用的字符串为 "Hello World!"，代码如下：

```
StringBuilder MyStringBuilder = new StringBuilder("Hello World!");
```

📧 **说明**

> StringBuilder 类表示值为可变字符序列的类似字符串的对象，之所以说值是可变的，是因为在通过追加、移除、替换或插入字符而创建它后可以对它进行修改。

4.3.2　StringBuilder 类的使用

StringBuilder 类中常用的方法及说明如表 4.5 所示。

表 4.5　**StringBuilder 类中常用的方法及说明**

方法	说明
Append	将文本或字符串追加到指定对象的末尾
AppendFormat	自定义变量的格式并将这些值追加到 StringBuilder 对象的末尾
Insert	将字符串或对象添加到当前 StringBuilder 对象中的指定位置
Remove	从当前 StringBuilder 对象中移除指定数量的字符
Replace	用另一个指定的字符来替换 StringBuilder 对象内的字符

📧 **说明**

> StringBuilder 类提供的方法都有多种使用形式，开发者可以根据需要选择合适的使用形式。

实例位置：资源包 \Code\04\06

实例 4.6　　StringBuilder 类方法的使用

创建一个控制台应用程序，声明一个 int 类型的变量 Num，并初始化为 368，然后创建一个 StringBuilder 对象 SBuilder，其初始值为"明日科技"，之后分别使用 StringBuilder 类的 Append、AppendFormat、Insert、Remove 和 Replace 方法对 StringBuilder 对象进行操作，并输出相应的结果。代码如下：

```
01  static void Main(string[] args)
02  {
03      int Num = 368;                                  // 声明一个 int 类型变量 Num 并初始化为 368
04      StringBuilder SBuilder = new StringBuilder("明日科技");
05      SBuilder.Append("》C# 编程词典");                // 使用 Append 方法将字符串追加到 SBuilder 的末尾
06      Console.WriteLine(SBuilder);                    // 输出 SBuilder
07                                                      // 使用 AppendFormat 方法将字符串按照指定的格式追加到 SBuilder
                                                           的末尾
08      SBuilder.AppendFormat("{0:C0}", Num);
09      Console.WriteLine(SBuilder);                    // 输出 SBuilder
10      SBuilder.Insert(0, "软件：");                    // 使用 Insert 方法将"软件："追加到 SBuilder 的开头
11      Console.WriteLine(SBuilder);                    // 输出 SBuilder
12                                                      // 使用 Remove 方法从 SBuilder 中删除索引 14 以后的字符串
13      SBuilder.Remove(14, SBuilder.Length - 14);
14      Console.WriteLine(SBuilder);                    // 输出 SBuilder
15                                                      // 使用 Replace 方法将"软件："替换成"软件工程师必备"
16      SBuilder.Replace("软件", "软件工程师必备");
17      Console.WriteLine(SBuilder);                    // 输出 SBuilder
18      Console.ReadLine();
19  }
```

📑 **说明**

上面代码中的 {0:C0}，第一个 0 是占位符，表示后面跟的第一个参数，C 表示格式化为货币形式，第二个 0 跟在 C 后面，表示格式化的货币形式没有小数。

⭕ **程序的运行结果如图 4.9 所示。**

4.3.3　StringBuilder 类与 String 类的区别

String 本身是不可改变的，它只能赋值一次，每一次内容发生改变，都会生成一个新的对象，然后原有的对象引用新的对象，而每一次生成新对象都会对系统性能产生影响，这会降低 .NET 编译器的工作效率。String 操作示意图如图 4.10 所示。

而 StringBuilder 类则不同，每次操作都是对自身对象进行

图 4.9　**StringBuilder 类中几种方法的应用**

操作，而不是生成新的对象，其所占空间会随着内容的增加而扩充，这样，在做大量的修改操作时，不会因生成大量匿名对象而影响系统性能。StringBuilder 操作示意图如图 4.11 所示。

✏️ **技巧**

当程序中需要大量的对某个字符串进行操作时，应该考虑应用 StringBuilder 类处理该字符串，其设计目的就是针对大量 String 操作的一种改进办法，避免产生太多的临时对象；而当程序中只是对某个字符串进行一次或几次操作时，采用 String 类即可。

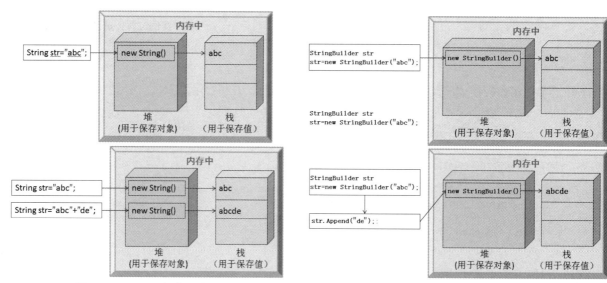

图 4.10　String 操作示意图　　　　图 4.11　StringBuilder 操作示意图

4.4　综合案例——模拟邮件发送

4.4.1　案例描述

平时在使用邮箱发送邮件时，可以同时给多人发送邮件，现在要求使用 C# 模拟实现邮件的发送功能，具体要求为：输入多个收件人、邮件主题及内容，然后按键盘上的回车键，显示邮件发送成功的信息提示，同时显示收件人列表、邮件的主题、内容及邮件的发送时间。运行结果如图 4.12 所示。

图 4.12　模拟邮件发送

4.4.2　实现代码

创建一个控制台应用程序，主要使用字符串的分隔方法对收件人列表进行分隔，然后模拟将邮件发送给每个人。代码如下：

```
01  static void Main(string[] args)
02  {
03      Console.WriteLine("——— 模拟邮件发送 ———");
04      bool recFlag = true;                                              // 验证收件人
05      string strReceivers;                                              // 接收收件人
06      string[] strReceiver;                                             // 存储单个收件人
07      do{
08          Console.WriteLine("\n 请输入收件人（多个收件人中间用逗号 <,> 隔开）:");
09          strReceivers = Console.ReadLine();                            // 记录用户输入
10          strReceiver = strReceivers.Split(new char[] { ',' });        // 截取收件人信息
11          for (int i = 0; i < strReceiver.Length; i++){                 // 循环遍历收件人数组
12              if (strReceiver[i].IndexOf("@") == -1) {                  // 判断收件人中是否含有 @
                                                                          //   符号
13                  Console.WriteLine("\n 收件人输入错误，请重新输入！");
14                  break;
15              }
16              else{
17                  if (i == strReceiver.Length - 1) {                    // 如果遍历到最后一个
18                      recFlag = false;
19                      break;                                            // 跳出循环
20                  }
21              }
22          }
23      } while (recFlag);
24      Console.Write("\n 请输入邮件主题:");
25      string strBody = Console.ReadLine();                              // 记录邮件主题
26      Console.WriteLine("\n 请输入邮件内容:");
27      string strContent = Console.ReadLine();                           // 记录邮件内容
28      Console.WriteLine("\n 邮件发送成功，预览信息:");
29      Console.WriteLine("\n 收件人列表:");
30      for (int i = 0; i < strReceiver.Length; i++){                     // 循环遍历收件人列表
31          Console.Write(strReceiver[i] + "    ");                      // 输出收件人，中间用空格
                                                                          //   隔开
32      }
33      Console.WriteLine("\n 邮件主题: " + strBody);                     // 输出邮件主题
34      Console.WriteLine(" 邮件内容:");
35      Console.WriteLine("  " + strContent);                            // 输出邮件内容
36      Console.WriteLine(string.Format(" 发送时间: {0:F}", DateTime.Now)); // 输出发送时间
37      Console.ReadLine();
38  }
```

▽ 小结

本章介绍了用于文本处理的 Char、String 和 StringBuilder 类。在学习本章时，读者要重点掌握 String 类中处理字符串的一些方法，这些方法在开发程序时会经常用到。StringBuilder 类允许使用同一个字符串对象进行字符串的维护操作，这样，可以在操作字符串数据的过程中提高效率，尤其是处理大量文字数据时。

4.5　实战练习

模拟输出员工的打卡时间（例如，员工名为 mr），输出形式如下:

打卡成功!
打开时间: 2021 年 7 月 16 日 14:25:56

全方位沉浸式学 C#
见此图标 📱 微信扫码

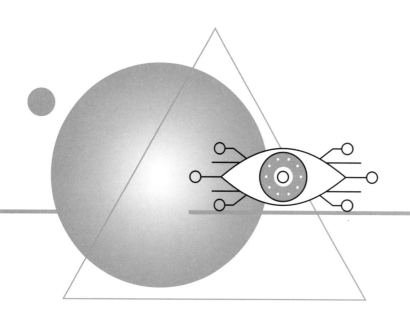

第5章
数组与集合

在程序设计中，为了方便数据的处理，C# 提供了一种有序的、能够存储多个相同类型变量的集合，这种集合就是数组。数组是一种指定了类型的数据结构，它可以在内存中连续地存放数据，以便能够快速访问其中存储的元素；而集合是一种特殊的数组，C# 中使用 ArrayList 类来表示集合。本章将对 C# 中的数组与集合进行详细讲解。

本章知识架构如下：

5.1 数组概述

数组是大部分编程语言中都支持的一种数据类型，无论是 C 语言、C++、Java 还是 C#，都支持数组的概念。

数组中包含若干相同类型的变量，这些变量都可以通过索引进行访问。数组中的变量称为数组的元素，数组能够容纳元素的数量称为数组的长度。数组中的每个元素都具有唯一的索引与其相对应，数组的索引从零开始。

数组是通过指定数组的元素类型、数组的秩（维数）及数组每个维度的上限和下限来定义的，即一个数组的定义需要包含以下几个要素：元素类型、数组的维数、每个维数的上下限。

数组的元素表示某一种确定的类型，如整数或字符串等，那么数组的确切含义是什么呢？数组类型的值是对象，数组对象被定义为存储数组元素类型值的一系列位置。也就是说，数组是一个存储一系列元素位置的对象。数组中存储位置的数量由数组的秩和边界来确定。

数组类型是从抽象基类型 array 派生的引用类型，通过 new 运算符创建数组并将数组元素初始化为它们的默认值。数组可以分为一维数组、二维数组和多维数组等。下面将对一维数组及二维数组进行详细讲解，至于多维数组的使用，由于与二维数组类似（实际上，二维数组也是一种简单的多维数组），在此不再赘述。

5.2 一维数组的声明和使用

一维数组是最常用的数组类型，本节将详细讲解一维数组的声明和使用方法。

5.2.1 一维数组的声明

一维数组即数组的维数为 1。

（1）声明

一维数组的声明语法格式如下：

```
type[] arrayName;
```

- ⮂ type：数组存储数据的数据类型。
- ⮂ arrayName：数组名称。

例如，声明一个 int 类型的一维数组 arr，代码如下：

```
int[] arr;
```

📖 说明

> 需要注意的是，数组的长度不是声明的一部分，而且数组必须在被访问前初始化。数组的类型可以是基本数据类型，也可以是枚举或其他类型。

（2）初始化

数组的初始化有很多形式，开发人员可以通过 new 运算符创建数组并将数组元素初始化为它们的默认值。

例如，声明一个 int 类型的一维数组 arr，该数组中包含 5 个元素，同时对该数组进行初始化。代码如下：

```
int[] arr =new int[5];  //arr 数组中的每个元素都初始化为 0
```

可以在声明数组时将其初始化，并且初始化的值为用户自定义的值。

例如，声明一个 int 类型的一维数组 arr，并初始化其中的元素值分别为 1、2、3、4、5。代码如下：

```
int[] arr=new int[5]{1,2,3,4,5};
```

说明

数组大小必须与大括号中的元素个数相匹配，否则会产生编译错误。

声明一个数组变量时可以不对其初始化，但在对数组初始化时必须使用 new 运算符。

例如，声明一个 string 类型的一维数组 arrStr，然后使用 new 运算符对其进行初始化。代码如下：

```
01  string[] arrStr;
02  arrStr=new string[7]{"Sun", "Mon", "Tue", "Wed", "Thu", "Fri", "Sat"};
```

实际上，初始化数组时可以省略 new 运算符和数组的长度，编译器将根据初始值的数量来计算数组长度，并创建数组。

例如，在声明一维数组 arrStr 时，不使用 new 运算符，直接对该数组进行初始化。代码如下：

```
string[] arrStr={"Sun", "Mon", "Tue", "Wed", "Thu", "Fri", "Sat"};
```

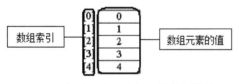

图 5.1　存储 5 个元素的一维数组结构

5.2.2　一维数组的使用

需要存储多个值时，可以使用一维数组，而且可以通过使用 foreach 语句或数组的下标将数组中的元素值读出来。图 5.1 举例说明了包括 5 个元素的一维数组结构。

实例 5.1

遍历一维数组中的所有元素

◉ **实例位置：资源包 \Code\05\01**

创建一个控制台应用程序，其中定义了一个一维数组，并通过使用 foreach 语句显示该数组的内容。代码如下：

```
01  static void Main(string[] args)
02  {
03      int[] arr = { 1, 2, 3, 4, 5 };            // 定义一个一维数组，并为其赋值
04      foreach (int n in arr)                    // 使用 foreach 语句循环遍历一维数组中的元素
05          Console.WriteLine("{0}", n + " ");
06      Console.ReadLine();
07  }
```

⏱ **程序运行结果如下：**

```
1
2
3
4
5
```

📖 **说明**

foreach 语句声明一个迭代变量，自动获取数组中每个元素的值，这是遍历一个数组的首选方式；如果要以其他方式遍历数组或修改数组中的元素，那么应该采用 for 语句，因为 foreach 语句中的迭代变量是数组的每个元素的只读副本。

5.3　二维数组的声明和使用

二维数组即数组的维数为 2，相当于一个表格。本节将对二维数组的声明和使用方法进行详细讲解。

5.3.1　二维数组的声明

（1）声明

二维数组的声明语法如下：

```
type[,] arrayName;
type[][] arrayName;
```

♻ type：数组存储数据的数据类型。

♻ arrayName：数组名称。

例如，声明一个 2 行 2 列的二维数组，代码如下。

```
int[,] arr=new int[2,2];
```

（2）初始化

二维数组的初始化有两种形式，可以通过 new 运算符创建数组并将数组元素初始化为它们的默认值。

例如，声明一个 2 行 2 列的二维数组，同时使用 new 运算符对其进行初始化。代码如下：

```
int[,] arr=new int[2,2]{{1,2},{3,4}};
```

也可以在初始化数组时，不指定行数和列数，而是使用编译器根据初始值的数量来自动计算数组的行数和列数。

例如，声明一个二维数组，不指定该数组的行数和列数，然后使用 new 运算符对其进行初始化。代码如下：

```
int[,] arr=new int[,]{{1,2},{3,4}};
```

5.3.2　二维数组的使用

需要存储表格的数据时，可以使用二维数组。图 5.2 举例说明了 4 行 3 列的二维数组的存储结构。

数组索引	[0,0]	[0,1]	[0,2]
	[1,0]	[1,1]	[1,2]
	[2,0]	[2,1]	[2,2]
	[3,0]	[3,1]	[3,2]

图 5.2　二维数组的存储结构

实例 5.2　　输出二维数组的所有元素　　　👁 **实例位置：资源包 \Code\05\02**

创建一个控制台应用程序，在其中定义一个静态的二维数组，并使用数组的 GetLength 方法获取数组的行数和列数，然后通过遍历数组输出其元素值。代码如下：

```
01  static void Main(string[] args)
02  {
03      int[,] arr = new int[3, 2] { { 1, 2 }, { 3, 4 }, { 5, 6 } };      // 自定义一个二维数组
04      Console.Write(" 数组的行数为: ");
05      Console.Write(arr.GetLength(0));                                  // 获得二维数组的行数
06      Console.Write("\n");
07      Console.Write(" 数组的列数为: ");
08      Console.Write(arr.GetLength(1));                                  // 获得二维数组的列数
09      Console.Write("\n");
10      for (int i = 0; i < arr.GetLength(0); i++)
11      {
12          string str = "";
13          for (int j = 0; j < arr.GetLength(1); j++)
14          {
15              str = str + Convert.ToString(arr[i, j]) + " ";           // 循环输出二维数组中的每个元素
16          }
17          Console.Write(str);
18          Console.Write("\n");
19      }
20      Console.ReadLine();
21  }
```

按 "Ctrl+F5" 键查看运行结果, 如图 5.3 所示。

5.3.3 不规则数组的定义

前面讲的二维数组是行和列固定的矩形方阵, 如 4×4、3×2 等, 另外, C# 中还支持不规则的数组, 例如, 二维数组中, 不同行的元素个数完全不同, 例如:

```
01  int[][] a = new int[3][];      // 创建二维数组, 指定行数, 不指定列数
02  a[0] = new int[5];             // 第一行分配 5 个元素
03  a[1] = new int[3];             // 第二行分配 3 个元素
04  a[2] = new int[4];             // 第三行分配 4 个元素
```

上面代码中定义的不规则二维数组的空间占用如图 5.4 所示。

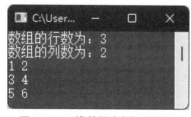

图 5.3 二维数组实例运行结果

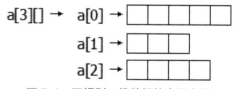

图 5.4 不规则二维数组的空间占用

5.4 数组的基本操作

C# 中的数组是由 System.Array 类派生而来的引用对象, 因此可以使用 Array 类中的各种方法对数组进行各种操作。对数组的操作可以分为静态操作和动态操作, 静态操作主要包括查找、遍历和排序等, 动态操作主要包括插入、删除、合并和拆分等。本节将对数组的各种操作进行详细讲解。

5.4.1 遍历数组中的元素

使用 foreach 语句可以实现数组的遍历功能, 开发人员可以用 foreach 语句访问数组中的每个元素,

而不需要确切地知道每个元素的索引号。

例如，声明一个 int 类型的一维数组，该数组中包含 5 个元素，然后使用 foreach 语句遍历该数组中的元素。代码如下：

```
01  int[] arr = new int[10] { 10, 20, 30, 40, 50 };
02  // 采用 foreach 语句对 arr 数组进行遍历
03  foreach (int number in arr)
04      Console.WriteLine(number);
05  Console.ReadLine();
```

⊙ 程序运行结果：

```
10
20
30
40
50
```

5.4.2 使用排序算法对数组进行排序

排序是编程中最常用的算法之一。排序的方法有很多种，实际开发程序时，可以用算法对数组进行排序，也可以用 Array 类的 Sort 方法和 Reverse 方法对数组进行排序。本节将详细讲解如何对数组进行排序。

（1）冒泡排序法

冒泡排序是一种最常用的排序方法，其过程很简单，就像气泡一样越往上走越大，因此被人们形象地称为"冒泡排序法"。冒泡排序的过程很简单，首先将第一个记录的关键字和第二个记录的关键字进行比较，若为逆序，则将两个记录交换，然后比较第二个记录和第三个记录的关键字，以此类推，直至第 $n-1$ 个记录和第 n 个记录的关键字作过比较为止，上述过程称为第一趟冒泡排序；执行 $n-1$ 次上述过程后，排序即可完成。

实例 5.3

冒泡排序法

◉ 实例位置：资源包 \Code\05\03

创建一个控制台应用程序，使用冒泡法对数组中的元素从小到大进行排序。代码如下：

```
01  static void Main(string[] args)
02  {
03      int[] arr = new int[] { 3, 9, 27, 6, 18, 12, 21, 15 };    // 定义一个一维数组，并赋值
04      Console.Write("初始数组: ");
05      foreach (int m in arr)                                     // 循环遍历定义的一维数组，并输出其中的元素
06          Console.Write(m + " ");
07      Console.WriteLine();
08                                                                 // 定义两个 int 类型的变量，分别用来表示数组下
                                                                   // 标和存储新的数组元素
09      int j, temp;
10      for (int i = 0; i < arr.Length - 1; i++)                   // 根据数组下标的值遍历数组元素
11      {
12          j = i + 1;
13          id:                                                    // 定义一个标识，以便从这里开始执行语句
14              if (arr[i] > arr[j])                               // 判断前后两个数的大小
```

```
15          {
16              temp = arr[i];              // 将比较后大的元素赋值给定义的 int 变量
17              arr[i] = arr[j];            // 将后一个元素的值赋值给前一个元素
18              arr[j] = temp;              // 将 int 变量中存储的元素值赋值给后一个元素
19              goto id;                    // 返回标识，继续判断后面的元素
20          }
21          else
22              if (j < arr.Length - 1)     // 判断是否执行到最后一个元素
23              {
24                  j++;                    // 如果没有，则再往后判断
25                  goto id;                // 返回标识，继续判断后面的元素
26              }
27      }
28      Console.Write("排序后的数组: ");
29      foreach (int n in arr)              // 循环遍历排序后的数组元素并输出
30          Console.Write(n + " ");
31      Console.ReadLine();
32  }
```

程序运行结果如下:

初始数组: 3 9 27 6 18 12 21 15
排序后的数组: 3 6 9 12 15 18 21 27

(2) 选择排序法

选择排序的基本思想是，每一趟在 n 个记录中选取关键字最小的记录作为有序序列的第 i 个记录，并且令 i 从 1 至 $n-1$，进行 $n-1$ 趟选择操作。

实例 5.4

选择排序法

👁 **实例位置: 资源包 \Code\05\04**

创建一个控制台应用程序，使用选择排序法对数组中的元素从小到大进行排序。代码如下:

```
01  static void Main(string[] args)
02  {
03      int[] arr = new int[] { 3, 9, 27, 6, 18, 12, 21, 15 };  // 定义一个一维数组，并赋值
04      Console.Write("初始数组: ");
05      foreach (int n in arr)              // 循环遍历定义的一维数组，并输出其中的元素
06          Console.Write("{0}", n + " ");
07      Console.WriteLine();
08      int min;                            // 定义一个 int 变量，用来存储数组下标
09      for (int i = 0; i < arr.Length - 1; i++)    // 循环访问数组中的元素值（除最后一个）
10      {
11          min = i;                        // 为定义的数组下标赋值
12          for (int j = i + 1; j < arr.Length; j++)    // 循环访问数组中的元素值（除第一个）
13          {
14              if (arr[j] < arr[min])      // 判断相邻两个元素值的大小
15                  min = j;
16          }
17          int t = arr[min];               // 定义一个 int 变量，用来存储比较大的数组元素值
18          arr[min] = arr[i];              // 将小的数组元素值移动到前一位
19          arr[i] = t;                     // 将 int 变量中存储的较大的数组元素值向后移
20      }
21      Console.Write("排序后的数组: ");
22      foreach (int n in arr)              // 循环访问排序后的数组元素并输出
23          Console.Write("{0}", n + " ");
24      Console.ReadLine();
25  }
```

（3）Array 类的 Sort 和 Reverse 排序方法

上面讲解了使用算法对数组进行排序的方法，其实在 C# 中，即使不用算法，也可以实现对数组的排序——使用 Array.Sort 方法和 Array.Reverse 方法。其中，Array.Sort 方法用于对一维 Array 数组中的元素进行排序；Array.Reverse 方法用于反转一维 Array 数组或部分 Array 数组中元素的顺序。

例如，使用 Array.Sort 方法对数组中的元素进行从小到大的排序，代码如下。

```
01  int[] arr = new int[] { 3, 9, 27, 6, 18, 12, 21, 15 };
02  Array.Sort(arr);                    // 对数组元素排序
```

例如，使用 Array. Reverse 方法对数组的元素进行反向排序，代码如下。

```
01  int[] arr = new int[] { 3, 9, 27, 6, 18, 12, 21, 15 };
02  Array. Reverse(arr);                // 对数组元素反向排序
```

5.5 ArrayList 集合的使用

在面向对象程序设计中，集合类是一种将各相同类型的对象集合起来的类（数组实质上也是集合类型中的一种）。从数据结构来讲，集合主要以线性结构存储数据。C# 中提供了几种集合类，比如 ArrayList 类、Queue 类、Stack 类等，本节主要对 ArrayList 集合类进行详细讲解。

5.5.1 ArrayList 集合概述

ArrayList 类位于 System.Collections 命名空间下，它可以动态地添加和删除元素。ArrayList 类相当于一种高级的动态数组，是 Array 类的升级版本，但它并不等同于数组。

与数组相比，ArrayList 类为开发人员提供了以下功能。

◌ 数组的容量是固定的，而 ArrayList 的容量可以根据需要自动扩充。

◌ ArrayList 提供添加、删除和插入某一范围元素的方法，但在数组中，只能一次获取或设置一个元素的值。

◌ ArrayList 提供将只读和固定大小包装返回到集合的方法，而数组不提供。

◌ ArrayList 只能是一维形式，而数组可以是多维的。

ArrayList 提供了 3 个构造器，通过这 3 个构造器可以有 3 种声明方式，下面分别介绍。

① 默认的构造器，将会以默认（16）的大小来初始化内部的数组。构造器格式如下：

```
public ArrayList();
```

通过以上构造器声明 ArrayList 的语法格式如下：

```
ArrayList List = new ArrayList();
```

其中，List 是指 ArrayList 对象名。

例如，声明一个 ArrayList 对象，并给其添加 10 个 int 类型的元素值。代码如下：

```
01  ArrayList List = new ArrayList();
02  for (int i = 0; i < 10; i++)        // 给 ArrayList 对象添加 10 个 int 元素
03  List.Add(i);
```

② 用一个 ICollection 对象来构造，并将该集合的元素添加到 ArrayList 中。构造器格式如下：

```
public ArrayList(ICollection);
```

通过以上构造器声明 ArrayList 的语法格式如下：

```
ArrayList List = new ArrayList(arrayName);
```

🔁 List：ArrayList 对象名。

🔁 arrayName：要添加集合的数组名。

例如，声明一个 int 类型的一维数组，然后声明一个 ArrayList 对象，同时将已经声明的一维数组中的元素添加到该对象中。代码如下：

```
01  int[] arr = new int[] { 1, 2, 3, 4, 5, 6, 7, 8, 9 };
02  ArrayList List = new ArrayList(arr);        // 将声明的一维数组添加到 ArrayList 集合中
```

③ 用指定的大小初始化内部的数组。构造器格式如下：

```
public ArrayList(int);
```

通过以上构造器声明 ArrayList 的语法格式如下：

```
ArrayList List = new ArrayList(n);
```

🔁 List：ArrayList 对象名。

🔁 n：ArrayList 对象的空间大小。

例如，声明一个具有 10 个元素的 ArrayList 对象，并为其赋初始值。代码如下：

```
01  ArrayList List = new ArrayList(10);
02  for (int i = 0; i < List.Count; i++)        // 给 ArrayList 对象添加 10 个 int 元素
03  List.Add(i);
```

ArrayList 集合类的常用属性及说明如表 5.1 所示。

表 5.1　ArrayList 集合类的常用属性及说明

属性	说明
Capacity	获取或设置 ArrayList 可包含的元素数
Count	获取 ArrayList 中实际包含的元素数
IsFixedSize	获取一个值，该值指示 ArrayList 是否具有固定大小
IsReadOnly	获取一个值，该值指示 ArrayList 是否为只读
Item	获取或设置指定索引处的元素

5.5.2　添加 ArrayList 集合元素

向 ArrayList 集合中添加元素时，可以使用 ArrayList 类提供的 Add 方法和 Insert 方法。下面对这两个方法进行详细介绍。

（1）Add 方法

该方法用来将对象添加到 ArrayList 集合的结尾处，其语法格式如下。

```
public virtual int Add (Object value)
```

🔁 value：要添加到 ArrayList 末尾处的 Object，该值可以为空引用。

🔁 返回值：ArrayList 索引，已在此处添加了 value。

例如，声明一个包含 6 个元素的一维数组，并使用该数组实例化一个 ArrayList 对象，然后使用 Add 方法为该 ArrayList 对象添加元素。代码如下：

```
01  int[] arr = new int[] { 1, 2, 3, 4, 5, 6 };
02   ArrayList List = new ArrayList(arr);          // 使用声明的一维数组实例化一个 ArrayList 对象
03  List.Add(7);                                   // 为 ArrayList 对象添加元素
```

（2）Insert 方法

该方法用来将元素插入 ArrayList 集合的指定索引处，其语法格式如下。

```
public virtual void Insert (int index,Object value)
```

♻ index：从零开始的索引，应在该位置插入 value。

♻ value：要插入的 Object，该值可以为空引用。

例如，声明一个包含 6 个元素的一维数组，并使用该数组实例化一个 ArrayList 对象，然后使用 Insert 方法在该 ArrayList 对象的指定索引处添加一个元素。代码如下：

```
01  int[] arr = new int[] { 1, 2, 3, 4, 5, 6 };
02   ArrayList List = new ArrayList(arr);          // 使用声明的一维数组实例化一个 ArrayList 对象
03  List.Insert(3, 7);                             // 在 ArrayList 集合的指定位置添加一个元素
```

💡 注意

程序中使用 ArrayList 类时，需要在命名空间区域添加 "using System.Collections;"，下面将不再提示。

5.5.3 删除 ArrayList 集合元素

删除 ArrayList 集合中的元素时，可以使用 ArrayList 类提供的 Clear 方法、Remove 方法、RemoveAt 方法和 RemoveRange 方法。下面对这 4 个方法进行详细介绍。

（1）Clear 方法

该方法用来从 ArrayList 中移除所有元素，其语法格式如下。

```
public virtual void Clear ()
```

例如，声明一个包含 6 个元素的一维数组，并使用该数组实例化一个 ArrayList 对象，然后使用 Clear 方法清除 ArrayList 中的所有元素。代码如下：

```
01  int[] arr = new int[] { 1, 2, 3, 4, 5, 6 };
02  ArrayList List = new ArrayList(arr);
03  List.Clear();
```

（2）Remove 方法

该方法用来从 ArrayList 中移除特定对象的第一个匹配项，其语法格式如下。

```
public virtual void Remove (Object obj)
```

其中，obj 是指要从 ArrayList 移除的 Object，该值可以为空引用。

例如，声明一个包含 6 个元素的一维数组，并使用该数组实例化一个 ArrayList 对象，然后使用 Remove 方法从声明的 ArrayList 对象中移除与 "3" 匹配的元素。代码如下：

```
01  int[] arr = new int[] { 1, 2, 3, 4, 5, 6 };
02  ArrayList List = new ArrayList(arr);
03  List.Remove(3);
```

（3）RemoveAt 方法

该方法用来移除 ArrayList 指定索引处的元素，其语法格式如下。

```
public virtual void RemoveAt (int index)
```

其中，index 是指要移除的元素从零开始的索引。

例如，声明一个包含 6 个元素的一维数组，并使用该数组实例化一个 ArrayList 对象，然后使用 RemoveAt 方法从声明的 ArrayList 对象中移除索引为 3 的元素。代码如下：

```
01  int[] arr = new int[] { 1, 2, 3, 4, 5, 6 };
02  ArrayList List = new ArrayList(arr);
03  List.RemoveAt(3);
```

（4）RemoveRange 方法

该方法用来从 ArrayList 中移除一定范围的元素，其语法格式如下。

```
public virtual void RemoveRange (int index,int count)
```

- index：要移除的元素的范围从零开始的起始索引。
- count：要移除的元素数。

例如，声明一个包含 6 个元素的一维数组，并使用该数组实例化一个 ArrayList 对象，然后在该 ArrayList 对象中使用 RemoveRange 方法从索引 3 处删除两个元素。代码如下：

```
01  int[] arr = new int[] { 1, 2, 3, 4, 5, 6 };
02  ArrayList List = new ArrayList(arr);
03  List.RemoveRange(3,2);
```

5.5.4　遍历 ArrayList 集合

ArrayList 集合的遍历与数组类似，都可以使用 foreach 语句。下面通过一个实例说明如何遍历 ArrayList 集合中的元素。

实例 5.5

使用集合存储数据

👁 **实例位置：资源包 \Code\05\05**

创建一个控制台应用程序，在其中实例化一个 ArrayList 对象，并使用 Add 方法向 ArrayList 集合中添加两个元素，然后使用 foreach 语句遍历 ArrayList 集合中的各个元素并输出。代码如下：

```
01  static void Main(string[] args)
02  {
03      ArrayList list = new ArrayList();          // 实例化一个 ArrayList 对象
04      list.Add("C# 编程词典 ");                    // 向 ArrayList 集合中添加元素
05      list.Add("C# 开发资源库 ");
06      foreach (string str in list)               // 遍历 ArrayList 集合中的元素并输出
07      {
08          Console.WriteLine(str);
09      }
10      Console.ReadLine();
11  }
```

🔃 **程序运行结果如下：**

C# 编程词典

C# 开发资源库

5.5.5 查找 ArrayList 集合元素

查找 ArrayList 集合中的元素时，可以使用 ArrayList 类提供的 Contains 方法、IndexOf 方法和 LastIndexOf 方法。下面对这 3 个方法进行详细介绍。

（1）Contains 方法

Contains 方法用来确定某元素是否在 ArrayList 集合中，其语法格式如下。

```
public virtual bool Contains (Object item)
```

⊋ item：要在 ArrayList 中查找的 Object，该值可以为空引用。

⊋ 返回值：如果在 ArrayList 中找到 item，则为 true；否则为 false。

例如，声明一个包含 6 个元素的一维数组，并使用该数组实例化一个 ArrayList 对象，然后使用 Contains 方法判断数字 2 是否在 ArrayList 集合中。代码如下：

```
01  int[] arr = new int[] { 1, 2, 3, 4, 5, 6 };
02  ArrayList List = new ArrayList(arr);
03  Console.Write(List.Contains(2));          // 判断 ArrayList 集合中是否包含指定的元素
```

运行结果为 true。

（2）IndexOf 方法

IndexOf 方法用来搜索指定的 Object，并返回整个 ArrayList 中第一个匹配项从零开始的索引。其语法格式如下：

```
public virtual int IndexOf(Object value)
```

⊋ value：要在 ArrayList 中查找的 Object，该值可以为空引用。

⊋ 返回值：如果在整个 ArrayList 中找到 value 的第一个匹配项，则为该项从零开始的索引，否则为 -1。

例如，声明一个包含 6 个元素的一维数组，并使用该数组实例化一个 ArrayList 对象，然后使用 IndexOf 方法在 ArrayList 集合中顺序查找数字 2 的索引位置。代码如下：

```
01  int[] arr = new int[] { 1, 2, 3, 4, 5, 6 };
02  ArrayList List = new ArrayList(arr);
03  Console.Write(List. IndexOf (2));          // 顺序查找数字 2 的索引位置
```

运行结果为 1。

（3）LastIndexOf 方法

LastIndexOf 方法用来搜索指定的 Object，并返回整个 ArrayList 中最后一个匹配项从零开始的索引。其语法格式如下：

```
public virtual int LastIndexOf(Object value)
```

⊋ value：要在 ArrayList 中查找的 Object，该值可以为空引用。

⊋ 返回值：如果在整个 ArrayList 中找到 value 的最后一个匹配项，则为该项从零开始的索引，否则为 -1。

例如，声明一个包含 6 个元素的一维数组，并使用该数组实例化一个 ArrayList 对象，然后使用 LastIndexOf 方法在 ArrayList 集合中倒序查找数字 2 的索引位置。代码如下：

```
01  int[] arr = new int[] { 1, 2, 3, 4, 5, 6 };
02  ArrayList List = new ArrayList(arr);
03  Console.Write(List. LastIndexOf (2));       // 倒序查找数字 2 的索引位置
```

运行结果为 4。

5.6 综合案例——模拟淘宝购物车场景

5.6.1 案例描述

模拟淘宝购物车场景（记录商品名称、数量和价格，并统计总金额），效果如图 5.5 所示（提示：购物车中的商品、数量、价格以二维数组存储，具体形式为：string[,] info = { { "C# 项目开发实战入门 ", "1", "68.8" }, { " 零基础学 C#", "\t2", "59.8" }, { " 华为 P30 Pro", "\t1", "5999" } };）。

```
购物车明细如下：

商品名称                         数量      价格
C#项目开发实战入门                 1       68.8
零基础学C#                        2       59.8
华为P30 Pro                      1       5999
您的应付款总额为：6187.4元
```

图 5.5　模拟淘宝购物车场景

5.6.2 实现代码

创建一个控制台应用程序，其中使用存储购物车中的商品名称、数量及价格，然后遍历该数组，输出购物车中的商品详细信息，并统计应付的总金额。代码如下：

```csharp
01  static void Main(string[] args)
02  {
03      string[,] info = {// 声明 string 二维数组，模拟购物车中的 " 商品名称 "" 数量 " 和 " 价格 "
04  { "C#项目开发实战入门", "1", "68.8" }, { "零基础学C#", "\t2", "59.8" }, { "华为P30 Pro", "\t1", "5999" } };
05      float sum = 0; // 声明 float 类型的变量 sum（购买商品的总价格）
06      Console.WriteLine(" 购物车明细如下: \n\n 商品名称 " + "\t\t" + " 数量 " + "\t" + " 价格 ");
07      for (int i = 0; i < info.GetLength(0); i++)                    // 遍历数组
08      {
09          for (int j = 0; j < info.GetLength(1); j++)
10          {
11              Console.Write(info[i, j] + "\t");                     // 输出数组中的元素
12              if (j == 1)                                           // 判断 info 第二列的下标是否为 1
13              {
14                  int a = Convert.ToInt32(info[i, j]);              // 将 string 类型的数量转换为 int
15                  float b = Convert.ToSingle(info[i, j + 1]);       // 将 string 型数量转换为 float
16                  sum += (float)a * b;                              // 累计求和
17              }
18          }
19          Console.WriteLine(); // 换行输出每一种商品的 " 商品名称 "" 数量 " 和 " 价格 "
20      }
21      Console.WriteLine(" 您的应付款总额为: " + sum + " 元 ");        // 输出 sum
22      Console.ReadLine();
23  }
```

小结

本章首先对数组进行了详细讲解，然后介绍了集合 ArrayList 类。讲解数组时，主要通过将数组分为一维数组和二维数组进行了讲解，然后对数组的各种操作，例如遍历、排序等进行了详细讲解；最后，又通过概述、元素的添加、删除、遍历和查找等详细讲解了 ArrayList 集合的使用。通过本章的学习，读者应该能够熟练掌握数组、ArrayList 集合的使用，并能将其应用于实际开发中。

```
-----横版-----
春眠不觉晓，
处处闻啼鸟。
夜来风雨声，
花落知多少。

-----竖版-----
花夜处春
落来处眠
知风闻不
多雨啼觉
少声鸟晓
```

图 5.6　横版和竖版的古诗

5.7 实战练习

利用二维数组分别以横版和竖版形式输出古诗《春晓》，效果如图 5.6 所示。（提示：使用二维数组存储古诗中的每个字，然后使用两个嵌套的 for 循环分别以行和列方式进行输出）

全方位沉浸式学C#
见此图标 👀 微信扫码

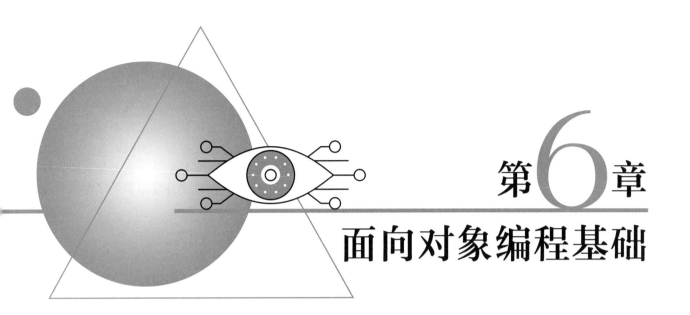

第**6**章

面向对象编程基础

面向对象程序设计是在面向过程程序设计的基础上发展而来的，它将数据和对数据的操作看作一个不可分割的整体，力求将现实问题简单化，因为这样不仅符合人们的思维习惯，同时也可以提高软件的开发效率，并方便后期的维护。本章将对面向对象程序设计中的基础进行详细讲解。

本章知识架构如下：

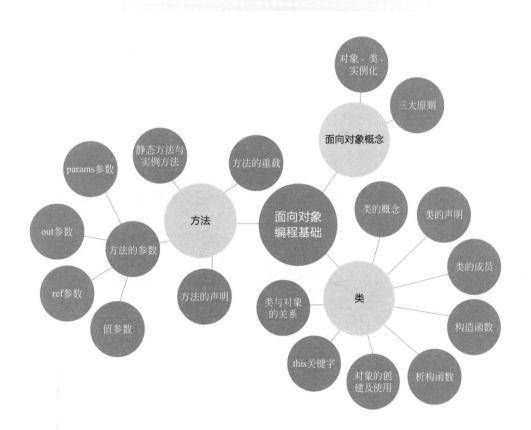

6.1　面向对象概念

在程序开发初期，人们使用结构化开发语言，但随着软件的规模越来越庞大，结构化语言的弊端也逐渐暴露出来，开发周期被无休止地拖延，产品的质量也不尽如人意，结构化语言已经不再适合当前的软件开发。这时人们开始将另一种开发思想引入程序中，即面向对象的开发思想。面向对象思想是人类最自然的一种思考方式，它将所有预处理的问题抽象为对象，同时了解这些对象具有哪些相应的属性以及展示这些对象的行为，以解决这些对象面临的一些实际问题，这样就在程序开发中引入了面向对象设计的概念，面向对象设计实质上就是对现实世界的对象进行建模操作。

6.1.1　对象、类、实例化

面向对象编程（Object-Oriented Programming）简称 OOP 技术，是开发应用程序的一种新方法、新思想。在面向对象编程中，最常见的概念是对象、类和实例化，下面分别进行介绍。

在面向对象中，算法与数据结构被看作一个整体，称为对象。现实世界中任何类的对象都具有一定的属性和操作，也总能用数据结构与算法合二为一来描述，所以可以用下面的等式来定义对象和程序。

```
对象 =（算法 + 数据结构）
程序 =（对象 + 对象 +……）
```

从上面的等式可以看出，程序就是许多对象在计算机中相继表现自己，而对象则是一个个程序实体。

现实世界中，随处可见的一种事物就是对象，对象是事物存在的实体，如人类、书桌、计算机、高楼大厦等。人类解决问题的方式总是将复杂的事物简单化，于是就会思考这些对象都是由哪些部分组成的。通常都会将对象划分为两个部分，即动态部分与静态部分。静态部分，顾名思义就是不能动的部分，这个部分被称为"属性"，任何对象都会具备其自身属性，如一个人，它包括高矮、胖瘦、性别、年龄等属性。然而具有这些属性的人会执行哪些动作也是一个值得探讨的部分，这个人可以哭泣、微笑、说话、行走，这些是这个人具备的行为（动态部分），人类通过探讨对象的属性和观察对象的行为了解对象。

在计算机的世界中，面向对象程序设计的思想要以对象来思考问题，首先要将现实世界的实体抽象为对象，然后考虑这个对象具备的属性和行为。例如，现在面临一只大雁要从北方飞往南方这样一个实际问题，试着以面向对象的思想来解决这一实际问题。步骤如下：

① 首先可以从这一问题中抽象出对象，这里抽象出的对象为大雁。

② 然后识别这个对象的属性。对象具备的属性都是静态属性，如大雁有一对翅膀、黑色的羽毛等。这些属性如图 6.1 所示。

③ 接着识别这个对象的动态行为，即这只大雁可以进行的动作，如飞行、觅食等，这些行为都是因为这个对象基于其属性而具有的动作。这些行为如图 6.2 所示。

④ 识别出这些对象的属性和行为后，这个对象就被定义完成，然后可以根据这只大雁具有的特性制订这只大雁要从北方飞向南方的具体方案以解决问题。

实质上究其本质，所有的大雁都具有以上的属性和行为，可以将这些属性和行为封装起来以描述大雁这类动物。由此可见，类实质上就是封装对象属性和行为的载体，而对象则是类抽象出来的一个实例，而根据类创建对象的过程，就是一个实例化的过程。类与对象两者之间的关系如图 6.3 所示。

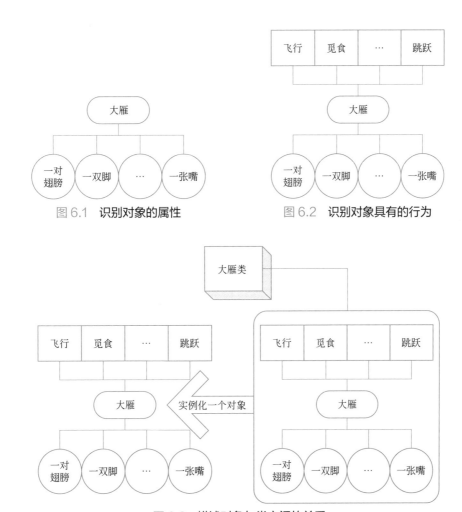

图 6.1　识别对象的属性　　　　图 6.2　识别对象具有的行为

图 6.3　描述对象与类之间的关系

6.1.2　面向对象程序设计语言的三大原则

面向对象程序设计具有封装、继承和多态三大基本原则，分别如下。

（1）封装

封装是面向对象编程的核心思想，将对象的属性和行为封装起来，而将对象的属性和行为封装起来的载体就是类，类通常对客户隐藏其实现细节，这就是封装的思想。例如，用户使用计算机，只需要使用手指敲击键盘就可以实现一些功能，用户无须知道计算机内部是如何工作的，即使用户可能知道计算机的工作原理，但在使用计算机时并不完全依赖于计算机工作原理这些细节。

采用封装的思想保证了类内部数据结构的完整性，应用该类的用户不能轻易直接操作此数据结构，而只能执行类允许公开的数据。这样就避免了外部对内部数据的影响，提高了程序的可维护性。使用类实现封装特性如图 6.4 所示。

（2）继承

类与类之间同样具有关系，如一个百货公司类与销售员类相联系，类之间的这种关系被称为关联。关联是描述两个类之间的一般二元关系，例如，一

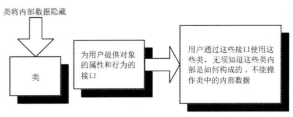

图 6.4　封装特性示意图

个百货公司类与销售员类就是一个关联，学生类与教师类也是一个关联。两个类之间的关系有很多种，继承是关联中的一种。

当处理一个问题时，可以将一些有用的类保留下来，当遇到同样问题时拿来复用，这就是继承的基本思想。

继承性主要利用特定对象之间的共有属性。例如，平行四边形是四边形（正方形、矩形也都是四边形），平行四边形与四边形具有共同特性，就是拥有 4 个边，可以将平行四边形类看作四边形的延伸，平行四边形复用了四边形的属性和行为，同时添加了平行四边形独有的属性和行为，如平行四边形的对边平行且相等。这里可以将平行四边形类看作是从四边形类中继承的。在 C# 语言中将类似于平行四边形的类称为子类，将类似于四边形的类称为父类。值得注意的是，可以说平行四边形是特殊的四边形，但不能说四边形是平行四边形，也就是说子类的实例都是父类的实例，但不能说父类的实例是子类的实例。图 6.5 阐明了图形类之间的继承关系。

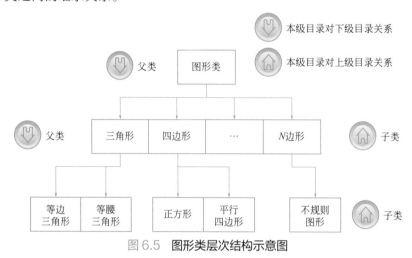

图 6.5 **图形类层次结构示意图**

从图 6.5 中可以看出，继承关系可以使用树形关系来表示，父类与子类存在一种层次关系。一个类处于继承体系中，它既可以是其他类的父类，为其他类提供属性和行为，也可以是其他类的子类，继承父类的属性和方法，如三角形既是图形类的子类同时也是等边三角形的父类。

（3）多态

继承中提到了父类和子类，其实将父类对象应用于子类的特征就是多态。依然以图形类来说明多态，每个图形都拥有绘制自己的能力，这个能力可以看作是该类具有的行为，如果将子类的对象统一看作是父类的实例对象，这样当绘制任何图形时，可以简单地调用父类也就是图形类绘制图形的方法即可绘制任何图形，这就是多态最基本的思想。

在提到多态的同时，不得不提到抽象类和接口，因为多态的实现并不依赖具体类，而是依赖于抽象类和接口。

再回到绘制图形的实例上来。作为所有图形的父类图形类，它具有绘制图形的能力，这个方法可以称为"绘制图形"，但如果要执行这个"绘制图形"的命令，没有人知道应该画什么样的图形，并且如果要在图形类中抽象出一个图形对象，没有人能说清这个图形究竟是什么图形，所以使用"抽象"这个词汇来描述图形类比较恰当。在 C# 语言中称这样的类为抽象类，抽象类不能实例化对象。在多态的机制中，父类通常会被定义为抽象类，在抽象类中给出一个方法的标准，而不给出实现的具体流程。实质上这个方法也是抽象的，如图形类中的"绘制图形"方法只提供一个可以绘制图形的标准，并没有提供具体绘制图形的流程，因为没有人知道究竟需要绘制什么形状的图形。

在多态机制中，比抽象类更为方便的方式是将抽象类定义为接口。由抽象方法组成的集合就是接口。接口的概念在现实中极为常见，如从不同的五金商店买来螺母和螺钉，螺母很轻松地就可以拧在螺钉上，可能螺母和螺钉的厂家不同，但这两个物品可以很轻易地组合在一起，这是因为生产螺母和螺钉的厂家都遵循着一个标准，这个标准在 C# 中就是接口。依然拿"绘制图形"来说明，可以将"绘制图形"作为一个接口的抽象方法，然后使图形类实现这个接口，同时实现"绘制图形"这个抽象方法，当三角形类需要绘制时，就可以继承图形类，重写其中的"绘制图形"方法，并改写这个方法为"绘制三角形"，这样就可以通过这个标准绘制不同的图形。

6.2 类

类是一种数据结构，它可以包含数据成员（常量和域）、函数成员（方法、属性、事件、索引器、运算符、构造函数和析构函数）和嵌套类型。

类（class）实际上是对某种类型的对象定义变量和方法的原型，它表示对现实生活中一类具有共同特征的事物的抽象，是面向对象编程的基础。本节将对类进行详细讲解。

6.2.1 类的概念

类是对象概念在面向对象编程语言中的反映，是相同对象的集合。类描述了一系列在概念上有相同含义的对象，并为这些对象统一定义了编程语言上的属性和方法。类支持继承，而继承是面向对象编程的基础部分。

6.2.2 类的声明

C# 中，类是使用 class 关键字来声明的，语法如下。

```
类修饰符 class 类名
{
}
```

例如，下面以汽车为例声明一个类，代码如下：

```
01  public class Car
02  {
03      public int number;          // 编号
04      public string color;        // 颜色
05      private string brand;       // 厂家
06  }
```

其中，public 是类的修饰符，下面介绍常用的几个类修饰符。

- new：仅允许在嵌套类声明时使用，表明类中隐藏了由基类中继承而来的、与基类中同名的成员。
- public：不限制对该类的访问。
- protected：只能从其所在类和所在类的子类（派生类）进行访问。
- internal：只有其所在类才能访问。
- private：只有 .NET 中的应用程序或库才能访问。
- abstract：抽象类，不允许建立类的实例。
- sealed：密封类，不允许被继承。

📋 **说明**

类定义可在不同的源文件之间进行拆分。

6.2.3 类的成员

类的定义包括类头和类体两部分，其中，类头就是使用 class 关键字定义的类名，而类体是用一对大括号括起来的，在类体中主要定义类的成员，类的成员包括：字段、枚举、属性、方法、构造函数、事件、索引器等，本节将对字段、枚举和属性这三个类的成员进行讲解。

（1）字段

字段就是程序开发中常见的常量或者变量，它是类的一个构成部分，它使得类和结构可以封装数据。例如，在控制台应用程序中定义一个字段，并在构造函数中为其赋值并将其输出，代码如下：

```
01  class Program
02  {
03      string sentence;                                // 定义字段
04      public Program(string strsentence)              // 定义构造函数
05      {
06          sentence = strsentence;                     // 为变量赋初值
07          Console.WriteLine(sentence);                // 输出字段
08      }
09      static void Main(string[] args)
10      {
11                                                      // 创建类的实例
12          Program english = new Program("English people speak:\"My name is U.K\"");
13          Program chinese = new Program("中国人说：" + "我的名字叫" + "中国！" "");
14      }
15  }
```

📖 **说明**

> 字段属于类级别的变量，未初始化时，C# 将其初始化为默认值，而不会为局部变量初始化为默认值。

（2）枚举

枚举是一种独特的字段，它是值类型数据，主要用于声明一组具有相同性质的常量，例如，编写与日期相关的应用程序时，经常需要使用年、月、日、星期等日期数据，可以将这些数据组织成多个不同名称的枚举类型。使用枚举可以增加程序的可读性和可维护性。同时，枚举类型可以避免类型错误。

📖 **说明**

> 在定义枚举类型时，如果不对其进行赋值，默认情况下，第一个枚举数的值为 0，后面每个枚举数的值依次递增 1。

在 C# 中使用关键字 enum 类声明枚举，其形式如下：

```
enum 枚举名
{
    list1=value1,
    list2=value2,
    …
    listN=valueN,
}
```

其中，大括号中的内容为枚举值列表，每个枚举值均对应一个枚举值名称，value1 ~ valueN 为整数数据类型，list1 ~ listN 则为枚举值的标识名称。

例如，声明一个表示用户权限的枚举，代码如下：

```
01  enum POP                          // 使用 enum 创建枚举
02  {
03      Admin,                        // 管理员权限
04      User,                         // 普通用户权限
05      SUSer                         // 高级用户权限
06  }
```

（3）属性

属性是对现实实体特征的抽象，提供对类或对象的访问。类的属性描述的是状态信息，在类的实例中，属性的值表示对象的状态值。属性不表示具体的存储位置，属性有访问器，这些访问器指定在它们的值被读取或写入时需要执行的语句。所以属性提供了一种机制，把读取和写入对象的某些特性与一些操作关联起来，程序员可以像使用公共数据成员一样使用属性，属性的声明格式如下：

```
【修饰符】【类型】【属性名】
{
    get  {get 访问器体 }
    set  {set 访问器体 }
}
```

♻ 【修饰符】：指定属性的访问级别。

♻ 【类型】：指定属性的类型，可以是任何的预定义或自定义类型。

♻ 【属性名】：一种标识符，命名规则与字段相同，但是，属性名的第一个字母通常都大写。

♻ get 访问器：相当于一个具有属性类型返回值的无参数方法，它除了作为赋值的目标外，当在表达式中引用属性时，将调用该属性的 get 访问器计算属性的值。get 访问器体必须用 return 语句来返回，并且所有的 return 语句都必须返回一个可隐式转换为属性类型的表达式。

♻ set 访问器：相当于一个具有单个属性类型值参数和 void 返回类型的方法。set 访问器的隐式参数始终命名为 value。当一个属性作为赋值的目标被引用时就会调用 set 访问器，所传递的参数将提供新值。不允许 set 访问器中的 return 语句指定表达式。由于 set 访问器存在隐式的参数 value，因此 set 访问器中不能自定义使用名称为 value 的局部变量或常量。

根据是否存在 get 访问器和 set 访问器，属性可以分为以下几种：

♻ 可读可写属性：包含 get 访问器和 set 访问器；

♻ 只读属性：只包含 get 访问器；

♻ 只写属性：只包含 set 访问器。

📖 说明

> 属性的主要用途是限制外部类对类中成员的访问权限，定义在类级别上。

例如，自定义一个 TradeCode 属性，表示商品编号，要求该属性为可读可写属性，并设置其访问级别为 public，代码如下：

```
01  private string tradecode = "";
02  public string TradeCode
03  {
04      get { return tradecode; }
05      set { tradecode = value; }
06  }
```

由于属性的 set 访问器中可以包含大量的语句，因此可以对赋予的值进行检查，如果值不安全或者不符合要求，就可以进行提示，这样就可以避免因为给属性设置了错误的值而导致的错误。

实例 6.1

用 set 访问器对年龄进行判断

实例位置：资源包 \Code\06\01

创建一个控制台应用程序，在默认的 Program 类中定义一个 Age 属性，设置访问级别为 public，因为该属性提供了 get 访问器和 set 访问器，因此它是可读可写属性；然后在该属性的 set 访问器中对属性的值进行判断。主要代码如下：

```
01  private int age;                        // 定义字段
02  public int Age                          // 定义属性
03  {
04      get                                 // 设置 get 访问器
05      {
06          return age;
07          Console.WriteLine(" 输入正确！ \n 字段 age={0}", age);
08      }
09      set                                 // 设置 get 访问器
10      {
11          if (value > 0 && value < 130)   // 如果数据合理，将值赋给字段
12          {
13              age = value;
14          }
15          else
16          {
17              Console.WriteLine(" 输入数据不合理！ ");
18          }
19      }
20  }
```

⟳ **运行结果如图 6.6 所示。**

6.2.4 构造函数和析构函数

构造函数和析构函数是类中比较特殊的两种成员函数，主要用来对对象进行初始化和回收对象资源。一般来说，对象的生命周期从构造函数开始，以析构函数结束。如果一个类含有构造函数，在创建该类的对象时就会调用，如果含有析构函数，则会在销毁对象时调用。构造函数和析构函数的名字和类名相同，但析构函数要在名字前加一个波浪号（～）。当退出含有该对象的成员时，析构函数将自动释放这个对象所占用的内存空间。

（1）构造函数

构造函数是在创建给定类型的对象时执行的类方法，构造函数具有与类相同的名称，它通常初始化新对象的数据成员。

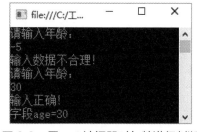

图 6.6　用 set 访问器对年龄进行判断

实例 6.2

构造函数的使用

实例位置：资源包 \Code\06\02

创建一个控制台应用程序，在 Program 类中定义了 3 个 int 类型的变量，分别用来表示加数、被加数和加法的和，然后声明 Program 类的一个构造函数，并在该构造函数中为加法的和赋值，最后在 Main 方法中创建 Program 类的对象，并输出加法的和。代码如下：

```
01  class Program
02  {
03      public int x = 3;                                    // 定义 int 型变量，作为加数
04      public int y = 5;                                    // 定义 int 型变量，作为被加数
05      public int z = 0;                                    // 定义 int 型变量，记录加法运算的和
06      public Program()
07      {
08          z = x + y;                                       // 在构造函数中为和赋值
09      }
10      static void Main(string[] args)
11      {
12          Program program = new Program();                 // 使用构造函数实例化 Program 对象
13          Console.WriteLine(" 结果: " + program.z);        // 使用实例化的 Program 对象输出加法运算的和
14      }
15  }
```

⚡ 注意

> 不带参数的构造函数称为"默认构造函数"。无论何时，只要使用 new 运算符创建对象，并且不为 new 提供任何参数，就会调用默认构造函数；另外，用户可以自定义构造函数，并在构造函数中设置参数。

（2）析构函数

析构函数是以类名加"～"来命名的。.NET Framework 类库有垃圾回收功能，当某个类的实例被认为是不再有效，并符合析构条件时，.NET Framework 类库的垃圾回收功能就会调用该类的析构函数实现垃圾回收。

例如，为控制台应用程序的 Program 类定义一个析构函数，代码如下：

```
01  ~Program()                                               // 析构函数
02  {
03      Console.WriteLine(" 析构函数自动调用 ");             // 输出一个字符串
04  }
```

📘 说明

> 析构函数是自动调用的，但是 .NET 中提供了垃圾回收期（GC）来自动释放资源，因此，如果析构函数仅仅是为了释放对象由系统管理的资源，就没有必要了，而在释放非系统管理的资源时，就可以使用析构函数实现。

6.2.5　对象的创建及使用

C# 是面向对象的程序设计语言，对象是由类抽象出来的，所有的问题都是通过对象来处理，对象可以操作类的属性和方法解决相应的问题，所以了解对象的产生、操作和销毁对学习 C# 是十分必要的。本节就来讲解对象在 C# 语言中的应用。

（1）对象的创建

对象可以认为是在一类事物中抽象出某一个特例，通过这个特例来处理这类事物出现的问题。在 C# 语言中通过 new 操作符来创建对象。前文在讲解构造函数时介绍过每实例化一个对象就会自动调用一次构造函数，实质上这个过程就是创建对象的过程。准确地说，可以在 C# 语言中使用 new 操作符调用构造函数创建对象。

语法如下：

```
Test test=new Test();
Test test=new Test("a");
```

参数说明如表 6.1 所示。

表 6.1 创建对象语法中的参数说明

参数	描述
Test	类名
test	创建 Test 类对象
new	创建对象操作符
"a"	构造函数的参数

test 对象被创建时，test 对象就是一个对象的引用，这个引用在内存中为对象分配了存储空间；另外，可以在构造函数中初始化成员变量，当创建对象时，自动调用构造函数，也就是说在 C# 语言中初始化与创建是被捆绑在一起的。

每个对象都是相互独立的，在内存中占据独立的内存地址，并且每个对象都具有自己的生命周期，当一个对象的生命周期结束时，对象变成了垃圾，由 .NET 自带的垃圾回收机制处理。

📖 **说明**

> 在 C# 语言中，对象和实例事实上可以通用。

例如，在项目中创建 cStockInfo 类，表示库存商品类，在该类中创建对象并在主方法中创建对象，代码如下：

```
01  public class cStockInfo
02  {
03    public cStockInfo()                            // 构造函数
04    {
05       Console.WriteLine(" 获取库存商品信息 ");
06    }
07    public static void main(String args[])         // 主方法
08    {
09       new cStockInfo();                           // 创建对象
10    }
11  }
```

在上述实例的主方法中使用 new 操作符创建对象，在创建对象的同时，自动调用构造函数中的代码。

（2）访问对象的属性和行为

当用户使用 new 操作符创建一个对象后，可以使用"对象 . 类成员"来获取对象的属性和行为。前文已经提到过，对象的属性和行为在类中是通过类成员变量和成员方法的形式来表示的，所以当对象获取类成员时，也就相应地获取了对象的属性和行为。

实例 6.3

使用对象调用类成员

👁 **实例位置：资源包 \Code\06\03**

创建一个控制台应用程序，在程序中创建一个 cStockInfo 类，表示库存商品类，在该类中定义一个 FullName 属性和 ShowGoods 方法；然后在 Program 类中创建 cStockInfo 类的对象，并使用该对象调用其中的属性和方法，代码如下：

```
01  class Program
02  {
03      static void Main(string[] args)
04      {
05          cStockInfo stockInfo = new cStockInfo();          // 创建 cStockInfo 对象
06          stockInfo.FullName = "笔记本电脑";                  // 使用对象调用类成员属性
07          stockInfo.ShowGoods();                             // 使用对象调用类成员方法
08          Console.ReadLine();
09      }
10  }
11  public class cStockInfo
12  {
13      private string fullname = "";
14      /// <summary>
15      /// 商品名称
16      /// </summary>
17      public string FullName
18      {
19          get { return fullname; }
20          set { fullname = value; }
21      }
22      public void ShowGoods()
23      {
24          Console.WriteLine("库存商品名称：");
25          Console.WriteLine(FullName);
26      }
27  }
```

运行程序，结果如图 6.7 所示。

（3）对象的引用

在 C# 语言中，尽管一切都可以看作对象，但真正的操作标识符实质上是一个引用，那么引用究竟在 C# 中是如何体现的呢？来看下面的语法：

图 6.7　使用对象调用类成员

类名 对象引用名称

例如，一个 Book 类的引用可以使用以下代码：

Book book;

通常一个引用不一定需要有一个对象相关联，引用与对象相关联的语法如下：

Book book=new Book();

- Book：类名。
- book：对象。
- new：创建对象操作符。

注意

引用只是存放一个对象的内存地址，并非存放一个对象，严格地说引用和对象是不同的，但是可以将这种区别忽略，如可以简单地说 book 是 Book 类的一个对象，而事实上，应该是 book 包含 Book 对象的一个引用。

（4）对象的销毁

每个对象都有生命周期，当对象的生命周期结束时，分配给该对象的内存地址将会被回收。在其他语言中需要手动回收废弃的对象，但是 C# 拥有一套完整的垃圾回收机制，用户不必担心废弃的对象占用内存，垃圾回收器将回收无用的但占用内存的资源。

在谈到垃圾回收机制之前，首先需要了解何种对象会被 .NET 垃圾回收器视为垃圾。主要包括以下两种情况：

① 对象引用超过其作用范围，则这个对象将被视为垃圾，如图 6.8 所示。

② 将对象赋值为 null，如图 6.9 所示。

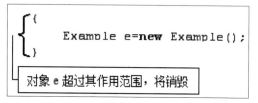

图 6.8　对象超过作用范围将销毁

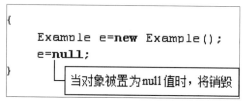

图 6.9　对象被置为 null 值时将销毁

6.2.6　this 关键字

在项目中创建一个类文件，该类中定义了 setName()，并将方法的参数值赋予类中的成员变量。

```
01  private void setName(String name)        // 定义一个 setName() 方法
02  {
03      this.name = name;                     // 将参数值赋予类中的成员变量
04  }
```

在上述代码中可以看到，成员变量与在 setName() 方法中的形式参数的名称相同，都为 name，那么该如何在类中区分使用的是哪一个变量呢？在 C# 语言中可以使用 this 关键字来代表本类对象的引用，this 关键字被隐式地用于引用对象的成员变量和方法，如在上述代码中，this.name 指的就是 Book 类中的 name 成员变量，而 this.name=name 语句中的第二个 name 则指的是形参 name。实质上 setName() 方法实现的功能就是将形参 name 的值赋予成员变量 name。

在这里，读者明白了 this 可以调用成员变量和成员方法，但 C# 语言中最常规的调用方式是使用"对象 . 成员变量"或"对象 . 成员方法"进行调用。

既然 this 关键字和对象都可以调用成员变量和成员方法，那么 this 关键字与对象之间具有怎样的关系呢？

事实上，this 引用的就是本类的一个对象，在局部变量或方法参数覆盖了成员变量时，如上面代码的情况，就要添加 this 关键字明确引用的是类成员还是局部变量或方法参数。

如果省略 this 关键字，直接写成 name = name，那只是把参数 name 赋值给参数变量本身而已，成员变量 name 的值没有改变，因为参数 name 在方法的作用域中覆盖了成员变量 name。

其实，this 除了可以调用成员变量或成员方法之外，还可以作为方法的返回值。

例如，在项目中创建一个类文件，在该类中定义 Book 类型的方法，并通过 this 关键字进行返回。

```
01  public Book getBook()
02  {
03      return this;       // 返回 Book 类引用
04  }
```

在 getBook() 方法中，方法的返回值为 Book 类，所以方法体中使用 return this 这种形式将 Book 类的对象返回。

6.2.7　类与对象的关系

类是一种抽象的数据类型，但是其抽象的程度可能不同，而对象就是一个类的实例，例如，将农民设计为一个类，张三和李四就可以各为一个对象。

从这里可以看出，张三和李四有很多共同点，他们都在某个农村生活，早上都要出门务农，晚上都会回家。对于这样相似的对象就可以将其抽象出一个数据类型，此处抽象为农民。这样，只要将农民这个类型编写好，程序中就可以方便地创建张三和李四这样的对象。在代码需要更改时，只需要对农民类型进行修改即可。

综上所述，可以看出类与对象的区别：类是具有相同或相似结构、操作和约束规则的对象组成的集合，而对象是某一类的具体化实例，每一个类都是具有某些共同特征的对象的抽象。

6.3　方法

方法是用来定义类可执行的操作，它是包含一系列语句的代码块。本质上讲，方法就是和类相关联的动作，是类的外部界面，可以通过外部界面操作类的所有字段。

6.3.1　方法的声明

方法在类或结构中声明，声明时需要指定访问级别、返回值、方法名称及方法参数，方法参数放在括号中，并用逗号隔开。如果方法后面的括号中没有内容，表示该方法没有参数。

声明方法的基本格式如下：

```
修饰符 返回值类型 方法名 ( 参数列表 )
{
// 方法的具体实现
}
```

其中，修饰符可以是 private、public、protected、internal 4 个中的任一个。"返回值类型"指定方法返回数据的类型，可以是任何类型，如果方法不需要返回一个值，则使用 void 关键字。"参数列表"是用逗号分隔的类型、标识符，如果方法中没有参数，那么"参数列表"为空。

另外，方法声明中，还可以包含 new、static、virtual、override、sealed、abstract 以及 extern 等修饰符，但在使用这些修饰符时，应该符合以下要求：

① 方法声明中最多包含下列修饰符中的一个：new 和 override。

② 如果声明包含 abstract 修饰符，则声明不能包含下列任何修饰符：static、virtual、sealed 或 extern。

③ 如果声明包含 private 修饰符，则声明不能包含下列任何修饰符：virtual、override 或 abstract。

④ 如果声明包含 sealed 修饰符，则声明还包含 override 修饰符。

一个方法的名称和形参列表定义了该方法的签名。具体地讲，一个方法的签名由它的名称以及它的形参的个数、修饰符和类型组成。返回类型不是方法签名的组成部分，形参的名称也不是方法签名的组成部分。

例如，定义一个 ShowGoods 方法，用来输出库存商品信息，代码如下：

```
01   public void ShowGoods()
```

```
02    {
03        Console.WriteLine("库存商品名称: ");
04        Console.WriteLine(FullName);
05    }
```

📖 **说明**

> 方法的定义必须在某个类中，定义方法时如果没有声明访问修饰符，方法的默认访问权限为 private。

6.3.2 方法的参数

调用方法时可以给该方法传递一个或多个值，传给方法的值叫作实参，在方法内部，接收实参的变量叫作形参，形参在紧跟着方法名的括号中声明，形参的声明语法与变量的声明语法一样。形参只在括号内部有效。方法的参数主要有 4 种，分别为值参数、ref 参数、out 参数和 params 参数，下面分别进行讲解。

（1）值参数

值参数就是在声明时不加修饰的参数，它表明实参与形参之间按值传递。当使用值参数的方法被调用时，编译器为形参分配存储单元，然后将对应的实参的值复制到形参中，由于是值类型的传递方式，因此，在方法中对形参的修改并不会影响实参。

实例 6.4

值参数的使用

👁 **实例位置：资源包 \Code\06\04**

定义一个 Add 方法，用来计算两个数的和，该方法中有两个形参，但在方法体中，对其中的一个形参 x 执行加 y 操作，并返回 x；在 Main 方法中调用该方法，为该方法传入定义好的实参；最后分别显示调用 Add 方法计算之后的 x 值和实参 x 的值。代码如下：

```
01    private int Add(int x, int y)                            // 计算两个数的和
02    {
03        x = x + y;                                           // 对 x 进行加 y 操作
04        return x;                                            // 返回 x
05    }
06    static void Main(string[] args)
07    {
08        Program pro = new Program();                         // 创建 Program 对象
09        int x = 30;                                          // 定义实参变量 x
10        int y = 40;                                          // 定义实参变量 y
11        Console.WriteLine("运算结果: " + pro.Add(x, y));     // 输出运算结果
12        Console.WriteLine("实参 x 的值: " + x);              // 输出实参 x 的值
13        Console.ReadLine();
14    }
```

按 "Ctrl+F5" 键查看运行结果如下：

```
运算结果: 70
实参 x 的值: 30
```

（2）ref 参数

ref 参数使形参按引用传递，其效果是：在方法中对形参所做的任何更改都将反映在实参中。如果要使用 ref 参数，则方法声明和方法调用都必须显式使用 ref 关键字。

◉ 实例位置：资源包 \Code\06\05

ref 引用参数的使用

修改实例 6.4，将形参 x 定义为 ref 参数，再显示调用 Add 方法之后的实参 x 的值。代码如下：

```
01  private int Add(ref int x, int y)                            // 计算两个数的和
02  {
03      x = x + y;                                               // 对 x 进行加 y 操作
04      return x;                                                // 返回 x
05  }
06  static void Main(string[] args)
07  {
08      Program pro = new Program();                             // 创建 Program 对象
09      int x = 30;                                              // 定义实参变量 x
10      int y = 40;                                              // 定义实参变量 y
11      Console.WriteLine(" 运算结果: " + pro.Add(ref x, y));     // 输出运算结果
12      Console.WriteLine(" 实参 x 的值: " + x);                  // 输出实参 x 的值
13      Console.ReadLine();
14  }
```

按 "Ctrl+F5" 键查看运行结果如下：

```
运算结果: 70
实参 x 的值: 70
```

从上面的结果可以看出：在形参 x 前面加 ref 之后，在方法体中对形参 x 的修改最终影响了实参 x 的值。

使用 ref 参数时，需要注意以下几点：

① ref 关键字只对跟在它后面的参数有效，而不是应用于整个参数列表。

② 调用方法时，必须使用 ref 修饰实参，而且，因为是引用参数，所以实参和形参的数据类型一定要完全匹配。

③ 实参只能是变量，不能是常量或者表达式。

④ ref 参数在调用之前，一定要进行赋值。

（3）out 参数

out 关键字用来定义输出参数，它会导致参数通过引用来传递，这与 ref 关键字类似，不同之处在于 ref 要求变量必须在传递之前进行赋值，而使用 out 关键字定义的参数，不用进行赋值即可使用。如果要使用 out 参数，则方法声明和方法调用都必须显式使用 out 关键字。

◉ 实例位置：资源包 \Code\06\06

out 参数的使用

修改实例 6.4，在 Add 方法中添加一个 out 参数 z，并在 Add 方法中使用 z 记录 x 与 y 的相加结果；在 Main 方法中调用 Add 方法时，为其传入一个未赋值的实参变量 z，最后输出实参变量 z 的值。代码如下：

```
01  private int Add(int x, int y, out int z)                     // 计算两个数的和
02  {
03      z = x + y;                                               // 记录 x+y 的结果
04      return z;                                                // 返回 z
05  }
```

```
06  static void Main(string[] args)
07  {
08      Program pro = new Program();                         // 创建 Program 对象
09      int x = 30;                                          // 定义实参变量 x
10      int y = 40;                                          // 定义实参变量 y
11      int z;                                               // 定义实参变量 z
12      Console.WriteLine(" 运算结果: " + pro.Add(x, y, out z)); // 输出运算结果
13      Console.WriteLine(" 实参 z 的值: " + z);               // 输出运算结果
14      Console.ReadLine();
15  }
```

按"Ctrl+F5"键查看运行结果如下：

```
运算结果: 70
实参 z 的值: 70
```

（4）params 参数

声明方法时，如果有多个相同类型的参数，可以定义为 params 参数。params 参数是一个一维数组，主要用来指定在参数数目可变时所采用的方法参数。

实例 6.7 使用 params 向方法参数传递多个值

◉ **实例位置：资源包 \Code\06\07**

定义一个 Add 方法，用来计算多个 int 类型数据的和，在具体定义时，将参数定义为 int 类型的一维数组，并指定为 params 参数；在 Main 方法中调用该方法，为该方法传入一个 int 类型的一维数组，并输出计算结果。代码如下：

```
01  private int Add(params int[] x)                          // 定义 Add 方法, 并指定 params 参数
02  {
03      int result = 0;                                     // 记录运算结果
04      for (int i = 0; i < x.Length; i++)                  // 遍历参数数组
05      {
06          result += x[i];                                 // 执行相加操作
07      }
08      return result;                                      // 返回运算结果
09  }
10  static void Main(string[] args)
11  {
12      Program pro = new Program();                         // 创建 Program 对象
13      int[] x = { 20, 30, 40, 50, 60 };                   // 定义一维数组, 用来作为参数
14      Console.WriteLine(" 运算结果: " + pro.Add(x));        // 输出运算结果
15      Console.ReadLine();
16  }
```

按"Ctrl+F5"键查看运行结果如下：

```
运算结果: 200
```

6.3.3 静态方法与实例方法

方法分为静态方法和实例方法，如果一个方法声明中含有 static 修饰符，则称该方法为静态方法；如果没有 static 修饰符，则称该方法为实例方法。下面分别对静态方法和实例方法进行介绍。

（1）静态方法

静态方法不对特定实例进行操作，在静态方法中引用 this 会导致编译错误，调用静态方法时，使用类名直接调用。

使用类名调用静态方法

👁 **实例位置：资源包 \Code\06\08**

创建一个控制台应用程序，定义一个静态方法 Add，实现两个整型数相加，然后在 Main 方法直接使用类名调用静态方法，代码如下：

```
01  class Program
02  {
03      public static int Add(int x, int y)      // 定义静态方法实现整型数相加
04      {
05          return x + y;
06      }
07      static void Main(string[] args)
08      {
09          Console.WriteLine("{0}+{1}={2}", 23, 34, Program.Add(23, 34));
10          Console.ReadLine();
11      }
12  }
```

⟳ **运行结果为：**

23+34=57

（2）实例方法

实例方法是对类的某个给定的实例进行操作，使用实例方法时，需要使用类的对象调用，而且可以用 this 来访问该方法。

实例方法的调用

👁 **实例位置：资源包 \Code\06\09**

创建一个控制台应用程序，定义一个实例方法 Add，实现两个整型数相加，然后在 Main 方法使用类的对象调用实例方法，代码如下：

```
01  class Program
02  {
03      public int Add(int x, int y)                    // 定义实例方法实现整型数相加
04      {
05          return x + y;
06      }
07      static void Main(string[] args)
08      {
09          Program pro = new Program();                // 创建类的对象
10          Console.WriteLine("{0}+{1}={2}", 23, 34, pro.Add(23, 34));
11          Console.ReadLine();
12      }
13  }
```

⟳ **运行结果为：**

23+34=57

📋 **说明**

静态方法属于类，实例方法属于对象，静态方法使用类来引用，实例方法使用对象来引用。

6.3.4 方法的重载

方法重载是指方法名相同，但参数的数据类型、个数或顺序不同的方法。只要类中有两个以上的同名方法，但是使用的参数类型、个数或顺序不同，调用时，编译器即可判断在哪种情况下调用哪种方法。

实例 6.10

使用重载方法计算不同类型数据的和

◉ **实例位置：资源包 \Code\06\10**

创建一个控制台应用程序，定义一个 Add 方法，该方法有 3 种重载形式，分别用来计算两个 int 数据的和，计算一个 int 和一个 double 数据的和，计算 3 个 int 数据的和；然后在 Main 方法中分别调用 Add 方法的 3 种重载形式，并输出计算结果。代码如下：

```
01  class Program
02  {
03      public static int Add(int x, int y)            // 定义方法 Add，返回值为 int 类型，有两个 int 类型参数
04      {
05          return x + y;
06      }
07      public double Add(int x, double y)             // 定义方法 Add，它与第一个的返回值类型及参数类型不同
08      {
09          return x + y;
10      }
11      public int Add(int x, int y, int z)            // 重新定义方法 Add，它与第一个的参数个数不同
12      {
13          return x + y + z;
14      }
15      static void Main(string[] args)
16      {
17          Program program = new Program();           // 创建类对象
18          int x = 3;
19          int y = 5;
20          int z = 7;
21          double y2 = 5.5;
22                                                     // 根据传入的参数类型及参数个数的不同调用不同的 Add 重载方法
23          Console.WriteLine(x + "+" + y + "=" + Program.Add(x, y));
24          Console.WriteLine(x + "+" + y2 + "=" + program.Add(x, y2));
25          Console.WriteLine(x + "+" + y + "+" + z + "=" + program.Add(x, y, z));
26          Console.ReadLine();
27      }
28  }
```

⟳ **运行结果如下：**

```
3+5=8
3+5.5=8.5
3+5+7=15
```

6.4 综合案例——输出库存商品信息

6.4.1 案例描述

在进销存管理系统中，商品的库存信息有很多种类，比如商品型号、商品名称、商品库存量等。在面向对象编程中，这些商品的信息可以存储到属性中，然后当需要使用这些信息时，再从对应的属性中

读取出来。这里要求定义库存商品结构，并输出库存商品的信息，运行效果如图 6.10 所示。

图 6.10　输出库存商品信息

6.4.2　实现代码

① 创建一个控制台应用程序，命名为 GoodsStruct。

② 打开 Program.cs 文件，在其中编写 cStockInfo 类，用来作为商品的库存信息结构，代码如下：

```
01  public class cStockInfo {
02      private string tradecode = "";
03      private string fullname = "";
04      private string tradetpye = "";
05      private string standard = "";
06      private string tradeunit = "";
07      private string produce = "";
08      private float qty = 0;
09      private float price = 0;
10      private float averageprice = 0;
11      private float saleprice = 0;
12      private float check = 0;
13      private float upperlimit = 0;
14      private float lowerlimit = 0;
15      public string TradeCode {              // 商品编号
16          get { return tradecode; }
17          set { tradecode = value; }
18      }
19      public string FullName{                // 单位全称
20          get { return fullname; }
21          set { fullname = value; }
22      }
23      public string TradeType {              // 商品型号
24          get { return tradetpye; }
25          set { tradetpye = value; }
26      }
27      public string Standard {               // 商品规格
28          get { return standard; }
29          set { standard = value; }
30      }
31      public string Unit{                    // 商品单位
32          get { return tradeunit; }
33          set { tradeunit = value; }
34      }
35      public string Produce{                  // 商品产地
36          get { return produce; }
37          set { produce = value; }
38      }
39      public float Qty{                      // 库存数量
40          get { return qty; }
41          set { qty = value; }
42      }
43      public float Price {                   // 进货时最后一次价格
44          get { return price; }
45          set { price = value; }
46      }
47      public float AveragePrice {            // 加权平均价格
48          get { return averageprice; }
49          set { averageprice = value; }
50      }
51      public float SalePrice{                // 销售时的最后一次销价
52          get { return saleprice; }
53          set { saleprice = value; }
54      }
55      public float Check{                    // 盘点数量
```

```
56          get { return check; }
57          set { check = value; }
58      }
59      public float UpperLimit {                    // 库存报警上限
60          get { return upperlimit; }
61          set { upperlimit = value; }
62      }
63      public float LowerLimit{                     // 库存报警下限
64          get { return lowerlimit; }
65          set { lowerlimit = value; }
66      }
67  }
```

③ 在 cStockInfo 类中定义一个 ShowInfo 方法，该方法无返回值，主要用来输出库存商品信息，代码如下：

```
01  public void ShowInfo(){
02      Console.WriteLine(" 仓库中存有 {0} 型号 {1}{2} 台 ", TradeType, FullName, Qty);
03  }
```

④ 在 Main 方法中，创建 cStockInfo 类的两个实例，并对其中的部分属性赋值，然后在控制台中调用 cStockInfo 中的 ShowInfo 方法输出商品信息，代码如下：

```
01  static void Main(string[] args) {
02      Console.WriteLine(" 库存盘点信息如下: ");
03      cStockInfo csi1 = new cStockInfo();          // 实例化 cStockInfo 类
04      csi1.FullName = " 空调 ";                     // 设置商品名称
05      csi1.TradeType = "TYPE-1";                   // 设置商品型号
06      csi1.Qty = 2000;                             // 设置库存数量
07      csi1.ShowInfo();                             // 输出商品信息
08      cStockInfo csi2 = new cStockInfo();          // 实例化 cStockInfo 类
09      csi2.FullName = " 空调 ";                     // 设置商品名称
10      csi2.TradeType = "TYPE-2";                   // 设置商品型号
11      csi2.Qty = 3500;                             // 设置库存数量
12      csi2.ShowInfo();                             // 输出商品信息
13      Console.ReadLine();
14  }
```

▽ 小结

本章主要对面向对象编程的基础知识进行了详细讲解，具体讲解时，首先介绍了对象、类与实例化这 3 个基本概念，以及面向对象程序设计的 3 大基本原则；然后重点对类和对象，以及方法的使用进行了详细讲解。学习本章内容时，一定要重点掌握类与对象的创建及使用，并熟练掌握常见的几种方法参数类型，以及静态方法与实例方法的主要区别。

6.5 实战练习

① 模拟淘宝商家某种商品的库存量，比如控制库存不能低于 10、高于 100。

② 根据促销规则计算优惠后金额，一家商场的促销如下：

> 满 500 元可享受 9 折优惠
> 满 1000 元可享受 8 折优惠
> 满 2000 元可享受 7 折优惠
> 满 3000 元可享受 6 折优惠

使用程序实现计算顾客优惠后的金额，效果如图 6.11 所示。

```
****满500元可享受9折优惠****
****满1000元可享受8折优惠****
****满2000元可享受7折优惠****
****满3000元可享受6折优惠****

请输入消费金额:1280
你的消费享受8折优惠; 金额是1280,折后金额是1024
```

图 6.11 根据促销规则计算优惠后金额

全方位沉浸式学C#
见此图标 微信扫码

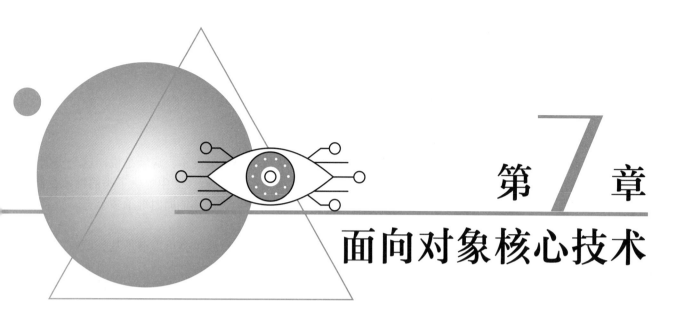

第7章
面向对象核心技术

面向对象程序设计是非常重要的一种编程思想，第6章中对面向对象编程的基础知识进行了讲解，本章将进一步对面向对象编程进行讲解，包括类的继承与多态、结构与接口、索引器、委托和匿名方法、事件、泛型等内容。

本章知识架构如下：

7.1 类的继承与多态

7.1.1 继承

继承是面向对象编程最重要的特性之一。任何类都可以从另外一个类继承，这就是说，这个类拥有它继承的类的所有成员。在面向对象编程中，被继承的类称为父类或基类。C# 中提供了类的继承机制，但只支持单继承，而不支持多重继承，即在 C# 中一次只允许继承一个类，不能同时继承多个类。

（1）使用继承

继承的基本思想是基于某个基类的扩展，制定出一个新的派生类，派生类可以继承基类原有的属性和方法，也可以增加原来基类所不具备的属性和方法，或者直接重写基类中的某些方法。例如，平行四边形是特殊的四边形，可以说平行四边形类继承了四边形类，这时平行四边形类将所有四边形具有的属性和方法都保留下来，并基于四边形类扩展了一些新的平行四边形类特有的属性和方法。

下面演示一下继承性。创建一个新类 Test，同时创建另一个新类 Test2 继承 Test 类，其中包括重写的基类成员方法以及新增成员方法等。在图 7.1 中描述了类 Test 与 Test2 的结构以及两者之间的关系。

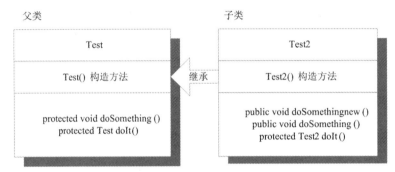

图 7.1　Test 与 Test2 类之间的继承关系

在 C# 中使用 ":" 来标识两个类的继承关系。继承一个类时，类成员的可访问性是一个重要的问题。派生类（子类）不能访问基类的私有成员，但是可以访问其公共成员。这就是说，只要使用 public 声明类成员，就可以让一个类成员被基类和派生类（子类）同时访问，同时也可以被外部的代码访问。

为了解决基类成员访问问题，C# 还提供了另外一种可访问性：protected，只有派生类（子类）才能访问 protected 成员，基类和外部代码都不能访问 protected 成员。

📋 **说明**

> 派生类（子类）不能继承基类中所定义的 private 成员，只能继承基类的 public 成员和
> protected 成员。

实例 7.1　模拟进销存管理系统的进货信息并输出

👁 **实例位置：资源包 \Code\07\01**

创建一个控制台应用程序，模拟实现进销存管理系统的进货信息并输出。自定义一个 Goods 类，该类中定义两个公有属性，表示商品编号和名称；然后自定义 JHInfo 类，继承自 Goods 类，在该类中定义进货编号属性，以及输出进货信息的方法；最后在 Pragram 类的 Main 方法中创建派生类 JHInfo 的对象，

并使用该对象调用基类 Goods 中定义的公有属性。代码如下：

```
01  class Goods
02  {
03      public string TradeCode { get; set; }           // 定义商品编号
04      public string FullName { get; set; }            // 定义商品名称
05  }
06  class JHInfo : Goods
07  {
08      public string JHID { get; set; }                // 定义进货编号
09      public void showInfo(){                         // 输出进货信息
10          Console.WriteLine("进货编号：{0},商品编号：{1},商品名称：{2}", JHID, TradeCode, FullName);
11      }
12  }
13  class Program
14  {
15      static void Main(string[] args) {
16          JHInfo jh = new JHInfo();                    // 创建 JHInfo 对象
17          jh.TradeCode = "T100001";                    // 设置基类中的 TradeCode 属性
18          jh.FullName = "笔记本电脑";                   // 设置基类中的 FullName 属性
19          jh.JHID = "JH00001";                         // 设置 JHID 属性
20          jh.showInfo();                               // 输出水果的信息
21          Console.ReadLine();
22      }
23  }
```

程序运行结果如下：

进货编号：JH00001, 商品编号：T100001, 商品名称：笔记本电脑

（2）base 关键字

base 关键字用于从派生类中访问基类的成员，它主要有两种使用形式，分别如下：

① 调用基类上已被其他方法重写的方法。

② 指定创建派生类实例时应调用的基类构造函数。

注意

> 基类访问只能在构造函数、实例方法或实例属性访问器中进行，因此，从静态方法中使用 base 关键字是错误的。

例如，修改实例 7.1，在基类 Goods 中定义一个构造函数，用来为定义的属性赋初始值，代码如下：

```
01  public Goods(string tradecode, string fullname)
02  {
03      TradeCode = tradecode;
04      FullName = fullname;
05  }
```

在派生类 JHInfo 中定义构造函数时，即可使用 base 关键字调用基类的构造函数，代码如下：

```
01  public JHInfo(string jhid, string tradecode, string fullname) : base(tradecode, fullname)
02  {
03      JHID = jhid;
04  }
```

（3）继承中的构造函数与析构函数

在进行类的继承时，派生类的构造函数会隐式地调用基类的无参构造函数，但是，如果基类也是从其他类派生的，C# 会根据层次结构找到最顶层的基类，并调用基类的构造函数，然后依次调用各级派生

类的构造函数。析构函数的执行顺序正好与构造函数相反。继承中的构造函数和析构函数执行顺序示意图如图 7.2 所示。

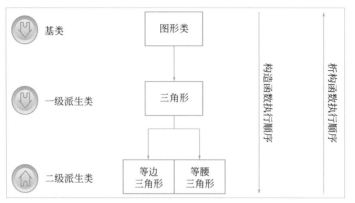

图 7.2　继承中的构造函数和析构函数执行顺序示意图

7.1.2　多态

多态是面向对象编程的基本特征之一，它使得派生类的实例可以直接赋予基类的对象，然后直接就可以通过这个对象调用派生类的方法。C# 中，类的多态性是通过在派生类中重写基类的虚方法来实现的。

（1）虚方法的重写

在类的方法前面加上关键字 virtual，则称该方法为"虚方法"，通过对虚方法的重写，可以实现在程序运行过程确定调用的方法。重写（还可以称为"覆盖"）就是在派生类中将基类的成员方法的名称保留，重写成员方法的实现内容，更改成员方法的存储权限，或者修改成员方法的返回值类型。

实例 7.2　**不同交通工具的形态**　　⊙ **实例位置：资源包 \Code\07\02**

创建一个控制台应用程序，其中自定义一个 Vehicle 类，用来作为基类，该类中自定义一个虚方法 Move ；然后自定义 Train 类和 Car 类，都继承自 Vehicle 类，在这两个派生类中重写基类中的虚方法 Move，输出个不同交通工具的形态；最后，在 Pragram 类的 Main 方法中，分别使用基类和派生类的对象生成一个 Vehicle 类型的数组，使用数组中的每个对象调用 Move 方法，比较它们的输出信息。代码如下：

```
01  class Vehicle
02  {
03      string name;                              // 定义字段
04      public string Name                        // 定义属性为字段赋值
05      {
06          get { return name; }
07          set { name = value; }
08      }
09      public virtual void Move()                // 定义方法输出交通工具的形态
10      {
11          Console.WriteLine("{0} 都可以移动", Name);
12      }
13  }
14  class Train : Vehicle
15  {
16      public override void Move()               // 重写方法输出交通工具形态
17      {
```

```
18              Console.WriteLine("{0}在铁轨上行驶", Name);
19          }
20     }
21     class Car : Vehicle
22     {
23          public override void Move()                    // 重写方法输出交通工具形态
24          {
25              Console.WriteLine("{0}在公路上行驶", Name);
26          }
27     }
28     class Program
29     {
30          static void Main(string[] args)
31          {
32              Vehicle vehicle = new Vehicle();           // 创建 Vehicle 类的实例
33              Train train = new Train();                 // 创建 Train 类的实例
34              Car car = new Car();                       // 创建 Car 类的实例
35                                                         // 使用基类和派生类对象创建 Vehicle 类型数组
36              Vehicle[] vehicles = { vehicle, train, car };
37              vehicle.Name = "交通工具";                   // 设置交通工具的名字
38              train.Name = "火车";                        // 设置交通工具的名字
39              car.Name = "汽车";                          // 设置交通工具的名字
40              vehicles[0].Move();                        // 输出交通工具的形态
41              vehicles[1].Move();                        // 输出交通工具的形态
42              vehicles[2].Move();                        // 输出交通工具的形态
43              Console.ReadLine();
44          }
45     }
```

🌀 **程序运行结果如图 7.3 所示。**

(2) 抽象类与抽象方法

如果一个类不与具体的事物相联系，而只是表达一种抽象的概念或行为，仅仅作为其派生类的一个基类，这样的类就可以声明为抽象类。在抽象类中声明方法时，如果加上 abstract 关键字，则为抽象方法。举个例来说：去商场买衣服，这句话描述的就是一个抽象的行为。到底去哪个商场买衣服？买什么样的衣服？是短衫、裙子还是其他的什么衣服？在"去商场买衣服"这句话中，并没有对"买衣服"这个抽象行为指明一个确定的信息。如果要将"去商场买衣服"这个动作封装为一个行为类，那么这个类就应该是一个抽象类。本节将对抽象类及抽象方法进行详细介绍。

图 7.3 **交通工具的形态**

📖 **说明**

> 在 C# 中规定，类中只要有一个方法声明为抽象方法，这个类也必须被声明为抽象类。

抽象类主要用来提供多个派生类可共享的基类的公共定义，它与非抽象类的主要区别如下：
① 抽象类不能直接实例化。
② 抽象类中可以包含抽象成员，但非抽象类中不可以。
③ 抽象类不能被密封。
C# 中声明抽象类时需要使用 abstract 关键字，具体语法格式如下：

```
访问修饰符 abstract class 类名 ：基类或接口
{
     // 类成员
}
```

⚡ **注意**

> 声明抽象类时，除 abstract 关键字、class 关键字和类名外，其他的都是可选项。

在抽象类中定义的方法，如果加上 abstract 关键字，就是一个抽象方法，抽象方法不提供具体的实现。引入抽象方法的原因在于抽象类本身是一个抽象的概念，有的方法并不需要具体地实现，而是留下让派生类来重写实现。声明抽象方法时需要注意以下两点：

①抽象方法必须声明在抽象类中。

② 声明抽象方法时，不能使用 virtual、static 和 private 修饰符。

例如，声明一个抽象类，该抽象类中声明一个抽象方法。代码如下。

```
01  public abstract class TestClass
02  {
03      public abstract void AbsMethod();      // 抽象方法
04  }
```

当从抽象类派生一个非抽象类时，需要在非抽象类中重写抽象方法，以提供具体的实现，重写抽象方法时使用 override 关键字。

实例 7.3　重写抽象方法输出进货信息和销售信息　　　👁 **实例位置：资源包 \Code\07\03**

创建一个控制台应用程序，主要通过重写抽象方法输出进货信息和销售信息。声明一个抽象类 Information，该抽象类中主要定义两个属性和一个抽象方法，其中，抽象方法用来输出信息，但具体输出什么信息是不确定的。然后声明两个派生类 JHInfo 和 XSInfo，这两个类继承自 Information，分别用来表示进货类和销售类，在这两个类中分别重写 Information 抽象类中的抽象方法，并分别输出进货信息和销售信息。最后在 Program 类的 Main 方法中分别创建 JHInfo 和 XSInfo 类的对象，并分别使用这两个对象调用重写的方法输出相应的信息。代码如下。

```
01  public abstract class Information
02  {
03      public string Code { get; set; }             // 编号属性及实现
04      public string Name { get; set; }             // 名称属性及实现
05      public abstract void ShowInfo();             // 抽象方法，用来输出信息
06  }
07  public class JHInfo : Information                 // 继承抽象类，定义进货类
08  {
09      public override void ShowInfo()              // 重写抽象方法，输出进货信息
10      {
11          Console.WriteLine("进货信息: \n" + Code + " " + Name);
12      }
13  }
14  public class XSInfo : Information                 // 继承抽象类，定义销售类
15  {
16      public override void ShowInfo()              // 重写抽象方法，输出销售信息
17      {
18          Console.WriteLine("销售信息: \n" + Code + " " + Name);
19      }
20  }
21  class Program
22  {
23      static void Main(string[] args)
24      {
```

```
25          JHInfo jhInfo = new JHInfo();                    // 创建进货类对象
26          jhInfo.Code = "JH0001";                          // 使用进货类对象访问基类中的编号属性
27          jhInfo.Name = "笔记本电脑";                        // 使用进货类对象访问基类中的名称属性
28          jhInfo.ShowInfo();                               // 输出进货信息
29          XSInfo xsInfo = new XSInfo();                    // 创建销售类对象
30          xsInfo.Code = "XS0001";                          // 使用销售类对象访问基类中的编号属性
31          xsInfo.Name = "华为荣耀X4";                        // 使用销售类对象访问基类中的名称属性
32          xsInfo.ShowInfo();                               // 输出销售信息
33          Console.ReadLine();
34      }
35  }
```

⊙ **程序运行结果如图 7.4 所示。**

（3）密封类与密封方法

为了避免滥用继承，C# 中提出了密封类的概念。密封类可以用来限制扩展性，如果密封了某个类，则其他类不能从该类继承；如果密封了某个成员，则派生类不能重写该成员的实现。密封类语法如下：

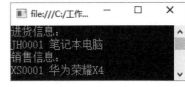

图 7.4　抽象类及抽象方法的使用

```
访问修饰符 sealed class 类名 : 基类或接口
{
    // 密封类的成员
}
```

例如，声明一个密封类，代码如下：

```
01  public sealed class SealedTest      // 声明密封类
02  {
03  }
```

如果类的方法声明中包含 sealed 修饰符，则称该方法为密封方法。密封方法只能用于对基类的虚方法进行实现，因此，声明密封方法时，sealed 修饰符总是和 override 修饰符同时使用。

7.2　结构与接口

7.2.1　结构

结构是一种值类型，通常用来封装一组相关的变量，结构中可以包括构造函数、常量、字段、方法、属性、运算符、事件和嵌套类型等，但如果要同时包括上述几种成员，则应该考虑使用类。

结构实际是将多个相关的变量包装成为一个整体使用。在结构体中的变量，可以是相同、部分相同或完全不同的数据类型。结构具有以下特点：

① 结构是值类型。

② 向方法传递结构时，结构是通过传值方式传递的，而不是作为引用传递的。

③ 结构的实例化可以不使用 new 运算符。

④ 结构可以声明构造函数，但它们必须带参数。

⑤ 一个结构不能从另一个结构或类继承。所有结构都直接继承自 System.ValueType，后者继承自 System.Object。

⑥ 结构可以实现接口。

⑦ 在结构中初始化实例字段是错误的。

C# 中使用 struct 关键字来声明结构，语法格式如下：

```
结构修饰符 struct 结构名
{
}
```

结构通常用于较小的数据类型，下面通过一个实例说明如何在程序中使用结构。

例如，定义一个结构，结构中存储职工的信息；然后在结构中定义一个构造函数，用来初始化职工信息；最后定义一个 Information 方法，输出职工的信息，代码如下：

```
01  public struct Employee                                      // 定义一个结构，用来存储职工信息
02  {
03      public string name;                                     // 职工的姓名
04      public string sex;                                      // 职工的性别
05      public int age;                                         // 职工的年龄
06      public string duty;                                     // 职工的职务
07      public Employee(string n, string s, string a, string d) // 职工信息
08      {
09          name = n;                                           // 设置职工的姓名
10          sex = s;                                            // 设置职工的性别
11          age =Convert .ToInt16 ( a);                         // 设置职工的年龄
12          duty = d;                                           // 设置职工的职务
13      }
14      public void Information(){                              // 输出职工的信息
15          Console.WriteLine("{0} {1} {2} {3}", name, sex, age, duty);
16      }
17  }
```

7.2.2 接口

C# 中的类不支持多重继承，但是客观世界出现多重继承的情况又比较多。为了避免传统的多重继承给程序带来的复杂性等问题，同时保证多重继承带给程序员的诸多好处，C# 中提出了接口的概念，通过接口可以实现多重继承的功能。

（1）接口的概念及声明

接口提出了一种契约（或者说规范），让使用接口的程序设计人员必须严格遵守接口提出的约定，它强制性地要求派生类必须实现接口约定的规范，以保证派生类必须拥有某些特性。

接口可以包含方法、属性、索引器和事件作为成员，但是并不能设置这些成员的具体值，也就是说，只能定义。

 说明

> 接口可以继承其他接口，类可以通过其继承的基类（或接口）多次继承同一个接口。

接口具有以下特征：

① 接口类似于抽象基类：继承接口的任何非抽象类型都必须实现接口的所有成员。

② 不能直接实例化接口。

③ 接口可以包含事件、索引器、方法和属性。

④ 接口不包含方法的实现。

⑤类和结构可从多个接口继承。

⑥ 接口自身可从多个接口继承。

C# 中声明接口时，使用 interface 关键字，其语法格式如下。

```
修饰符 interface 接口名称：继承的接口列表
{
       接口内容；
}
```

例如，下面使用 interface 关键字定义一个 Information 接口，该接口中声明 Code 和 Name 两个属性，分别表示编号和名称，声明了一个方法 ShowInfo，用来输出信息，代码如下：

```
01  interface Information                      // 定义接口
02  {
03      string Code { get; set; }             // 编号属性及实现
04      string Name { get; set; }             // 名称属性及实现
05      void ShowInfo();                       // 用来输出信息
06  }
```

💡 **注意**

接口中的成员默认是公共的，因此，不允许加访问修饰符。

（2）接口的实现与继承

接口的实现通过类继承来实现，一个类虽然只能继承一个基类，但可以继承任意接口。声明实现接口的类时，需要在基类列表中包含类所实现的接口的名称。

实例 7.4　　通过继承接口输出进货信息和销售信息　　👁 **实例位置：资源包 \Code\07\04**

修改实例 7.3，通过继承接口实现输出进货信息和销售信息的功能，代码如下：

```
01  interface Information                                        // 定义接口
02  {
03      string Code { get; set; }                               // 编号属性及实现
04      string Name { get; set; }                               // 名称属性及实现
05      void ShowInfo();                                        // 用来输出信息
06  }
07  public class JHInfo : Information                            // 继承接口，定义进货类
08  {
09      string code = "";
10      string name = "";
11      public string Code                                      // 实现编号属性
12      {
13          get{ return code; }
14          set{ code = value; }
15      }
16      public string Name                                      // 实现名称属性
17      {
18          get{ return name; }
19          set { name = value; }
20      }
21      public void ShowInfo()                                  // 实现方法，输出进货信息
22      {
23          Console.WriteLine("进货信息：\n" + Code + " " + Name);
24      }
25  }
26  public class XSInfo : Information                            // 继承接口，定义销售类
27  {
28      string code = "";
```

```
29        string name = "";
30        public string Code                                          // 实现编号属性
31        {
32            get{ return code; }
33            set{ code = value; }
34        }
35        public string Name                                          // 实现名称属性
36        {
37            get{ return name; }
38            set{ name = value; }
39        }
40        public void ShowInfo()                                      // 实现方法，输出销售信息
41        {
42            Console.WriteLine(" 销售信息: \n" + Code + " " + Name);
43        }
44    }
45    class Program
46    {
47        static void Main(string[] args)
48        {
49            Information[] Infos = { new JHInfo(), new XSInfo() };    // 定义接口数组
50            Infos[0].Code = "JH0001";                               // 使用接口对象设置编号属性
51            Infos[0].Name = " 笔记本电脑 ";                          // 使用接口对象设置名称属性
52            Infos[0].ShowInfo();                                    // 输出进货信息
53            Infos[1].Code = "XS0001";                               // 使用接口对象设置编号属性
54            Infos[1].Name = " 华为荣耀 X4";                          // 使用接口对象设置名称属性
55            Infos[1].ShowInfo();                                    // 输出销售信息
56            Console.ReadLine();
57        }
58    }
```

📄 **说明**

① 上面的实例中只继承了一个接口，接口还可以多重继承，使用多重继承时，要继承的接口之间用逗号分隔。

② 如果类实现两个接口，并且这两个接口包含具有相同签名的成员，那么在类中实现该成员将导致两个接口都使用该成员作为它们的实现，这时可以显式地实现接口成员，即创建一个仅通过该接口调用并且特定于该接口的类成员。显式接口成员实现是使用接口名称和一个句点命名该类成员来实现的，例如：int ICalculate1.Add()。

(3) 抽象类与接口

抽象类和接口都包含可以由派生类继承的成员，它们都不能直接实例化，但可以声明它们的变量。如果这样做，就可以使用多态性把继承这两种类型的对象指定给它们的变量，然后通过这些变量来使用抽象类或者接口中的成员，但不能直接访问派生类中的其他成员。

抽象类和接口的区别主要有以下几点：

① 它们的派生类只能继承一个基类，即只能直接继承一个抽象类，但可以继承任意多个接口。

② 抽象类中可以定义成员的实现，但接口中不可以。

③ 抽象类中可以包含字段、构造函数、析构函数、静态成员或常量等，接口中不可以。

④ 抽象类中的成员可以是私有的（只要它们不是抽象的）、受保护的、内部的或受保护的内部成员（受保护的内部成员只能在应用程序的代码或派生类中访问），但接口中的成员默认是公共的，定义时不能加修饰符。

7.3 索引器

C# 语言支持一种名为索引器的特殊"属性"，它能够通过引用数组元素的方式来引用对象。

索引器的声明方式与属性比较相似，这两者的一个重要区别是索引器在声明时需要定义参数，而属性则不需要定义参数，索引器的声明格式如下：

```
【修饰符】【类型】this[【参数列表】]
{
    get  {get 访问器体 }
    set  {set 访问器体 }
}
```

索引器与属性除了在定义参数方面不同之外，它们之间的区别主要还有以下两点：

① 索引器的名称必须是关键字 this，this 后面一定要跟一对方括号（[]），在方括号之间指定索引的参数列表，其中至少必须有一个参数；

② 索引器不能被定义为静态的，而只能是非静态的。

索引器的修饰符有 new、public、protected、internal、private、virtual、sealed、override、abstract 和 extern。当索引器声明包含 extern 修饰符时，称为外部索引器，由于外部索引器声明不提供任何实现，因此它的每个索引器声明都由一个分号组成。

索引器的使用方式不同于属性的使用方式，需要使用元素访问运算符（[]），并在其中指定参数来进行引用。

实例 7.5

定义操作字符串数组的索引器

实例位置：资源包 \Code\07\05

定义一个类 CollClass，在该类在中声明一个用于操作字符串数组的索引器；然后在 Main 方法中创建 CollClass 类的对象，并通过索引器为数组中的元素赋值；最后使用 for 循环通过索引器获取数组中的所有元素。代码如下：

```
01  class CollClass
02  {
03      public const int intMaxNum = 3;              // 表示数组的长度
04      private string[] arrStr;                     // 声明数组的引用
05      public CollClass()                           // 构造方法
06      {
07          arrStr = new string[intMaxNum];          // 设置数组的长度
08      }
09      public string this[int index]                // 定义索引器
10      {
11          get{ return arrStr[index]; }             // 通过索引器取值
12          set{ arrStr[index] = value; }            // 通过索引器赋值
13      }
14  }
15  class Program
16  {
17      static void Main(string[] args)              // 入口方法
18      {
19          CollClass cc = new CollClass();          // 创建 CollClass 类的对象
20          cc[0] = "CSharp";                        // 通过索引器给数组元素赋值
21          cc[1] = "ASP.NET";                       // 通过索引器给数组元素赋值
22          cc[2] = "Visual Basic";                  // 通过索引器给数组元素赋值
23          for (int i = 0; i < CollClass.intMaxNum; i++)  // 遍历所有的元素
```

```
24          {
25              Console.WriteLine(cc[i]);                    // 通过索引器取值
26          }
27          Console.Read();
28      }
29 }
```

⟳ **程序运行结果如图 7.5 所示。**

7.4 委托和匿名方法

为了实现方法的参数化，提出了委托的概念。委托是一种引用方法的类型，即委托是方法的引用，一旦为委托分配了方法，委托将与该方法具有完全相同的行为；另外，.NET 中为了简化委托方法的定义，提出了匿名方法的概念。本节对委托和匿名方法进行讲解。

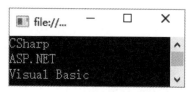

图 7.5　索引器的定义及使用

7.4.1 委托

C# 中的委托（Delegate）是一种引用类型，该引用类型与其他引用类型有所不同，在委托对象的引用中存放的不是对数据的引用，而是对方法的引用，即在委托的内部包含一个指向某个方法的指针。通过使用委托把方法的引用封装在委托对象中，然后将委托对象传递给调用引用方法的代码。委托类型的声明语法格式如下：

【修饰符】delegate【返回类型】【委托名称】(【参数列表】)

其中，【修饰符】是可选项；【返回值类型】、关键字 delegate 和【委托名称】是必需项；【参数列表】用来指定委托所匹配的方法的参数列表，所以是可选项。

一个与委托类型相匹配的方法必需满足以下两个条件：

图 7.6　委托的类结构

① 这两者具有相同的签名，即具有相同的参数数目，并且类型相同，顺序相同，参数的修饰符也相同。

② 这两者具有相同的返回值类型。

委托是方法的类型安全的引用，之所以说委托是安全的，是因为委托和其他所有的 C# 成员一样，是一种数据类型，并且任何委托对象都是 System.Delegate 的某个派生类的一个对象，委托的类结构如图 7.6 所示。

从图 7.6 的结构图中可以看出，任何自定义委托类型都继承自 System.Delegate 类型，并且该类型封装了许多委托的特性和方法。下面通过一个具体的例子来说明委托的定义及应用。

实例 7.6　　　　自定义委托并使用　　　　👁 **实例位置：资源包 \Code\07\06**

创建一个控制台应用程序，首先定义一个实例方法 Add，该方法将作为自定义委托类型 MyDelegate 的匹配方法。然后在控制台应用程序的默认类 Program 中定义一个委托类型 MyDelegate，接着在应用程序的入口方法 Main 中创建该委托类型的实例 md，并绑定到 Add 方法。代码如下：

```
01  public class TestClass
02  {
03      public int Add(int x, int y)
04      {
05          return x + y;
06      }
07  }
08  class Program
09  {
10      public delegate int MyDelegate(int x, int y);          // 定义一个委托类型
11      static void Main(string[] args)
12      {
13          TestClass tc = new TestClass();
14          MyDelegate md = tc.Add;                             // 创建委托类型的实例 md，并绑定到 Add 方法
15          int intSum = md(2, 3);                              // 委托的调用
16          Console.WriteLine(" 运算结果是: " + intSum.ToString());
17          Console.Read();
18      }
19  }
```

上面代码中的 MyDelegate 自定义委托类型继承自 System.MulticastDelegate，并且该自定义委托类型包一个名为 Invoke 的方法，该方法接收两个整型参数并返回一个整数值，由此可见 Invoke 方法的参数及返回值类型与 Add 方法完全相同。实际上程序在进行委托调用时就是调用了 Invoke 方法，所以上面的委托调用完全可以写成下面的形式。

```
int intSum = md.Invoke(2, 3);          // 委托的调用
```

其实，上面的这种形式更有利于初学者的理解，本实例的运行结果为 "运算结果是: 5"。

7.4.2　匿名方法

为了简化委托的可操作性，在 C# 语言中，提出了匿名方法的概念，它在一定程度上降低了代码量，并简化了委托引用方法的过程。

匿名方法允许一个与委托关联的代码被内联地写入使用委托的位置，这使得代码对于委托的实例很直接。除了这种便利之外，匿名方法还共享了对本地语句包含的函数成员的访问。匿名方法的语法格式如下：

```
delegate(【参数列表】)
{
    【代码块】
}
```

实例 7.7　　　　**分别调用匿名方法和命名方法**　　　👁 **实例位置：资源包 \Code\07\07**

创建一个控制台应用程序，首先定义一个无返回值其参数为字符串的委托类型 DelOutput，然后在控制台应用程序的默认类 Program 中定义一个静态方法 NamedMethod，使该方法与委托类型 DelOutput 相匹配，在 Main 方法中定义一个匿名方法 delegate(string j){}，并创建委托类型 DelOutput 的对象 del，最后通过委托对象 del 调用匿名方法和命名方法（NamedMethod），代码如下：

```
01  delegate void DelOutput(string s);          // 自定义委托类型
02  class Program
03  {
```

```
04        static void NamedMethod(string k)              // 与委托匹配的命名方法
05        {
06            Console.WriteLine(k);
07        }
08        static void Main(string[] args)
09        {
10                                                        // 委托的引用指向匿名方法 delegate(string j){}
11            DelOutput del = delegate (string j)
12            {
13                Console.WriteLine(j);
14            };
15            del.Invoke(" 匿名方法被调用 ");            // 委托对象 del 调用匿名方法
16            //del(" 匿名方法被调用 ");                   // 委托也可使用这种方式调用匿名方法
17            Console.Write("\n");
18            del = NamedMethod;                          // 委托绑定到命名方法 NamedMethod
19            del(" 命名方法被调用 ");                    // 委托对象 del 调用命名方法
20            Console.ReadLine();
21        }
22    }
```

🔄 **程序运行结果为：**

匿名方法被调用
命名方法被调用

7.5 事件

C# 中的事件是指某个类的对象在运行过程中遇到的一些特定事情，而这些特定的事情有必要通知给这个对象的使用者。当发生与某个对象相关的事件时，类会使用事件将这一对象通知给用户，这种通知即称为"引发事件"。引发事件的对象称为事件的源或发送者。对象引发事件的原因很多，响应对象数据的更改、长时间运行的进程完成或服务中断等。

对于事件的相关理论和实现技术细节，本节将从委托的发布和订阅、事件的发布和订阅、原型委托 EventHandler 和 Windows 事件这 4 个方面进行讲解。

7.5.1 委托的发布和订阅

由于委托能够引用方法，而且能够连接和删除其他委托对象，因而就能够通过委托来实现事件的"发布和订阅"这两个必要的过程，通过委托来实现事件处理的过程，通常需要以下 4 个步骤：

① 定义委托类型，并在发布者类中定义一个该类型的公有成员。

② 在订阅者类中定义委托处理方法。

③ 订阅者对象将其事件处理方法链接到发布者对象的委托成员（一个委托类型的引用）上。

④ 发布者对象在特定的情况下"激发"委托操作，从而自动调用订阅者对象的委托处理方法。

下面以学校铃声为例，通常，学生会对上下课铃声作出相应的动作响应，比如：打上课铃，同学们开始学习；打下课铃，同学们开始休息。下面就通过委托的发布和订阅来实现这个功能。

实例 7.8

通过委托使学生们对铃声作出响应

👁 **实例位置：资源包 \Code\07\08**

创建一个控制台应用程序，通过委托来实现学生们对铃声所作出的响应，具体步骤如下。

① 定义一个委托类型 RingEvent，其整型参数 ringKind 表示铃声种类（1：表示上课铃声；2：表示下课铃声），具体代码如下：

```
public delegate void RingEvent(int ringKind);   // 声明一个委托类型
```

② 定义委托发布者类 SchoolRing，并在该类中定义一个 RingEvent 类型的公有成员（即委托成员，用来进行委托发布），然后定义一个成员方法 Jow，用来实现激发委托操作，代码如下：

```
01  public class SchoolRing                              // 定义发布者类
02  {
03      public RingEvent OnBellSound;                    // 委托发布
04      public void Jow(int ringKind)                    // 实现打铃操作
05      {
06          if (ringKind == 1 || ringKind == 2)          // 判断打铃参数是否合法
07          {
08              Console.Write(ringKind == 1 ? "上课铃声响了，" : "下课铃声响了，");
09              if (OnBellSound != null)                  // 不等于空，说明它已经订阅了具体的方法
10              {
11                  OnBellSound(ringKind);                // 回调 OnBellSound 委托所订阅的具体方法
12              }
13          }
14          else
15          {
16              Console.WriteLine(" 这个铃声参数不正确！");
17          }
18      }
19  }
```

③ 由于学生会对铃声作出相应的动作相应，因此这里定义一个 Students 类，然后在该类中定义一个铃声事件的处理方法 SchoolJow，并在某个激发时刻或状态下连接到 SchoolRing 对象的 OnBellSound 委托上。另外，在订阅完毕之后，还可以通过 CancelSubscribe 方法删除订阅，具体代码如下：

```
01  public class Students                                // 定义订阅者类
02  {
03      public void SubscribeToRing(SchoolRing schoolRing)   // 学生们订阅铃声这个委托事件
04      {
05          schoolRing.OnBellSound += SchoolJow;         // 通过委托的连接操作进行订阅
06      }
07      public void SchoolJow(int ringKind)              // 事件的处理方法
08      {
09          if (ringKind == 2)                           // 打下课铃
10          {
11              Console.WriteLine("同学们开始课间休息！");
12          }
13          else if (ringKind == 1)                      // 打上课铃
14          {
15              Console.WriteLine("同学们开始认真学习！");
16          }
17      }
18      public void CancelSubscribe(SchoolRing schoolRing)   // 取消订阅铃声动作
19      {
20          schoolRing.OnBellSound -= SchoolJow;
21      }
22  }
```

④ 当发布者 SchoolRing 类的对象调用其 Jow 方法进行打铃时，就会自动调用 Students 对象的 SchoolJow 这个事件处理方法，代码如下：

```
01  class Program
02  {
```

```
03        static void Main(string[] args)
04        {
05            SchoolRing sr = new SchoolRing();              // 创建一个事件发布者实例
06            Students student = new Students();              // 创建一个事件订阅者实例
07            student.SubscribeToRing(sr);                    // 学生订阅学校铃声
08            Console.Write("请输入打铃参数（1：表示打上课铃；2：表示打下课铃）: ");
09            sr.Jow(Convert.ToInt32(Console.ReadLine()));   // 开始打铃动作
10            Console.ReadLine();
11        }
12    }
```

⏻ **本例运行结果如图 7.7 所示。**

7.5.2　事件的发布和订阅

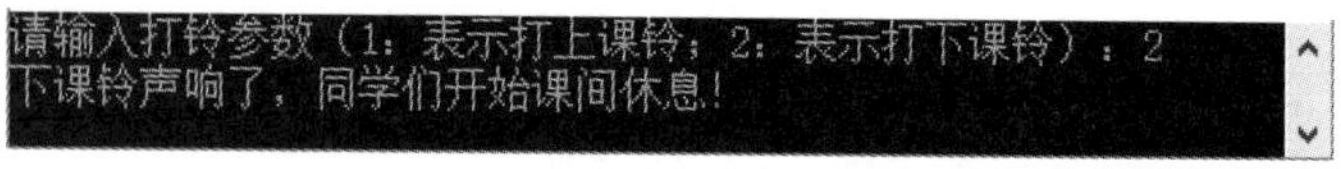

委托可以进行发布和订阅，从而使不同的
对象对特定的情况作出反应，但这种机制存在

请输入打铃参数（1：表示打上课铃；2：表示打下课铃）: 2
下课铃声响了，同学们开始课间休息!

图 7.7　发布和订阅铃声事件

一个问题，即外部对象可以任意修改已发布的委托（因为这个委托仅是一个普通的类级公有成员），这也会影响到其他对象对委托的订阅（使委托丢掉了其他的订阅），比如，在进行委托订阅时，使用"="符号，而不是"+="，或者在订阅时，设置委托指向一个空引用，这些都对委托的安全性造成严重的威胁，如下面的示例代码。

例如，使用"="运算符进行委托的订阅，或者设置委托指向一个空引用，代码如下：

```
01    public void SubscribeToRing(SchoolRing schoolRing)         // 学生们订阅铃声这个委托事件
02    {
03    // 通过赋值运算符进行订阅，使委托 OnBellSound 丢掉了其他的订阅
04        schoolRing.OnBellSound = SchoolJow;
05    }
```

或

```
01    public void SubscribeToRing(SchoolRing schoolRing)         // 学生们订阅铃声这个委托事件
02    {
03        schoolRing.OnBellSound = null;                          // 取消委托订阅的所有内容
04    }
```

为了解决这个问题，C# 提供了专门的事件处理机制，以保证事件订阅的可靠性，其做法是在发布委托的定义中加上 event 关键字，其他代码不变。例如：

```
public event RingEvent OnBellSound;      // 事件发布
```

经过这个简单的修改后，其他类型再使用 OnBellSound 委托时，就只能将其放在复合赋值运算符"+="或"-="的左侧，而直接使用"="运算符，编译系统会报错，例如下面的代码是错误的：

```
01    schoolRing.OnBellSound = SchoolJow;          // 系统会报错的
02    schoolRing.OnBellSound = null;               // 系统会报错的
```

这样就解决了上面出现的安全隐患，通过这个分析，可以看出，事件是一种特殊的类型，发布者在发布一个事件之后，订阅者对它只能进行自身的订阅或取消，而不能干涉其他订阅者。

📑 **说明**

事件是类的一种特殊成员——即使是公有事件，除了其所属类型之外，其他类型只能对其进行订阅或取消，别的任何操作都是不允许的，因此事件具有特殊的封装性。和一般委托成员

不同，某个类型的事件只能由自身触发。例如，在 Students 的成员方法中，使用"schoolRing. OnBellSound(2)"直接调用 SchoolRing 对象的 OnBellSound 事件是不允许的，因为 OnBellSound 这个委托只能在包含其自身定义的发布者类中被调用。

7.5.3 EventHandler 类

在事件发布和订阅的过程中，定义事件的类型（即委托类型）是一件重复性的工作，为此，.NET 类库中定义了一个 EventHandler 委托类型，并建议尽量使用该类型作为事件的委托类型。该委托类型的定义为：

```
public delegate void EventHandler(object sender,EventArgs e);
```

其中，object 类型的参数 sender 表示引发事件的对象，由于事件成员只能由类型本身（即事件的发布者）触发，因此在触发时传递给该参数的值通常为 this。例如：可将 SchoolRing 类的 OnBellSound 事件定义为 EventHandler 委托类型，那么触发该事件的代码就是"OnBellSound(this,null);"。

事件的订阅者可以通过 sender 参数来了解是哪个对象触发的事件（这里当然是事件的发布者），不过在访问对象时通常要进行强制类型转换。例如，Students 类对 OnBellSound 事件的处理方法可以修改为：

```
01  public void SchoolJow(object sender , EventArgs e)
02  {
03      if (((RingEventArgs)e).RingKind == 2)              //e 强制转化内 RingEventArgs 类型
04      {
05          Console.WriteLine(" 同学们开始课间休息！ ");
06      }
07      else if (((RingEventArgs)e).RingKind==1)           //e 强制转化内 RingEventArgs 类型
08      {
09          Console.WriteLine(" 同学们开始认真学习！ ");
10      }
11  }
12  public void CancelSubscribe(SchoolRing schoolRing)     // 取消订阅铃声动作
13  {
14      schoolRing.OnBellSound -= SchoolJow;
15  }
```

EventHandler 委托的第二个参数 e 表示事件中包含的数据。如果发布者还要向订阅者传递额外的事件数据，那么就需要定义 EventArgs 类型的派生类。例如，由于需要把打铃参数（1 或 2）传入事件中，故可以定义如下的 RingEventArgs 类：

```
01  public class RingEventArgs : EventArgs
02  {
03      private int ringKind;                      // 描述铃声种类的字段
04      public int RingKind
05      {
06          get { return ringKind; }               // 获取打铃参数
07      }
08      public RingEventArgs(int ringKind)
09      {
10          this.ringKind = ringKind;              // 在构造器中初始化铃声参数
11      }
12  }
```

而 SchoolRing 的实例在触发 OnBellSound 事件时，就可以将该类型（即 RingEventArgs）的对象作为参数传递给 EventHandler 委托，下面来看激发 OnBellSound 事件的主要代码：

```
01  public event EventHandler OnBellSound;                 // 委托发布
02  public void Jow(int ringKind)                          // 打铃方法
```

```
03  {
04      if (ringKind == 1 || ringKind == 2)
05      {
06          Console.Write(ringKind == 1 ? "上课铃声响了，" : "下课铃声响了，");
07          if (OnBellSound != null)                                // 不等于空，说明它已经订阅具体的方法
08          {
09                                                                  // 为了安全，事件成员只能由类型本身触发（this）
10              OnBellSound(this,new RingEventArgs(ringKind));      // 回调委托所订阅的方法
11          }
12      }
13      else
14      {
15          Console.WriteLine("这个铃声参数不正确！");
16      }
17  }
```

由于 EventHandler 原始定义中的参数类型是 EventArgs，因此订阅者在读取参数内容时同样需要进行强制类型转换，例如：

```
01  public void SchoolJow(object sender,EventArgs e)
02  {
03      if (((RingEventArgs)e).RingKind == 2)                       // 打了下课铃
04      {
05          Console.WriteLine("同学们开始课间休息！");
06      }
07      else if (((RingEventArgs)e).RingKind==1)                    // 打了上课铃
08      {
09          Console.WriteLine("同学们开始认真学习！");
10      }
11  }
```

7.6 泛型

泛型是用于处理算法、数据结构的一种编程方法，它的目标是采用广泛适用和可交互性的形式来表示算法和数据结构，以使它们能够直接用于软件构造。泛型类、结构、接口、委托和方法可以根据它们存储和操作的数据的类型来进行参数化。泛型能在编译时提供强大的类型检查，减少数据类型之间的显式转换、装箱操作和运行时的类型检查。泛型通常用在集合和在集合上运行的方法中。

7.6.1 类型参数 T

泛型的类型参数 T 可以看作一个占位符，它不是一种类型，而是仅代表了某种可能的类型。在定义泛型时，T 出现的位置可以在使用时用任何类型来代替。类型参数 T 的命名准则如下：

① 使用描述性名称命名泛型类型参数，除非单个字母名称完全可以让人了解它表示的含义，而描述性名称不会有更多的意义。例如，使用代表一定意义的单词作为类型参数 T 的名称，代码如下：

```
01  public interface IStudent<TStudent>
02  public delegate void ShowInfo<TKey, TValue>
```

② 将 T 作为描述性类型参数名的前缀。例如，使用 T 作为类型参数名的前缀，代码如下：

```
01  public interface IStudent<T>
02  {
03      T Sex { get; }
04  }
```

7.6.2　泛型接口

泛型接口的声明形式如下:

```
interface【接口名】<T>
{
    【接口体】
}
```

声明泛型接口时, 与声明一般接口的唯一区别是增加了一个 <T>。一般来说, 声明泛型接口与声明非泛型接口遵循相同的规则。泛型类型声明所实现的接口必须对所有可能的构造类型都保持唯一, 否则就无法确定该为某些构造类型调用哪个方法。

例如, 定义一个泛型接口 ITest<T>, 在该接口中声明 CreateIObject 方法。然后定义实现 ITest<T> 接口的派生类 Test<T, TI>, 并在此类中实现接口的 CreateIObject 方法。代码如下:

```
01  public interface ITest<T>                   // 创建一个泛型接口
02  {
03      T CreateIObject();                       // 接口中定义 CreateIObject 方法
04  }
05                                               // 实现上面泛型接口的泛型类
06                                               // 派生约束 where T : TI (T 要继承自 TI)
07                                               // 构造函数约束 where T : new() (T 可以实例化)
08  public class Test<T, TI> : ITest<TI> where T : TI, new()
09  {
10      public TI CreateIObject()                // 实现接口中的方法 CreateIObject
11      {
12          return new T();                      // 返回 T 类型的对象
13      }
14  }
```

7.6.3　泛型方法

泛型方法的声明形式如下:

```
【修饰符】void【方法名】< 类型型参 T>
{
    【方法体】
}
```

泛型方法是在声明中包括了类型参数 T 的方法。泛型方法可以在类、结构或接口声明中声明, 这些类、结构或接口本身可以是泛型或非泛型。如果在泛型类中声明泛型方法, 则泛型方法中可以同时引用该方法的类型参数 T 和泛型类中声明的类型参数 T。

 实例 7.9

通过泛型方法计算商品销售额

👁 **实例位置: 资源包 \Code\07\09**

创建一个控制台应用程序, 通过泛型方法实现计算商品销售额的功能。具体实现时, 首先定义 Sale 类, 表示销售类, 该类中定义一个泛型方法 CaleMoney<T>(T[] items), 用来计算商品销售额; 在 Program 类的 Main 方法中, 定义存储每月销售数据的数组, 然后调用 Sale 类中的泛型方法计算每月的总销售额, 并输出。代码如下:

```
01  public class Sale                                        // 创建 Sale 类, 表示销售类
02  {
```

```
03       public static double CaleMoney<T>(T[] items)      // 定义泛型方法
04       {
05           double sum = 0;
06           foreach (T item in items)                     // 遍历泛型参数数组
07           {
08               sum += Convert.ToDouble(item);
09           }
10           return sum;                                    // 返回计算结果
11       }
12   }
13   class Program
14   {
15       static void Main(string[] args)
16       {
17                                                          // 创建数组，用来存储1~6月份每月的销售数据
18           double[] dbJan = { 3500, 999, 3288, 1999, 12888 };
19           double[] dbFeb = { 1499, 1699 };
20           double[] dbMar = { 3288, 1998, 1999.9, 49 };
21           double[] dbApr = { 98, 1298, 298, 298, 69, 1999, 1699 };
22           double[] dbMay = { 4500, 5288, 1698, 2188, 2999, 3999, 6088, 298 };
23           double[] dbJun = { 1280, 99, 399, 998, 5288, 5288, 1298 };
24           Console.WriteLine("———— 上半年销售数据 ————\n");
25                                                          // 调用泛型方法计算每月的总销售额，并输出
26           Console.WriteLine("1 月商品总销售额：" + Sale.CaleMoney<double>(dbJan));
27           Console.WriteLine("2 月商品总销售额：" + Sale.CaleMoney<double>(dbFeb));
28           Console.WriteLine("3 月商品总销售额：" + Sale.CaleMoney<double>(dbMar));
29           Console.WriteLine("4 月商品总销售额：" + Sale.CaleMoney<double>(dbApr));
30           Console.WriteLine("5 月商品总销售额：" + Sale.CaleMoney<double>(dbMay));
31           Console.WriteLine("6 月商品总销售额：" + Sale.CaleMoney<double>(dbJun));
32           Console.ReadLine();
33       }
34   }
```

◎ 程序的运行结果如图 7.8 所示。

7.7 综合案例——输出进销存管理系统中的每月销售明细

7.7.1 案例描述

模拟实现输出进销存管理系统中的每月销售明细，运行程序，输入要查询的月份，如果输入的月份正确，则显示本月商品销售明细；如果输入的月份不存在，则提示"该月没有销售数据或者输入的月份有误！"信息；如果输入的月份不是数字，则显示异常信息。运行效果如图 7.9 所示。

图 7.8　通过泛型方法实现计算商品销售额　　图 7.9　输出进销存管理系统中的每月销售明细

7.7.2 实现代码

① 创建一个控制台应用程序，命名为 SaleManage。

② 打开 Program.cs 文件，定义一个 Information 接口，其中定义两个属性 Code 和 Name 分别表示商品编号和名称，定义一个 ShowInfo 方法，用来输出信息，代码如下：

```
01   interface Information                                    // 定义接口
02   {
03       string Code { get; set; }                           // 编号属性及实现
04       string Name { get; set; }                           // 名称属性及实现
05       void ShowInfo();                                    // 用来输出信息
06   }
```

③ 定义一个 Sale 类，继承自 Information 接口，首先实现接口中的成员，然后定义一个有两个参数的构造函数，用来为属性赋初始值；定义一个 ShowInfo 重载方法，用来输出销售的商品信息；定义一个泛型方法 CaleMoney<T>(T[] items)，用来计算商品销售额。Sale 类代码如下：

```
01   public class Sale : Information                          // 继承接口，定义销售类
02   {
03       string code = "";
04       string name = "";
05       public string Code                                  // 实现编号属性
06       {
07           get{ return code; }
08           set{code = value; }
09       }
10       public string Name                                  // 实现名称属性
11       {
12           get{return name; }
13           set{name = value; }
14       }
15       public Sale(string code, string name)               // 定义构造函数，为属性赋初始值
16       {
17           Code = code;
18           Name = name;
19       }
20       public void ShowInfo() { }                           // 实现接口方法
21       public static void ShowInfo(Sale[] sales)            // 定义 ShowInfo 方法，输出销售的商品信息
22       {
23           foreach (Sale s in sales)
24               Console.WriteLine("商品编号: " + s.Code + "  商品名称:  " + s.Name);
25       }
26       public static double CaleMoney<T>(T[] items)         // 定义泛型方法
27       {
28           double sum = 0;
29           foreach (T item in items)                        // 遍历泛型参数数组
30               sum += Convert.ToDouble(item);
31           return sum;                                      // 返回计算结果
32       }
33   }
```

④ 在 Program 类的 Main 方法中，创建 Sale 类型的数组，用来存储每月的商品销售明细；创建 double 类型的数组，用来存储每月的商品销售数据明细；然后根据用户输入，调用 Sale 类中的方法输出指定月份的商品销售明细及总销售额，代码如下：

```
01   static void Main(string[] args)
02   {
03       Console.WriteLine("———— 销售明细 ————");
04                                                            // 创建 Sale 数组，用来存储 1~3 月份每月的销售商品
05       Sale[] salesJan = { new Sale("T0001", "笔记本电脑"), new Sale("T0002", "华为荣耀 4X"), new
Sale("T0003", "iPad"), new Sale("T0004", "华为荣耀 6Plus"), new Sale("T0005", "MacBook") };
06       Sale[] salesFeb = { new Sale("T0006", "华为荣耀 6 标配版"), new Sale("T0007", "华为荣耀 6 高配版") };
07       Sale[] salesMar = { new Sale("T0003", "iPad"), new Sale("T0004", "华为荣耀 6Plus"), new Sale("T0008",
"一加手机"), new Sale("T0009", "充电宝") };
```

```
08                              // 创建数组，用来存储 1~3 月份每月的销售数据
09       double[] dbJan = { 3500, 999, 3288, 1999, 12888 };
10       double[] dbFeb = { 1499, 1699 };
11       double[] dbMar = { 3288, 1999, 1999.9, 49 };
12       while (true)
13       {
14           Console.Write("\n 请输出要查询的月份（比如 1、2、3 等）: ");
15           try
16           {
17               int month = Convert.ToInt32(Console.ReadLine());
18               switch (month)
19               {
20                   case 1:
21                       Console.WriteLine("1 月份的商品销售明细如下: ");
22                       Sale.ShowInfo(salesJan);              // 调用方法输出销售的商品信息
23                       Console.WriteLine("\n1 月商品总销售额: " + Sale.CaleMoney<double>(dbJan));
                                                               // 调用泛型方法计算每月的总销售额，并输出
24                       break;
25                   case 2:
26                       Console.WriteLine("2 月份的商品销售明细如下: ");
27                       Sale.ShowInfo(salesJan);
28                       Console.WriteLine("\n2 月商品总销售额: " + Sale.CaleMoney<double> (dbFeb));
29                       break;
30                   case 3:
31                       Console.WriteLine("3 月份的商品销售明细如下: ");
32                       Sale.ShowInfo(salesJan);
33                       Console.WriteLine("\n3 月商品总销售额: " + Sale.CaleMoney<double> (dbMar));
34                       break;
35                   default:
36                       Console.WriteLine(" 该月没有销售数据或者输入的月份有误！ ");
37                       break;
38               }
39           }
40           catch (Exception ex)                             // 捕获可能出现的异常信息
41           {
42               Console.WriteLine(ex.Message);               // 输出异常信息
43           }
44       }
45   }
```

⑦

◇ 小结

本章对面向对象编程的高级知识进行了详细讲解，学习本章内容，重点需要掌握的是类的继承与多态、接口以及泛型的使用，难点是委托和事件的应用，另外，对结构、索引器等知识点，熟悉它们的使用方法即可。

7.8　实战练习

利用接口实现选择不同的语言，效果如图 7.10 和图 7.11 所示。(提示：在程序中建立一个接口，该接口定义一个方法用于对话，然后分别创建一个中国人的类和一个美国人的类，这两个类都继承自接口，在中国人类中说汉语，在美国人类中说英语，当和不同国家的人交流时，实例化接口，并调用相应派生类中的方法即可)

```
请输入要说的话: 你好
您对中国友人说: 你好
```

```
请输入要说的话: hello
您对美国友人说: hello
```

图 7.10　中国人的语言　　　图 7.11　外国人的语言

全方位沉浸式学C#
见此图标 📱 微信扫码

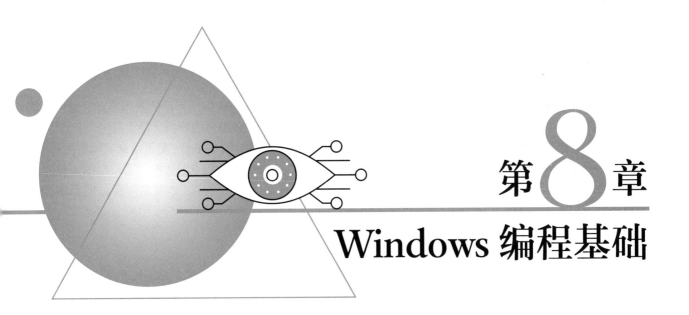

第8章

Windows 编程基础

前面章节中主要对 C# 面向对象编程的基础知识进行了详细讲解，从本章开始，将详细讲解 Windows 窗体编程方面的相关内容。Windows 系统中主流的应用程序都是窗体应用程序，如果一个开发人员不会编写窗体应用程序，那么很难让别人相信他有能力进行 Windows 系统的编程。本章将首先对 Windows 窗体的基础知识进行讲解。

本章知识架构如下：

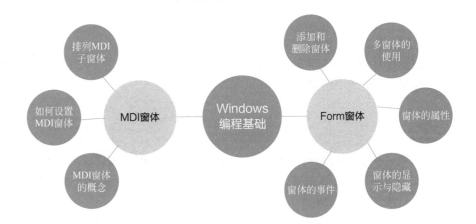

8.1 Form 窗体

Form 窗体也称为窗口，它是向用户显示信息的可视界面，是 Windows 应用程序的基本单元。窗体都具有自己的特征，可以通过编程来设置。窗体也是对象，窗体类定义了生成窗体的模板，每实例化一个窗体类，就产生一个窗体。.NET 框架类库的 System.Windows.Forms 命名空间中定义的 Form 类是所有窗体类的基类。

如果要编写窗体应用程序，推荐使用 Visual Studio 2019。Visual Studio 2019 提供了一个图形化的可视化窗体设计器，可以实现所见即所得的设计效果，快速开发窗体应用程序。本节将对窗体的基本操作进行详细讲解。

8.1.1 添加和删除窗体

添加或删除窗体，首先要创建一个 Windows 项目，创建完 Windows 项目之后，如果要向项目中添加一个新窗体，可以在项目名称上单击鼠标右键，在弹出的快捷菜单中选择"添加"→"Windows 窗体"或者"添加"→"新建项"菜单。打开"添加新项"对话框，如图 8.1 所示。

选择"Windows 窗体"选项，输入窗体名称后，单击"添加"按钮，即可向项目中添加一个新的窗体。

图 8.1 "添加新项"对话框

📖 **说明**

> 在设置窗体的名称时，不要用关键字进行设置。

删除窗体的方法非常简单，只需在要删除的窗体名称上单击鼠标右键，在弹出的快捷菜单中选择"删除"菜单，即可将窗体删除。

8.1.2 多窗体的使用

一个完整的 Windows 项目由多个窗体组成，此时，就需要对多窗体设计有所了解。多窗体即向项目中添加多个窗体，在这些窗体中实现不同的功能。下面对多窗体的建立以及如何设置启动窗体进行讲解。

（1）多窗体的添加

多窗体的建立是向某个项目中添加多个窗体，步骤非常简单，只要重复执行添加窗体的操作即可。

📖 **说明**

> 在添加多个窗体时，其名称不能重名。

（2）设置启动窗体

向项目中添加了多个窗体以后，如果要调试程序，必须设置先运行的窗体。这样就需要设置项目的启动窗体。项目的启动窗体是在 Program.cs 文件中设置的，在 Program.cs 文件中改变 Run 方法的参数，即可实现设置启动窗体。

Run 方法用于在当前线程上开始运行标准应用程序，并使指定窗体可见。

语法如下：

```
public static void Run (Form mainForm)
```

参数 mainForm 表示要设为启动窗体的对象。

例如，要将 Form1 窗体设置为项目的启动窗体，就可以通过下面的代码实现：

```
Application.Run(new Form3());
```

8.1.3　窗体的属性

窗体包含一些基本的组成要素，包括图标、标题、位置和背景等，这些要素可以通过窗体的"属性"窗口进行设置，也可以通过代码实现。但是为了快速开发窗体应用程序，通常都是通过"属性"窗口进行设置。下面详细介绍窗体的常见属性设置。

（1）更换窗体的图标

添加一个新的窗体后，窗体的图标是系统默认的图标。如果想更换窗体的图标，可以在窗体的"属性"窗口中选中 Icon 属性，会出现▣按钮，如图 8.2 所示。

⚡ 注意

在设置窗体图标时，其图片格式只能是 ico。

单击▣按钮，打开选择图标文件的窗体，选择新的窗体图标文件之后，单击"打开"按钮，完成窗体图标的更换。

（2）隐藏窗体的标题栏

在某种情况下需要隐藏窗体的标题栏，例如软件的加载窗体，大多数都采用无标题栏的窗体。通过设置窗体 FormBorderStyle 属性的属性值，即可隐藏窗体的标题栏。FormBorderStyle 属性有 7 个属性值，其属性值及说明如表 8.1 所示。

图 8.2　窗体的 Icon 属性

表 8.1　FormBorderStyle 属性的属性值及说明

属性值	说明
Fixed3D	固定的三维边框
FixedDialog	固定的对话框样式的粗边框
FixedSingle	固定的单行边框
FixedToolWindow	不可调整大小的工具窗口边框
None	无边框
Sizable	可调整大小的边框
SizableToolWindow	可调整大小的工具窗口边框

隐藏窗体的标题栏，只需将 FormBorderStyle 属性设置为 None 即可。

（3）控制窗体的显示位置

可以通过窗体的 StartPosition 属性，设置窗体加载时窗体在显示器中的位置。StartPosition 属性有 5 个属性值，其属性值及说明如表 8.2 所示。

表 8.2　StartPosition 属性的属性值及说明

属性值	说明
CenterParent	窗体在其父窗体中居中
CenterScreen	窗体在当前显示窗口中居中，其尺寸在窗体大小中指定
Manual	窗体的位置由 Location 属性确定
WindowsDefaultBounds	窗体定位在 Windows 默认位置，其边界也由 Windows 默认决定
WindowsDefaultLocation	窗体定位在 Windows 默认位置，其尺寸在窗体大小中指定

在设置窗体的显示位置时，只需根据不同的需要选择属性值即可。

（4）修改窗体的大小

在窗体的属性中，通过 Size 属性设置窗体的大小。双击窗体"属性"窗口中的 Size 属性，可以看到其下拉菜单中有 Width 和 Height 两个属性，分别用于设置窗体的宽和高。修改窗体的大小，只需更改 Width 和 Height 属性的值即可。

说明

> 在设置窗体的大小时，其值是 Int32 类型（即整数）的，不能使用单精度和双精度（即小数）进行设置。

（5）设置窗体的背景图片

为使窗体设计更加美观，通常会设置窗体的背景，这主要通过设置窗体的 BackgroundImage 属性实现，选中窗体"属性"窗口中的 BackgroundImage 属性，会出现 按钮，单击该按钮，打开"选择资源"对话框，如图 8.3 所示。

如图 8.3 所示的"选择资源"对话框中，有两个单选按钮。一个是"本地资源"，另一个是"项目资

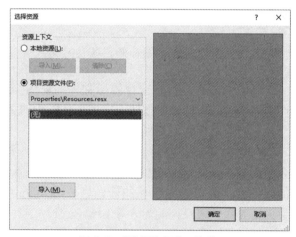

图 8.3　"选择资源"对话框

源文件"，其差别是选中"本地资源"单选按钮后，直接选择图片，保存的是图片的路径；而选中"项目资源文件"单选按钮后，会将选择的图片保存到项目资源文件 Resources.resx 中。无论选择哪种方式，都需要单击"导入"按钮选择背景图片，单击"确定"按钮完成窗体背景图片的设置。Form1 窗体背景图片设置前后对比如图 8.4 所示。

图 8.4　设置窗体背景图片前后对比

8.1.4 窗体的显示与隐藏

(1) 窗体的显示

如果要在一个窗体中通过按钮打开另一个窗体，就必须通过调用 Show 方法显示窗体。语法如下：

```
public void Show ()
```

例如，在 Form1 窗体中添加一个 Button 按钮，在按钮的 Click 事件中调用 Show 方法，打开 Form2 窗体，关键代码如下：

```
01  Form2 frm2 = new Form2();        // 创建 Form2 窗体的对象
02  frm2.Show();                     // 调用 Show 方法显示 Form2 窗体
```

除了使用 Show 方法，Form 对象还提供了一个 ShowDialog 方法，用来打开窗体，但这种方式打开的窗体是以对话框形式体现，简单点说，就是使用 Show 方法打开另一个窗体之后，可以继续对当前窗体进行操作；而使用 ShowDialog 方法打开另一个窗体之后，就不能再对当前窗体操作，而只能对打开的窗体进行操作。

使用 ShowDialog 方法打开窗体的实现与 Show 方法类似，示例代码如下：

```
01  Form2 frm2 = new Form2();        // 创建 Form2 窗体的对象
02  frm2.ShowDialog();               // 调用 ShowDialog 方法显示 Form2 窗体
```

(2) 窗体的隐藏

通过调用 Hide 方法可以隐藏窗体。语法如下：

```
public void Hide ()
```

例如，在 Form1 窗体中打开 Form2 窗体后，隐藏当前窗体，关键代码如下：

```
01  Form2 frm2 = new Form2();        // 创建 Form2 窗体的对象
02  frm2.Show();                     // 调用 Show 方法显示 Form2 窗体
03  this.Hide();                     // 调用 Hide 方法隐藏当前窗体
```

(3) 窗体的关闭

上面的 Hide 方法可以隐藏窗体，但如果想彻底关闭窗体，则需要使用 Close 方法，语法如下：

```
public void Close ()
```

例如，关闭当前窗体，代码如下：

```
this.Close();// 调用 Close 方法关闭当前窗体
```

技巧

> 使用 Close 方法正常可以关闭窗体，但如果一个项目中有多个窗体，在使用 Close 方法关闭启动窗体时，有可能其他窗体会占用资源，导致程序没有退出，还在占用进程资源，这时可以使用 Application.Exit() 方法退出当前应用程序，以释放程序占用的资源。

8.1.5 窗体的事件

Windows 是事件驱动的操作系统，对 Form 类的任何交互都是基于事件来实现的。Form 类提供了大量的事件用于响应对窗体执行的各种操作。下面介绍窗体常用的 Click、Load 和 FormClosing 事件。

（1）Click（单击）事件

当单击窗体时，将会触发窗体的 Click 事件。语法如下：

```
public event EventHandler Click
```

例如，在窗体的 Click 事件中编写代码，实现当单击窗体时，弹出提示框，代码如下：

```
01  private void Form1_Click(object sender, EventArgs e)
02  {
03      MessageBox.Show("已经单击了窗体！"); // 弹出提示框
04  }
```

运行上面的代码，在窗体中单击鼠标，弹出提示框。

技巧

> 触发窗体或者控件的相关事件时，只需要选中指定的窗体或者控件，单击右键，在弹出的快捷菜单中选择"属性"，然后在弹出的"属性"对话框中单击 ⚡ 按钮，在列表中找到相应的事件名称，双击即可生成该事件的代码。

（2）Load（加载）事件

窗体加载时，将触发窗体的 Load 事件。语法如下：

```
public event EventHandler Load
```

例如，当窗体加载时，弹出提示框，询问是否查看窗体，单击"是"按钮，查看窗体，代码如下：

```
01  private void Form1_Load(object sender, EventArgs e)                 // 窗体的 Load 事件，加载时执行
02  {
03                                                                      // 使用 if 语句判断是否单击了"是"按钮
04      if (MessageBox.Show("是否查看窗体！", "", MessageBoxButtons.YesNo, MessageBoxIcon.Information) ==
    DialogResult.Yes)
05      {
06      }
07  }
```

运行上面的代码，在窗体显示之前，首先弹出如图 8.5 所示的对话框。

（3）FormClosing（关闭）事件

窗体关闭时，触发窗体的 FormClosing 事件。语法如下：

```
public event FormClosingEventHandler FormClosing
```

例如，实现当关闭窗体之前，弹出提示框，询问是否关闭当前窗体，单击"是"按钮，关闭窗体，单击"否"按钮，不关闭窗体。代码如下：

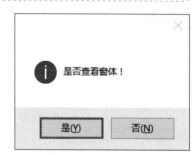

图 8.5　触发窗体的 Load 事件

```
01  private void Form1_FormClosing(object sender, FormClosingEventArgs e)
02  {
03      DialogResult dr = MessageBox.Show("是否关闭窗体", "提示", MessageBoxButtons.YesNo, MessageBoxIcon.
    Warning);
04      if (dr == DialogResult.Yes)                    // 使用 if 语句判断是否单击"是"按钮
05      {
06          e.Cancel = false;                          // 如果单击"是"按钮则关闭窗体
07      }
08      else
09      {
```

```
10            e.Cancel = true;          // 不执行操作
11        }
12    }
```

运行上面的代码，单击窗体上的关闭按钮，如图 8.6 所示，弹出如图 8.7 所示的提示框，该提示框中，单击"是"按钮，关闭窗体，单击"否"按钮，不执行任何操作。

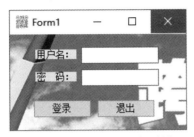

图 8.6　单击窗体上的关闭按钮

图 8.7　单击"是"或者"否"按钮

📖 **说明**

> 可以使用 FormClosing 事件执行一些任务，如释放窗体使用的资源，还可使用此事件保存窗体中的信息或更新其父窗体。

8.2　MDI 窗体

窗体是所有界面的基础，这就意味着为了打开多个文档，需要具有能够同时处理多个窗体的应用程序。为了适应这个需求，产生了 MDI 窗体，即多文档界面。本节将对 MDI 窗体进行详细讲解。

8.2.1　MDI 窗体的概念

多文档界面（Multiple-Document Interface）简称 MDI 窗体。MDI 窗体用于同时显示多个文档，每个文档显示在各自的窗口中。MDI 窗体中通常有包含子菜单的窗口菜单，用于在窗口或文档之间进行切换。

MDI 窗体的应用非常广泛，例如，如果某公司的库存系统需要实现自动化，则需要使用窗体来输入客户和货物的数据、发出订单以及跟踪订单。这些窗体必须连接或者从属于一个界面，并且必须能够同时处理多个文件。这样，就需要建立 MDI 窗体以解决这些需求。

8.2.2　如何设置 MDI 窗体

在 MDI 窗体中，起到容器作用的窗体被称为"父窗体"，可以放在父窗体中的其他窗体被称为"子窗体"，也称为"MDI 子窗体"。当 MDI 应用程序启动时，首先会显示父窗体。所有的子窗体都在父窗体中打开，在父窗体中可以在任何时候打开多个子窗体。每个应用程序只能有一个父窗体，其他子窗体不能移出父窗体的框架区域。下面介绍如何将窗体设置成父窗体或子窗体。

（1）设置父窗体

如果要将某个窗体设置为父窗体，只要在窗体的"属性"窗口中将 IsMdiContainer 属性设置为"True"即可，如图 8.8 所示。

图 8.8　**设置父窗体**

(2) 设置子窗体

设置完父窗体，通过设置某个窗体的 MdiParent 属性来确定子窗体。语法如下:

```
public Form MdiParent { get; set; }
```

属性值表示 MDI 父窗体。

例如，将 Form2、Form3 这两个窗体设置成子窗体，并且在父窗体中打开这两个子窗体，代码如下:

```
01  Form2 frm2 = new Form2();          // 创建 Form2 窗体的对象
02  frm2.MdiParent = this;             // 设置 MdiParent 属性，将当前窗体作为父窗体
03  frm2.Show();                       // 使用 Show 方法打开窗体
04  Form3 frm3 = new Form3();          // 创建 Form3 窗体的对象
05  frm3.MdiParent = this;             // 设置 MdiParent 属性，将当前窗体作为父窗体
06  frm3.Show();                       // 使用 Show 方法打开窗体
```

8.2.3 排列 MDI 子窗体

如果一个 MDI 窗体中有多个子窗体同时打开，假如不对其排列顺序进行调整，那么界面会非常混乱，而且不容易浏览。那么如何解决这个问题呢? 可以通过使用带有 MdiLayout 枚举的 LayoutMdi 方法来排列多文档界面父窗体中的子窗体。语法如下:

```
public void LayoutMdi (MdiLayout value)
```

参数 value 用来定义 MDI 子窗体的布局，它的值是 MdiLayout 枚举值之一。MdiLayout 枚举用于指定 MDI 父窗体中子窗体的布局，其枚举成员及说明如表 8.3 所示。

表 8.3 MdiLayout 的枚举成员及说明

枚举成员	说明
Cascade	所有 MDI 子窗体均层叠在 MDI 父窗体的工作区内
TileHorizontal	所有 MDI 子窗体均水平平铺在 MDI 父窗体的工作区内
TileVertical	所有 MDI 子窗体均垂直平铺在 MDI 父窗体的工作区内

例如，使窗体中所有的子窗体水平排列，代码如下:

```
LayoutMdi(MdiLayout.TileHorizontal); // 使用 MdiLayout 枚举实现窗体的水平平铺
```

8.3 综合案例——自定义最大化、最小化和关闭按钮

8.3.1 案例描述

用户在制作应用程序时，为了使用户界面更加美观，一般都自己设计窗体的外观，以及窗体的最大化、最小化和关闭按钮。本实例通过资源文件来存储窗体的外观，以及最大化、最小化和关闭按钮的图片，再通过鼠标移入、移出事件来实现按钮的动态效果。实例运行效果如图 8.9 所示。

图 8.9 自定义最大化、最小化和关闭按钮

8.3.2 实现代码

实现本案例时，首先需要将窗体需要设置为无边框窗体，另外，通过设置窗体的 WindowState 属性控制窗体的状态变化。关键代码如下:

```
01  public void FrmClickMeans(Form Frm_Tem, int n)
02  {
03      switch (n)                                                      // 窗体的操作样式
04      {
05          case 0:                                                     // 窗体最小化
06              Frm_Tem.WindowState = FormWindowState.Minimized;        // 窗体最小化
07              break;
08          case 1:                                                     // 窗体最大化和还原的切换
09              {
10                  if (Frm_Tem.WindowState == FormWindowState.Maximized)   // 如果窗体当前是最大化
11                      Frm_Tem.WindowState = FormWindowState.Normal;        // 还原窗体大小
12                  else
13                      Frm_Tem.WindowState = FormWindowState.Maximized;     // 窗体最大化
14                  break;
15              }
16          case 2:                                                     // 关闭窗体
17              Frm_Tem.Close();
18              break;
19      }
20  }
```

▽ 小结

本章主要介绍了 Form 窗体和 MDI 窗体，Form 窗体是开发窗体应用程序的基本单位，熟练掌握 Form 窗体的应用，为快速开发 C# 窗体应用程序打下坚实的基础。读者要了解窗体的属性、事件的使用，掌握如何对窗体进行基本的设置。多文档界面被称为 MDI 窗体，大多数的窗体应用程序都使用 MDI 窗体开发，所以要重点掌握 MDI 窗体的设置以及如何排列子窗体。

8.4 实战练习

窗体与桌面的大小比例是软件运行时用户经常会注意到的一个问题。例如，在 1634×768 的桌面上，如果放置一个很大（如 1280×1634）或者很小（如 10×10）的窗体，会显得非常不协调。正是基于以上情况，所以大部分软件的窗体界面都可以根据桌面的大小进行自动调整。本练习要求实现根据桌面大小自动调整窗体大小的功能。（提示：借助 Screen 类获取桌面的宽度和高度）

扫码领取
· 配套答案
· 在线试题
· 视频讲解
· 实战经验
· 源文件下载

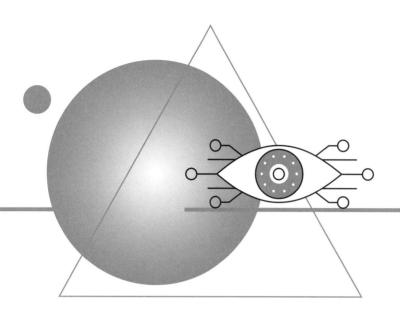

第9章
Windows
控件的使用

控件是开发 Windows 应用程序最基本的部分，每一个 Windows 应用程序的操作窗体都是由各种控件组合而成的，因此，熟练掌握控件是合理、有效地进行 Windows 应用程序开发的重要前提。本章将对 Windows 应用程序开发中常用的控件、菜单、工具栏、状态栏、消息框及对话框的使用进行详细讲解。

本章知识架构如下：

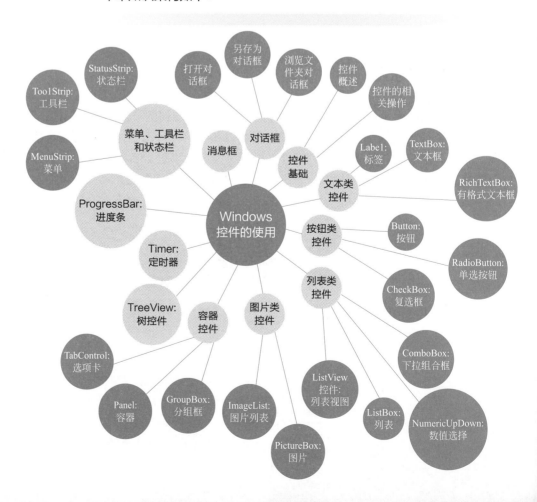

9.1 控件基础

9.1.1 控件概述

控件是用户可以用来输入或操作数据的对象，也就相当于汽车中的方向盘、油门、刹车、离合器等，它们都是对汽车进行操作的控件。在 C# 中，控件的基类是位于 System.Windows.Forms 命名空间下的 Control 类。Control 类定义了控件类的共同属性、方法和事件，其他的控件类都直接或间接地派生自这个基类。

在使用控件的过程中，可以通过控件默认的名称调用。如果自定义控件名称，应该遵循控件的命名规范。控件的常用命名规范如表 9.1 所示。

表 9.1　控件的常用命名规范

控件名称	常用命名简写	控件名称	常用命名简写
TextBox	txt	RadioButton	rbtn
Button	btn	GroupBox	gbox
ComboBox	cbox	ImageList	ilist
Label	lab	ListView	lv
DataGridView	dgv	TreeView	tv
ListBox	lbox	MenuStrip	menu
Timer	tmr	ToolStrip	tool
CheckBox	chbox	StatusStrip	status
RichTextBox	rtbox	……	……

9.1.2 控件的相关操作

对控件的相关操作包括添加控件、对齐控件和删除控件等，在以下内容中将会对这几种操作进行讲解。

（1）添加控件

可以通过"在窗体上绘制控件""将控件拖拽到窗体上"和"以编程方式向窗体添加控件"这 3 种方法添加控件。

① 在窗体上绘制控件。在工具箱中单击要添加到窗体的控件，然后在该窗体上使用鼠标左键单击希望控件左上角所处的位置，然后拖动到希望该控件右下角所处位置，释放鼠标左键，控件即按指定的位置和大小添加到窗体中。

② 将控件拖拽到窗体上。在工具箱中单击所需的控件并将其拖到窗体上，控件以其默认大小添加到窗体上的指定位置。

③ 以编程方式向窗体添加控件。通过 new 关键字实例化要添加控件所在的类，然后将实例化的控件添加到窗体中。

例如，通过 Button 按钮的 Click 事件添加一个 TextBox 控件，代码如下：

```
01  private void button1_Click(object sender, System.EventArgs e)    //Button 按钮的 Click 事件
02  {
03      TextBox myText = new TextBox();                              // 实例化 TextBox 类
```

```
04      myText.Location = new Point(25, 25);          // 设置 TextBox 放的位置
05      this.Controls.Add(myText);                    // 将控件添加到当前窗体中
06  }
```

（2）对齐控件

选定一组控件，这些控件需要对齐。在执行对齐之前，首先选定主导控件（第一个被选定的控件就是主导控件），控件组的最终位置取决于主导控件的位置，再选择菜单栏中的"格式"→"对齐"菜单，然后选择对齐方式。

- 左对齐：将选定控件沿它们的左边对齐。
- 居中对齐：将选定控件沿它们的中心点水平对齐。
- 右对齐：将选定控件沿它们的右边对齐。
- 顶端对齐：将选定控件沿它们的顶边对齐。
- 中间对齐：将选定控件沿它们的中心点垂直对齐。
- 底部对齐：将选定控件沿它们的底边对齐。

（3）删除控件

删除控件的方法非常简单，可以在控件上单击鼠标右键，在弹出的快捷菜单中选择"删除"菜单进行删除；也可以选中控件，然后按下"Delete"键，对控件进行删除。

9.2 文本类控件

9.2.1 Label: 标签

Label 控件，又称为标签控件，它主要用于显示用户不能编辑的文本，标识窗体上的对象（例如给文本框、列表框添加描述信息等），另外，也可以通过编写代码来设置要显示的文本信息。

（1）设置标签文本

可以通过两种方法设置标签控件（Label 控件）显示的文本：第一种是直接在标签控件（Label 控件）的属性面板中设置 Text 属性，第二种是通过代码设置 Text 属性。

例如，向窗体中拖拽一个 Label 控件，然后将其显示文本设置为"用户名："，代码如下：

```
label1.Text = "用户名:"; // 设置 Label 控件的 Text 属性
```

（2）显示 / 隐藏控件

通过设置 Visible 属性来设置显示 / 隐藏标签控件（Label 控件），如果 Visible 属性的值为 true，则显示控件。如果 Visible 属性的值为 folse，则隐藏控件。

例如，通过代码将 Label 控件设置为可见，将其 Visible 属性设置为 true 即可，代码如下：

```
label1.Visible = true; // 设置 Label 控件的 Visible 属性
```

9.2.2 TextBox: 文本框

TextBox 控件，又称为文本框控件，它主要用于获取用户输入的数据或者显示文本，它通常用于可编辑文本，也可以使其成为只读控件。文本框可以显示多行，开发人员可以使文本换行以便符合控件的大小。

下面对 TextBox 控件的一些常见使用方法进行介绍。

（1）创建只读文本框

通过设置文本框控件（TextBox 控件）的 ReadOnly 属性，可以设置文本框是否为只读。如果

ReadOnly 属性为 true，那么不能编辑文本框，而只能通过文本框显示数据。

例如，将文本框设置为只读，代码如下：

```
textBox1.ReadOnly = true; // 将文本框设置为只读
```

（2）创建密码文本框

通过设置文本框的 PasswordChar 属性或者 UseSystemPasswordChar 属性可以将文本框设置成密码文本框，使用 PasswordChar 属性，可以设置输入密码时文本框中显示的字符（例如，将密码显示成"*"或"#"等）。而如果将 UseSystemPasswordChar 属性设置为 true，则输入密码时，文本框中将密码显示为"*"。

例如，在窗体中添加一个 TextBox 控件，用来输入用户密码，将其 PasswordChar 属性设置为"*"，代码如下：

```
textBox2.PasswordChar = '*'; // 设置文本框的 PasswordChar 属性为字符 '*'
```

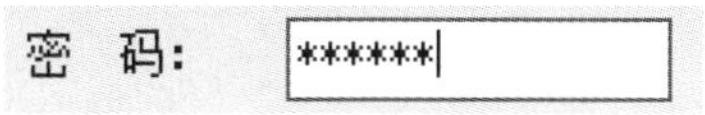

密码文本框效果如图 9.1 所示。

密 码： ┃******┃

图 9.1　密码文本框效果

（3）创建多行文本框

默认情况下，文本框控件（TextBox 控件）只允许输入单行数据，如果将其 Multiline 属性设置为 true，文本框控件（TextBox 控件）中即可输入多行数据。

例如，将文本框的 Multiline 属性设置为 true，使其能够输入多行数据，代码如下：

```
textBox1.Multiline = true;            // 设置文本框的 Multiline 属性
```

多行文本框效果如图 9.2 所示。

（4）响应文本框的文本更改事件

当文本框中的文本发生更改时，将会引发文本框的 TextChanged 事件。

例如，在文本框的 TextChanged 事件中编写代码。实现当文本框中的文本更改时，Label 控件中显示更改后的文本，代码如下：

图 9.2　多行文本框效果

```
01   private void textBox1_TextChanged(object sender, EventArgs e)
02   {
03       label1.Text = textBox1.Text; //Label 控件显示的文字随文本框中的数据而改变
04   }
```

9.2.3　RichTextBox：有格式文本框

RichTextBox 控件，又称为有格式文本框控件，它主要用于显示、输入和操作带有格式的文本，比如它可以实现显示字体、颜色、链接、从文件加载文本及嵌入的图像、撤销和重复编辑操作以及查找指定的字符等功能。

下面详细介绍 RichTextBox 控件的常见用法。

（1）在 RichTextBox 控件中显示滚动条

通过设置 RichTextBox 控件的 Multiline 属性，可以控制控件中是否显示滚动条。将 Multiline 属性设置为 true，则显示滚动条；否则，不显示滚动条。默认情况下，此属性被设置为 true。滚动条分为水平滚动条和垂直滚动条，通过 ScrollBars 属性可以设置如何显示滚动条。ScrollBars 属性的属性值及说明如表 9.2 所示。

表 9.2　ScrollBars 属性的属性值及说明

属性值	说明
Both	只有当文本超过控件的宽度或长度时，才显示水平滚动条或垂直滚动条，或两个滚动条都显示
None	从不显示任何类型的滚动条

属性值	说明
Horizontal	只有当文本超过控件的宽度时,才显示水平滚动条。必须将 WordWrap 属性设置为 false,才会出现这种情况
Vertical	只有当文本超过控件的高度时,才显示垂直滚动条
ForcedHorizontal	当 WordWrap 属性设置为 false 时,显示水平滚动条。在文本未超过控件的宽度时,该滚动条显示为浅灰色
ForcedVertical	始终显示垂直滚动条。在文本未超过控件的长度时,该滚动条显示为浅灰色
ForcedBoth	始终显示垂直滚动条。当 WordWrap 属性设置为 false 时,显示水平滚动条。在文本未超过控件的宽度或长度时,两个滚动条均显示为灰色

例如,使 RichTextBox 控件只显示垂直滚动条。首先将 Multiline 属性设置为 true,然后设置 ScrollBars 属性的值为 Vertical。代码如下:

```
01  // 将 Multiline 属性设置为 true,实现多行显示
02  richTextBox1.Multiline = true;
03  // 设置 ScrollBars 属性实现只显示垂直滚动条
04  richTextBox1.ScrollBars = RichTextBoxScrollBars.Vertical;
```

(2)在 RichTextBox 控件中设置字体属性

设置 RichTextBox 控件中的字体属性时可以使用 SelectionFont 属性和 SelectionColor 属性,其中 SelectionFont 属性用来设置字体、大小和字样,而 SelectionColor 属性用来设置字体的颜色。

例如,将 RichTextBox 控件中文本的字体设置为楷体,大小设置为 12,字样设置为粗体,文本的颜色设置为红色。代码如下:

```
01  // 设置 SelectionFont 属性实现控件中的文本为楷体,大小为 12,字样是粗体
02  richTextBox1.SelectionFont = new Font("楷体", 12, FontStyle.Bold);
03  // 设置 SelectionColor 属性实现控件中的文本颜色为红色
04  richTextBox1.SelectionColor = System.Drawing.Color.Red;
```

(3)将 RichTextBox 控件显示为超链接样式

利用 RichTextBox 控件可以将 Web 链接显示为彩色或下画线形式,然后通过编写代码,在单击链接时打开浏览器窗口,显示链接文本中指定的网站。其设计思路是:首先通过 Text 属性设置控件中含有超链接的文本,然后在控件的 LinkClicked 事件中编写事件处理程序,将所需的文本发送到浏览器。

在 RichTextBox 控件的文本内容中含有超链接地址(链接地址显示为彩色并且带有下画线),单击该超链接地址将打开相应的网站。代码如下:

```
01  private void Form3_Load(object sender, EventArgs e)
02  {
03      richTextBox1.Text = "欢迎登录 https://zyk.mingrisoft.com 开发资源库,开启你的编程人生";
04  }
05  private void richTextBox1_LinkClicked(object sender, LinkClickedEventArgs e)
06  {
07      // 在控件的 LinkClicked 事件中编写如下代码实现内容中的网址带下画线
08      System.Diagnostics.Process.Start(e.LinkText);
09  }
```

(4)在 RichTextBox 控件中设置段落格式

RichTextBox 控件具有多个用于设置所显示文本的格式的选项,比如可以通过设置 SelectionBullet 属性将选定的段落设置为项目符号列表的格式,也可以使用 SelectionIndent 和 SelectionHangingIndent 属性设置段落相对于控件的左右边缘的缩进位置。

例如，将 RichTextBox 控件的 SelectionBullet 属性设为 true，使控件中的内容以项目符号列表的格式排列。代码如下：

```
richTextBox1.SelectionBullet = true;
```

9.3 按钮类控件

9.3.1 Button：按钮

Button 控件，又称为按钮控件，它允许用户通过单击来执行操作。Button 控件既可以显示文本，也可以显示图像，当该控件被单击时，它看起来像是被按下，然后被释放。Button 控件最常用的是 Text 属性和 Click 事件，其中，Text 属性用来设置 Button 控件显示的文本，Click 事件用来指定单击 Button 控件时执行的操作。

例如，下面代码触发 Button 控件的 Click 事件，执行相应的操作：

```
01   private void button1_Click(object sender, EventArgs e)
02   {
03       MessageBox.Show("系统登录"); // 输出信息提示
04   }
```

另外，为了使按钮美观漂亮，可以在属性对话框中设置按钮的背景色、显示样式、字体大小及文字颜色等。

9.3.2 RadioButton：单选按钮

单选按钮控件（RadioButton 控件）为用户提供由两个或多个互斥选项组成的选项集。当用户选中某单选按钮时，同一组中的其他单选按钮不能同时选定。

📘 **说明**

> 单选按钮必须在同一组中才能实现单选效果。

下面详细介绍单选按钮控件（RadioButton 控件）的一些常见用法。

（1）判断单选按钮是否选中

通过 Checked 属性可以判断 RadioButton 控件的选中状态，如果属性值是 true，则控件被选中；属性值为 false，则控件选中状态被取消。

（2）响应单选按钮选中状态更改事件

当 RadioButton 控件的选中状态发生更改时，会引发控件的 CheckedChanged 事件。

实例 9.1　　　　　　　　　　选择用户登录身份　　　　　　👁 **实例位置：资源包 \Code\09\01**

在登录窗体中添加两个 RadioButton 控件，用来选择管理员登录还是普通用户登录，它们的 Text 属性分别设置为"管理员"和"普通用户"，然后分别触发这两个 RadioButton 控件的 CheckedChanged 事件，在该事件中，通过判断其 Checked 属性确定是否选中。代码如下：

```
01  private void radioButton1_CheckedChanged(object sender, EventArgs e)
02  {
03      if (radioButton1.Checked)        // 判断"管理员"单选按钮是否选中
04      {
05          MessageBox.Show("您选择的是管理员登录");
06      }
07  }
08  private void radioButton2_CheckedChanged(object sender, EventArgs e)
09  {
10      if (radioButton2.Checked)        // 判断"普通用户"单选按钮是否选中
11      {
12          MessageBox.Show("您选择的是普通用户登录");
13      }
14  }
```

运行程序，选中"管理员"单选按钮，弹出"您选择的是管理员登录"提示框，如图 9.3 所示，选中"普通用户"单选按钮，弹出"您选择的是普通用户登录"提示框。

图 9.3　选中"管理员"单选按钮

9.3.3　CheckBox：复选框

复选框控件（CheckBox 控件）用来表示是否选取了某个选项条件，常用于为用户提供具有是／否或真／假值的选项。

下面详细介绍复选框控件（CheckBox 控件）的一些常见用法。

（1）判断复选框是否选中

通过 CheckState 属性可以判断复选框是否被选中。CheckState 属性的返回值是 Checked 或 Unchecked，返回值 Checked 表示控件处在选中状态，而返回值 Unchecked 表示控件已经取消选中状态。

🖉 技巧

> 可以成组使用复选框（CheckBox）控件以显示多重选项，用户可以从中选择一项或多项，例如，在实现考试的多选题，或者问卷调查的多个可选项时，都可以使用 CheckBox。

（2）响应复选框的选中状态更改事件

当 CheckBox 控件的选择状态发生改变时，将会引发控件的 CheckStateChanged 事件。

实例 9.2

设置用户操作权限

👁 **实例位置：资源包 \Code\09\02**

创建一个 Windows 窗体应用程序，通过复选框的选中状态设置用户的操作权限。在默认窗体中添加 5 个 CheckBox 控件，Text 属性分别设置为"基本信息管理""进货管理""销售管理""库存管理"和"系统管理"，主要用来表示要设置的权限；添加一个 Button 控件，用来显示选择的权限。代码如下：

```
01  private void button1_Click(object sender, EventArgs e)
02  {
03      string strPop = "您选择的权限如下：";
04      foreach (Control ctrl in this.Controls)              // 遍历窗体中的所有控件
05      {
06          if (ctrl.GetType().Name == "CheckBox")           // 判断是否为 CheckBox
07          {
```

```
08              CheckBox cBox = (CheckBox)ctrl;          // 创建 CheckBox 对象
09              if (cBox.Checked == true)               // 判断 CheckBox 控件是否选中
10              {
11                  strPop += "\n" + cBox.Text;         // 获取 CheckBox 控件的文本
12              }
13          }
14      }
15      MessageBox.Show(strPop);
16  }
```

⊙ 程序的运行结果如图 9.4 所示。

图 9.4 **设置用户操作权限**

9.4 列表类控件

9.4.1 ComboBox：下拉组合框

ComboBox 控件，又称为下拉组合框控件，它主要用于在下拉组合框中显示数据，该控件主要由两部分组成，其中，第一部分是一个允许用户输入列表项的文本框；第二部分是一个列表框，它显示一个选项列表，用户可以从中选择项。

下面详细介绍 ComboBox 控件的一些常见用法。

（1）创建只可以选择的下拉组合框

通过设置 ComboBox 控件的 DropDownStyle 属性，可以将其设置成可以选择的下拉组合框。DropDownStyle 属性有 3 个属性值，这 3 个属性值对应不同的样式。

❄ Simple：使得 ComboBox 控件的列表部分总是可见的。

❄ DropDown：DropDownStyle 属性的默认值，使得用户可以编辑 ComboBox 控件的文本框部分，只有单击右侧的箭头才能显示列表部分。

❄ DropDownList：用户不能编辑 ComboBox 控件的文本框部分，呈现下拉列表框的样式。

将 ComboBox 控件的 DropDownStyle 属性设置为 DropDownList，它就只能是可以选择的下拉列表框，而不能编辑文本框部分的内容。

（2）响应下拉组合框的选项值更改事件

当下拉列表的选择项发生改变时，将会引发控件的 SelectedValueChanged 事件。

实例 9.3

选择员工的职位

⊙ 实例位置：资源包 \Code\09\03

创建一个 Windows 应用程序，在默认窗体中添加一个 ComboBox 控件和一个 Label 控件，其中 ComboBox 控件用来显示并选择职位，Label 控件用来显示选择的职位。代码如下：

```
01  private void Form1_Load(object sender, EventArgs e)
02  {
03      comboBox1.DropDownStyle = ComboBoxStyle.DropDownList;           // 设置 comboBox1 的下拉框样式
04      string[] str = new string[] { "总经理", "副总经理", "人事部经理", "财务部经理", "部门经理", "普通员工" };
                                                                        // 定义职位数组
05      comboBox1.DataSource = str;                                     // 指定 comboBox1 控件的数据源
06      comboBox1.SelectedIndex = 0;                                    // 指定默认选择第一项
07  }
```

9

```
08    private void comboBox1_SelectedIndexChanged(object sender, EventArgs e)
09    {
10        label2.Text = "您选择的职位为: " + comboBox1.SelectedItem;          // 获取 comboBox1 中的选中项
11    }
```

🔅 **程序运行结果如图 9.5 所示。**

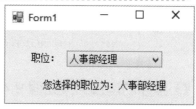

9.4.2 NumericUpDown: 数值选择

数值选择控件（NumericUpDown 控件）是一个显示和输入数值的控件。该控件提供一对上下箭头，用户可以单击上下箭头选择数值，

图 9.5　下拉组合框的使用

也可以直接输入。该控件的 Maximum 属性可以设置数值的最大值，如果输入的数值大于这个属性的值，则自动把数值改为设置的最大值。该控件的 Minimum 属性可以设置数值的最小值，如果输入的数值小于这个属性的值，则自动把数值改为设置的最小值。

下面详细介绍数值选择控件（NumericUpDown 控件）的常见用途。

（1）获取 NumericUpDown 控件中显示的数值

通过控件的 Value 属性，可以获取 NumericUpDown 控件中显示的数值。语法如下：

```
public decimal Value { get; set; }
```

属性值：NumericUpDown 控件的数值。

📑 **说明**

> 当 UserEdit 属性（指示用户是否已输入值）设置为 true，则在验证或更新该值之前，将调用 ParseEditText 方法（将数字显示框中显示的文本转换为数值）。然后，验证该值是否在 Minimum（最小值）和 Maximum（最大值）两个值之间，并调用 UpdateEditText 方法（以适当的格式显示数字显示框中的当前值）。

（2）设置 NumericUpDown 控件中数值的显示方式

NumericUpDown 控件的 DecimalPlaces 属性用于确定在小数点后显示几位数，默认值为 0。ThousandsSeparator 属性用于确定是否每隔 3 个十进制数字位就插入一个分隔符，默认情况下为 false。如果将 Hexadecimal 属性设置为 true，则该控件可以用十六进制（而不是十进制格式）显示值，默认情况下为 false。

例如，下面的代码可以设置 NumericUpDown 控件中数值的小数点后显示两位数，代码如下：

```
numericUpDown1.DecimalPlaces = 2;
```

⚡ **注意**

> DecimalPlaces 属性的值不能小于 0，或大于 99，否则会出现 ArgumentOutOfRangeException 异常（当参数值超出调用的方法所定义的允许取值范围时引发的异常）。

9.4.3 ListBox: 列表

列表控件（ListBox 控件）用于显示一个列表，用户可以从中选择一项或多项。如果选项总数超出可以显示的项数，则控件会自动添加滚动条。

下面详细介绍 ListBox 控件的几种常见用法。

（1）在 ListBox 控件中添加和移除项

通过 ListBox 控件的 Items 属性的 Add 方法，可以向 ListBox 控件中添加项目。通过 ListBox 控件的 Items 属性的 Remove 方法，可以将 ListBox 控件中选中的项目移除。

例如，下面的代码用来向列表中添加项：

```
listBox1.Items.Add(textBox1.Text);// 使用 Add 方法向控件中添加数据
```

例如，下面的代码用来移除列表中选中的项：

```
listBox1.Items.Remove(listBox1.SelectedItem);// 使用 Remove 方法移除选中项
```

（2）创建总显示滚动条的列表控件

通过设置控件的 HorizontalScrollbar 属性和 ScrollAlwaysVisible 属性可以使控件总显示滚动条。如果将 HorizontalScrollbar 属性设置为 true，则显示水平滚动条。如果将 ScrollAlwaysVisible 属性设置为 true，则始终显示垂直滚动条。

创建一个 Windows 应用程序，向窗体中添加一个 ListBox 控件，将 ListBox 控件的 HorizontalScrollbar 属性和 ScrollAlwaysVisible 属性都设置为 true，使其能显示水平和垂直方向的滚动条，代码如下。

```
01  listBox1.HorizontalScrollbar = true;      // 显示水平方向的滚动条
02  listBox1.ScrollAlwaysVisible = true;      // 显示垂直方向的滚动条
```

 说明

> 在 ListBox 控件中可使用 MultiColumn 属性指示该控件是否支持多列，如果将其设置为 true，则支持多列显示。

（3）在 ListBox 控件中选择多项

通过设置 SelectionMode 属性的值可以实现在 ListBox 控件中选择多项。SelectionMode 属性的属性值是 SelectionMode 枚举值之一，默认为 SelectionMode.One。SelectionMode 枚举成员及说明如表 9.3 所示。

表 9.3　SelectionMode 枚举成员及说明

枚举成员	说明
MultiExtended	可以选择多项，并且用户可使用 "Shift" 键、"Ctrl" 键和箭头键来进行选择
MultiSimple	可以选择多项
None	无法选择项

通过设置控件的 SelectionMode 属性值为 SelectionMode 枚举成员 MultiExtended，实现在控件中可以选择多项，并且用户可使用 "Shift" 键、"Ctrl" 键和箭头键来进行选择，代码如下。

```
listBox1.SelectionMode = SelectionMode.MultiExtended;
```

9.4.4　ListView 控件：列表视图

ListView 控件，又称为列表视图控件，它主要用于显示带图标的项列表，其中可以显示大图标、小图标和数据。使用 ListView 控件可以创建类似 Windows 资源管理器右边窗口的用户界面。

（1）在 ListView 控件中添加项

向 ListView 控件中添加项时需要用到其 Items 属性的 Add 方法，该方法主要用于将项添加至项的集合中，其语法格式如下：

```
public virtual ListViewItem Add (string text)
```

↻ text：项的文本。

↻ 返回值：已添加到集合中的 ListViewItem。

例如，通过使用 ListView 控件的 Items 属性的 Add 方法向控件中添加项。代码如下：

```
listView1.Items.Add(textBox1.Text.Trim());
```

（2）在 ListView 控件中移除项

移除 ListView 控件中的项目时可以使用其 Items 属性的 RemoveAt 方法或 Clear 方法，其中 RemoveAt 方法用于移除指定的项，而 Clear 方法用于移除列表中的所有项。

① RemoveAt 方法用于移除集合中指定索引处的项。其语法格式如下：

```
public virtual void RemoveAt (int index)
```

index：从零开始的索引（属于要移除的项）。

例如，调用 ListView 控件的 Items 属性的 RemoveAt 方法移除选中的项，代码如下：

```
listView1.Items.RemoveAt(listView1.SelectedItems[0].Index);
```

② Clear 方法用于从集合中移除所有项。其语法格式如下：

```
public virtual void Clear ()
```

例如，调用 Clear 方法清空所有的项。代码如下：

```
listView1.Items.Clear(); // 使用 Clear 方法移除所有项目
```

（3）选择 ListView 控件中的项

选择 ListView 控件中的项时可以使用其 Selected 属性，该属性主要用于获取或设置一个值，该值指示是否选定此项。其语法格式如下：

```
public bool Selected { get; set; }
```

属性值：如果选定此项，则为 true；否则为 false。

例如，将 ListView 控件中的第 3 项的 Selected 属性为 true，即设置为选中第 3 项。代码如下：

```
listView1.Items[2].Selected = true; // 使用 Selected 方法选中第 3 项
```

（4）为 ListView 控件中的项添加图标

如果要为 ListView 控件中的项添加图标，需要使用 ImageList 控件设置 ListView 控件中项的图标。ListView 控件可显示 3 个图像列表中的图标，其中 List 视图、Details 视图和 SmallIcon 视图显示 SmallImageList 属性中指定的图像列表里的图像；LargeIcon 视图显示 LargeImageList 属性中指定的图像列表里的图像；列表视图在大图标或小图标旁显示 StateImageList 属性中设置的一组附加图标。实现的步骤如下：

① 将相应的属性（SmallImageList、LargeImageList 或 StateImageList）设置为想要使用的现有 ImageList 控件。

② 为每个具有关联图标的列表项设置 ImageIndex 属性或 StateImageIndex 属性，这些属性可以在代码中设置，也可以在"ListViewItem 集合编辑器"中进行设置。若要在"ListViewItem 集合编辑器"中进行设置，可在"属性"窗口中单击 Items 属性旁的省略号按钮。

例如，设置 ListView 控件的 LargeImageList 属性和 SmallImageList 属性为 imageList1 控件，然后设置

ListView 控件中的前两项的 ImageIndex 属性分别为 0 和 1。代码如下：

```
01  listView1.LargeImageList = imageList1;        // 设置控件的 LargeImageList 属性
02  listView1.SmallImageList = imageList1;        // 设置控件的 SmallImageList 属性
03  listView1.Items[0].ImageIndex = 0;            // 控件中第一项的图标索引为 0
04  listView1.Items[1].ImageIndex = 1;            // 控件中第二项的图标索引为 1
```

（5）在 ListView 控件中启用平铺视图

通过启用 ListView 控件的平铺视图功能，可以在图形信息和文本信息之间提供一种视觉平衡。在 ListView 控件中，平铺视图与分组功能或插入标记功能一起结合使用。如果要启用平铺视图，需要将 ListView 控件的 View 属性设置为 Tile；另外，还可以通过设置 TileSize 属性来调整平铺的大小。

（6）为 ListView 控件中的项分组

利用 ListView 控件的分组功能可以用分组形式显示相关项目组。显示时，这些组由包含组标题的水平组标头分隔。可以使用 ListView 按字母顺序、日期或任何其他逻辑组合对项进行分组，从而简化大型列表的导航。若要启用分组，首先必须在设计器中或以编程方式创建一个或多个组，然后即可向组中分配 ListView 项。下面介绍为 ListView 控件中的项分组的步骤。

① 添加组。使用 Groups 集合的 Add 方法可以向 ListView 控件中添加组，该方法用于将指定的 ListViewGroup 添加到集合。其语法格式如下：

```
public int Add (ListViewGroup group)
```

- group：要添加到集合中的 ListViewGroup。
- 返回值：该组在集合中的索引；如果集合中已存在该组，则为 -1。

例如，使用 Groups 集合的 Add 方法向控件 listView1 中添加一个分组，标题为"测试"，排列方式为左对齐。代码如下：

```
listView1.Groups.Add(new ListViewGroup(" 测试 ", _HorizontalAlignment.Left));
```

② 移除组。使用 Groups 集合的 RemoveAt 方法或 Clear 方法可以移除指定的组或者移除所有的组。

- RemoveAt 方法：用来移除集合中指定索引位置的组。其语法格式如下：

```
public void RemoveAt (int index)
```

index 表示要移除的 ListViewGroup 在集合中的索引。

- Clear 方法：用于从集合中移除所有组。其语法格式如下：

```
public void Clear ()
```

例如，使用 Groups 集合的 RemoveAt 方法移除索引为 1 的组，使用 Clear 方法移除所有的组。代码如下：

```
01  listView1.Groups.RemoveAt(1);        // 移除索引为 1 的组
02  listView1.Groups.Clear();            // 使用 Clear 方法移除所有的组
```

③ 向组分配项或在组之间移动项。通过设置 ListView 控件中各个项的 System.Windows.Forms. ListViewItem.Group 属性，可以向组分配项或在组之间移动项。

例如，将 ListView 控件的第一项分配到第一个组中，代码如下。

```
listView1.Items[0].Group = listView1.Groups[0];
```

9.5 图片类控件

9.5.1 PictureBox: 图片

PictureBox 控件即图片控件，该控件主要用来显示图片，当然也可以作为图片按钮，可以通过其 Image 属性设置其要显示的图片，另外，还可以通过 SizeMode 属性设置图片的显示方式，SizeMode 属性的取值是 PictureBoxSizeMode 枚举值，该枚举提供的枚举值及说明如表 9.4 所示。

表 9.4 PictureBoxSizeMode 枚举值及说明

枚举值	说明
Normal	图像被置于 PictureBox 的左上角。如果图像比包含它的 PictureBox 大，则该图像将被剪裁掉
StretchImage	PictureBox 中的图像被拉伸或收缩，以适合 PictureBox 的大小
AutoSize	调整 PictureBox 大小，使其等于所包含的图像大小
CenterImage	如果 PictureBox 比图像大，则图像将居中显示。如果图像比 PictureBox 大，则图片将居于 PictureBox 中心，而外边缘将被剪裁掉
Zoom	图像大小按其原有的大小比例被增大或减小

例如，下面代码在 PictureBox 控件中显示一张图片，并且图片设置为居中显示:

```
01  pictureBox1.Image = Image.FromFile("mr.png");
02  pictureBox1.SizeMode = PictureBoxSizeMode.CenterImage;
```

📖 **说明**

Image.FromFile 用来从指定图片文件生成 Image 对象，而为 PictureBox 指定 Image 属性时，该属性要求一个 Image 对象；另外，这里直接指定了图片的文件名，如果要正确使用，需要将该图片放到相应项目文件夹下的 Debug 文件夹中。

9.5.2 ImageList: 图片列表

ImageList 组件，又称为图片存储组件，它主要用于存储图片资源，然后在控件上显示出来，这样就简化了对图片的管理。ImageList 组件的主要属性是 Images，它包含关联控件将要使用的图片。每个单独的图片可以通过其索引值或键值来访问；另外，ImageList 组件中的所有图片都将以同样的大小显示，该大小由其 ImageSize 属性设置，较大的图片将缩小至适当的尺寸。

下面对 ImageList 组件的常用使用方法进行介绍。

（1）在 ImageList 控件中添加图像

使用 ImageList 控件的 Images 属性的 Add 方法，可以以编程的方式向 ImageList 控件中添加图像，语法如下:

```
public void Add (Image value)
```

value : 要添加到列表中的图像。

例如，下面的代码使用 Images 属性的 Add 方法向 ImageList 中添加图像:

```
01  string Path = "01.jpg";
02  Image img = Image.FromFile(Path, true);          // 创建 Image 对象
03  imageList1.Images.Add(img);                       // 使用 Images 属性的 Add 方法向控件中添加图像
```

（2）在 ImageList 控件中移除图像

在 ImageList 控件中可以使用 RemoveAt 方法移除单个图像，或者可以使用 Clear 方法清除图像列表中的所有图像。

⟳ RemoveAt 方法用于从列表中移除图像。语法如下：

```
public void RemoveAt(int index)
```

index：要移除的图像的索引。

⟳ Clear 方法主要用于从 ImageList 中移除所有图像。语法如下：

```
public void Clear()
```

例如，使用 Clear 方法从 ImageList 中移除所有图像，代码如下：

```
imageList1.Images.Clear();// 使用 Clear 方法移除所有图像
```

📋 **说明**

> 对于一些经常用到图片或图标的控件，经常与 ImageList 组件一起使用，比如在使用工具栏控件、树控件和列表控件等时，经常使用 ImageList 组件存储它们需要用到的一些图片或图标，然后在程序中通过 ImageList 组件的索引项来方便地获取需要的图片或图标。

9.6　容器控件

9.6.1　GroupBox：分组框

GroupBox 控件又称为分组框控件，它主要为其他控件提供分组，并且按照控件的分组来细分窗体的功能，其在所包含的控件集周围总是显示边框，而且可以显示标题，但是没有滚动条。

GroupBox 控件最常用的是 Text 属性，用来设置分组框的标题，例如，下面的代码用来为 GroupBox 控件设置标题"系统登录"，代码如下：

```
groupBox1.Text = "系统登录";            // 设置 groupBox1 控件的标题
```

9.6.2　Panel：容器

容器控件（Panel 控件）可以使窗体的分类更详细，便于用户理解。容器控件（Panel 控件）可以有滚动条。

使用 Panel 控件的 Show 方法可以显示控件，而使用 Hide 方法可以隐藏控件；另外，Panel 还提供了一个 Visible 属性，通过设置该属性也可以控制 Panel 的显示和隐藏，设置为 true，表示显示控件，而设置为 false，表示隐藏控件。

📋 **说明**

> 如果将 Panel 控件的 Enabled 属性（设置控件是否可以对用户交互作出响应）设置为 false，那么在该容器中的所有控件将都不可用。

例如，下面的代码将 panel1 控件隐藏，同时将 panel2 控件显示：

```
01  panel1.Visible = false;        // 等同于 panel1.Hide();
02  panel2.Visible = true;         // 等同于 panel2.Show();
```

9.6.3　TabControl：选项卡

选项卡控件（TabControl 控件）可以添加多个选项卡，然后在选项卡上添加子控件。这样就可以把窗体设计成多页，使窗体的功能划分为多个部分。选项卡中可包含图片或其他控件。选项卡控件还可以用来创建用于设置一组相关属性的属性页。

TabControl 控件包含选项卡页，TabPage 控件表示选项卡，TabControl 控件的 TabPages 属性表示其中的所有 TabPage 控件的集合。TabPages 集合中 TabPage 选项卡的顺序反映了 TabControl 控件中选项卡的顺序。下面讲解 TabControl 控件的一些常用设置。

（1）改变选项卡的显示样式

通过使用 TabControl 控件和组成控件上各选项卡的 TabPage 对象的属性，可以更改 Windows 窗体中选项卡的外观。通过设置这些属性，可使用编程方式在选项卡上显示图像，或者以按钮形式显示选项卡。

例如，下面的代码通过将 TabPage 的 ImageIndex 属性设置为 ImageList 图像列表中的图像索引，来为选项卡设置显示图像：

```
01  tabControl1.ImageList = imageList1;        // 设置控件的 ImageList 属性为 imageList1
02                                             // 第一个选项卡的图标是 imageList1 中索引为 0 的图标
03  tabPage1.ImageIndex = 0;
04  tabPage1.Text = "选项卡 1";                 // 设置控件第一个选项卡的 Text 属性
05                                             // 第二个选项卡的图标是 imageList1 中索引为 0 的图标
06  tabPage2.ImageIndex = 0;
07  tabPage2.Text = "选项卡 2";                 // 设置控件第二个选项卡的 Text 属性
```

另外，通过设置 TabControl 控件的 Appearance 属性为 Buttons 或 FlatButtons，可以将选项卡显示为按钮样式。如果设置为 Buttons，则选项卡具有三维按钮的外观。如果设置为 FlatButtons，则选项卡具有平面按钮的外观。代码如下：

```
tabControl1.Appearance = TabAppearance.Buttons;
```

（2）在选项卡中添加控件

如果要在选项卡中添加控件，可以通过 TabPage 的 Controls 属性集合的 Add 方法实现，语法如下：

```
public virtual void Add (Control value)
```

value：Control 控件对象，表示要添加到控件集合的控件。

例如，下面的代码向向 tabPage1 选项卡中添加一个按钮控件，代码如下：

```
01  Button btn1 = new Button();     // 实例化一个 Button 类，动态生成一个按钮
02  btn1.Text = "新增按钮";          // 设置按钮的 Text 属性
```

（3）添加和移除选项卡

① 添加选项卡。控件默认情况下，TabControl 控件包含两个 TabPage 控件，可以使用 TabPages 属性的 Add 方法添加新的选项卡，语法如下：

```
public void Add (TabPage value)
```

value：要添加的 TabPage 选项卡对象。

② 移除选项卡。如果要移除控件中的某个选项卡，可以使用 TabPages 属性的 Remove 方法，语法如下：

```
public void Remove (TabPage value)
```

value：要移除的 TabPage 选项卡。

另外，如果要删除所有的选项卡，可以使用 TabPages 属性的 Clear 方法。

例如，删除控件中所有的选项卡，代码如下。

```
tabControl1.TabPages.Clear();// 使用 Clear 方法删除所有的选项卡
```

9.7 TreeView：树控件

TreeView 控件又称为树控件，它可以为用户显示节点层次结构，而每个节点又可以包含子节点，包含子节点的节点叫父节点，其效果就像在 Windows 操作系统的 Windows 资源管理器功能的左窗口中显示文件和文件夹一样。

 说明

> TreeView 控件经常用来设计导航菜单。

（1）添加和删除树节点

向 TreeView 控件中添加节点时，需要用到其 Nodes 属性的 Add 方法，其语法格式如下：

```
public virtual int Add (TreeNode node)
```

⬯ node：要添加到集合中的 TreeNode。

⬯ 返回值：添加到树节点集合中的 TreeNode 从零开始的索引值。

例如，使用 TreeView 控件的 Nodes 属性的 Add 方法向树控件中添加两个节点，代码如下：

```
01  treeView1.Nodes.Add(" 名称 ");
02  treeView1.Nodes.Add(" 类别 ");
```

从 TreeView 控件中移除指定的树节点时，需要使用其 Nodes 属性的 Remove 方法，其语法格式如下：

```
public void Remove (TreeNode node)
```

node：要移除的 TreeNode。

例如，通过 TreeView 控件的 Nodes 属性的 Remove 方法删除选中的子节点，代码如下：

```
treeView1.Nodes.Remove(treeView1.SelectedNode); // 使用 Remove 方法移除所选项
```

📖 **说明**

> SelectedNode 属性用来获取 TreeView 控件的选中节点。

（2）获取树控件中选中的节点

要获取 TreeView 树控件中选中的节点，可以在该控件的 AfterSelect 事件中使用 EventArgs 对象返回对已选中节点对象的引用，其中，通过检查 TreeViewEventArgs 类（它包含与事件有关的数据）确定单击了哪个节点。

例如，在 TreeView 控件的 AfterSelect 事件中获取树控件中选中节点的文本，代码如下：

```
01  private void treeView1_AfterSelect(object sender, TreeViewEventArgs e)
02  {
03      label1.Text = " 当前选中的节点: " + e.Node.Text;  // 获取选中节点显示的文本
04  }
```

（3）为树控件中的节点设置图标

TreeView 控件可以在每个节点紧挨节点文本的左侧显示图标，但显示时，必须使 TreeView 控件与 ImageList 控件相关联。为 TreeView 控件中的节点设置图标的步骤如下：

① 将 TreeView 控件的 ImageList 属性设置为想要使用的现有 ImageList 控件，该属性既可以在设计器中使用"属性"窗口进行设置，也可以在代码中设置。

例如，设置 treeView1 控件的 ImageList 属性为 imageList1，代码如下：

```
treeView1.ImageList = imageList1;
```

② 设置树节点的 ImageIndex 和 SelectedImageIndex 属性，其中，ImageIndex 属性用来确定正常和展开状态下的节点显示图像，而 SelectedImageIndex 属性用来确定选定状态下的节点显示图像。

例如，设置 treeView1 控件的 ImageIndex 属性，确定正常或展开状态下的节点显示图像的索引为 0；设置 SelectedImageIndex 属性，确定选定状态下的节点显示图像的索引为 1。代码如下：

```
01  treeView1.ImageIndex = 0;
02  treeView1.SelectedImageIndex = 1;
```

9.8 Timer：定时器

Timer 组件又称作定时器组件，它可以定期引发事件，时间间隔的长度由其 Interval 属性定义，其属性值以毫秒为单位。若启用了该组件，则每个时间间隔引发一次 Tick 事件，开发人员可以在 Tick 事件中添加要执行操作的代码。

Timer 组件的常用属性、方法及事件如表 9.5 所示。

表 9.5　Timer 组件的常用属性、方法及事件

成员	说明
Enabled 属性	获取或设置定时器是否正在运行
Interval 属性	获取或设置在相对于上一次发生的 Tick 事件引发 Tick 事件之前的时间（以毫秒为单位）
Start 方法	启动定时器
Stop 方法	停止定时器
Tick 事件	当指定的定时器间隔已过去而且定时器处于启用状态时发生

实例 9.4　　　　模拟双色球选号　　　　👁 实例位置：资源包 \Code\09\04

程序开发步骤如下：

① 创建一个 Windows 应用程序，命名为 Double。

② 在新建的项目的默认 Form1 窗体中，首先通过 BackgroundImage 属性设置背景图片，然后添加 7 个 Label 控件，并将它们的 BackColor 属性设置为 Transparent，以便使背景透明，这 7 个 Label 控件分别用来显示红球和蓝球数字；添加两个 Button 控件，并设置背景图片；添加一个 Timer 组件，作为定时器。

③ 在两个 Button 控件的 Click 事件中分别使用 Timer 的 Start 方法和 Stop 方法启动和停止定时器，代码如下：

```
01  private void button1_Click(object sender, EventArgs e)
02  {
03      timer1.Start();                    // 启动定时器
04  }
05  private void button2_Click(object sender, EventArgs e)
06  {
07      timer1.Stop();                     // 停止定时器
08  }
```

④ 触发 Timer 定时器的 Tick 事件，在该事件中通过随机生成器随机生成红球数字和蓝球数字，代码如下：

```
01  private void timer1_Tick(object sender, EventArgs e)
02  {
03      Random rnd = new Random();                        // 生成随机数生成器
04      label1.Text = rnd.Next(1, 33).ToString("00");     // 第 1 个红球数字
05      label2.Text = rnd.Next(1, 33).ToString("00");     // 第 2 个红球数字
06      label3.Text = rnd.Next(1, 33).ToString("00");     // 第 3 个红球数字
07      label4.Text = rnd.Next(1, 33).ToString("00");     // 第 4 个红球数字
08      label5.Text = rnd.Next(1, 33).ToString("00");     // 第 5 个红球数字
09      label6.Text = rnd.Next(1, 33).ToString("00");     // 第 6 个红球数字
10      label7.Text = rnd.Next(1, 16).ToString("00");     // 蓝球数字
11  }
```

运行程序，单击"开始"按钮，红球和蓝球同时滚动，单击"停止"按钮，则红球和蓝球停止滚动，当前显示的数字就是程序选中的号码，如图 9.6 所示。

图 9.6　使用 Timer 定时器实现双色球彩票选号器

9.9　ProgressBar：进度条

ProgressBar 控件通过水平放置的方框中显示适当数目的矩形，指示工作的进度。工作完成时，进度条被填满。进度条用于帮助用户了解等待一项工作完成的进度。

ProgressBar 控件比较重要的属性有 Value、Minimum 和 Maximum。Minimum 和 Maximum 属性主要用于设置进度条的最小值和最大值，Value 属性表示操作过程中已完成的进度。而控件的 Step 属性用于指定 Value 属性递增的值，然后调用 PerformStep 方法来递增该值。

例如，设置进度条控件的 Minimum 和 Maximum 属性分别为 0 和 500，然后设置 Step 属性，使 Value 属性递增值为 1。最后在 for 语句中调用 PerformStep 方法递增该值，使进度条不断前进，直至 for 语句中设置为最大值为止，代码如下：

```
01  progressBar1.Minimum = 0;                      // 设置 progressBar1 控件的 Minimum 值为 0
02  progressBar1.Maximum = 500;                    // 设置 progressBar1 的 Maximum 值为 500
03  progressBar1.Step = 1;                         // 设置 progressBar1 的增值为 1
04  for (int i = 0; i < 500; i++){                 // 调用 for 语句循环递增
05      progressBar1.PerformStep();                // 使用 PerformStep 方法按 Step 值递增
06      textBox1.Text = "进度值：" + progressBar1.Value.ToString();
07  }
```

⚡ 注意

ProgressBar 控件只能以水平方向显示，如果想改变该控件的显示样式，可以用 ProgressBarRenderer 类来实现，如纵向进度条，或在进度条上显示文本。

9.10　菜单、工具栏和状态栏

9.10.1　MenuStrip：菜单

菜单控件使用 MenuStrip 控件来表示，它主要用来设计程序的菜单栏，C# 中的 MenuStrip 控件支持多文档界面、菜单合并、工具提示和溢出等功能，开发人员可以通过添加访问键、快捷键、选中标记、图像和分隔条来增强菜单的可用性和可读性。

下面以"文件"菜单为例演示如何使用 MenuStrip 控件设计菜单栏，具体步骤如下。

从工具箱中将 MenuStrip 控件拖拽到窗体中，在输入菜单名称时，系统会自动产生输入下一个菜单名称的提示，例如，在输入框中输入"新建 (&N)"后，菜单中会自动显示"新建 (N)"，在此处，"&"被识别为确认热键的字符，例如，"新建 (N)"菜单就可以通过键盘上的"Alt+N"组合键打开。同样，在"新建 (N)"菜单下创建"打开 (O)""关闭 (C)"和"保存 (S)"等子菜单，如图 9.7 所示。

菜单设置完成后，运行程序，效果如图 9.8 所示。

图 9.7　添加菜单

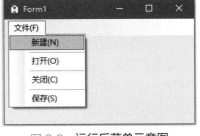

图 9.8　运行后菜单示意图

9.10.2　ToolStrip：工具栏

工具栏控件使用 ToolStrip 控件来表示，工具栏主要放置一些菜单中的常用功能。使用 ToolStrip 控件创建工具栏的具体步骤如下：

① 从工具箱中将 ToolStrip 控件拖拽到窗体中，单击工具栏上向下箭头的提示图标，如图 9.9 所示。

从图 9.9 中可以看到，当单击工具栏中向下的箭头时，在下拉菜单中有 8 种不同的类型，下面分别介绍。

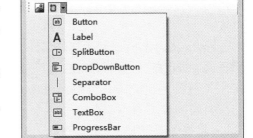

图 9.9　添加工具栏项目

☞ Button：包含文本和图像中可让用户选择的项。

☞ Label：包含文本和图像的项，不可以让用户选择，可以显示超链接。

☞ SplitButton：在 Button 的基础上增加了一个下拉菜单。

☞ DropDownButton：用于下拉菜单选择项。

☞ Separator：分隔符。

☞ ComboBox：显示一个 ComboBox 的项。

☞ TextBox：显示一个 TextBox 的项。

☞ ProgressBar：显示一个 ProgressBar 的项。

② 添加相应的工具栏按钮后，可以设置其要显示的图像，具体方法是：选中要设置图像的工具栏按钮，单击右键，在弹出的快捷菜单中选择"设置图像"选项，如图 9.10 所示。

③ 工具栏中的按钮默认只显示图像，如果要以其他方式（比如只显示文本、同时显示图像和文本等）显示工具栏按钮，可以选中工具栏按钮，单击右键，在弹出的快捷菜单中选择"DisplayStyle"菜单项下面的各个子菜单项，如图 9.11 所示。

图 9.10　设置按钮图像

图 9.11　设置菜单的显示方式

④ 工具栏设计完成后，运行程序，效果如图 9.12 所示。

9.10.3　StatusStrip：状态栏

状态栏控件使用 StatusStrip 控件来表示，它通常放置在窗体的最底部，用于显示窗体上一些对象的相关信息，或者显示应用程序的信息。StatusStrip 控件由 ToolStripStatusLabel 对

图 9.12　工具栏效果

象组成，每个这样的对象都可以显示文本、图像或同时显示这两者，另外，StatusStrip 控件还可以包含 ToolStripDropDownButton、ToolStripSplitButton 和 ToolStripProgressBar 等控件。

实例 9.5　　**在状态栏中显示登录用户及时间**　　👁 **实例位置：资源包 \Code\09\05**

图 9.13　添加状态栏项目

制作一个简单的登录窗体，当用户单击"登录"按钮时，进入另外一个 Windows 窗体，该窗体中使用 StatusStrip 控件设计状态栏，并在状态栏中显示登录用户及登录时间，具体步骤如下：

① 从工具箱中将 StatusStrip 控件拖拽到窗体中，单击状态栏上向下箭头的提示图标，选择"插入"菜单项，弹出子菜单，如图 9.13 所示。

从图 9.13 中可以看到，当单击"插入"菜单项时，在下拉子菜单中有 4 种不同的类型，下面分别介绍。

♻ StatusLabel：包含文本和图像的项，不可以让用户选择，可以显示超链接。

♻ ProgressBar：进度条显示。

♻ DropDownButton：用于下拉菜单选择项。

♻ SplitButton：在 Button 的基础上增加了一个下拉菜单。

② 在图 9.13 中选择需要的项添加到状态栏中，这里添加两个 StatusLabel。

③ 打开登录窗体（Form1），在其 .cs 文件中定义一个成员变量，用来记录登录用户名，代码如下：

```
public static string strName;// 声明成员变量，用来记录登录用户名
```

④ 触发登录窗体中"登录"按钮的 Click 事件，该事件中记录登录用户名，并打开主窗体，代码如下：

```
01  private void button1_Click(object sender, EventArgs e)
02  {
03      strName = textBox1.Text;          // 记录登录用户
04      Form2 frm = new Form2();          // 创建 Form2 窗体对象
05      this.Hide();                      // 隐藏当前窗体
06      frm.Show();                       // 显示 Form2 窗体
07  }
```

⑤ 触发 Form2 窗体的 Load 事件，该事件中，在状态栏中显示登录用户及登录时间，代码如下：

```
01  private void Form2_Load(object sender, EventArgs e)
02  {
03      toolStripStatusLabel1.Text = "登录用户: " + Form1.strName;                    // 显示登录用户
04                                                                                    // 显示登录时间
05      toolStripStatusLabel2.Text = " || 登录时间: " + DateTime.Now.ToLongTimeString();
06  }
```

运行程序，在登录窗体中输入用户名和密码，如图 9.14 所示，单击"登录"按钮，进入主窗体，在主窗体的状态栏中会显示登录用户及登录时间，如图 9.15 所示。

图 9.14　输入用户名和密码

图 9.15　显示登录用户及登录时间

9.11　消息框

消息对话框是一个预定义对话框，主要用于向用户显示与应用程序相关的信息，以及来自用户的请求信息，在 .NET 中，使用 MessageBox 类表示消息对话框，通过调用该类的 Show 方法可以显示消息对话框，该方法有多种重载形式，其最常用的两种形式如下：

```
public static DialogResult Show(string text)
public static DialogResult Show(string text,string caption, MessageBoxButtons buttons,MessageBoxIcon icon)
```

- ↻ text：要在消息框中显示的文本。
- ↻ caption：要在消息框的标题栏中显示的文本。
- ↻ buttons：MessageBoxButtons 枚举值之一，可指定在消息框中显示哪些按钮。
- ↻ icon：MessageBoxIcon 枚举值之一，它指定在消息框中显示哪个图标。
- ↻ 返回值：DialogResult 枚举值之一，用来确定消息框返回的值。

例如，使用 MessageBox 类的 Show 方法弹出一个"警告"消息框，代码如下：

```
MessageBox.Show("确定要退出当前系统吗？", "警告", MessageBoxButtons.YesNo, MessageBoxIcon.Warning);
```

效果如图 9.16 所示。

9.12 对话框

9.12.1 打开对话框

OpenFileDialog 控件表示一个通用对话框，用户可以使用此对话框来指定一个或多个要打开的文件的文件名。OpenFileDialog 控件常用的属性及说明如表 9.6 所示。

图 9.16 使用 MessageBox 类弹出消息框

表 9.6 OpenFileDialog 控件常用属性及说明

属性	说明
AddExtension	指示如果用户省略扩展名，对话框是否自动在文件名中添加扩展名
DefaultExt	获取或设置默认文件扩展名
FileName	获取或设置一个包含在文件对话框中选定的文件名的字符串
FileNames	获取对话框中所有选定文件的文件名
Filter	获取或设置当前文件名筛选器字符串，该字符串决定对话框的"另存为文件类型"或"文件类型"框中出现的选择内容
InitialDirectory	获取或设置文件对话框显示的初始目录
Multiselect	获取或设置一个值，该值指示对话框是否允许选择多个文件
RestoreDirectory	获取或设置一个值，该值指示对话框在关闭前是否还原当前目录

OpenFileDialog 控件常用的方法及说明如表 9.7 所示。

表 9.7 OpenFileDialog 控件常用方法及说明

方法	说明
OpenFile	此方法以只读模式打开用户选择的文件
ShowDialog	此方法显示 OpenFileDialog

📖 **说明**

> ShowDialog 方法是对话框的通用方法，用来打开相应的对话框。

例如，使用 OpenFileDialog 打开一个"打开文件"对话框，该对话框中只能选择图片文件，代码如下：

```
01  openFileDialog1.InitialDirectory = "C:\\";              // 设置初始目录
02                                                          // 设置只能选择图片文件
03  openFileDialog1.Filter = "bmp 文件 (*.bmp)|*.bmp|gif 文件 (*.gif)|*.gif|jpg 文件 (*.jpg)|*.jpg";
04  openFileDialog1.ShowDialog();
```

9.12.2 另存为对话框

SaveFileDialog 控件表示一个通用对话框，用户可以使用此对话框来指定一个要将文件另存为的文件名。SaveFileDialog 组件的常用属性及说明如表 9.8 所示。

⑨

表 9.8　SaveFileDialog 组件的常用属性及说明

属性	说明
FileName	获取或设置一个包含在文件对话框中选定的文件名的字符串
FileNames	获取对话框中所有选定文件的文件名
Filter	获取或设置当前文件名筛选器字符串，该字符串决定对话框的"另存为文件类型"或"文件类型"框中出现的选择内容

例如，使用 SaveFileDialog 控件来调用一个选择文件路径的对话框窗体，代码如下：

```
saveFileDialog1.ShowDialog();
```

例如，在保存对话框中设置保存文件的类型为 txt，代码如下：

```
saveFileDialog1.Filter = "文本文件 (*.txt) |*.txt";
```

例如，获取在保存对话框中设置文件的路径全名，代码如下：

```
string strName = saveFileDialog1.FileName;
```

9.12.3　浏览文件夹对话框

FolderBrowserDialog 控件主要用来提示用户选择文件夹，其常用属性及说明如表 9.9 所示。

表 9.9　FolderBrowserDialog 控件的常用属性及说明

属性	说明
Description	获取或设置对话框中在树视图控件上显示的说明文本
RootFolder	获取或设置从其开始浏览的根文件夹
SelectedPath	获取或设置用户选定的路径
ShowNewFolderButton	获取或设置一个值，该值指示"新建文件夹"按钮是否显示在文件夹浏览对话框中

例如，设置在弹出的"浏览文件夹"对话框中不显示"新建文件夹"按钮，然后判断是否选择了文件夹，如果已经选择，则将选择的文件夹显示在 TextBox 文本框中，代码如下：

```
01  folderBrowserDialog1.ShowNewFolderButton = false;              // 不显示新建文件夹按钮
02  if (folderBrowserDialog1.ShowDialog() == DialogResult.OK)      // 判断是否选择了文件夹
03  {
04      textBox1.Text = folderBrowserDialog1.SelectedPath;         // 显示选择的文件夹名称
05  }
```

9.13　综合案例——在控件中实现关键字描红

9.13.1　案例描述

对于一篇内容比较丰富的文章，如果想知道其中心思想或者读者想了解的内容，从头读到尾是最不可取的办法。本案例借助 RichTextBox 控件实现关键字描红的功能，通过对本案例的学习，读者可以轻松地解决此问题。运行结果如图 9.17 所示。

图 9.17　在控件中实现关键字描红

9.13.2　实现代码

① 创建一个项目，将其命名为 KeyWordsPlotRed，默认窗体中主要用到的控件及说明如表 9.10 所示。

表 9.10　KeyWordsPlotRed 窗体主要用到的控件及说明

控件类型	控件名称	说明
GroupBox	groupBox1	用来放置显示文件的控件
	groupBox2	用来放置设置关键字和进行操作的控件
Label	label1	用来放置说明性文字
TextBox	keyWord	用来输入关键字
RichTextBox	richTextBox1	用来显示文件中的内容
Button	unfold	用来打开文件
	plotRed	用来在文件中查找关键字和对其进行描红

② 主要程序代码。在文本框中输入要查找的关键字，单击"描红"按钮，如果在 RichTextBox 控件中存在该关键字，那么该关键字就会显示为红色。代码如下：

```
01  private int flag = 0;                                          // 定义一个 int 型的标识符
02  private void plotRed_Click(object sender,EventArgs e)
03  {
04                                                                 // 当文件中不存在要搜索的关键字时
05      if((flag = richTextBox1.Text.IndexOf(keyWord.Text,flag)) == -1)
06      {
07          MessageBox.Show(" 没有要查找的结果 "," 提示信息 ",MessageBoxButtons.OK,Message BoxIcon.Asterisk);
                                                                   // 弹出对应的信息提示
08          keyWord.Clear();                                       // 清空文本框中的内容
09          flag = 0;                                              // 重新为 flag 赋值
10      }
11      else                                                       // 当在文件中存在对应的关键字时
12      {
13                                                                 // 在 RichTextBox 控件中搜索关键字
```

```
14          richTextBox1.Select(flag,keyWord.Text.Length);
15          flag = flag + keyWord.Text.Length;              // 递增标识查询关键字的初始长度
16          richTextBox1.SelectionColor = Color.Red;        // 设定关键字为红色
17      }
18 }
```

∇ 小结

本章主要对 Windows 应用程序开发的知识进行了详细讲解，包括常用的 Windows 控件的使用、菜单、工具栏和状态栏的使用、消息框、常用的对话框等，本章所讲解的内容在开发 Windows 应用程序时是最基础、最常用的，读者一定要熟练掌握。

9.14 实战练习

程序设计过程中，窗体界面的设计是至关重要的，一个良好的窗体布局，可以增强应用程序的可操作性。本练习要求将菜单中的内容动态添加到树形列表中，并根据菜单中的用户权限，对树形列表中的相应项进行设置。运行效果如图 9.18 所示。（提示：为树菜单添加节点时，使用 TreeNode 表示树节点，另外，需要使用 for 循环遍历菜单项，以便将遍历到的菜单项添加到树中）

图 9.18 用树形列表动态显示菜单

扫码领取
· 配 套 答 案
· 在 线 试 题
· 视 频 讲 解
· 实 战 经 验
· 源 文 件 下 载

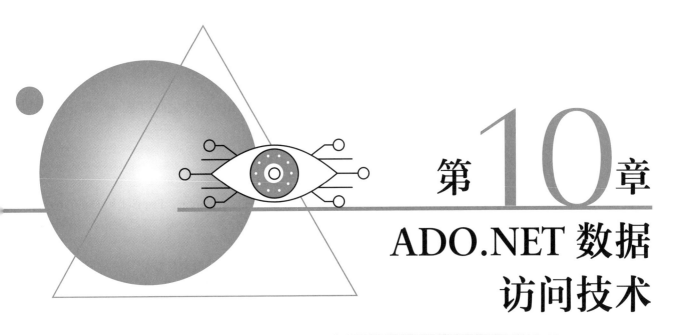

第10章
ADO.NET 数据访问技术

开发 Windows 应用程序时，为了使客户端能够访问服务器中的数据库，经常需要用到对数据库的各种操作，而这其中，ADO.NET 技术是一种最常用的数据库操作技术，它向 .NET 程序员公开了数据访问服务的类，并为创建分布式数据共享应用程序提供了一组丰富的组件。本章将对 ADO.NET 数据访问技术进行详细讲解。

本章知识架构如下：

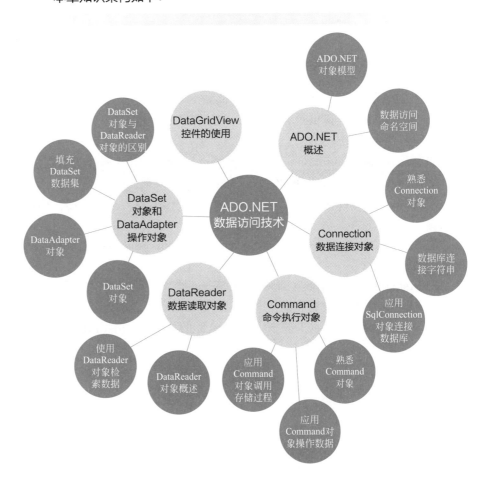

10.1　ADO.NET 概述

ADO.NET 是微软 .NET 数据库的访问架构，它是数据库应用程序和数据源之间沟通的桥梁，主要提供一个面向对象的数据访问架构，用来开发数据库应用程序。

10.1.1　ADO.NET 对象模型

ADO.NET 技术主要包括 Connection、Command、DataReader、DataAdapter、DataSet 和 DataTable 等 6 个对象，下面分别进行介绍：

① Connection 对象主要提供与数据库的连接功能。

② Command 对象用于返回数据、修改数据、运行存储过程以及发送或检索参数信息的数据库命令。

③ DataReader 对象通过 Command 对象提供从数据库检索信息的功能，它以一种只读的、向前的、快速的方式访问数据库。

④ DataAdapter 对象提供连接 DataSet 对象和数据源的桥梁，它主要使用 Command 对象在数据源中执行 SQL 命令，以便将数据加载到 DataSet 数据集中，并确保 DataSet 数据集中数据的更改与数据源保持一致。

⑤ DataSet 对象是 ADO.NET 的核心概念，它是支持 ADO.NET 断开式、分布式数据方案的核心对象。DataSet 对象是一个数据库容器，可以把它当作存在于内存中的数据库，无论数据源是什么，它都会提供一致的关系编程模型。

⑥ DataTable 对象表示内存中数据的一个表。

使用 ADO.NET 技术操作数据库的主要步骤如图 10.1 所示。

图 10.1　使用 ADO.NET 技术操作数据库的主要步骤

10.1.2　数据访问命名空间

在 .NET 中，用于数据访问的命名空间如下：

① System.Data：提供对表示 ADO.NET 结构的类的访问。通过 ADO.NET 可以生成一些组件，用于有效管理多个数据源的数据。

② System.Data.Common：包含由各种 .NET Framework 数据提供程序共享的类。

③ System.Data.Odbc：ODBC .NET Framework 数据提供程序，描述用来访问 ODBC 数据源的类集合。

④ System.Data.OleDb：OLE DB .NET Framework 数据提供程序，描述了用于访问 OLE DB 数据源的类集合。

⑤ System.Data.SqlClient：SQL Server .NET Framework 数据提供程序，描述了用于访问 SQL Server 数据库的类集合。

⑥ System.Data.SqlTypes：提供 SQL Server 中本机数据类型的类，SqlTypes 中的每个数据类型在 SQL Server 中具有其等效的数据类型。

⑦ System.Data.OracleClient：用于 Oracle 的 .NET Framework 数据提供程序，描述了用于访问 Oracle 数据源的类集合。

10.2　Connection 数据连接对象

所有对数据库的访问操作都是从建立数据库连接开始的。在打开数据库之前，必须先设置好连接字符串（ConnectionString），然后调用 Open 方法打开连接，此时便可对数据库进行访问，最后调用 Close 方法关闭连接。

10.2.1　熟悉 Connection 对象

Connection 对象用于连接到数据库和管理对数据库的事务，它的一些属性描述数据源和用户身份验证。Connection 对象还提供一些方法允许程序员与数据源建立连接或者关闭连接，并且提供了 4 种数据提供程序的连接对象，分别为：

- ♻ SQL Server .NET 数据提供程序的 SqlConnection 连接对象，命名空间 System.Data.SqlClient。
- ♻ OLE DB .NET 数据提供程序的 OleDbConnection 连接对象，命名空间 System.Data.OleDb。
- ♻ ODBC .NET 数据提供程序的 OdbcConnection 连接对象，命名空间 System.Data.Odbc。
- ♻ Oracle .NET 数据提供程序的 OracleConnection 连接对象，命名空间 System.Data.OracleClient。

10.2.2　数据库连接字符串

为了让连接对象知道将要访问的数据库文件在哪里，用户必须将这些信息用一个字符串加以描述。数据库连接字符串中需要提供的必要信息包括服务器名、数据库名称和数据库的身份验证方式（Windows 集成身份验证或 SQL Server 身份验证），另外，还可以指定其他信息（诸如连接超时等）。

数据库连接字符串常用的参数及说明如表 10.1 所示。

表 10.1　**数据库连接字符串常用的参数及说明**

参数	说　明
Provider	设置或返回连接提供程序的名称，仅用于 OleDbConnection 对象
Connection Timeout	在终止尝试并产生异常前，等待连接到服务器的连接时间长度（以秒为单位）。默认 15s
Initial Catalog 或 Database	数据库的名称
Data Source 或 Server	连接打开时使用的 SQL Server 服务签名，或者是 Access 数据库的文件名
Password 或 pwd	SQL Server 账户的登录密码
User ID 或 uid	SQL Server 登录账户
Integrated Security	此参数决定连接是否是安全连接。可能的值有 true、false 和 SSPI（SSPI 是 true 的同义词）

📖 **说明**

> 表 10.1 中列出的数据库连接字符串中的参数不区分大小写，比如：uid、UID、Uid、uID、uId 表示的都是登录账户，它们在使用上没有任何分别。

下面介绍使用 C# 连接各种数据库的代码。

① 连接 SQL Server 数据库。

```
SqlConnection con = new SqlConnection("Server=XIAOKE;uid=sa;pwd=;database=db");
```

② 连接 Windows 身份验证的 SQL Server 数据库。

```
SqlConnection con = new SqlConnection("Server=XIAOKE;Initial Catalog =db;Integrated Security=SSPI;");
```

③ 连接 2003 及以下版本的 Access 数据库。

```
OleDbConnection oc = new OleDbConnection("Provider=Microsoft.Jet.OLEDB.4.0;Data source= db.mdb");
```

④ 连接 2007 及以上版本的 Access 数据库。

```
OleDbConnection oc = new OleDbConnection("Provider= Microsoft.ACE.OLEDB.12.0;Data source= db.accdb");
```

⑤ 连接加密的 Access 数据库。

```
OleDbConnection oc = new OleDbConnection("Provider=Microsoft.Jet.OLEDB.4.0; Jet OLEDB:DataBase
Password=123456;User Id=admin;Data source= db.mdb");
```

⑥ 连接 2003 及以下版本的 Excel。

```
OleDbConnection oc = new OleDbConnection("Provider=Microsoft.Jet.OLEDB.4.0;Data source= test.xls;Extended
Properties=Excel 8.0");
```

⑦ 连接 2007 及以上版本的 Excel。

```
OleDbConnection oc = new OleDbConnection("Provider= Microsoft.ACE.OLEDB.12.0;Data source= test.xlsx;Extended
Properties=Excel 12.0");
```

⑧ 连接 MySQL 数据库 (需要使用 Mysql.Data.dll 组件)。

```
MySqlConnection myCon = new MySqlConnection("server=localhost;user id=root;password=root;database=abc");
```

⑨ 连接 Oracle 数据库。

```
OracleConnection ocon = new OracleConnection("User ID=IFSAPP;Password=IFSAPP;Data Source=RACE;");
```

10.2.3 应用 SqlConnection 对象连接数据库

调用 Connection 对象的 Open 方法或 Close 方法可以打开或关闭数据库连接，而且必须在设置好数据库连接字符串后才可以调用 Open 方法，否则 Connection 对象不知道要与哪一个数据库建立连接。

📖 说明

> 数据库联机资源是有限的，因此在需要的时候才打开连接，且一旦使用完就应该尽早地关闭连接，把资源归还给系统。

例如，使用 SqlConnection 显示数据库连接的打开和关闭状态，并且通过 SqlConnection 对象的 State 属性来判断数据库的连接状态。代码如下：

```
01                                                      // 创建数据库连接字符串
02  string SqlStr = "Server=XIAOKE;User Id=sa;Pwd=;DataBase=db_EMS";
03  SqlConnection con = new SqlConnection(SqlStr);       // 创建数据库连接对象
04  con.Open();                                          // 打开数据库连接
05  if (con.State == ConnectionState.Open)               // 判断连接是否打开
06  {
07      label1.Text = "SQL Server 数据库连接开启！";
08      con.Close();                                     // 关闭数据库连接
09  }
10  if (con.State == ConnectionState.Closed)             // 判断连接是否关闭
11  {
12      label2.Text = "SQL Server 数据库连接关闭！";
13  }
```

说明

上面的程序中由于用到 SqlConnection 类，因此首先需要添加 System.Data.SqlClient 命名空间。

10.3　Command 命令执行对象

10.3.1　熟悉 Command 对象

使用 Connection 对象与数据源建立连接后，可以使用 Command 对象对数据源执行查询、添加、删除和修改等各种操作，操作实现的方式可以是使用 SQL 语句，也可以是使用存储过程。根据 .NET Framework 数据提供程序的不同，Command 对象也可以分成 4 种，分别是 SqlCommand、OleDbCommand、OdbcCommand 和 OracleCommand，在实际的编程过程中应该根据访问的数据源不同，选择相对应的 Command 对象。

Command 对象的常用属性及说明如表 10.2 所示。

表 10.2　**Command 对象的常用属性及说明**

属性	说明
CommandType	获取或设置 Command 对象要执行命令的类型
CommandText	获取或设置要对数据源执行的 SQL 语句或存储过程名或表名
CommandTimeOut	获取或设置在终止对执行命令的尝试并生成错误之前的等待时间
Connection	获取或设置 Command 对象使用的 Connection 对象的名称
Parameters	获取 Command 对象需要使用的参数集合

例如，使用 SqlCommand 对象对 SQL Server 数据库执行查询操作，代码如下：

```
01                                                    // 创建数据库连接对象
02 SqlConnection conn = new SqlConnection("Server=XIAOKE;User Id=sa;Pwd=;DataBase=db_EMS");
03 SqlCommand comm = new SqlCommand();                // 创建对象 SqlCommand
04 comm.Connection = conn;                            // 指定数据库连接对象
05 comm.CommandType = CommandType.Text;               // 设置要执行命令类型
06 comm.CommandText = "select * from tb_stock";       // 设置要执行的 SQL 语句
```

技巧

除了使用上面的方法外，还有一种简写方法，即在实例化 SqlCommand 对象时，直接传入 SQL 语句。上面的代码可以简写如下：

```
01 // 创建数据库连接对象
02 SqlConnection conn = new SqlConnection("Server=XIAOKE;User Id=sa;Pwd=;DataBase=db_EMS");
03 SqlCommand comm = new SqlCommand("select * from tb_stock", conn); // 创建对象 SqlCommand
```

Command 对象的常用方法及说明如表 10.3 所示。

表 10.3　Command 对象的常用方法及说明

方法	说明
ExecuteNonQuery	用于执行非 SELECT 命令，比如 INSERT、DELETE 或者 UPDATE 命令，并返回 3 个命令所影响的数据行数；另外也可以用来执行一些数据定义命令，比如新建、更新、删除数据库对象（如表、索引等）
ExecuteScalar	用于执行 SELECT 查询命令，返回数据中第一行第一列的值，该方法通常用来执行那些用到 COUNT 或 SUM 函数的 SELECT 命令
ExecuteReader	执行 SELECT 命令，并返回一个 DataReader 对象，这个 DataReader 对象是一个只读、向前的数据集

📖 说明

表 10.3 中这 3 种方法非常重要，如果要使用 ADO.NET 完成某种数据库操作，一定会用到上面这些方法，这 3 种方法没有任何的优劣之分，只是使用的场合不同罢了，所以一定要弄清楚它们的返回值类型以及使用方法，以便在合适的场合使用它们。

10.3.2　应用 Command 对象操作数据

以操作 SQL Server 数据库为例，向数据库中添加记录时，首先要创建 SqlConnection 对象连接数据库，然后定义添加数据的 SQL 字符串，最后调用 SqlCommand 对象的 ExecuteNonQuery 方法执行数据的添加操作。

例如，下面的代码用来执行数据库的添加操作：

```
01                                                          // 创建数据库连接对象
02  SqlConnection conn = new SqlConnection("Server=XIAOKE;User Id=sa;Pwd=;DataBase=db_EMS");
03   string strsql = "insert into tb_PDic(Name,Money) values('" + textBox1.Text + "'," + Convert.
ToDecimal(textBox2.Text) + ")";               // 定义添加数据的 SQL 语句
04  SqlCommand comm = new SqlCommand(strsql, conn);        // 创建 SqlCommand 对象
05  conn.Open();                                           // 打开数据库连接
06  if (Convert.ToInt32(comm.ExecuteNonQuery()) > 0)
07  {
08      label3.Text = " 添加成功！ ";
09  }
10  else
11  {
12      label3.Text = " 添加失败！ ";
13  }
14  conn.Close();                                          // 关闭数据库连接
```

10.3.3　应用 Command 对象调用存储过程

存储过程可以使管理数据库和显示数据库信息等操作变得非常容易，它是 SQL 语句和可选控制流语句的预编译集合，它存储在数据库内，在程序中可以通过 Command 对象来调用，其执行速度比 SQL 语句快，同时还保证了数据的安全性和完整性。

实例 10.1　使用存储过程向数据表中添加信息　　👁 实例位置：资源包 \Code\10\01

创建一个 Windows 应用程序，在默认窗体中添加两个 TextBox 控件、一个 Label 控件和一个 Button

控件，其中，TextBox 控件用来输入要添加的信息，Label 控件用来显示添加成功或失败信息，Button 控件用来调用存储过程执行数据添加操作。代码如下：

```
01  private void button1_Click(object sender, EventArgs e)
02  {
03                                                          // 创建数据库连接对象
04      SqlConnection sqlcon = new SqlConnection("Server=XIAOKE;User Id=sa;Pwd=;DataBase=db_EMS");
05      SqlCommand sqlcmd = new SqlCommand();               // 创建 SqlCommand 对象
06      sqlcmd.Connection = sqlcon;                         // 指定数据库连接对象
07      sqlcmd.CommandType = CommandType.StoredProcedure;   // 指定执行对象为存储过程
08      sqlcmd.CommandText = "proc_AddData";                // 指定要执行的存储过程名称
09                                                          // 为 @name 参数赋值
10      sqlcmd.Parameters.Add("@name", SqlDbType.VarChar, 20).Value = textBox1.Text;
11      sqlcmd.Parameters.Add("@money", SqlDbType.Decimal).Value = Convert.ToDecimal(textBox2.Text);
                                                            // 为 @money 参数赋值
12      if (sqlcon.State == ConnectionState.Closed)         // 判断连接是否关闭
13      {
14          sqlcon.Open();                                  // 打开数据库连接
15      }
16                              // 判断 ExecuteNonQuery 方法返回的参数是否大于 0，大于 0 表示添加成功
17      if (Convert.ToInt32(sqlcmd.ExecuteNonQuery()) > 0)
18      {
19          label3.Text = "添加成功！";
20      }
21      else
22      {
23          label3.Text = "添加失败！";
24      }
25      sqlcon.Close();                                     // 关闭数据库连接
26  }
```

本实例用到的存储过程代码如下：

```
01  CREATE PROCEDURE [dbo].[proc_AddData]
02  (
03      @name varchar(20),
04      @money decimal
05  )
06  as
07  begin
08      insert into tb_PDic(Name,Money) values(@name,@money)
09  end
10  GO
```

📋 **说明**

proc_AddData 存储过程中使用了以@符号开头的两个参数：@name 和 @money，对于存储过程参数名称的定义，通常会参考数据表中的列的名称（本实例用到的数据表 tb_PDic 中的列分别为 Name 和 Money），这样可以比较地方便知道这个参数是套用在哪个列的。当然，参数名称可以自定义，但一般都参考数据表中的列进行定义。

10.4 DataReader 数据读取对象

10.4.1 DataReader 对象概述

DataReader 对象是一个简单的数据集，它主要用于从数据源中读取只读的数据集，其常用于检

索大量数据。根据 .NET Framework 数据提供程序的不同，DataReader 对象可以分为 SqlDataReader、OleDbDataReader、OdbcDataReader 和 OracleDataReader 等 4 大类。

📋 **说明**

> 由于 DataReader 对象每次只能在内存中保留一行，因此使用它的系统开销非常小。

使用 DataReader 对象读取数据时，必须一直保持与数据库的连接，所以也被称为连线模式，其架构如图 10.2 所示（这里以 SqlDataReader 为例）。

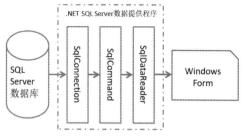

图 10.2　连线模式连接数据库

📋 **说明**

> DataReader 对象是一个轻量级的数据对象，如果只需要将数据读出并显示，那么它是最合适的工具，因为它的读取速度比后面要讲解到的 DataSet 对象要快，占用的资源也更少；但是，一定要铭记，DataReader 对象在读取数据时，要求数据库一直保持在连接状态，只有在读取完数据之后才能断开连接。

开发人员可以通过 Command 对象的 ExecuteReader 方法从数据源中检索数据来创建 DataReader 对象，DataReader 对象常用属性及说明如表 10.4 所示。

表 10.4　**DataReader 对象常用属性及说明**

属性	说明
HasRows	判断数据库中是否有数据
FieldCount	获取当前行的列数
RecordsAffected	获取执行 SQL 语句所更改、添加或删除的行数

DataReader 对象常用方法及说明如表 10.5 所示。

表 10.5　**DataReader 对象常用方法及说明**

方法	说明
Read	使 DataReader 对象前进到下一条记录
Close	关闭 DataReader 对象
Get	用来读取数据集的当前行的某一列的数据

10.4.2　使用 DataReader 对象检索数据

使用 DataReader 对象读取数据时，首先需要使用其 HasRows 属性判断是否有数据可供读取，如果有数据，返回 true，否则返回 false；然后使用 DataReader 对象的 Read 方法来循环读取数据表中的数据；最后通过访问 DataReader 对象的列索引来获取读取到的值，例如，sqldr["ID"] 用来获取数据表中 ID 列的值。

例如，使用 SqlDataReader 对象读取到的数据表中的数据，代码如下：

```
01                                        // 创建数据库连接对象
02  SqlConnection sqlcon = new SqlConnection("Server=XIAOKE;User Id=sa;Pwd=;DataBase=db_EMS");
03                                        // 创建 SqlCommand 对象
04  SqlCommand sqlcmd = new SqlCommand("select * from tb_PDic order by ID asc", sqlcon);
05  sqlcon.Open();                        // 打开数据库连接
06                                        // 使用 ExecuteReader 方法的返回值创建 SqlDataReader 对象
07  SqlDataReader sqldr = sqlcmd.ExecuteReader();
08  if (sqldr.HasRows)                    // 判断 SqlDataReader 对象中是否有数据
09  {
10      while (sqldr.Read())              // 循环读取 SqlDataReader 对象中的数据
11      {
12          richTextBox1.Text += "" + sqldr["ID"] + "     " + sqldr["Name"] + "     " + sqldr["Money"] + "\n";
13      }
14  }
15  sqldr.Close();                        // 关闭 SqlDataReader 对象
16  sqlcon.Close();                       // 关闭数据库连接
```

💡 **注意**

使用 DataReader 对象读取数据之后，务必将其关闭，否则，其所使用的 Connection 对象将无法再执行其他的操作。

10.5 DataSet 对象和 DataAdapter 操作对象

10.5.1 DataSet 对象

DataSet 对象是 ADO.NET 的核心成员，它是支持 ADO.NET 断开式、分布式数据方案的核心对象，也是实现基于非连接的数据查询的核心组件。DataSet 对象是创建在内存中的集合对象，它可以包含任意数量的数据表以及所有表的约束、索引和关系等，它实质上相当于在内存中的一个小型关系数据库。一个 DataSet 对象包含一组 DataTable 对象和 DataRelation 对象，其中每个 DataTable 对象都由 DataColumn、DataRow 和 Constraint 集合对象组成，如图 10.3 所示。

对于 DataSet 对象，可以将其看作一个数据库容器，它将数据库中的数据复制了一份放在了用户本地的内存中，供用户在不连接数据库的情况下读取数据，以便充分利用客户端资源，降低数据库服务器的压力。

如图 10.4 所示，当把 SQL Server 数据库的数据通过起"桥梁"作用的 SqlDataAdapter 对象填充到 DataSet 数据集中后，就可以对数据库进行一个断开连接、离线状态的操作。

DataSet 对象的用法主要有以下几种，这些用法可以单独使用，也可以综合使用。

① 以编程方式在 DataSet 中创建 DataTable、DataRelation 和 Constraint，并使用数据填充表；

② 通过 DataAdapter 对象用现有关系数据源中的数据表填充 DataSet；

③ 使用 XML 文件加载和保持 DataSet 内容。

10.5.2 DataAdapter 对象

DataAdapter 对象（即数据适配器）是一种用来充当 DataSet 对象与实际数据源之间桥梁的对象，可以说只要有 DataSet 对象的地方就有 DataAdapter 对象，它也是专门为 DataSet 对象服务的。DataAdapter 对象的工作步骤一般有两种：一种是通过 Command 对象执行 SQL 语句，从数据源中检索数据，并将检索到的结果集填充到 DataSet 对象中；另一种是把用户对 DataSet 对象作出的更改写入数据源中。

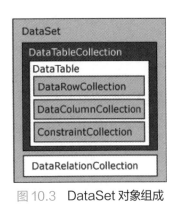

图 10.3　DataSet 对象组成

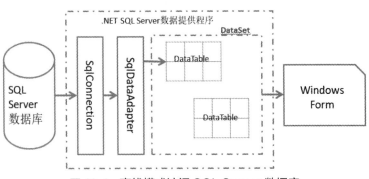

图 10.4　离线模式访问 SQL Server 数据库

📑 **说明**

> 　　在 .NET Framework 中使用 4 种 DataAdapter 对象，即 OleDbDataAdapter、SqlDataAdapter、ODBCDataAdapter 和 OracleDataAdapter，其中，OleDbDataAdapter 对象适用于 OLEDB 数据源；SqlDataAdapter 对象适用于 SQL Server 7.0 或更高版本的数据源；ODBCDataAdapter 对象适用于 ODBC 数据源；OracleDataAdapter 对象适用于 Oracle 数据源。

DataAdapter 对象常用属性及说明如表 10.6 所示。

表 10.6　**DataAdapter 对象常用属性及说明**

属性	说明
SelectCommand	获取或设置用于在数据源中选择记录的命令
InsertCommand	获取或设置用于将新记录插入到数据源中的命令
UpdateCommand	获取或设置用于更新数据源中记录的命令
DeleteCommand	获取或设置用于从数据集中删除记录的命令

　　由于 DataSet 对象是一个非连接的对象，因此它与数据源无关，也就是说该对象并不能直接跟数据源产生联系，而 DataAdapter 对象则正好负责填充它并把它的数据提交给一个特定的数据源，它与 DataSet 对象配合使用来执行数据查询、添加、修改和删除等操作。

　　例如，对 DataAdapter 对象的 SelectCommand 属性赋值，从而实现数据的查询操作，代码如下：

```
01  SqlConnection con = new SqlConnection(strCon);              // 创建数据库连接对象
02  SqlDataAdapter ada = new SqlDataAdapter();                  // 创建 SqlDataAdapter 对象
03                                                              // 给 SqlDataAdapter 的 SelectCommand 赋值
04  ada.SelectCommand = new SqlCommand("select * from authors", con);
05  ……                                                          // 省略后继代码
```

　　同样，可以使用上述方法为 DataAdapter 对象的 InsertCommand、UpdateCommand 和 DeleteCommand 属性赋值，从而实现数据的添加、修改和删除等操作。

　　DataAdapter 对象常用方法及说明如表 10.7 所示。

表 10.7　**DataAdapter 对象常用方法及说明**

方法	说明
Fill	从数据源中提取数据以填充数据集
Update	更新数据源

10.5.3　填充 DataSet 数据集

使用 DataAdapter 对象填充 DataSet 数据集时，需要用到其 Fill 方法，该方法最常用的 3 种重载形式如下：

① int Fill(DataSet dataset)：添加或更新参数所指定的 DataSet 数据集，返回值是受影响的行数。

② int Fill(DataTable datatable)：将数据填充到一个数据表中。

③ int Fill(DataSet dataset，String tableName)：填充指定的 DataSet 数据集中的指定表。

例如，下面的代码使用 DataAdapter 对象填充 DataSet 数据集，代码如下：

```
01    string strCon = "Server=XIAOKE;User Id=sa;Pwd=;DataBase=db_EMS";        // 定义数据库连接字符串
02    SqlConnection sqlcon = new SqlConnection(strCon);                       // 创建数据库连接对象
03                                                                            // 执行 SQL 查询语句
04    SqlDataAdapter sqlda = new SqlDataAdapter("select * from tb_PDic", sqlcon);
05    DataSet myds = new DataSet();                                           // 创建数据集对象
06    sqlda.Fill(myds, "tabName");                                            // 填充数据集中的指定表
```

10.5.4　DataSet 对象与 DataReader 对象的区别

ADO.NET 中提供了两个对象用于查询数据：DataSet 对象与 DataReader 对象，其中，DataSet 对象是将用户需要的数据从数据库中"复制"下来存储在内存中，用户是对内存中的数据直接操作；而 DataReader 对象则像一根管道，连接到数据库上，"抽"出用户需要的数据后，管道断开，所以用户在使用 DataReader 对象读取数据时，一定要保证数据库的连接状态是开启的，而使用 DataSet 对象时就没有这个必要。

10.6　DataGridView 控件的使用

DataGridView 控件，又称为数据表格控件，它提供一种强大而灵活的以表格形式显示数据的方式。将数据绑定到 DataGridView 控件非常简单和直观，在大多数情况下，只需设置 DataSource 属性即可。另外，DataGridView 控件具有极高的可配置性和可扩展性，它提供大量的属性、方法和事件，可以用来对该控件的外观和行为进行自定义。当需要在 Windows 窗体应用程序中显示表格数据时，首先考虑使用 DataGridView 控件。

DataGridView 控件的常用属性及说明如表 10.8 所示。

表 10.8　**DataGridView 控件的常用属性及说明**

属性	说明
Columns	获取一个包含控件中所有列的集合
CurrentCell	获取或设置当前处于活动状态的单元格
CurrentRow	获取包含当前单元格的行
DataSource	获取或设置 DataGridView 所显示数据的数据源
RowCount	获取或设置 DataGridView 中显示的行数
Rows	获取一个集合，该集合包含 DataGridView 控件中的所有行

DataGridView 控件的常用事件及说明如表 10.9 所示。

表 10.9　DataGridView 控件的常用事件及说明

事件	说明
CellClick	在单元格的任何部分被单击时发生
CellDoubleClick	在用户双击单元格中的任何位置时发生

　　下面通过一个实例看一下如何使用 DataGridView 控件。该实例主要实现的功能有：禁止在 DataGridView 控件中添加 / 删除行、禁用 DataGridView 控件的自动排序、使 DataGridView 控件隔行显示不同的颜色、使 DataGridView 控件的选中行呈现不同的颜色和选中 DataGridView 控件控件中的某行时，将其详细信息显示在 TextBox 文本框中。

实例 10.2

DataGridView 表格的使用

👁 **实例位置：资源包 \Code\10\02**

　　创建一个 Windows 应用程序，在默认窗体中添加两个 TextBox 控件和一个 DataGridView 控件，其中，TextBox 控件分别用来显示选中记录的版本和价格信息，DataGridView 控件用来显示数据表中的数据。代码如下：

```
01   // 定义数据库连接字符串
02   string strCon = "Server=XIAOKE;User Id=sa;Pwd=;DataBase=db_EMS";
03   SqlConnection sqlcon;                                              // 声明数据库连接对象
04   SqlDataAdapter sqlda;                                             // 声明数据库桥接器对象
05   DataSet myds;                                                     // 声明数据集对象
06   private void Form1_Load(object sender, EventArgs e)
07   {
08       dataGridView1.AllowUserToAddRows = false;                    // 禁止添加行
09       dataGridView1.AllowUserToDeleteRows = false;                 // 禁止删除行
10       sqlcon = new SqlConnection(strCon);                          // 创建数据库连接对象
11                                                                    // 获取数据表中所有数据
12       sqlda = new SqlDataAdapter("select * from tb_PDic", sqlcon);
13       myds = new DataSet();                                        // 创建数据集对象
14       sqlda.Fill(myds);                                            // 填充数据集
15       dataGridView1.DataSource = myds.Tables[0];                   // 为 dataGridView1 指定数据源
16       // 禁用 DataGridView 控件的排序功能
17       for (int i = 0; i < dataGridView1.Columns.Count; i++)
18           dataGridView1.Columns[i].SortMode = DataGridViewColumnSortMode.NotSortable;
19       // 设置 SelectionMode 属性为 FullRowSelect 使控件能够整行选择
20       dataGridView1.SelectionMode = DataGridViewSelectionMode.FullRowSelect;
21       // 设置 DataGridView 控件中的数据以各行换色的形式显示
22       foreach (DataGridViewRow dgvRow in dataGridView1.Rows)       // 遍历所有行
23       {
24           if (dgvRow.Index % 2 == 0)                               // 判断是否是偶数行
25           {
26                                                                    // 设置偶数行颜色
27               dataGridView1.Rows[dgvRow.Index].DefaultCellStyle.BackColor = Color.LightSalmon;
28           }
29           else// 奇数行
30           {
31                                                                    // 设置奇数行颜色
32               dataGridView1.Rows[dgvRow.Index].DefaultCellStyle.BackColor = Color.LightPink;
33           }
34       }
35       dataGridView1.ReadOnly = true;                               /* 设置 dataGridView1 控件的
                                                                         ReadOnly 属性，使其为只读 */
36       // 设置 dataGridView1 控件的 DefaultCellStyle.SelectionBackColor 属性，使选中行颜色变色
37       dataGridView1.DefaultCellStyle.SelectionBackColor = Color.LightSkyBlue;
38   }
39   private void dataGridView1_CellClick(object sender, DataGridViewCellEventArgs e)
```

```
40 {
41     if (e.RowIndex > 0)                                          // 判断选中行的索引是否大于 0
42     {
43                                                                  // 记录选中的 ID 号
44         int intID = (int)dataGridView1.Rows[e.RowIndex].Cells[0].Value;
45         sqlcon = new SqlConnection(strCon);                      // 创建数据库连接对象
46                                                                  // 执行 SQL 查询语句
47         sqlda = new SqlDataAdapter("select * from tb_PDic where ID=" + intID + "", sqlcon);
48         myds = new DataSet();                                    // 创建数据集对象
49         sqlda.Fill(myds);                                        // 填充数据集
50         if (myds.Tables[0].Rows.Count > 0)                       // 判断数据集中是否有记录
51         {
52             textBox1.Text = myds.Tables[0].Rows[0][1].ToString();    // 显示版本
53             textBox2.Text = myds.Tables[0].Rows[0][2].ToString();    // 显示价格
54         }
55     }
56 }
```

🔄 **程序运行结果如图 10.5 所示。**

10.7 综合案例——分页显示信息

10.7.1 案例描述

上网的读者可能最常用的就是搜索信息，搜索过程中由于信息量很大，因此查询是以分页的形式呈现出来的，同时会将"总页数"以及"当前页"提示给用户，这样可以使用户可以更快速地找到相关信息。本案例将实现上面所说的功能，运行程序，结果如图 10.6 所示。

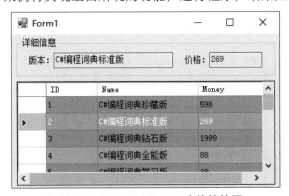

图 10.5　DataGridView 表格的使用

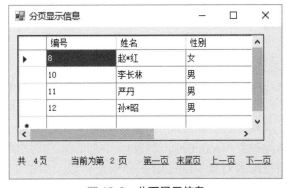

图 10.6　分页显示信息

10.7.2 实现代码

① 新建一个项目，将其命名为 Pagination，默认主窗体为 Form1。

② 在 Form1 窗体中主要添加 4 个 LinkLabel 控件和一个 DataGridView 控件，分别用于显示第一页、末尾页、上一页、下一页和显示信息。

③ 主要程序代码。在窗体的加载事件中以分页的方式显示数据表中的内容。代码如下：

```
01 public static int INum = 0, AllCount = 0;                       // 定义变量
02 int Sizes = 4;
03 private void Form1_Load(object sender, EventArgs e)
```

```
04   {
05       using (SqlConnection con = new SqlConnection("server=XIAOKE;pwd=;uid=sa;database=db_Test"))/* 实例化
SqlConnection 类 */
06       {
07           SqlDataAdapter da = new SqlDataAdapter("select * from 工资表 ", con);
08           DataTable dt = new DataTable();                          // 实例化 DataTable 类对象
09           da.Fill(dt);                                             // 添加 SQL 语句并执行
10           int i = dt.Rows.Count;                                   // 获取数据表中记录的个数
11           AllCount = i;                                            // 记录总数
12           int m = i % Sizes;                                       // 计算一共有多少页
13           if (m == 0)                                              // 只能显示一页
14           {
15               m = i / Sizes;
16           }
17           else                                                    // 显示页数
18           {
19               m = i / Sizes + 1;
20           }
21           this.label3.Text = m.ToString();
22           show(0, 4);                                              // 分页显示记录
23           this.label4.Text = "1";
24       }
25   }
```

自定义方法 show 分页显示数据表中的信息。代码如下:

```
01   private void show(int i, int j)
02   {
03       SqlConnection con = new SqlConnection("server=XIAOKE;pwd=;uid=sa;database=db_Test");
04       SqlDataAdapter daone = new SqlDataAdapter("select * from 工资表 ", con);
05       DataSet dsone = new DataSet();                               // 实例化 DataSet 类
06       daone.Fill(dsone, i, j, "one");                             // 显示指定范围的记录
07       this.dataGridView1.DataSource = dsone.Tables["one"].DefaultView;   // 显示数据
08       dsone = null;
09   }
```

▽ 小结

本章主要对如何使用 C# 操作数据库的 ADO.NET 技术进行了详细讲解。在 ADO.NET 中提供了连接数据库对象(Connection 对象)、执行 SQL 语句对象(Command 对象)、读取数据对象(DataReader 对象)、数据适配器对象(DataAdapter 对象)以及数据集对象(DataSet 对象),这些对象是 C# 操作数据库的主要对象,需要读者重点掌握;最后还对 Visual Studio 开发环境中常用的数据绑定控件 DataGridView 控件进行了讲解。

10.8 实战练习

在浏览数据时,如何将记录向前或向后移动呢?本练习的运行效果如图 10.7 所示,运行程序,单击"第一条""上一条""下一条"及"末一条"按钮,即可移动并浏览员工的详细信息。

全方位沉浸式学C#
见此图标 微信扫码

图 10.7 移动记录

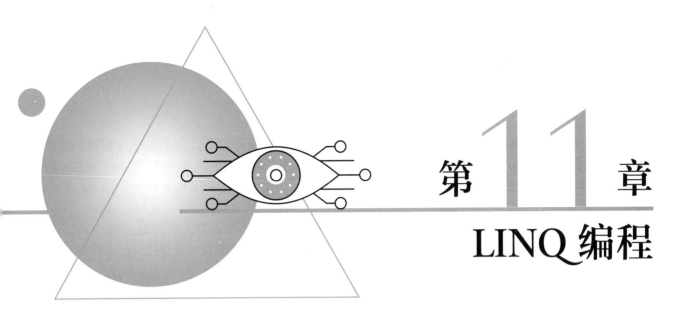

第11章

LINQ 编程

LINQ（Language-Integrated Query，语言集成查询）能够将查询功能直接引入 .NET Framework 所支持的编程语言中。查询操作可以通过编程语言自身来传达，而不是以字符串形式嵌入应用程序代码中。本章将主要对 LINQ 查询表达式基础及如何使用 LINQ 操作 SQL Server 数据库进行详细讲解。

本章知识架构如下：

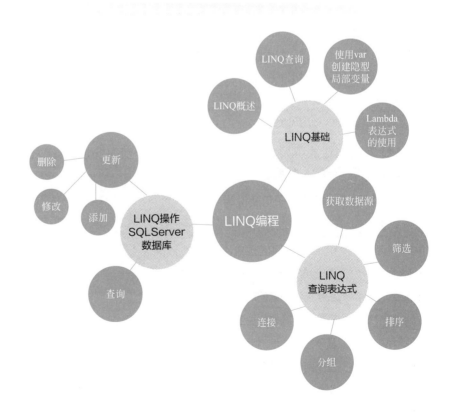

11.1 LINQ 基础

11.1.1 LINQ 概述

语言集成查询（LINQ）可以为 C# 和 Visual Basic 提供强大的查询功能。LINQ 引入了标准的易于学习的查询和更新数据模式，可以对其技术进行扩展以支持几乎任何类型的数据存储。Visual Studio 2012 包含 LINQ 提供程序的程序集，这些程序集支持将 LINQ 与 .NET Framework 集合、SQL Server 数据库、ADO.NET 数据集和 XML 文档一起使用，从而在对象领域和数据领域之间架起了一座桥梁。

LINQ 主要由 3 部分组成：LINQ to ADO.NET、LINQ to Objects 和 LINQ to XML。其中，LINQ to ADO.NET 可以分为两部分：LINQ to SQL 和 LINQ to DataSet。LINQ 可以查询或操作任何存储形式的数据，其组成说明如下：

① LINQ to SQL 组件：可以查询基于关系数据库的数据，并对这些数据进行检索、插入、修改、删除、排序、聚合、分区等操作。

② LINQ to DataSet 组件：可以查询 DataSet 对象中的数据，并对这些数据进行检索、过滤、排序等操作。

③ LINQ to Objects 组件：可以查询 Ienumerable 或 Ienumerable<T> 集合，也就是可以查询任何可枚举的集合，如数据（Array 和 ArrayList）、泛型列表 List<T>、泛型字典 Dictionary<T> 等，以及用户自定义的集合：而不需要使用 LINQ 提供程序或 API。

④ LINQ to XML 组件：可以查询或操作 XML 结构的数据（如 XML 文档、XML 片段、XML 格式的字符串等），并提供了修改文档对象模型的内存文档和支持 LINQ 查询表达式等功能，以及处理 XML 文档的全新的编程接口。

LINQ 可以查询或操作任何存储形式的数，如对象（集合、数组、字符串等）、关系（关系数据库、ADO.NET 数据集等）以及 XML。LINQ 架构如图 11.1 所示。

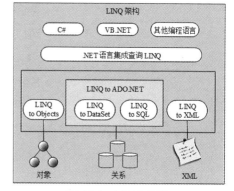

图 11.1 **LINQ 架构**

11.1.2 LINQ 查询

LINQ 查询表达式主要包含 8 个基本子句，分别为 from、select、group、where、orderby、join、let 和 into，其说明如表 11.1 所示。

表 11.1 **LINQ 查询表达式子句及说明**

子句	说明
from	指定数据源和范围变量
select	指定当执行查询时返回的序列中的元素将具有的类型和形式
group	按照指定的键值对查询结果进行分组
where	根据一个或多个由逻辑"与"和逻辑"或"运算符（&& 或 ||）分隔的布尔表达式筛选源元素
orderby	基于元素类型的默认比较器按升序或降序对查询结果进行排序
join	基于两个指定匹配条件之间的相等比较来连接两个数据源
let	引入一个用于存储查询表达式中的子表达式结果的范围变量
into	提供一个标识符，它可以充当对 join、group 或 select 子句的结果的引用

实例 11.1

实例位置：资源包 \Code\11\01

使用 LINQ 查询数组中指定长度的项

创建一个控制台应用程序，首先定义一个字符串数组，然后使用 LINQ 查询表达式查找数组中长度小于 7 的所有项并输出。代码如下：

```
01  static void Main(string[] args)
02  {
03      // 定义一个字符串数组
04      string[] strName = new string[] { "明日科技", "C# 编程词典", "C# 开发资源库" };
05      // 定义 LINQ 查询表达式，从数组中查找长度小于 7 的所有项
06      IEnumerable<string> selectQuery =
07          from Name in strName
08          where Name.Length < 7
09          select Name;
10      // 执行 LINQ 查询，并输出结果
11      foreach (string str in selectQuery)
12      {
13          Console.WriteLine(str);
14      }
15      Console.ReadLine();
16  }
```

⏺ 程序运行结果如下：

明日科技
C# 编程词典

11.1.3　使用 var 创建隐型局部变量

在 C# 中声明变量时，可以不明确指定其数据类型，而使用关键字 var 来声明。var 关键字用来创建隐型局部变量，它指示编译器根据初始化语句右侧的表达式推断变量的类型。推断类型可以是内置类型、匿名类型、用户定义类型、.NET Framework 类库中定义的类型或任何表达式。

例如，使用 var 关键字声明一个隐型局部变量，并赋值为 2021。代码如下：

```
var number = 2021;                    // 声明隐型局部变量
```

在很多情况下，var 是可选的，它只是提供了语法上的便利。但在使用匿名类型初始化变量时，需要使用它，这在 LINQ 查询表达式中很常见。由于只有编译器知道匿名类型的名称，因此必须在源代码中使用 var。如果已经使用 var 初始化了查询变量，则还必须使用 var 作为对查询变量进行循环访问的 foreach 语句中迭代变量的类型。

使用隐式类型的变量时，需要遵循以下规则：

① 只有在同一语句中声明和初始化局部变量时，才能使用 var；不能将该变量初始化为 null。

② 不能将 var 用于类范围的域。

③ 由 var 声明的变量不能用在初始化表达式中，比如 "var v = v++;"，这样会产生编译时错误。

④ 不能在同一语句中初始化多个隐式类型的变量。

⑤ 如果一个名为 var 的类型位于范围中，则当尝试用 var 关键字初始化局部变量时，将产生编译时错误。

11.1.4　Lambda 表达式的使用

Lambda 表达式是一个匿名函数，它可以包含表达式和语句，并且可用于创建委托或表达式目录树类

型。所有 Lambda 表达式都使用 Lambda 运算符 "=>", （读作 "goes to"）。Lambda 运算符的左边是输入参数（如果有），右边包含表达式或语句块。例如，Lambda 表达式 x => x * x 读作 "x goes to x times x"。Lambda 表达式的基本形式如下：

```
(input parameters) => expression
```

其中，input parameters 表示输入参数，expression 表示表达式。

📖 说明

① Lambda 表达式用在基于方法的 LINQ 查询中，作为诸如 where 和 where(IQueryable, String, Object[]) 等标准查询运算符方法的参数。

② 使用基于方法的语法在 Enumerable 类中调用 where 方法时（像在 LINQ to Objects 和 LINQ to XML 中那样），参数是委托类型 Func<T, TResult>，使用 Lambda 表达式创建委托最为方便。

实例 11.2
查找数组中包含指定字符的字符串

👁 **实例位置：资源包 \Code\11\02**

创建一个控制台应用程序，首先定义一个字符串数组，然后通过使用 Lambda 表达式查找数组中包含 "C#" 的字符串。代码如下：

```
01  static void Main(string[] args)
02  {
03      // 声明一个数组并初始化
04      string[] strLists = new string[] { "明日科技", "C# 编程词典", "C# 编程词典珍藏版" };
05      // 使用 Lambda 表达式查找数组中包含 "C#" 的字符串
06      string[] strList = Array.FindAll(strLists, s => (s.IndexOf("C#") >= 0));
07      // 使用 foreach 语句遍历输出
08      foreach (string str in strList)
09      {
10          Console.WriteLine(str);
11      }
12      Console.ReadLine();
13  }
```

🔄 **程序运行结果如下。**

C# 编程词典
C# 编程词典珍藏版

下列规则适用于 Lambda 表达式中的变量范围：
① 捕获的变量将不会被作为垃圾回收，直至引用变量的委托超出范围为止。
② 在外部方法中看不到 Lambda 表达式内引入的变量。
③ Lambda 表达式无法从封闭方法中直接捕获 ref 或 out 参数。
④ Lambda 表达式中的返回语句不会导致封闭方法返回。
⑤ Lambda 表达式不能包含其目标位于所包含匿名函数主体外部或内部的 goto 语句、break 语句或 continue 语句。

11.2　LINQ 查询表达式

本节将对在 LINQ 查询表达式中常用的操作进行讲解。

11.2.1　获取数据源

在 LINQ 查询中，第一步是指定数据源。像在大多数编程语言中一样，在 C# 中，必须先声明变量，才能使用它。在 LINQ 查询中，最先使用 from 子句的目的是引入数据源和范围变量。

例如，从库存商品基本信息表（tb_stock）中获取所有库存商品信息，代码如下：

```
01  var queryStock = from Info in tb_stock
02                   select Info;
```

范围变量类似于 foreach 循环中的迭代变量，但在查询表达式中，实际上不发生迭代。执行查询时，范围变量将用作对数据源中的每个后续元素的引用。因为编译器可以推断 queryStock 的类型，所以不必显式指定此类型。

11.2.2　筛选

最常用的查询操作是应用布尔表达式形式的筛选器，该筛选器使查询只返回那些表达式结果为 true 的元素，在 LINQ 中使用 where 子句来设置要筛选的内容。

例如，查询库存商品信息表中名称为"电脑"的详细信息，代码如下：

```
01  var query = from Info in tb_stock
02              where Info.name == " 电脑 "
03              select Info;
```

也可以使用熟悉的 C# 逻辑与、或运算符来根据需要在 where 子句中应用任意数量的筛选表达式。例如，如果要只返回商品名称为"电脑"并且型号为"S300"的商品信息，可以将 where 修改如下：

```
where Info.name == " 电脑 " && Info.type == "S300"
```

而如果要返回商品名称为"电脑"或者"手机"的商品信息，可以将 where 修改如下：

```
where Info.name == " 电脑 " || Info.name == " 手机 "
```

11.2.3　排序

通常可以很方便地将返回的数据进行排序，orderby 子句将使返回的序列中的元素按照被排序的类型的默认比较器进行排序。

例如，在商品销售信息表（tb_sell_detailed）中查询信息时，按销售金额降序排序，代码如下：

```
01  var query = from sellInfo in tb_sell_detailed
02              orderby sellInfo.qty descending
03              select sellInfo;
```

📑 **说明**

> qty 是商品销售信息表中的销售数量字段。

如果要对查询结果升序排序，则使用 orderby…ascending 子句。

11.2.4　分组

使用 group 子句可以按指定的键分组结果。例如，使用 LINQ 查询表达式按客户分组汇总销售金额，代码如下：

```
01  var query = from item in ds.Tables["V_SaleInfo"].AsEnumerable()
02          group item by item.Field<string>("ClientCode") into g
03          select new
04          {
05              客户代码 = g.Key,
06              客户名称 = g.Max(itm => itm.Field<string>("ClientName")),
07              销售总额 = g.Sum(itm => itm.Field<double>("Amount")).ToString("#,##0.00")
08          };
```

📖 **说明**

在使用 group 子句结束查询时，结果采用列表的列表形式。列表中的每个元素是一个具有 Key 成员及根据该键分组的元素列表的对象。在循环访问生成组序列的查询时，必须使用嵌套的 foreach 循环，其中，外部循环用于循环访问每个组，内部循环用于循环访问每个组的成员。

11.2.5　连接

连接运算可以创建数据源中没有显式建模的序列之间的关联，例如，可以通过执行连接来查找位于同一地点的所有客户和经销商。在 LINQ 中，join 子句始终针对对象集合而非直接针对数据库表运行。

例如，通过连接查询对销售主表（tb_sell_main）与销售明细表（tb_sell_detailed）进行查询，获取商品销售详细信息，代码如下：

```
01  var innerJoinQuery =
02      from main in tb_sell_main
03      join detailed in tb_sell_detailed on main.billcode equals detailed.billcode
04      select new
05      { 销售编号 = main.billcode,
06          购货单位 = main.units,
07          商品编号 = detailed.tradecode,
08          商品全称 = detailed.fullname,
09          单位 = detailed.unit,
10          数量 = detailed.qty,
11          单价 = detailed.price,
12          金额 = detailed.tsum,
13          录单日期 = detailed.billdate};
```

11.3　LINQ 操作 SQL Server 数据库

11.3.1　使用 LINQ 查询 SQL Server 数据库

使用 LINQ 查询 SQL 数据库时，首先需要创建 LINQ to SQL 类文件。创建 LINQ to SQL 类文件的步骤如下：

① 启动 Visual Studio 开发环境，创建一个 Windows 窗体应用程序。

② 在"解决方案资源管理器"窗口中选中当前项目，单击右键，在弹出的快捷菜单中选择"添加"/"添加新项"命令，弹出"添加新项"对话框，如图 11.2 所示。

③ 在图 11.2 所示的"添加新项"对话框中选择"LINQ to SQL 类"，并输入名称，单击"添加"按钮，

添加一个 LINQ to SQL 类文件。

④ 在"服务器资源管理器"窗口中连接 SQL Server 数据库，然后将指定数据库中的表映射到 .dbml 中（可以将表拖拽到设计视图中），如图 11.3 所示。

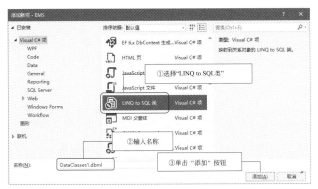

图 11.2　添加新项

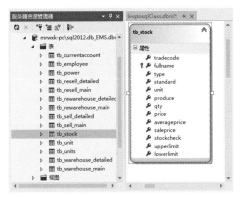

图 11.3　数据表映射到 dbml 文件

⑤ .dbml 文件将自动创建一个名称为 DataContext 的数据上下文类，为数据库提供查询或操作数据库的方法，LINQ 数据源创建完毕。

创建完 LINQ to SQL 类文件之后，接下来就可以使用它了。下面通过一个例子讲解如何使用 LINQ 查询 SQL Server 数据库。

实例 11.3

多条件查询商品信息

👁 **实例位置：资源包 \Code\11\03**

创建一个 Windows 应用程序，通过使用 LINQ 技术分别根据商品编号、商品名称和产地查询库存商品信息。在 Form1 窗体中添加一个 ComboBox 控件，用来选择查询条件；添加一个 TextBox 控件，用来输入查询关键字；添加一个 Button 控件，用来执行查询操作；添加一个 DataGridView 控件，用来显示数据库中的数据。

首先在当前项目中依照上面所讲的步骤创建一个 LINQ to SQL 类文件，然后在 Form1 窗体中定义一个 string 类型变量，用来记录数据库连接字符串，并声明 LINQ 连接对象。代码如下：

```
01                                          // 定义数据库连接字符串
02  string strCon = "Data Source=MRWXK-PC\\SQL2012;Database=db_EMS;Uid=sa;Pwd=;";
03  linqtosqlClassDataContext linq;         // 声明 LINQ 连接对象
```

Form1 窗体加载时，首先将数据库中的所有员工信息显示到 DataGridView 控件中。实现代码如下：

```
01  private void Form1_Load(object sender, EventArgs e)
02  {
03      BindInfo();
04  }
```

上面的代码中用到了 BindInfo 方法，该方法为自定义的无返回值类型方法，主要用来使用 LINQ to SQL 技术根据指定条件查询商品信息，并将查询结果显示在 DataGridView 控件中。BindInfo 方法实现代码如下：

```
01  private void BindInfo()
02  {
03      linq = new linqtosqlClassDataContext(strCon);           // 创建 LINQ 连接对象
04      if (txtKeyWord.Text == "")
```

```
05        {
06                                                                    // 获取所有商品信息
07            var result = from info in linq.tb_stock
08                    select new
09                    {
10                        商品编号 = info.tradecode,
11                        商品全称 = info.fullname,
12                        商品型号 = info.type,
13                        商品规格 = info.standard,
14                        单位 = info.unit,
15                        产地 = info.produce,
16                        库存数量 = info.qty,
17                        进货时的最后一次进价 = info.price,
18                        加权平均价 = info.averageprice
19                    };
20            dgvInfo.DataSource = result;                    // 对 DataGridView 控件进行数据绑定
21        }
22        else
23        {
24            switch (cboxCondition.Text)
25            {
26                case "商品编号":
27                                                            // 根据商品编号查询商品信息
28                    var resultid = from info in linq.tb_stock
29                            where info.tradecode == txtKeyWord.Text
30                            select new
31                            {
32                                商品编号 = info.tradecode,
33                                商品全称 = info.fullname,
34                                商品型号 = info.type,
35                                商品规格 = info.standard,
36                                单位 = info.unit,
37                                产地 = info.produce,
38                                库存数量 = info.qty,
39                                进货时的最后一次进价 = info.price,
40                                加权平均价 = info.averageprice
41                            };
42                    dgvInfo.DataSource = resultid;
43                    break;
44                case "商品名称":
45                                                            // 省略
46                    break;
47                case "产地":
48                                                            // 省略
49                    break;
50            }
51        }
52    }
```

单击"查询"按钮，调用 BindInfo 方法查询商品信息，并将查询结果显示到 DataGridView 控件中。"查询"按钮的 Click 事件代码如下：

```
01    private void btnQuery_Click(object sender, EventArgs e)
02    {
03        BindInfo();
04    }
```

🔘 **程序运行结果如图 11.4 所示。**

11.3.2 使用 LINQ 更新 SQL Server 数据库

使用 LINQ 更新 SQL Server 数据库时，主要有添加、修改和删除 3 种操作，本节将分别进行详细讲解。

(1) 添加数据

使用 LINQ 向 SQL Server 数据库中添加数据时，需要用到 InsertOnSubmit 方法和 SubmitChanges 方法。其中，InsertOnSubmit 方法用来将处于 pending insert 状态的实体添加到 SQL 数据表中。其语法格式如下：

图 11.4　使用 LINQ 查询 SQL Server 数据库

```
void InsertOnSubmit(Object entity)
```

其中，entity 表示要添加的实体。

SubmitChanges 方法用来记录要插入、更新或删除的对象，并执行相应命令以实现对数据库的更改。其语法格式如下：

```
public void SubmitChanges()
```

　添加库存商品信息　　　　　◉ 实例位置：资源包 \Code\11\04

创建一个 Windows 应用程序，Form1 窗体设计为如图 11.4 所示界面，用来向库存商品信息表中添加数据。首先在当前项目中创建一个 LINQ to SQL 类文件，然后在 Form1 窗体中定义一个 string 类型的变量，用来记录数据库连接字符串，并声明 LINQ 连接对象。代码如下：

```
01                                              // 定义数据库连接字符串
02   string strCon = "Data Source=MRWXK-PC\\SQL2012;Database=db_EMS;Uid=sa;Pwd=;";
03   linqtosqlClassDataContext linq;             // 声明 LINQ 连接对象
```

在 Form1 窗体中单击"添加"按钮，首先创建 LINQ 连接对象；然后创建 tb_stock 类对象（该类为对应的 tb_stock 数据表类），为 tb_stock 类对象中的各个属性赋值；最后调用 LINQ 连接对象中的 InsertOnSubmit 方法添加商品信息，并调用其 SubmitChanges 方法将添加商品操作提交给服务器。"添加"按钮的 Click 事件代码如下：

```
01   private void btnAdd_Click(object sender, EventArgs e)
02   {
03       linq = new linqtosqlClassDataContext(strCon);     // 创建 LINQ 连接对象
04       tb_stock stock = new tb_stock();                  // 创建 tb_stock 类对象
05                                                         // 为 tb_stock 类中的商品实体赋值
06       stock.tradecode = txtID.Text;
07       stock.fullname = txtName.Text;
08       stock.unit = cbox.Text;
09       stock.type = txtType.Text;
10       stock.standard = txtISBN.Text;
11       stock.produce = txtAddress.Text;
12       stock.qty = Convert.ToInt32(txtNum.Text);
13       stock.price = Convert.ToDouble(txtPrice.Text);
14       linq.tb_stock.InsertOnSubmit(stock);              // 添加商品信息
15       linq.SubmitChanges();                             // 提交操作
16       MessageBox.Show(" 数据添加成功 ");
17       BindInfo();
18   }
```

⚙ **程序运行结果如图 11.5 所示。**

(2) 修改数据

使用 LINQ 修改 SQL Server 数据库中的数据时，需要用到 SubmitChanges 方法。该方法在"添加数据"

中已经作过详细介绍，在此不再赘述。

图 11.5 添加数据

修改库存商品信息

◉ 实例位置：资源包 \Code\11\05

创建一个 Windows 应用程序，主要用来对库存商品信息进行修改。设计界面与实例 11.4 类似，只是"添加"按钮改成了"修改"按钮。

在 Form1 窗体中单击"修改"按钮，首先判断是否选择了要修改的记录，如果没有，弹出提示信息；否则创建 LINQ 连接对象，并从该对象中的 tb_stock 表中查找是否有相关记录，如果有，为 tb_stock 表中的字段赋值，并调用 LINQ 连接对象中的 SubmitChanges 方法修改指定编号的商品信息。"修改"按钮的 Click 事件关键代码如下：

```
01  linq = new linqtosqlClassDataContext(strCon);      // 创建 LINQ 连接对象
02                                                      // 查找要修改的商品信息
03  var result = from stock in linq.tb_stock
04              where stock.tradecode == txtID.Text
05              select stock;
06                                                      // 对指定的商品信息进行修改
07  foreach (tb_stock stock in result)
08  {
09      stock.tradecode = txtID.Text;
10      stock.fullname = txtName.Text;
11      stock.unit = cbox.Text;
12      stock.type = txtType.Text;
13      stock.standard = txtISBN.Text;
14      stock.produce = txtAddress.Text;
15      stock.qty = Convert.ToInt32(txtNum.Text);
16      stock.price = Convert.ToDouble(txtPrice.Text);
17      linq.SubmitChanges();
18  }
19  BindInfo();
```

（3）删除数据

使用 LINQ 删除 SQL Server 数据库中的数据时，需要用到 DeleteAllOnSubmit 方法和 SubmitChanges 方法。其中 SubmitChanges 方法在"添加数据"中已经作过详细介绍，这里主要讲解 DeleteAllOnSubmit 方法。

DeleteAllOnSubmit 方法用来将集合中的所有实体置于 pending delete 状态，其语法格式如下。

```
void DeleteAllOnSubmit(IEnumerable entities)
```

其中，entities 表示要移除所有项的集合。

实例 11.6 　　　　　　**删除库存商品信息**　　　　　👁 **实例位置：资源包 \Code\11\06**

创建一个 Windows 应用程序，主要用来删除指定的商品信息。在 Form1 窗体中添加一个 ContextMenuStrip 控件，用来作为"删除"快捷菜单；添加一个 DataGridView 控件，用来显示数据库中的数据，将 DataGridView 控件的 ContextMenuStrip 属性设置为 contextMenuStrip1。

在 DataGridView 控件上单击鼠标右键，在弹出的快捷菜单中选择"删除"命令，首先判断要删除的商品编号是否为空，如果为空，则弹出提示信息；否则，创建 LINQ 连接对象，并从该对象中的 tb_stock 表中查找是否有相关记录，如果有，则调用 LINQ 连接对象中的 DeleteAllOnSubmit 方法删除商品信息，并调用其 SubmitChanges 方法将删除商品操作提交给服务器。"删除"命令的 Click 事件代码如下：

```
01  private void dgvInfo_CellClick(object sender, DataGridViewCellEventArgs e)
02  {
03                                                          // 获取选中的商品编号
04      strID = Convert.ToString(dgvInfo[0, e.RowIndex].Value).Trim();
05  }
06  private void 删除ToolStripMenuItem_Click(object sender, EventArgs e)
07  {
08      if (strID == "")
09      {
10          MessageBox.Show("请选择要删除的记录");
11          return;
12      }
13      linq = new linqtosqlClassDataContext(strCon);           // 创建 LINQ 连接对象
14                                                              // 查找要删除的商品信息
15      var result = from stock in linq.tb_stock
16                      where stock.tradecode == strID
17                      select stock;
18      linq.tb_stock.DeleteAllOnSubmit(result);                // 删除商品信息
19      linq.SubmitChanges();                                   // 创建 LINQ 连接对象提交操作
20      MessageBox.Show("商品信息删除成功");
21      BindInfo();
22  }
```

🔄 **程序运行结果如图 11.6 所示。**

11.4　综合案例——分页查看库存商品信息

11.4.1　案例描述

数据的分页查看在 Windows 应用程序中经常遇到，这里将演示如何使用 LINQ 技术实现分页查看库存商品信息的功能。运行效果如图 11.7 所示。

图 11.6　删除数据　　　　　　　　　　图 11.7　分页查看库存商品信息

11.4.2　实现代码

开发步骤如下。

① 创建一个 Windows 窗体应用程序，命名为 LinqPages。

② 更改默认窗体 Form1 的 Name 属性为 Frm_Main。在窗体中添加一个 DataGridView 控件，显示数据库中的数据；添加两个 Button 控件，分别用来执行上一页和下一页操作。

③ 创建 LINQ to SQL 的 dbml 文件，并将 Address 表添加到 dbml 文件中。

④ 窗体的代码页中，首先创建 LINQ 对象，并定义两个 int 类型的变量，分别用来记录每页显示的记录数和当前页数，代码如下。

```
01  LinqClassDataContext linqDataContext = new LinqClassDataContext();        // 创建 LINQ 对象
02  int pageSize = 7;                                                         // 设置每页显示 7 条记录
03  int page = 0;                                                             // 记录当前页
```

⑤ 自定义一个 getCount 方法，用来根据数据库中的记录计算总页数，代码如下。

```
01  protected int getCount()
02  {
03      int sum = linqDataContext.tb_stock.Count();          // 设置总数据行数
04      int s1 = sum / pageSize;                             // 获取可以分的页面
05                                                           /* 当总行数对页数求余后是否大于 0，如果大于 0 则获
                                                                取 1，否则获取 0*/
06      int s2 = sum % pageSize > 0 ? 1 : 0;
07      int count = s1 + s2;                                 // 计算出总页数
08      return count;
09  }
```

⑥ 自定义一个 bindGrid 方法，用来根据当前页获取指定区间的记录，并显示在 DataGridView 控件中，代码如下。

```
01  protected void bindGrid()
02  {
03      int pageIndex = Convert.ToInt32(page); // 获取当前页数
04      // 使用 LINQ 查询，并对查询的数据进行分页
05      var result = (from info in linqDataContext.tb_stock
06                       select new
07                       {
08                           商品编号 = info.tradecode,
09                           商品全称 = info.fullname,
10                           商品型号 = info.type,
11                           商品规格 = info.standard,
12                           单位 = info.unit,
13                           产地 = info.produce,
14                           库存数量 = info.qty,
15                           进货时的最后一次进价 = info.price,
16                           加权平均价 = info.averageprice
17                       }).Skip(pageSize * pageIndex).Take(pageSize);
18      dgvInfo.DataSource = result;    // 设置 DataGridView 控件的数据源
19      btnBack.Enabled = btnNext.Enabled = true;
20      // 判断是否为第一页，如果为第一页，禁用首页和上一页按钮
21      if (page == 0)
22      {
23          btnBack.Enabled = false;
24      }
25      // 判断是否为最后一页，如果为最后一页，禁用尾页和下一页按钮
26      if (page == getCount() - 1)
27      {
28          btnNext.Enabled = false;
```

```
29    }
30 }
```

⑦ 窗体加载时，设置当前页为第一页，并调用 bindGrid 方法显示指定的记录，代码如下。

```
01 private void Form1_Load(object sender, EventArgs e)
02 {
03     page = 0;                  // 设置当前页面
04     bindGrid();                // 调用自定义 bindGrid 方法绑定 DataGridView 控件
05 }
```

⑧ 单击"上一页"按钮，使用当前页的索引减一作为将要显示的页，并调用 bindGrid 方法显示指定的记录，代码如下。

```
01 private void btnBack_Click(object sender, EventArgs e)
02 {
03     page = page - 1;          // 设置当前页数为当前页数减一
04     bindGrid();                // 调用自定义 bindGrid 方法绑定 DataGridView 控件
05 }
```

⑨ 单击"下一页"按钮，使用当前页的索引加一作为将要显示的页，并调用 bindGrid 方法显示指定的记录，代码如下。

```
01 private void btnNext_Click(object sender, EventArgs e)
02 {
03     page = page + 1;          // 设置当前页数为当前页数加一
04     bindGrid();                // 调用自定义 bindGrid 方法绑定 DataGridView 控件
05 }
```

▽ 小结

本章主要对 LINQ 查询表达式的常用操作及如何使用 LINQ 操作 SQL Server 数据库进行了详细讲解，LINQ 技术是 C# 中的一种非常实用的技术，通过使用 LINQ 技术，可以在很大程度上方便程序开发人员对各种数据的访问。通过本章的学习，读者应熟练掌握 LINQ 技术的基础语法及 LINQ 查询表达式的常用操作，并掌握如何使用 LINQ 对 SQL Server 数据库进行操作。

11.5　实战练习

开发销售管理系统时，与销售相关的信息需要从多个数据表中读取，例如从销售主表读取销售单据号和销售日期；从销售明细表读取销售数量、单价和金额；从商品信息表读取商品名称；从员工信息表读取销售员名称；从仓库基本信息表读取出货仓库名称；从客户信息表读取购买单位或个人的名称等。本练习要求使用 LINQ to SQL 关联查询上述列举的各个表实现销售相关信息的显示。如图 11.8 所示。

图 11.8　使用 LINQ 技术关联查询多表数据

全方位沉浸式学C#
见此图标 微信扫码

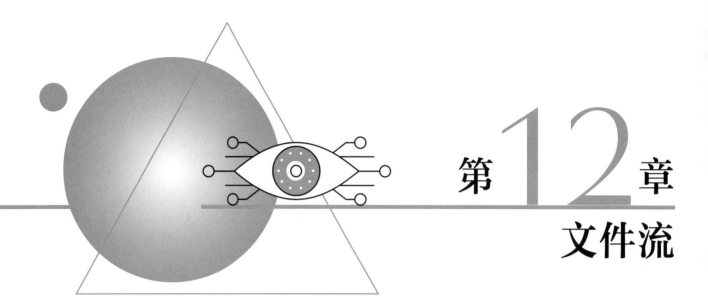

第12章

文件流

文件操作是操作系统的一种重要组成部分，.NET 框架提供了一个 System.IO 命名空间，其中包含了多种用于对文件、文件夹和数据流进行操作的类，这些类既支持同步操作，也支持异步操作，本章将对文件流技术的使用进行讲解。

本章知识架构如下：

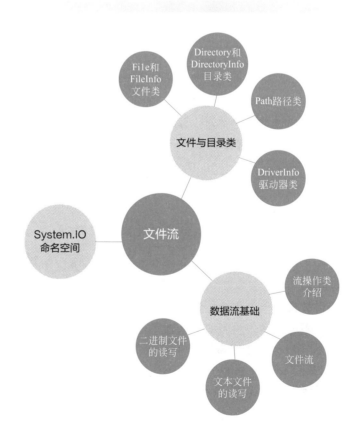

12.1 System.IO 命名空间

System.IO 命名空间是 C# 中对文件和流进行操作时必须引用的一个命名空间，该命名空间中有很多的类和枚举，用于进行数据文件和流的读写操作，这些操作可以同步进行也可以异步进行。System.IO 命名空间中常用的类及说明如表 12.1 所示。

表 12.1 System.IO 命名空间中常用的类及说明

类	说明
BinaryReader	用特定的编码将基元数据类型读作二进制值
BinaryWriter	以二进制形式将基元类型写入流，并支持用特定的编码写入字符串
BufferedStream	给另一流上的读写操作添加一个缓冲层。无法继承此类
Directory	公开用于创建、移动和枚举通过目录和子目录的静态方法。无法继承此类
DirectoryInfo	公开用于创建、移动和枚举目录和子目录的实例方法。无法继承此类
DriveInfo	提供对有关驱动器的信息的访问
File	提供用于创建、复制、删除、移动和打开文件的静态方法，并协助创建 Filestream 对象
FileInfo	提供创建、复制、删除、移动和打开文件的实例方法，并且帮助创建 FileStream 对象
FileStream	公开以文件为主的 Stream，既支持同步读写操作，也支持异步读写操作
IOException	发生 I/O 错误时引发的异常
MemoryStream	创建其支持存储区为内存的流
Path	对包含文件或目录路径信息的 String 实例执行操作，这些操作是以跨平台的方式执行的
Stream	提供字节序列的一般视图
StreamReader	实现一个 TextReader，使其以一种特定的编码从字节流中读取字符
StreamWriter	实现一个 TextWriter，使其以一种特定的编码向流中写入字符
StringReader	实现从字符串进行读取的 TextReader
StringWriter	实现一个用于将信息写入字符串的 TextWriter。该信息存储在基础 StringBuilder 中
TextReader	表示可读取连续字符系列的读取器
TextWriter	表示可以编写一个有序字符系列的编写器。该类为抽象类

System.IO 命名空间中常用的枚举及说明如表 12.2 所示。

表 12.2 System.IO 命名空间中常用的枚举及说明

枚举	说明
DriveType	定义驱动器类型常数，包括 CDRom、Fixed、Network、NoRootDirectory、Ram、Removable 和 Unknown
FileAccess	定义用于文件读取、写入或读取 / 写入访问权限的常数
FileAttributes	提供文件和目录的属性
FileMode	指定操作系统打开文件的方式
FileOptions	represents 高级创建 FileStream 对象的选项

枚举	说明
FileShare	包含用于控制其他 FileStream 对象对同一文件可以具有的访问类型的常数
NotifyFilters	指定要在文件或文件夹中监视的更改
SearchOption	指定是搜索当前目录，还是搜索当前目录及其所有子目录
SeekOrigin	指定在流中的位置为查找使用
WatcherChangeTypes	可能会发生的文件或目录更改

12.2　文件与目录类

12.2.1　File 和 FileInfo 文件类

File 类和 FileInfo 类都可以对文件进行创建、复制、删除、移动、打开、读取以及获取文件的基本信息等操作，下面对这两个类和文件的基本操作进行介绍。

（1）File 类

File 类支持对文件的基本操作，包括提供用于创建、复制、删除、移动和打开文件的静态方法，并协助创建 FileStream 对象。由于所有的 File 类的方法都是静态的，所以如果只想执行一个操作，那么使用 File 方法的效率比使用相应的 FileInfo 实例方法可能更高。File 类可以被实例化，但不能被其他类继承。

File 类的常用方法及说明如表 12.3 所示。

表 12.3　**File 类的常用方法及说明**

方法	说明
Create	在指定路径中创建文件
Copy	将现有文件复制到新文件
Exists	确定指定的文件是否存在
GetCreationTime	返回指定文件或目录的创建日期和时间
GetLastAccessTime	返回上次访问指定文件或目录的日期和时间
GetLastWriteTime	返回上次写入指定文件或目录的日期和时间
Move	将指定文件移到新位置，并提供指定新文件名的选项
Open	打开指定路径上的 FileStream
OpenRead	打开现有文件以进行读取
OpenText	打开现有 UTF-8 编码文本文件以进行读取
OpenWrite	打开现有文件以进行写入

（2）FileInfo 类

FileInfo 类和 File 类之间许多方法调用都是相同的，但是 FileInfo 类没有静态方法，仅可以用于实例化对象。File 类是静态类，所以它的调用需要字符串参数为每一个方法调用规定文件位置，因此如果要在对象上进行单一方法调用，则可以使用静态 File 类，反之则使用 FileInfo 类。

FileInfo 类的常用属性及说明如表 12.4 所示。

表 12.4　FileInfo 类的常用属性及说明

属性	说明
CreationTime	获取或设置当前 FileSystemInfo 对象的创建时间
DirectoryName	获取表示目录的完整路径的字符串
Exists	获取指示文件是否存在的值
Extension	获取表示文件扩展名部分的字符串
FullName	获取目录或文件的完整目录
Length	获取当前文件的大小
Name	获取文件名

📧 **说明**

> FileInfo 类所使用的相关方法请参见表 12.4。

实例 12.1　　使用 File 类创建文件并 获取文件的详细信息　　👁 **实例位置：资源包 \Code\12\01**

创建一个 Windows 应用程序，使用 File 类在项目文件夹下创建文件，在创建文件时，需要判断该文件是否已经存在，如果存在，弹出信息提示；否则，创建文件，并在 ListView 列表中显示文件的名称、扩展名、大小及修改时间等信息。关键代码如下：

```
01    File.Create(textBox1.Text);                           // 创建文件
02    FileInfo fInfo = new FileInfo(textBox1.Text);         // 创建 FileInfo 对象
03    ListViewItem li = new ListViewItem();
04    li.SubItems.Clear();
05    li.SubItems[0].Text = fInfo.Name;                     // 显示文件名称
06    li.SubItems.Add(fInfo.Extension                        // 显示文件扩展名
07    li.SubItems.Add(fInfo.Length / 1024 + "KB");          // 显示文件大小
08    li.SubItems.Add(fInfo.LastWriteTime.ToString());      // 显示文件修改时间
09    listView1.Items.Add(li);
```

🔄 **程序运行结果如图 12.1 所示。**

⚡ **注意**

> 使用 File 类和 FileInfo 类创建文本文件时，其默认的字符编码为 UTF-8，而在 Windows 环境中手动创建文本文件时，其字符编码为 ANSI。

图 12.1　使用 File 类创建文件，并获取
文件的详细信息

12.2.2　Directory 和 DirectoryInfo 目录类

Directory 类和 DirectoryInfo 类都可以对文件夹进行创建、移动、浏览等操作，下面对这两个类和文件夹的基本操作进行介绍。

（1）Directory 类

Directory 类用于文件夹的典型操作，如复制、移动、重命名、创建和删除等，另外，也可将其用于获取和设置与目录的创建、访问及写入操作相关的 DateTime 信息。

Directory 类的常用方法及说明如表 12.5 所示。

表 12.5　Directory 类的常用方法及说明

方法	说明
CreateDirectory	创建指定路径中的目录
Delete	删除指定的目录
Exists	确定给定路径是否引用磁盘上的现有目录
GetCreationTime	获取目录的创建日期和时间
GetCurrentDirectory	获取应用程序的当前工作目录
GetDirectories	获取指定目录中子目录的名称
GetFiles	返回指定目录中的文件的名称
GetLogicalDrives	检索此计算机上格式为 "＜驱动器号＞:\\" 的逻辑驱动器的名称
GetParent	检索指定路径的父目录,包括绝对路径和相对路径
Move	将文件或目录及其内容移到新位置
SetCreationTime	为指定的文件或目录设置创建日期和时间
SetCurrentDirectory	将应用程序的当前工作目录设置为指定的目录

（2）DirectoryInfo 类

DirectoryInfo 类和 Directory 类之间的关系与 FileInfo 类和 File 类之间的关系十分类似，这里不再赘述。下面介绍 DirectoryInfo 类的常用属性，如表 12.6 所示。

表 12.6　DirectoryInfo 类的常用属性及说明

属性	说明
Attributes	获取或设置当前 Filesysteminfo 的 Fileattributes
CreationTime	获取或设置当前 FileSystemInfo 对象的创建时间
Exists	获取指示目录是否存在的值
FullName	获取目录或文件的完整目录
Parent	获取指定子目录的父目录
Name	获取 DirectoryInfo 实例的名称

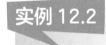

实例 12.2

遍历驱动器中的文件及文件夹

👁 **实例位置：资源包 \Code\12\02**

　　创建一个 Windows 应用程序，用来遍历指定驱动器下的所有文件夹及文件名称。在默认窗体中添加一个 ComboBox 控件和一个 TreeView 控件，其中，ComboBox 控件用来显示并选择驱动器，TreeView 控件用来显示指定驱动器下的所有文件夹及文件。关键代码如下：

```
01   // 获取文件夹中所有文件和文件夹
02   FileSystemInfo[] files = dirD.GetFileSystemInfos();
03   // 对单个 FileSystemInfo 进行判断，遍历文件和文件夹
04   foreach (FileSystemInfo FSys in files)
05   {
06       FileInfo file = FSys as FileInfo;                          // 实例化 FileInfo 类
07   // 如果是文件的话，将文件名添加到节点下
08       if (file != null)
```

```
09      {
10    // 获取文件所在路径
11          FileInfo SFInfo = new FileInfo(file.DirectoryName + "\\" + file.Name);
12          TNode.Nodes.Add(file.Name);                          // 添加文件名
13          TNode.Tag = 0;                                       // 设置文件标识
14      }
15    else                                                       // 如果是文件夹
16      {
17          TreeNode TemNode = TNode.Nodes.Add(FSys.Name);       // 添加文件夹名称
18          TNode.Tag = 1;                                       // 设置文件夹标识
19    // 在该文件夹的节点下添加一个空文件夹，表示文件夹下有子文件夹或文件
20          TemNode.Nodes.Add("");
21      }
22  }
```

⟳ **程序运行结果如图 12.2 所示。**

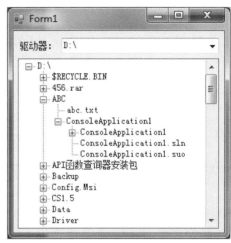

图 12.2　遍历驱动器中的文件及文件夹

12.2.3　Path 路径类

Path 类对包含文件或目录路径信息的 String 实例执行操作，这些操作是以跨平台的方式执行的。路径是提供文件或目录位置的字符串，路径不必指向磁盘上的位置；例如，路径可以映射到内存中或设备上的位置，路径的准确格式是由当前平台确定的。例如，在某些系统上，文件路径可以包含扩展名，扩展名指示在文件中存储的信息的类型，但文件扩展名的格式是与平台相关的；例如，某些系统将扩展名的长度限制为 3 个字符，而其他系统则没有这样的限制。因为这些差异，所以 Path 类的字段以及 Path 类的某些成员的准确行为是与平台相关的。

Path 类的常用方法及说明如表 12.7 所示。

表 12.7　**Path 类的常用方法及说明**

方法	说明
ChangeExtension	更改路径字符串的扩展名
Combine	将字符串数组或者多个字符串组合成一个路径
GetDirectoryName	返回指定路径字符串的目录信息
GetExtension	返回指定的路径字符串的扩展名
GetFileName	返回指定路径字符串的文件名和扩展名
GetFileNameWithoutExtension	返回不具有扩展名的指定路径字符串的文件名
GetFullPath	返回指定路径字符串的绝对路径
GetInvalidFileNameChars	获取包含不允许在文件名中使用的字符的数组
GetInvalidPathChars	获取包含不允许在路径名中使用的字符的数组
GetPathRoot	获取指定路径的根目录信息
GetRandomFileName	返回随机文件夹名或文件名
GetTempFileName	创建磁盘上唯一命名的零字节的临时文件并返回该文件的完整路径
GetTempPath	返回当前用户的临时文件夹的路径
HasExtension	确定路径是否包括文件扩展名
IsPathRooted	获取指示指定的路径字符串是否包含根的值

说明

> Path 类的所有方法都是静态的，因此，需要直接使用 Path 类名调用。

例如，下面的代码定义一个文件名，然后分别使用 Path 类的 HasExtension 方法和 GetFullPath 方法判断该文件是否有扩展名，并获取完整路径，代码如下：

```
01  string path = @"Test.txt";
02  if (Path.HasExtension(path))                        // 判断是否有扩展名
03  {
04      Console.WriteLine("{0} 有扩展名", path);
05  }
06                                                      // 获取指定文件的完整路径
07  Console.WriteLine("{0} 的完整路径是: {1}.", path, Path.GetFullPath(path));
```

12.2.4 DriveInfo 驱动器类

DriveInfo 类用来提供对有关驱动器的信息的访问，使用 DriveInfo 类可以确定哪些驱动器可用，以及这些驱动器的类型，还可以通过查询来确定驱动器的容量和可用空闲空间。

DriveInfo 类的常用属性及说明如表 12.8 所示。

表 12.8　**DriveInfo 类的常用属性及说明**

属性	说明
AvailableFreeSpace	指示驱动器上的可用空闲空间量
DriveFormat	获取文件系统的名称，例如 NTFS 或 FAT32
DriveType	获取驱动器类型
IsReady	获取一个指示驱动器是否已准备好的值
Name	获取驱动器的名称
RootDirectory	获取驱动器的根目录
TotalFreeSpace	获取驱动器上的可用空闲空间总量
TotalSize	获取驱动器上存储空间的总大小
VolumeLabel	获取或设置驱动器的卷标

DriveInfo 类最主要的一个方法是 GetDrives 方法，该方法用来检索计算机上的所有逻辑驱动器的驱动器名称，其语法格式如下：

```
public static DriveInfo[] GetDrives()
```

该方法的返回值是一个 DriveInfo 类型的数组，表示计算机上的逻辑驱动器。

例如，下面的代码获取计算机上的所有磁盘并显示在下拉列表中。

```
01  private void Form1_Load(object sender, EventArgs e)
02  {
03      DriveInfo[] dInfos = DriveInfo.GetDrives();            // 获取本地所有驱动器
04      foreach (DriveInfo dInfo in dInfos)                    // 遍历获取到的驱动器
05      {
06          comboBox1.Items.Add(dInfo.Name);                  // 将驱动器名称添加到下拉列表中
07      }
08  }
```

12.3 数据流基础

数据流提供了一种向后备存储写入字节和从后备存储读取字节的方式，它是在 .NET Framework 中执行读写文件操作时一种非常重要的介质。下面对数据流的基础知识进行详细讲解。

12.3.1 流操作类介绍

.NET Framework 使用流来支持读取和写入文件，开发人员可以将流视为一组连续的一维数组，包含开头和结尾，并且其中的游标指示了流中的当前位置。

（1）流操作

流中包含的数据可能来自内存、文件或 TCP/IP 套接字，流包含以下几种可应用于自身的基本操作。

① 读取：将数据从流传输到数据结构（如字符串或字节数组）中。

② 写入：将数据从数据源传输到流中。

③ 查找：查询和修改在流中的位置。

（2）流的类型

在 .NET Framework 中，流由 Stream 类来表示，该类构成了所有其他流的抽象类。不能直接创建 Stream 类的实例，但是必须使用它实现的其中一个类。

C# 中有许多类型的流，但在处理文件输入 / 输出（I/O）时，最重要的类型为 FileStream 类，它提供读取和写入文件的方式。可在处理文件 I/O 时使用的其他流主要包括 BufferedStream、CryptoStream、MemoryStream 和 NetworkStream 等。

12.3.2 文件流

C# 中，文件流类使用 FileStream 类表示，该类公开以文件为主的 Stream，它表示在磁盘或网络路径上指向文件的流。一个 FileStream 类的实例实际上代表一个磁盘文件，它通过 Seek 方法进行对文件的随机访问，也同时包含了流的标准输入、标准输出和标准错误等。FileStream 默认对文件的打开方式是同步的，但它同样很好地支持异步操作。

对文件流的操作，实际上可以将文件看作电视信号发送塔要发送的一个电视节目（文件），将电视节目转换成模拟 / 数字信号（文件的二进制流），按指定的发送序列发送到指定的接收地点（文件的接收地址）。

（1）FileStream 类的常用属性

FileStream 类的常用属性及说明如表 12.9 所示。

表 12.9 **FileStream 类的常用属性及说明**

属性	说明
Length	获取用字节表示的流长度
Name	获取传递给构造函数的 FileStream 的名称
Position	获取或设置此流的当前位置
ReadTimeout	获取或设置一个值，该值确定流在超时前尝试读取多长时间
WriteTimeout	获取或设置一个值，该值确定流在超时前尝试写入多长时间

（2）FileStream 类的常用方法

FileStream 类的常用方法及说明如表 12.10 所示。

表 12.10　FileStream 类的常用方法及说明

方法	说明
Close	关闭当前流并释放与之关联的所有资源
Lock	允许读取访问的同时防止其他进程更改 FileStream
Read	从流中读取字节块并将该数据写入给定缓冲区中
ReadByte	从文件中读取一个字节，并将读取位置提升一个字节
Seek	将该流的当前位置设置为给定值
SetLength	将该流的长度设置为给定值
Unlock	允许其他进程访问以前锁定的某个文件的全部或部分
Write	使用从缓冲区读取的数据将字节块写入该流

实例 12.3　使用不同的方式打开文件

◉ 实例位置：资源包 \Code\12\03

创建一个 Windows 应用程序，使用不同的方式打开文件，其中包含"读写方式打开""追加方式打开""清空后打开"和"覆盖方式打开"，然后对其进行写入和读取操作。在默认窗体中添加两个 TextBox 控件、4 个 RadioButton 控件和一个 Button 控件，其中，TextBox 控件用来输入文件路径和要添加的内容，RadionButton 控件用来选择文件的打开方式，Button 控件用来执行文件读写操作。关键代码如下：

```
01  FileMode fileM = FileMode.Open;                              // 用来记录要打开的方式
02  string path = textBox1.Text;                                 // 获取打开文件的路径
03  using (FileStream fs = File.Open(path, fileM))               // 以指定的方式打开文件
04  {
05      if (fileM != FileMode.Truncate)                          // 如果在打开文件后不清空文件
06      {
07                                                               // 将要添加的内容转换成字节
08          Byte[] info = new UTF8Encoding(true).GetBytes(textBox2.Text);
09          fs.Write(info, 0, info.Length);                      // 向文件中写入内容
10      }
11  }
12  using (FileStream fs = File.Open(path, FileMode.Open))       // 以读 / 写方式打开文件
13  {
14      byte[] b = new byte[1024];                               // 定义一个字节数组
15      UTF8Encoding temp = new UTF8Encoding(true);              // 实现 UTF-8 编码
16      string pp = "";
17      while (fs.Read(b, 0, b.Length) > 0)                      // 读取文本中的内容
18      {
19          pp += temp.GetString(b);                             // 累加读取的结果
20      }
21      MessageBox.Show(pp);                                     // 显示文本中的内容
22  }
```

◉ 程序运行结果如图 12.3 所示。

12.3.3　文本文件的读写

文本文件的写入与读取主要是通过 StreamWriter 类和 StreamReader 类来实现的，下面对这两个类进行详细讲解。

（1）StreamWriter 类

StreamWriter 类是专门用来处理文本文件的类，可以方便地向文本

图 12.3　FileStream 类的使用

文件中写入字符串, 同时也负责重要的转换和处理向 FileStream 对象写入工作。

📑 说明

> StreamWriter 类默认使用 UTF-8 编码来进行创建。

StreamWriter 类的常用属性及说明如表 12.11 所示。

表 12.11　StreamWriter 类的常用属性及说明

属性	说明
Encoding	获取将输出写入到其中的 Encoding
Formatprovider	获取控制格式设置的对象
NewLine	获取或设置由当前 TextWriter 使用的行结束符字符串

StreamWriter 类的常用方法及说明如表 12.12 所示。

表 12.12　StreamWriter 类的常用方法及说明

方法	说明
Close	关闭当前的 StringWriter 和基础流
Write	写入到 StringWriter 的此实例中
WriteLine	写入重载参数指定的某些数据, 后跟行结束符

（2）StreamReader 类

StreamReader 类是专门用来读取文本文件的类, StreamReader 可以从底层 Stream 对象创建 StreamReader 对象的实例, 而且也能指定编码规范参数。创建 StreamReader 对象后, 它提供了许多用于读取和浏览字符数据的方法。

StreamReader 类的常用方法及说明如表 12.13 所示。

表 12.13　StreamReader 类的常用方法及说明

方法	说明
Close	关闭 StringReader
Read	读取输入字符串中的下一个字符或下一组字符
ReadBlock	从当前流中读取最大 count 的字符并从 index 开始将该数据写入 Buffer
ReadLine	从基础字符串中读取一行
ReadToEnd	将整个流或从流的当前位置到流的结尾作为字符串读取

实例 12.4　**模拟记录进销存管理系统的登录日志**　　👁 实例位置: 资源包 \Code\12\04

① 新建一个 Windows 窗体, 命名为 Login, 将该窗体设置为启动窗体, 该窗体中添加两个 TextBox 控件, 用来输入用户名和密码; 添加一个 Button 控件, 用来实现登录操作, 登录过程中记录登录日志。

② 触发 Button 控件的 Click 事件, 该事件中创建登录日志文件, 并使用 StreamWriter 对象的

WriteLine 方法将登录日志写入创建的日志文件中, 代码如下:

```
01 private void button1_Click(object sender, EventArgs e)
02 {
03     if (!File.Exists("Log.txt"))                          // 判断日志文件是否存在
04     {
05         File.Create("Log.txt");                           // 创建日志文件
06     }
07     string strLog = "登录用户: " + textBox1.Text + "      登录时间: " + DateTime.Now;
08     if (textBox1.Text != "" && textBox2.Text != "")
09     {
10                                                           // 创建 StreamWriter 对象
11         using (StreamWriter sWriter = new StreamWriter("Log.txt", true))
12         {
13             sWriter.WriteLine(strLog);                    // 写入日志
14         }
15         Form1 frm = new Form1();                          // 创建 Form1 窗体
16         this.Hide();                                      // 隐藏当前窗体
17         frm.Show();                                       // 显示 Form1 窗体
18     }
19 }
```

③ 在默认的 Form1 窗体中添加一个 ListView 控件, 用来显示登录日志信息, 在该窗体的 Load 事件中, 使用 StreamReader 对象的 ReadLine 方法逐行读取登录日志信息, 并显示在 ListView 控件中, 代码如下:

```
01 private void Form1_Load(object sender, EventArgs e)
02 {
03                                                               // 创建 StreamReader 对象
04     StreamReader SReader = new StreamReader("Log.txt", Encoding.UTF8);
05     string strLine = string.Empty;
06     while ((strLine = SReader.ReadLine()) != null)            // 逐行读取日志文件
07     {
08                                                               // 获取单条日志信息
09         string[] strLogs = strLine.Split(new string[] { "    " }, StringSplitOptions.RemoveEmptyEntries);
10         ListViewItem li = new ListViewItem();
11         li.SubItems.Clear();
12                                                               // 显示登录用户
13         li.SubItems[0].Text = strLogs[0].Substring(strLogs[0].IndexOf(':') + 1);
14                                                               // 显示登录时间
15         li.SubItems.Add(strLogs[1].Substring(strLogs[1].IndexOf(':') + 1));
16         listView1.Items.Add(li);
17     }
18 }
```

运行程序, 在"系统登录"窗体中输入用户名和密码, 如图 12.4 所示, 单击"登录"按钮进入"系统日志"窗体, 该窗体中显示系统的登录日志信息, 如图 12.5 所示。

图 12.4　输入用户名和密码

图 12.5　显示系统的登录日志信息

12.3.4　二进制文件的读写

二进制文件的写入与读取主要是通过 BinaryWriter 类和 BinaryReader 类来实现的，下面对这两个类进行详细讲解。

（1）BinaryWriter 类

BinaryWriter 类以二进制形式将基元类型写入流，并支持用特定的编码写入字符串，其常用方法及说明如表 12.14 所示。

表 12.14　**BinaryWriter 类的常用方法及说明**

方法	说明
Close	关闭当前的 BinaryWriter 和基础流
Seek	设置当前流中的位置
Write	将值写入当前流

（2）BinaryReader 类

BinaryReader 类用特定的编码将基元数据类型读作二进制值，其常用方法及说明如表 12.15 所示。

表 12.15　**BinaryReader 类的常用方法及说明**

方法	说明
Close	关闭当前阅读器及基础流
PeekChar	返回下一个可用的字符，并且不提升字节或字符的位置
Read	从基础流中读取字符，并提升流的当前位置
ReadByte	从当前流中读取下一个字节，并使流的当前位置提升一个字节
ReadBytes	从当前流中将 count 个字节读入字节数组，并使当前位置提升 count 个字节
ReadChar	从当前流中读取下一个字符，并根据所使用的 Encoding 和从流中读取的特定字符，提升流的当前位置
ReadChars	从当前流中读取 count 个字符，以字符数组的形式返回数据，并根据所使用的 Encoding 和从流中读取的特定字符，提升当前位置
ReadInt32	从当前流中读取 4 字节有符号整数，并使流的当前位置提升 4 个字节
ReadString	从当前流中读取一个字符串。字符串有长度前缀，一次将 7 位编码为整数

📄 **说明**

> BinaryWriter 类和 BinaryReader 类的使用与 StreamWriter 类和 StreamReader 类类似，这里不再详细举例。

12.4　综合案例——复制文件时显示复制进度

12.4.1　案例描述

复制文件时显示复制进度实际上就是用文件流来复制文件，并在每一块文件复制后，用进度条来显示文件的复制情况。本实例实现了复制文件时显示复制进度的功能，实例运行效果如图 12.6 所示。

12.4.2 实现代码

程序开发步骤如下:

① 新建一个 Windows 窗体应用程序, 命名为 FileCopyPlan。

② 更改默认窗体 Form1 的 Name 属性为 Frm_ Main, 在该窗体中添加一个 OpenFileDialog 控件, 用来选择源文件; 添加一个 FolderBrowserDialog 控件, 用来选择目的文件的路径; 添加两个 TextBox 控件, 分别用来显示源文件与目的文件的路径; 添加 3 个 Button 控件, 分别用来选择源文件和目的文件的路径, 以及实现文件的复制功能; 添加一个 ProgressBar 控件, 用来显示复制进度条。

图 12.6　复制文件时显示复制进度

③ 在窗体的后台代码中编写 CopyFile 方法, 用来实现复制文件, 并显示复制进度条, 具体代码如下:

```
01  public void CopyFile(string FormerFile, string toFile, int SectSize, ProgressBar progressBar1)
02  {
03      progressBar1.Value = 0;                                    // 设置进度栏的当前位置为 0
04      progressBar1.Minimum = 0;                                  // 设置进度栏的最小值为 0
05  // 创建目的文件, 如果已存在将被覆盖
06      FileStream fileToCreate = new FileStream(toFile, FileMode.Create);
07      fileToCreate.Close();                                      // 关闭所有资源
08      fileToCreate.Dispose();                                    // 释放所有资源
09                                                                 // 以只读方式打开源文件
10      FormerOpen = new FileStream(FormerFile, FileMode.Open, FileAccess.Read);
11                                                                 // 以写方式打开目的文件
12      ToFileOpen = new FileStream(toFile, FileMode.Append, FileAccess.Write);
13  // 根据一次传输的大小, 计算传输的个数
14      int max = Convert.ToInt32(Math.Ceiling((double)FormerOpen.Length / (double)SectSize));
15      progressBar1.Maximum = max;                                // 设置进度栏的最大值
16      int FileSize;                                              // 要拷贝的文件的大小
17  // 如果分段拷贝, 即每次拷贝内容小于文件总长度
18      if (SectSize < FormerOpen.Length)
19      {
20  // 根据传输的大小, 定义一个字节数组
21          byte[] buffer = new byte[SectSize];
22          int copied = 0;                                        // 记录传输的大小
23          int tem_n = 1;                                         // 设置进度块的增加个数
24          while (copied <= ((int)FormerOpen.Length - SectSize))  // 拷贝主体部分
25          {
26  // 从 0 开始读, 每次最大读 SectSize
27              FileSize = FormerOpen.Read(buffer, 0, SectSize);
28              FormerOpen.Flush();                                // 清空缓存
29              ToFileOpen.Write(buffer, 0, SectSize);             // 向目的文件写入字节
30              ToFileOpen.Flush();                                // 清空缓存
31  // 使源文件和目的文件流的位置相同
32              ToFileOpen.Position = FormerOpen.Position;
33              copied += FileSize;                                // 记录已拷贝的大小
34              progressBar1.Value = progressBar1.Value + tem_n;   // 增加进度栏的进度块
35          }
36          int left = (int)FormerOpen.Length - copied;            // 获取剩余大小
37          FileSize = FormerOpen.Read(buffer, 0, left);           // 读取剩余的字节
38          FormerOpen.Flush();                                    // 清空缓存
39          ToFileOpen.Write(buffer, 0, left);                     // 写入剩余的部分
40          ToFileOpen.Flush();                                    // 清空缓存
41      }
42  // 如果整体拷贝, 即每次拷贝内容大于文件总长度
43      else
44      {
45          byte[] buffer = new byte[FormerOpen.Length];           // 获取文件的大小
46          FormerOpen.Read(buffer, 0, (int)FormerOpen.Length);    // 读取源文件的字节
```

```
47          FormerOpen.Flush();                                        // 清空缓存
48          ToFileOpen.Write(buffer, 0, (int)FormerOpen.Length);       // 写放字节
49          ToFileOpen.Flush();                                        // 清空缓存
50      }
51      FormerOpen.Close();                                            // 释放所有资源
52      ToFileOpen.Close();                                            // 释放所有资源
53      if (MessageBox.Show(" 复制完成 ") == DialogResult.OK)           // 显示 " 复制完成 " 对话框
54      {
55          progressBar1.Value = 0;                                    // 设置进度栏的当有位置为 0
56          textBox1.Clear();                                          // 清空文本
57          textBox2.Clear();
58          str = "";
59      }
60  }
```

▽ 小结

本章主要对 C# 中的文件操作技术进行了详细讲解。程序中对文件进行操作及读取数据流时主要用到 System.IO 命名空间下的各种类，本章在讲解时，首先对 System.IO 命名空间及其包含的文件、目录类进行了重点讲解，然后对数据库操作技术进行了介绍，包括对文本文件和二进制文件的读写操作。文件操作是程序开发中经常遇到的一种操作，在学习完本章后，应该能够熟悉文件及数据流操作的理论知识，并能在实际开发中熟练利用这些理论知识对文件及数据流进行各种操作。

12.5 实战练习

本练习要求实现按行读取文本文件中所有数据的功能，首先选择要读取的文本文件，然后程序将按行读取该文件的全部数据，并将读取的数据显示在窗体下方的文本框中。运行效果如图 12.7 所示。(提示: 通过 while 循环判断文件中是否有行，并使用 StreamReader 对象的 ReadLine() 方法读取)

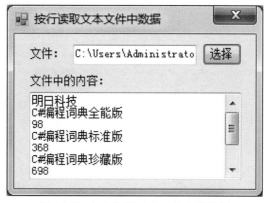

图 12.7　按行读取文本文件中的数据

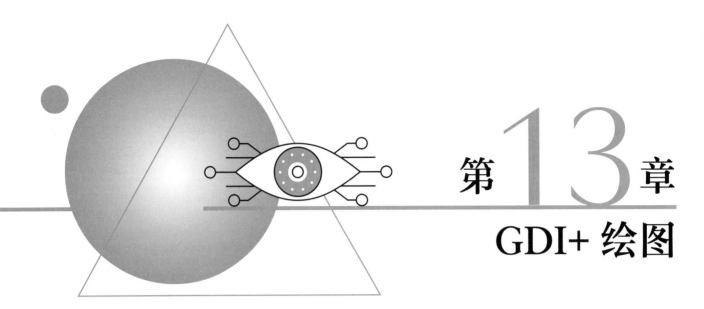

第 13 章

GDI+ 绘图

用户界面上的控件非常有用，而有时还需要在窗体上使用颜色和图形对象。例如，可能需要使用线条或弧线来开发游戏，或者需要使用图表对数据进行分析，在这种情况下，只使用 Windows 控件是不够的，这时就可以使用 GDI+ 技术进行灵活地绘图，GDI+ 技术提供颜色、图形和对象等，使开发人员可以在程序中绘制各种图形，比如直线、矩形、椭圆、圆弧、扇形、多边形、文本及已有图像等。本章将对 C# 中的 GDI+ 编程进行详细讲解。

本章知识架构如下：

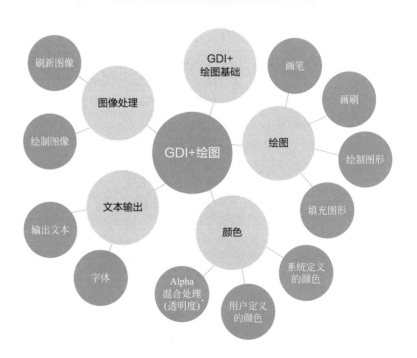

13.1 GDI+ 绘图基础

GDI+ 是 GDI 的后继者，它是 .NET Framework 为操作图形提供的应用程序编程接口（API）。使用 GDI+ 可以用相同的方式在屏幕或打印机上显示信息，而无须考虑特定显示设备的细节。GDI+ 主要用于在窗体上绘制各种图形图像，可以用于绘制各种数据图形、数学仿真等。

Graphics 类是 GDI+ 的核心，在绘图之前，必须在指定的窗体上创建一个 Graphics 对象，才可以调用 Graphics 类的方法画图，但是，不能直接建立 Graphics 类的对象。创建 Graphics 对象有 3 种方法。

（1）Paint 事件

在窗体或控件的 Paint 事件中创建，将其作为 PaintEventArgs 的一部分。在为控件创建绘制代码时，通常会使用此方法来获取对图形对象的引用。

例如，在 Paint 事件中创建 Graphics 对象，代码如下：

```
01  private void Form1_Paint(object sender, PaintEventArgs e)          // 窗体的 Paint 事件
02  {
03      Graphics g = e.Graphics;                                        // 创建 Graphics 对象
04  }
```

（2）CreateGraphics 方法

调用控件或窗体的 CreateGraphics 方法可以获取对 Graphics 对象的引用，该对象表示控件或窗体的绘图画面。如果在已存在的窗体或控件上绘图，应该使用此方法。

例如，在窗体的 Load 事件中，通过 CreateGraphics 方法创建 Graphics 对象，代码如下：

```
01  private void Form1_Load(object sender, EventArgs e) // 窗体的 Load 事件
02  {
03      Graphics g;                                      // 声明一个 Graphics 对象
04      g = this.CreateGraphics();                       // 使用 CreateGraphics 方法创建 Graphics 对象
05  }
```

（3）Graphics.FromImage 方法

由从 Image 继承的任何对象创建 Graphics 对象，调用 Graphics.FromImage 方法即可，该方法在需要更改已存在的图像时十分有用。

例如，在窗体的 Load 事件中，通过 FromImage 方法创建 Graphics 对象，代码如下：

```
01  private void Form1_Load(object sender, EventArgs e)               // 窗体的 Load 事件
02  {
03      Bitmap mbit = new Bitmap(@"C:\ls.bmp");                        // 实例化 Bitmap 类
04      Graphics g = Graphics.FromImage(mbit);                        // 通过 FromImage 方法创建 Graphics 对象
05  }
```

Graphics 类的常用方法及说明如表 13.1 所示。

表 13.1　**Graphics 类的常用方法及说明**

方法	描述
Clear	清除整个绘图面并以指定背景色填充
Dispose	释放由此 Graphics 对象使用的所有资源
DrawArc	绘制一段弧线，它表示由一对坐标、宽度和高度指定的椭圆部分
DrawBezier	绘制由 4 个 Point 结构定义的贝塞尔样条
DrawBeziers	从 Point 结构的数组绘制一系列贝塞尔样条

方法	描述
DrawCurve	绘制经过一组指定的 Point 结构的基数样条
DrawEllipse	绘制一个由边框（该边框由一对坐标、高度和宽度指定）定义的椭圆
DrawImage	在指定位置并且按原始大小绘制指定的 Image 对象
DrawLine	绘制一条连接两个指定坐标点的线条
DrawLines	绘制一系列连接一组 Point 结构的线段
DrawPath	绘制 GraphicsPath 对象
DrawPie	绘制一个扇形，该扇形由一对坐标、宽度和高度以及两条射线所指定的椭圆确定
DrawPolygon	绘制由一组 Point 结构定义的多边形
DrawRectangle	绘制由一对坐标、宽度和高度指定的矩形
DrawRectangles	绘制一系列由 Rectangle 结构指定的矩形
DrawString	在指定位置并且用指定的 Brush 和 Font 对象绘制指定的文本字符串
FillEllipse	填充边框所定义的椭圆的内部，该边框由一对坐标、一个宽度和一个高度指定
FillPath	填充 GraphicsPath 对象的内部
FillPie	填由一对坐标、一个宽度、一个高度以及两条射线指定的椭圆所定义的扇形区的内部
FillPolygon	填充 Point 结构指定的点数组所定义的多边形的内部
FillRectangle	填充由一对坐标、一个宽度和一个高度指定的矩形的内部
FillRectangles	填充由 Rectangle 结构指定的一系列矩形的内部
FromImage	从指定的 Image 对象创建新 Graphics 对象
Save	保存此 Graphics 对象的当前状态，并用 GraphicsState 对象标识保存的状态

📖 **说明**

以 Draw 开头的方法用来绘制相应的图形，而用 Fill 开头的方法在绘制相应的图形时，可以使用指定的颜色对其进行填充。

13.2 绘图

介绍完 GDI+ 图形图像技术的几个基本对象，下面通过这些基本对象绘制常见的几何图形。常见的几何图形包括直线、矩形和椭圆等。通过对本节的学习，读者能够轻松掌握这些图形的绘制方法。

13.2.1 画笔

画笔使用 Pen 类表示，主要用于绘制线条，或者线条组合成的其他几何形状。Pen 类的构造函数如下：

```
public Pen (Color color,float width)
```

- color：设置 Pen 的颜色。
- width：设置 Pen 的宽度。

例如，创建一个 Pen 对象，使其颜色为蓝色，宽度为 2，代码如下：

```
Pen mypen = new Pen(Color.Blue, 2);    // 实例化一个 Pen 类，并设置其颜色和宽度
```

13.2.2 画刷

画刷使用 Brush 类表示，主要用于填充几何图形，如将正方形和圆形填充其他颜色等。Brush 类是一个抽象基类，不能进行实例化。如果要创建一个画刷对象，需要使用从 Brush 派生出的类。Brush 类的常用派生类及说明如表 13.2 所示。

表 13.2 **Brush 类的常用派生类及说明**

派生类	说明
SolidBrush	定义单色画刷
HatchBrush	提供一种特定样式的图形，用来制作填满整个封闭区域的绘图效果，该类位于 System.Drawing.Drawing2D 命名空间下
LinerGradientBrush	提供一种渐变色彩的特效，填满图形的内部区域，该类位于 System.Drawing.Drawing2D 命名空间下
TextureBrush	使用图像来填充形状的内部

例如，下面的代码分别创建不同类型的画刷对象：

```
01  Brush mybs = new SolidBrush(Color.Red);                              // 使用 SolidBrush 类创建 Brush 对象
02  HatchBrush brush = new HatchBrush(HatchStyle.DiagonalBrick,Color.Yellow);
03  // 实例化 LinerGradientBrush 类，设置其使用黄色和白色进行渐变
04  LinearGradientBrush lgb=new LinearGradientBrush(rt,Color.Blue,Color.White,
05  LinearGradientMode.ForwardDiagonal);
06  TextureBrush texture = new TextureBrush(image1);                     //image1 是一个 Image 对象
```

📄 **说明**

> 如果程序中已经定义了画刷对象，还可以使用画刷对象创建画笔（Pen）对象。例如：

```
Pen mypen = new Pen(brush, 2);
```

13.2.3 绘制图形

Graphics 类中绘制几何图形的方法都是以 Draw 开头的，下面通过一个具体的实例演示如何绘制图形。

 **实例 13.1**　　　　　**绘制验证码**　　　　👁 **实例位置：资源包 \Code\13\01**

程序开发步骤如下：

① 新建一个 Windows 窗体应用程序，在默认窗体 Form1 中添加一个 PictureBox 控件，用来显示图形验证码；添加一个 Button 控件，用来生成图形验证码。

② 自定义一个 CheckCode 方法，主要使用 Random 类随机生成 4 位验证码，代码如下：

```
01  private string CheckCode()                          // 此方法生成验证码
02  {
03      int number;
04      char code;
05      string checkCode = String.Empty;               // 声明变量存储随机生成的 4 位英文或数字
06      Random random = new Random();                  // 生成随机数
07      for (int i = 0; i < 4; i++){
08          number = random.Next();                    // 返回非负随机数
09          if (number % 2 == 0)                        // 判断数字是否为偶数
```

```
10              code = (char)('0' + (char)(number % 10));
11          else                                    // 如果不是偶数
12              code = (char)('A' + (char)(number % 26));
13          checkCode += " " + code.ToString();      // 累加字符串
14      }
15      return checkCode;                            // 返回生成的字符串
16  }
```

③ 自定义一个 CodeImage 方法，用来将生成的验证码绘制成图片，并显示在 PictureBox 控件中，该方法中有一个 string 类型的参数，用来标识要绘制成图片的验证码。CodeImage 方法代码如下：

```
01  private void CodeImage(string checkCode)
02  {
03      if (checkCode == null || checkCode.Trim() == String.Empty)
04          return;
05      Bitmap image = new Bitmap((int)Math.Ceiling((checkCode.Length * 9.5)), 22);
06      Graphics g = Graphics.FromImage(image);              // 创建 Graphics 对象
07      try{
08          Random random = new Random();                    // 生成随机生成器
09          g.Clear(Color.White);                            // 清空图片背景色
10          for (int i = 0; i < 3; i++){                     // 画图片的背景噪声线
11              int x1 = random.Next(image.Width);
12              int x2 = random.Next(image.Width);
13              int y1 = random.Next(image.Height);
14              int y2 = random.Next(image.Height);
15              g.DrawLine(new Pen(Color.Black), x1, y1, x2, y2);
16          }
17          Font font = new Font("Arial", 12, (FontStyle.Bold));
18          g.DrawString(checkCode, font, new SolidBrush(Color.Red), 2, 2);
19          for (int i = 0; i < 150; i++){                   // 画图片的前景噪声点
20              int x = random.Next(image.Width);
21              int y = random.Next(image.Height);
22              image.SetPixel(x, y, Color.FromArgb(random.Next()));
23          }
24                                                           // 画图片的边框线
25          g.DrawRectangle(new Pen(Color.Silver), 0, 0, image.Width - 1, image.Height - 1);
26          this.pictureBox1.Width = image.Width;            // 设置 PictureBox 的宽度
27          this.pictureBox1.Height = image.Height;          // 设置 PictureBox 的高度
28          this.pictureBox1.BackgroundImage = image;        // 设置 PictureBox 的背景图像
29      }
30      catch{ }
31  }
```

④ 在窗体的加载事件和 Button 控件的 Click 事件中分别调用 CodeImage 方法绘制验证码，代码如下：

```
01  private void Form1_Load(object sender, EventArgs e)
02  {
03      CodeImage(CheckCode());
04  }
05  private void button1_Click(object sender, EventArgs e)
06  {
07      CodeImage(CheckCode());
08  }
```

⚙ **程序运行结果如图 13.1 所示。**

13.2.4 填充图形

Graphics 类中填充几何图形的方法都是以 Fill 开头的，下面通过一个具体的实例演示以 Fill 开头的方法在实际开发中的应用。

图 13.1 绘制验证码

实例 13.2　绘制并利用饼型图分析产品市场占有率

◉ 实例位置：资源包 \Code\13\02

程序开发步骤如下：

① 新建一个 Windows 窗体应用程序，在默认窗体 Form1 中添加两个 Panel 控件，分别用来显示绘制的饼型图和说明信息。

② 自定义一个 showPic 方法，主要绘制饼型图，然后在 Form1 窗体的 Paint 事件中获取数据表中的相应数据，并且调用 showPic 方法绘制饼型图。主要代码如下：

```
01  private void showPic(float f, Brush B)
02  {
03      Graphics g = this.panel1.CreateGraphics();              // 通过 panel1 控件创建一个 Graphics 对象
04      if (TimeNum == 0.0f){
05          g.FillPie(B, 0, 0, this.panel1.Width, this.panel1.Height, 0, f * 360);
                                                                // 绘制扇形
06      }
07      else {
08          g.FillPie(B, 0, 0, this.panel1.Width, this.panel1.Height, TimeNum, f * 360);
09      }
10      TimeNum += f * 360;
11  }
12  private void Form1_Paint(object sender, PaintEventArgs e)   // 在 Paint 事件中绘制
13  {
14      ht.Clear();
15      Conn();                                                 // 连接数据库
16      Random rnd = new Random();                              // 生成随机数
17      using (cmd = new SqlCommand("select t_Name,sum(t_Num) as Num  from tb_product group by t_Name", con)) {
18          Graphics g2 = this.panel2.CreateGraphics();         // 通过 panel2 控件创建一个 Graphics 对象
19          SqlDataReader dr = cmd.ExecuteReader();             // 创建 SqlDataReader 对象
20          while (dr.Read()){                                  // 读取数据
21              ht.Add(dr[0], Convert.ToInt32(dr[1]));          // 将数据添加到 Hashtable 中
22          }
23          float[] flo = new float[ht.Count];
24          int T = 0;
25          foreach (DictionaryEntry de in ht) {                // 遍历 Hashtable
26              flo[T] = Convert.ToSingle((Convert.ToDouble(de.Value) / SumNum).ToString().Substring(0, 6));
27              Brush Bru = new SolidBrush(Color.FromArgb(rnd.Next(255), rnd.Next(255), rnd.Next(255)));
28              g2.DrawString(de.Key + "    " + flo[T] * 100 + "%", new Font("Arial", 8, FontStyle.Regular),
    Bru, 7, 5 + T * 18);                                        // 绘制商品及百分比
29              showPic(flo[T], Bru);                           // 调用 showPic 方法绘制饼型图
30              T++;
31          }
32      }
33  }
```

⚙ 程序运行结果如图 13.2 所示。

13.3　颜色

在 .NET 中，颜色使用 Color 结构表示。

（1）系统定义的颜色

系统定义的颜色使用 Color 结构的属性来表示，例如，下面的代码表示颜色为红色：

```
Color myColor = Color.Red;
```

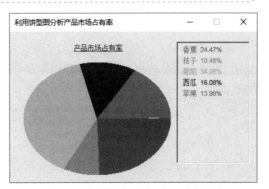

图 13.2　利用饼型图分析产品市场占有率

（2）用户定义的颜色

除了系统定义的颜色，用户还可以自定义颜色，这时需要使用 Color 结构的 FromArgb 方法，其语法格式如下：

```
public static Color FromArgb(int red,int green,int blue)
```

- red：新 Color 的红色分量值，有效值为 0 ～ 255。
- green：新 Color 的绿色分量值，有效值为 0 ～ 255。
- blue：新 Color 的蓝色分量值，有效值为 0 ～ 255。
- 返回值：创建的 Color。

使用这种方法自定义颜色时，需要分别制定 R、G、B 颜色值，例如，下面的代码使用红色的 R、G、B 值自定义颜色：

```
Color myColor = Color.FromArgb(255, 0, 0);
```

（3）Alpha 混合处理（透明度）

Alpha 使用 256 级灰度来记录图像中的透明度信息，主要用来定义透明、不透明和半透明区域，其中黑表示透明，白表示不透明，灰表示半透明。如果在定义颜色时，需要指定 Alpha 透明度，则需要使用 FromArgb 方法的另外一种形式，语法如下：

```
public static Color FromArgb(int alpha,int red,int green,int blue)
```

- alpha：alpha 分量，有效值为 0 ～ 255。
- red：新 Color 的红色分量值，有效值为 0 ～ 255。
- green：新 Color 的绿色分量值，有效值为 0 ～ 255。
- blue：新 Color 的蓝色分量值，有效值为 0 ～ 255。
- 返回值：创建的 Color。

例如，使用红色的 R、G、B 值自定义颜色，并将透明度设置为大约 50%，代码如下：

```
Color myColor = Color.FromArgb(128, 255, 0, 0);
```

13.4 文本输出

在开发程序时，最常见的操作就是文本输出，比如，Windows 窗体的标题栏文本、文本框文本、标签文本等，但是，有些窗体或者图片控件是不能直接输出文本的，本节将对如何使用 GDI+ 技术在程序中输出文本进行讲解。

13.4.1 字体

在 .NET 中，字体使用 Font 类表示，该类用来定义特定的文本格式，包括字体、字号和字形特性等。使用 Font 类窗体字体时，需要使用该类的构造函数，Font 类的构造函数有多种形式，其中，常用的语法格式如下：

```
public Font(FontFamily family,float emSize,FontStyle style)
```

- family：Font 的 FontFamily，用来指定字体。
- emSize：字体的大小（以磅值为单位）。
- style：字体的样式，使用 FontStyle 枚举表示，FontStyle 枚举成员及说明如表 13.3 所示。

表 13.3　FontStyle 枚举成员及说明

枚举成员	说明
Regular	普通文本
Bold	加粗文本
Italic	倾斜文本
Underline	带下画线的文本
Strikeout	中间有直线通过的文本

例如，创建一个 Font 对象，字体设置为"宋体"，大小设置为 16，样式设置为加粗样式：

```
Font myFont = new Font(" 宋体 ", 16, FontStyle.Bold);
```

13.4.2　输出文本

通过 Graphics 类中的 DrawString 方法，可以指定位置以指定的 Brush 和 Font 对象绘制指定的文本字符串，其常用语法格式如下：

```
public void DrawString(string s,Font font,Brush brush,float x,float y)
```

参数说明如表 13.4 所示。

表 13.4　DrawString 方法的参数说明

参数	说明
s	要绘制的字符串
font	Font，它定义字符串的文本格式
brush	Brush，它确定所绘制文本的颜色和纹理
x	所绘制文本的左上角的 x 坐标
y	所绘制文本的左上角的 y 坐标

例如，下面的代码通过 Graphics 类中的 DrawString 方法在窗体上绘制"商品销售柱形图"字样：

```
01  string str = " 商品销售柱形图 ";                          // 定义绘制的文本
02  Font myFont = new Font(" 宋体 ", 16, FontStyle.Bold);     // 创建字体对象
03  SolidBrush myBrush = new SolidBrush(Color.Black);         // 创建画刷对象
04  Graphics myGraphics = this.CreateGraphics();             // 创建 Graphics 对象
05  myGraphics.DrawString(str, myFont, myBrush, 60, 20);     // 在窗体的指定位置绘制文本
```

13.5　图像处理

13.5.1　绘制图像

通过 Graphics 类中的 DrawImage 方法，可以在由一对坐标指定的位置以图像的原始大小或者指定大小绘制图像，该方法有多种使用形式，其常用语法格式如下：

```
public void DrawImage(Image image,int x,int y)
public void DrawImage(Image image,int x,int y,int width,int height)
```

参数说明如表 13.5 所示。

表 13.5　DrawImage 方法的参数说明

参数	说明
image	要绘制的 Image
x	所绘制图像的左上角的 x 坐标
y	所绘制图像的左上角的 y 坐标
width	所绘制图像的宽度
height	所绘制图像的高度

例如，下面代码通过 Graphics 类中的 DrawImage 方法将公司 Logo 绘制到窗体中：

```
01  Image myImage = Image.FromFile("logo.jpg");        // 创建 Image 对象
02  Graphics myGraphics = this.CreateGraphics();        // 创建 Graphics 对象
03  myGraphics.DrawImage(myImage, 50, 20,90,92);        // 绘制图像
```

📑 **说明**

> logo.jpg 文件需要存放到项目的 Debug 文件夹中。

13.5.2　刷新图像

前面介绍的绘制图像的实例，都是使用窗体或者控件的 CreateGraphics 方法创建的 Graphics 绘图对象，这导致绘制的图像都是暂时的，如果当前窗体被切换或者被其他窗口覆盖，这些图像就会消失，为了使图像永久显示，可以通过在窗体或者控件的 Bitmap 对象上绘制图像来实现。

Bitmap 对象用来封装 GDI+ 位图，此位图由图形图像及其特性的像素数据组成，它是用于处理由像素数据定义的图像的对象。使用 Bitmap 对象绘制图像时，可以先创建一个 Bitmap 对象，并在其上绘制图像，然后将其赋值给窗体或者控件的 Bitmap 对象，这样绘制出的图像就可以自动刷新。

① 创建 Bitmap 对象时，需要使用 Bitmap 类的构造函数，代码如下：

```
Bitmap bmp = new Bitmap(120, 80);        // 创建指定大小的 Bitmap 对象
```

② 创建完 Bitmap 对象之后，使用创建的 Bitmap 对象生成 Graphics 绘图对象，然后调用 Graphics 绘图对象的相关方法绘制图像，代码如下：

```
01  Graphics g = Graphics.FromImage(bmp);        // 创建 Graphics 对象
02  Pen myPen = new Pen(Color.Green, 3);         // 创建 Pen 对象
03  g.DrawEllipse(myPen, 50, 10, 120, 80);       // 绘制空心椭圆
```

③ 最后将 Bitmap 对象指定给窗体或者控件的 Bitm 对象，例如，下面的代码将 Bitmap 对象指定给窗体的 BackgroundImage 属性，代码如下：

```
this.BackgroundImage = bmp;        // 将 Bitmap 对象指定给 BackgroundImage 属性
```

通过以上步骤绘制出的图像就可以自动刷新，并永久显示。

13.6　综合案例——十字光标定位

13.6.1　案例描述

在一些工程设计软件中，经常会看到一个用来精确定位的十字光标，该光标在屏幕或地图上垂直相

交形成一个十字形状，用此光标可以对一些物体在水平或垂直方向进行衡量，从而达到定位的目的。本案例以在地图中定位为例，讲解如何制作十字光标。效果如图 13.3 所示。

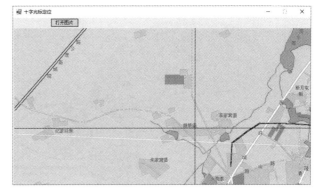

图 13.3　十字光标定位

13.6.2　实现代码

十字光标其实是两条相交的直线，这两条直线的焦点就是鼠标指针的位置，画两条经过鼠标指针焦点的水平和垂直直线即可形成十字光标，因此使用 DrawLine() 方法在鼠标点击位置绘制两条交叉的线段即可。关键代码如下：

```
01  private void pictureBox1_MouseDown(object sender, MouseEventArgs e)
02  {
03      Graphics myGraphics = pictureBox1.CreateGraphics();                // 创建绘图对象
04  // 通过调用 Graphics 对象的 DrawLine 方法实现鼠标十字定位功能
05      myGraphics.DrawLine(new Pen(Color.Black, 1), new Point(e.X, 0), new Point(e.X, e.Y));
06        myGraphics.DrawLine(new Pen(Color.Black, 1), new Point(e.X, e.Y), new Point(e.X, pictureBox1.
    Height-e.Y));
07      myGraphics.DrawLine(new Pen(Color.Black, 1), new Point(0, e.Y), new Point(e.X, e.Y));
08      myGraphics.DrawLine(new Pen(Color.Black, 1), new Point(e.X, e.Y), new Point(pictureBox1.Width - e.X,
    e.Y));
09  }
10  private void pictureBox1_MouseUp(object sender, MouseEventArgs e)
11  {
12      pictureBox1.Image = myImage;                                       // 显示原来的图片
13      pictureBox1.Height = myImage.Height;                              // 设置控件的高度
14      pictureBox1.Width = myImage.Width;                               // 设置控件的宽度
15  }
```

▽ 小结

本章详细讲解了 GDI+ 绘图相关的知识，其中 GDI+ 绘图主要包括 Graphics 对象、Pen 对象和 Brush 对象的创建等。Graphics 类是一切 GDI+ 操作的基础类，通过 GDI+ 可以绘制或者填充直线、矩形、椭圆、弧形、扇形、多边形以及文本、图像等各种几何图形，通过这些基本的图形，程序开发人员还可以将其进行组合开发出适合自己的图表。

13.7　实战练习

在中小型企业中，公章的应用非常普遍，它代表了一个企业的身份，本练习要求使用 GDI+ 技术制作一个简单的公章，效果可以参考图 13.4。

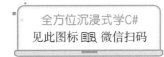

图 13.4　公章效果

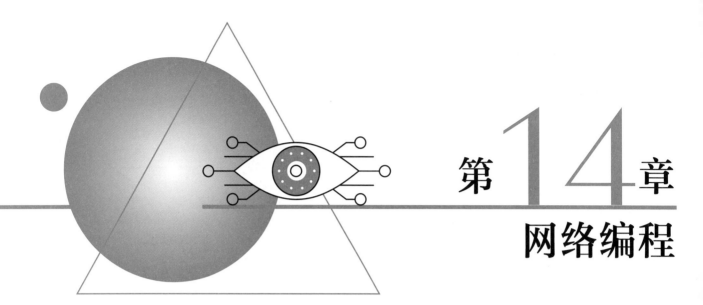

第 14 章

网络编程

计算机网络实现了多个计算机互联系统，相互连接的计算机之间彼此能够进行数据交流。网络应用程序就是在已连接的不同计算机上运行的程序，这些程序相互之间可以交换数据。而编写网络应用程序，首先必须明确网络应用程序所要使用的网络协议，TCP/IP 协议是网络应用程序的首选。本章将主要对 TCP 网络程序和 UDP 网络程序的设计进行详细讲解。

本章知识架构如下：

14.1 IP 地址封装

IP 地址是每个计算机在网络中的唯一标识，它是 32 位或 128 位的无符号数字，使用 4 组数字表示一个固定的编号，如 "192.168.128.255" 就是局域网络中的编号。

IP 地址是一种低级协议，TCP 协议和 UDP 协议都是在它的基础上构建的。

C# 提供了 IP 地址相关的类，包括 Dns 类、IPAddress 类、IPHostEntry 类等，它们都位于 System.Net 命名空间中，下面分别对这 3 个类进行介绍。

（1）Dns 类

Dns 类是一个静态类，它从 Internet 域名系统（DNS）检索关于特定主机的信息。在 IPHostEntry 类的实例中返回来自 DNS 查询的主机信息。如果指定的主机在 DNS 中有多个入口，则 IPHostEntry 包含多个 IP 地址和别名。Dns 类的常用方法及说明如表 14.1 所示。

表 14.1　Dns 类的常用方法及说明

方 法	说 明
BeginGetHostAddresses	异步返回指定主机的 Internet 协议（IP）地址
BeginGetHostByName	开始异步请求关于指定 DNS 主机名的 IPHostEntry 信息
EndGetHostAddresses	结束对 DNS 信息的异步请求
EndGetHostByName	结束对 DNS 信息的异步请求
EndGetHostEntry	结束对 DNS 信息的异步请求
GetHostAddresses	返回指定主机的 Internet 协议（IP）地址
GetHostByAddress	获取 IP 地址的 DNS 主机信息
GetHostByName	获取指定 DNS 主机名的 DNS 信息
GetHostEntry	将主机名或 IP 地址解析为 IPHostEntry 实例
GetHostName	获取本地计算机的主机名

（2）IPAddress 类

IPAddress 类包含计算机在 IP 网络上的地址，主要用来提供网际协议（IP）地址。IPAddress 类的常用字段、属性、方法及说明如表 14.2 所示。

表 14.2　IPAddress 类的常用字段、属性、方法及说明

字段、属性及方法	说 明
Any 字段	提供一个 IP 地址，指示服务器应侦听所有网络接口上的客户端活动。此字段为只读
Broadcast 字段	提供 IP 广播地址。此字段为只读
Loopback 字段	提供 IP 环回地址。此字段为只读
Address 属性	网际协议（IP）地址
AddressFamily 属性	获取 IP 地址的地址族
IsIPv6LinkLocal 属性	获取地址是否为 IPv6 链接本地地址
IsIPv6SiteLocal 属性	获取地址是否为 IPv6 站点本地地址
GetAddressBytes 方法	以字节数组形式提供 IPAddress 的副本
Parse 方法	将 IP 地址字符串转换为 IPAddress 实例
TryParse 方法	确定字符串是否为有效的 IP 地址

（3）IPHostEntry 类

IPHostEntry 类用来为 Internet 主机地址信息提供容器类，其常用属性及说明如表 14.3 所示。

表 14.3　IPHostEntry 类的常用属性及说明

属性	说明
AddressList	获取或设置与主机关联的 IP 地址列表
Aliases	获取或设置与主机关联的别名列表
HostName	获取或设置主机的 DNS 名称

📧 说明

IPHostEntry 类通常都和 Dns 类一起使用。

实例 14.1

👁 **实例位置：资源包 \Code\14\01**

访问同一局域网中的主机的名称

使用 Dns 类的相关方法获得本地主机的本机名和 IP 地址，然后访问同一局域网中的 IP "192.168.1.50" 至 "192.168.1.60" 范围内的所有可访问的主机的名称（如果对方没有安装防火墙，并且网络连接正常的话，都可以访问），代码如下：

```
01  private void Form1_Load(object sender, EventArgs e)
02  {
03      string IP, name, localip = "127.0.0.1";
04      string localname = Dns.GetHostName();                    // 获取本机名
05      IPAddress[] ips = Dns.GetHostAddresses(localname);       // 获取所有 IP 地址
06      foreach(IPAddress ip in ips)
07      {
08          if(!ip.IsIPv6SiteLocal)                              // 如果不是 IPv6 地址
09              localip = ip.ToString();                         // 获取本机 IP 地址
10      }
11                                                               // 将本机名和 IP 地址输出
12      label1.Text += "本机名: " + localname + "  本机 IP 地址: " + localip;
13      for (int i = 50; i <= 60; i++)
14      {
15          IP = "192.168.1." + i;                               // 生成 IP 字符串
16          try
17          {
18              IPHostEntry host = Dns.GetHostEntry(IP);         // 获取 IP 封装对象
19              name = host.HostName.ToString();                 // 获取指定 IP 地址的主机名
20              label1.Text += "\nIP 地址 " + IP + " 的主机名称是: " + name;
21          }
22          catch (Exception ex)
23          {
24              MessageBox.Show(ex.Message);
25          }
26      }
27  }
```

⏱ **程序运行结果如图 14.1 所示。**

🖊 技巧

如果想在没有联网的情况下访问本地主机，可以使用本地回送地址 "127.0.0.1"。

14.2 TCP 程序设计

TCP（Transmission Control Protocol）传输控制协议是一种面向连接的、可靠的、基于字节流的传输层通信协议。在 C# 中，TCP 程序设计是指利用 Socket 类、TcpClient 类和 TcpListener 类编写的网络通信程序，这 3 个类都位于 System.Net.Sockets 命名空间中。利用 TCP 协议进行通信的两个应用程序是有主次之分的，一个称为服务器端程序，另一个称为客户端程序。

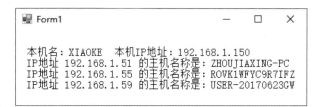

图 14.1　访问同一局域网中的主机名称

14.2.1 Socket 类

Socket 类为网络通信提供了一套丰富的方法和属性，主要用于管理连接，实现 Berkeley 通信端套接字接口，同时它还定义了绑定、连接网络端点及传输数据所需的各种方法，提供处理端点连接传输等细节所需要的功能。TcpClient 和 UdpClinet 等类在内部使用该类。Socket 类的常用属性及说明如表 14.4 所示。

表 14.4　**Socket 类的常用属性及说明**

属性	说明
AddressFamily	获取 Socket 的地址族
Available	获取已经从网络接收且可供读取的数据量
Connected	获取一个值，该值指示 Socket 是在上次 Send 还是 Receive 操作时连接到远程主机
LocalEndPoint	获取本地终结点
ProtocolType	获取 Socket 的协议类型
RemoteEndPoint	获取远程终结点
SendTimeout	获取或设置一个值，该值指定之后同步 Send 调用将超时的时间长度

Socket 类的常用方法及说明如表 14.5 所示。

表 14.5　**Socket 类的常用方法及说明**

方法	说明
Accept	为新建连接创建新的 Socket
BeginAccept	开始一个异步操作来接收一个传入的连接尝试
BeginConnect	开始一个对远程主机连接的异步请求
BeginDisconnect	开始异步请求从远程终结点断开连接
BeginReceive	开始从连接的 Socket 中异步接收数据
BeginSend	将数据异步发送到连接的 Socket
BeginSendFile	将文件异步发送到连接的 Socket
BeginSendTo	向特定远程主机异步发送数据
Close	关闭 Socket 连接并释放所有关联的资源
Connect	建立与远程主机的连接
Disconnect	关闭套接字连接并允许重用套接字

221

方法	说明
EndAccept	异步接收传入的连接尝试
EndConnect	结束挂起的异步连接请求
EndDisconnect	结束挂起的异步断开连接请求
EndReceive	结束挂起的异步读取
EndSend	结束挂起的异步发送
EndSendFile	结束文件的挂起异步发送
EndSendTo	结束挂起的、向指定位置进行的异步发送
Listen	将 Socket 置于侦听状态
Receive	接收来自绑定的 Socket 的数据
Send	将数据发送到连接的 Socket
SendFile	将文件和可选数据异步发送到连接的 Socket
SendTo	将数据发送到特定终结点

14.2.2　TcpClient 类和 TcpListener 类

TcpClient 类用于在同步阻止模式下通过网络来连接、发送和接收流数据。为了使 TcpClient 连接并交换数据，TcpListener 实例或 Socket 实例必须侦听是否有传入的连接请求。可以使用下面两种方法之一连接到该侦听器：

① 创建一个 TcpClient，并调用 Connect 方法连接。

② 使用远程主机的主机名和端口号创建 TcpClient，此构造函数将自动尝试一个连接。

TcpListener 类用于在阻止同步模式下侦听和接收传入的连接请求。可使用 TcpClient 类或 Socket 类来连接 TcpListener，并且可以使用 IPEndPoint、本地 IP 地址及端口号或者仅使用端口号来创建 TcpListener 实例对象。

TcpClient 类的常用属性、方法及说明如表 14.6 所示。

表 14.6　TcpClient 类的常用属性、方法及说明

属性及方法	说明
Available 属性	获取已经从网络接收且可供读取的数据量
Client 属性	获取或设置基础 Socket
Connected 属性	获取一个值，该值指示 TcpClient 的基础 Socket 是否已连接到远程主机
ReceiveBufferSize 属性	获取或设置接收缓冲区的大小
ReceiveTimeout 属性	获取或设置在初始化一个读取操作后 TcpClient 等待接收数据的时间量
SendBufferSize 属性	获取或设置发送缓冲区的大小
SendTimeout 属性	获取或设置 TcpClient 等待发送操作成功完成的时间量
BeginConnect 方法	开始一个对远程主机连接的异步请求
Close 方法	释放此 TcpClient 实例，而不关闭基础连接
Connect 方法	使用指定的主机名和端口号将客户端连接到 TCP 主机
EndConnect 方法	异步接收传入的连接尝试
GetStream 方法	返回用于发送和接收数据的 NetworkStream

TcpListener 类的常用属性、方法及说明如表 14.7 所示。

表 14.7　TcpListener 类的常用属性、方法及说明

属性及方法	说明
LocalEndpoint 属性	获取当前 TcpListener 的基础 EndPoint
Server 属性	获取基础网络 Socket
AcceptSocket/AcceptTcpClient 方法	接收挂起的连接请求
BeginAcceptSocket/BeginAcceptTcpClient 方法	开始一个异步操作来接收一个传入的连接尝试
EndAcceptSocket 方法	异步接收传入的连接尝试，并创建新的 Socket 来处理远程主机通信
EndAcceptTcpClient 方法	异步接收传入的连接尝试，并创建新的 TcpClient 来处理远程主机通信
Start 方法	开始侦听传入的连接请求
Stop 方法	关闭侦听器

14.2.3　TCP 网络程序实例

实例 14.2

客户端 / 服务器的交互

👁 **实例位置：资源包 \Code\14\02**

客户端 / 服务器交互程序如下。

（1）服务器端

创建服务器端项目 Server，在 Main 方法中创建 TCP 连接对象；然后监听客户端接入，并读取接入的客户端 IP 地址和传入的消息；最后向接入的客户端发送一条信息。代码如下：

```
01  namespace Server
02  {
03      class Program
04      {
05          static void Main()
06          {
07              int port = 888;                                         // 端口
08              TcpClient tcpClient;                                    // 创建 TCP 连接对象
09              IPAddress[] serverIP = Dns.GetHostAddresses("127.0.0.1");   // 定义 IP 地址
10              IPAddress localAddress = serverIP[0];                   //IP 地址
11              TcpListener tcpListener = new TcpListener(localAddress, port);   // 监听套接字
12              tcpListener.Start();                                    // 开始监听
13              Console.WriteLine(" 服务器启动成功，等待用户接入 …");      // 输出消息
14              while (true)
15              {
16                  try
17                  {
18 // 每接收一个客户端则生成一个 TcpClient
19                      tcpClient = tcpListener.AcceptTcpClient();
20                      NetworkStream networkStream = tcpClient.GetStream();   // 获取网络数据流
21 // 定义流数据读取对象
22                      BinaryReader reader = new BinaryReader(networkStream);
23 // 定义流数据写入对象
24                      BinaryWriter writer = new BinaryWriter(networkStream);
25                      while (true)
```

```
26                              {
27                                  try
28                                  {
29                                      string strReader = reader.ReadString();              // 接收消息
30  // 截取客户端消息
31                                      string[] strReaders = strReader.Split(new char[] { ' ' });
32  // 输出接收的客户端 IP 地址
33                                      Console.WriteLine(" 有客户端接入，客户 IP：" + strReaders[0]);
34                                      // 输出接收的消息
35                                      Console.WriteLine(" 来自客户端的消息：" + strReaders[1]);
36                                      string strWriter = " 我是服务器，欢迎光临 ";          // 定义服务端要写入的消息
37                                      writer.Write(strWriter);                             // 向对方发送消息
38                                  }
39                                  catch
40                                  {
41                                      break;
42                                  }
43                              }
44                          }
45                          catch
46                          {
47                              break;
48                          }
49                      }
50                  }
51              }
52  }
```

(2) 客户端

创建客户端项目 Client，在 Main 方法中创建 TCP 连接对象，以指定的地址和端口连接服务器；然后向服务器端发送数据和接收服务器端传输的数据。代码如下：

```
01  namespace Client
02  {
03      class Program
04      {
05          static void Main(string[] args)
06          {
07  // 创建一个 TcpClient 对象，自动分配主机 IP 地址和端口号
08              TcpClient tcpClient = new TcpClient();
09              // 连接服务器，其 IP 和端口号为 127.0.0.1 和 888
10              tcpClient.Connect("127.0.0.1", 888);
11              if (tcpClient != null)                                          // 判断是否连接成功
12              {
13                  Console.WriteLine(" 连接服务器成功 ");
14                  NetworkStream networkStream = tcpClient.GetStream();        // 获取数据流
15                  BinaryReader reader = new BinaryReader(networkStream);      // 定义流数据读取对象
16                  BinaryWriter writer = new BinaryWriter(networkStream);      // 定义流数据写入对象
17                  string localip="127.0.0.1";                                 // 存储本机 IP，默认值为 127.0.0.1
18                  IPAddress[] ips = Dns.GetHostAddresses(Dns.GetHostName());  // 获取所有 IP 地址
19                  foreach (IPAddress ip in ips)
20                  {
21                      if (!ip.IsIPv6SiteLocal)                                // 如果不是 IPv6 地址
22                          localip = ip.ToString();                           // 获取本机 IP 地址
23                  }
24                  writer.Write(localip + " 你好服务器，我是客户端 ");          // 向服务器发送消息
25                  while (true)
26                  {
27                      try
28                      {
29                          string strReader = reader.ReadString();             // 接收服务器发送的数据
30                          if (strReader != null)
```

```
31                              {
32  // 输出接收的服务器消息
33                          Console.WriteLine(" 来自服务器的消息: "+strReader);
34                      }
35                  }
36              catch
37              {
38                  break;                                // 接收过程中如果出现异常, 退出循环
39              }
40          }
41      }
42      Console.WriteLine(" 连接服务器失败 ");
43      }
44  }
45 }
```

首先运行服务器端, 然后运行客户端, 运行客户端后的服务器端效果如图 14.2 所示, 客户端运行效果如图 14.3 所示。

图 14.2　客户端运行后的服务器端效果

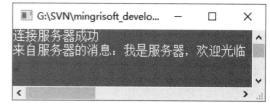

图 14.3　客户端运行效果

14.3　UDP 程序设计

UDP 是 User Datagram Protocol 的简称, 中文名是用户数据报协议, 它是网络信息传输的另一种形式。UDP 通信和 TCP 通信不同, 基于 UDP 的信息传递更快, 但不提供可靠的保证。使用 UDP 传递数据时, 用户无法知道数据能否正确地到达主机, 也不能确定到达目的地的顺序是否和发送的顺序相同。虽然 UDP 是一种不可靠的协议, 但如果需要较快地传输信息, 并能容忍小的错误, 可以考虑使用 UDP。

基于 UDP 通信的基本模式如下:
① 将数据打包 (称为数据包), 然后将数据包发往目的地。
② 接收别人发来的数据包, 然后查看数据包。

14.3.1　UdpClient 类

在 C# 中, UdpClient 类用于在阻止同步模式下发送和接收无连接 UDP 数据报。因为 UDP 是无连接传输协议, 所以不需要在发送和接收数据前建立远程主机连接, 但可以选择使用下面两种方法之一来建立默认远程主机:
① 使用远程主机名和端口号作为参数创建 UdpClient 类的实例。
② 创建 UdpClient 类的实例, 然后调用 Connect 方法。
UdpClient 类的常用属性、方法及说明如表 14.8 所示。

表 14.8　UdpClient 类的常用属性、方法及说明

属性及方法	说明
Available 属性	获取从网络接收的可读取的数据量
Client 属性	获取或设置基础网络 Socket
BeginReceive 方法	从远程主机异步接收数据报
BeginSend 方法	将数据报异步发送到远程主机
Close 方法	关闭 UDP 连接
Connect 方法	建立默认远程主机
EndReceive 方法	结束挂起的异步接收
EndSend 方法	结束挂起的异步发送
Receive 方法	返回已由远程主机发送的 UDP 数据报
Send 方法	将 UDP 数据报发送到远程主机

14.3.2　UDP 网络程序实例

根据前面所讲的网络编程的基础知识，以及 UDP 网络编程的特点，下面创建一个广播数据报程序。广播数据报是一种较新的技术，类似于电台广播，广播电台需要在指定的波段和频率上广播信息，收听者也要将收音机调到指定的波段、频率才可以收听广播内容。

实例 14.3

广播数据报程序

👁 **实例位置：资源包 \Code\14\03**

本实例要求主机不断地重复播出节目预报，这样可以保证加入到同一组的主机随时接收到广播信息。接收者将正在接收的信息放在一个文本框中，并将接收的全部信息放在另一个文本框中。

① 创建广播主机项目 Server（控制台应用程序），在 Main 方法中创建 UDP 连接；然后通过 UDP 连接不断向外发送广播信息。代码如下：

```
01  namespace Server
02  {
03      class Program
04      {
05          static UdpClient udp = new UdpClient(); // 创建 UdpClient 对象
06          static void Main(string[] args)
07          {
08  // 调用 UdpClient 对象的 Connect 方法建立默认远程主机
09              udp.Connect("127.0.0.1", 888);
10              while (true)
11              {
12                  Thread thread = new Thread(() =>
13                  {
14                      while (true)
15                      {
16                          try
17                          {
18
19  // 定义一个字节数组，用来存放发送到远程主机的信息
20                              Byte[] sendBytes = Encoding.Default.GetBytes("(" + DateTime.Now.
    ToLongTimeString() + ")节目预报: 八点有大型晚会，请收听 ");
```

```
21                                      Console.WriteLine("(" + DateTime.Now.ToLongTimeString() + ")节目预报：八点有
大型晚会，请收听");
22    // 调用 UdpClient 对象的 Send 方法将 UDP 数据报发送到远程主机
23                                      udp.Send(sendBytes, sendBytes.Length);
24                                      Thread.Sleep(2000);  // 线程休眠 2s
25                                  }
26                                  catch (Exception ex)
27                                  {
28                                      Console.WriteLine(ex.Message);
29                                  }
30                              }
31                          });
32                          thread.Start();                          // 启动线程
33                      }
34                  }
35              }
36      }
```

📋 **说明**

> 上面的代码实现时用到了 Thread 类，该类表示线程类，其详细使用请参见本书第 15 章。

⚙️ **程序运行结果如图 14.4 所示。**

② 创建接收广播项目 Client（Windows 窗体应用程序），在默认窗体中添加两个 Button 控件和两个 TextBox 控件，并且将两个 TextBox 控件设置为多行文本框。单击"开始接收"按钮，系统开始接收主机播出的信息；单击"停止接收"按钮，系统会停止接收广播主机播出的信息。代码如下：

图 14.4　广播主机程序的运行结果

```
01    namespace Client
02    {
03        public partial class Form1 : Form
04        {
05            public Form1()
06            {
07                InitializeComponent();
08                CheckForIllegalCrossThreadCalls = false;              // 在其他线程中可以调用主窗体控件
09            }
10            bool flag = true;                                          // 标识是否接收数据
11            UdpClient udp;                                             // 创建 UdpClient 对象
12            Thread thread;                                            // 创建线程对象
13            private void button1_Click(object sender, EventArgs e)
14            {
15                udp = new UdpClient(888);                              // 使用端口号创建 UDP 连接对象
16                flag = true;                                          // 标识接收数据
17    // 创建 IPEndPoint 对象，用来显示响应主机的标识
18                IPEndPoint ipendpoint = new IPEndPoint(IPAddress.Any, 888);
19                thread = new Thread(() =>                              // 新开线程，执行接收数据操作
20                {
21                    while(flag)                                        // 如果标识为 true
22                    {
23                        try
24                        {
25                            if (udp.Available <= 0) continue;          // 判断是否有网络数据
26                            if (udp.Client == null) return;            // 判断连接是否为空
27    // 调用 UdpClient 对象的 Receive 方法获得从远程主机返回的 UDP 数据报
28                            byte[] bytes = udp.Receive(ref ipendpoint);
```

```
29          // 将获得的 UDP 数据报转换为字符串形式
30                          string str = Encoding.Default.GetString(bytes);
31                          textBox2.Text = "正在接收的信息: \n" + str;        // 显示正在接收的数据
32                          textBox1.Text += "\n" + str;                    // 显示接收的所有数据
33                      }
34                      catch (Exception ex)
35                      {
36                          MessageBox.Show(ex.Message);                    // 错误提示
37                      }
38                      Thread.Sleep(2000);                                 // 线程休眠 2s
39                  }
40              });
41              thread.Start();                                            // 启动线程
42          }
43          private void button2_Click(object sender, EventArgs e)
44          {
45              flag = false;                                              // 标识不接收数据
46              if (thread.ThreadState == ThreadState.Running)             // 判断线程是否运行
47                  thread.Abort();                                        // 终止线程
48              udp.Close();                                               // 关闭连接
49          }
50      }
51  }
```

⏻ **程序运行结果如图 14.5 所示。**

图 14.5　接收广播程序的运行结果

14.4　综合案例——点对点聊天室

14.4.1　案例描述

网络的快速发展使得信息交流的速度和方式发生巨大变化，聊天程序则是其中最常见的信息交换方式。一些聊天室程序在网络上随处可见，本案例通过 C# 开发点对点聊天室程序，通过本案例可以实现两台主机之间的信息传递。运行结果如图 14.6 所示。

14.4.2　实现代码

① 新建一个项目，默认主窗体为 Form1。

② 在 Form1 窗体中添加 3 个 TextBox 文本框，分别用于获取用户名、显示与发送信息。

③ 在 Form1 窗体中添加两个 RichTextBox 控件、3 个 Button 控件和两个 TextBox 控件。分别用于输入信息和显示聊天记录、"清屏""发送"和关闭程序以及输入对方主机的 IP 地址和显示给对方的昵称。

图 14.6　点对点聊天程序设计

④ 主要程序代码。

自定义 StartListen 方法，该方法用来用指定端口号监听是否有消息传输，如果有，则将消息记录下来。代码如下：

```
01    private void StartListen()
02    {
03        message = "";                                          // 清空消息
04        tcpListener = new TcpListener(888);                    // 实例化侦听对象
05        tcpListener.Start();                                   // 开始监听
06        while (true)
07        {
08            TcpClient tclient = tcpListener.AcceptTcpClient();  // 接收连接请求
09            NetworkStream nstream = tclient.GetStream();        // 获取数据流
10            byte[] mbyte = new byte[1024];                      // 建立缓存
11            int i = nstream.Read(mbyte, 0, mbyte.Length);       // 将数据流写入缓存
12            message = Encoding.Default.GetString(mbyte, 0, i);  // 记录发送的消息
13        }
14    }
```

单击"发送"按钮，向指定主机发送聊天信息。代码如下：

```
01    private void button2_Click(object sender, EventArgs e)
02    {
03        try
04        {
05            IPAddress[] ip = Dns.GetHostAddresses(Dns.GetHostName()); // 获取主机名
06            string strmsg = "  " + txtName.Text + "(" + ip[0].ToString() + ") " + DateTime.Now.
    ToLongTimeString() + "\n" + "  " + this.rtbSend.Text + "\n";   // 定义消息格式
07            TcpClient client = new TcpClient(txtIP.Text, 888);       // 实例化 TcpClient 对象
08            NetworkStream netstream = client.GetStream();            // 实例化 NetworkStream 网络流对象
09            StreamWriter wstream = new StreamWriter(netstream, Encoding.Default);
10            wstream.Write(strmsg);                                   // 将消息写入网络流
11            wstream.Flush();                                         // 释放网络流对象
12            wstream.Close();                                         // 关闭网络流对象
13            client.Close();                                          // 关闭 TcpClient
14            rtbContent.AppendText(strmsg);                           // 将发送的消息添加到文本框
15            rtbContent.ScrollToCaret();                              // 自动滚动文本框的滚动条
16            rtbSend.Clear();                                         // 清空发送消息文本框
17        }
18        catch (Exception ex)
19        {
20            MessageBox.Show(ex.Message);
21        }
22    }
```

启动定时器，在定时器的 Tick 事件中判断是否有消息传输。如果有，则将其显示在 RichTextBox 控件

中，同时清空消息变量，以便重新记录。代码如下：

```
01  private void timer1_Tick(object sender, EventArgs e)
02  {
03      if (message != "")
04      {
05          rtbContent.AppendText(message);          // 将接收的消息添加到文本框中
06          rtbContent.ScrollToCaret();              // 自动滚动文本框的滚动条
07          message = "";                            // 清空消息
08      }
09  }
```

▽ 小结

本章主要讲解了 C# 中的网络编程知识，学习本章之前，对于网络协议等基础内容，程序设计人员应该有所了解，有兴趣的读者还可以查阅其他资料来获取详细的信息。本章重点讲解的是如何使用 C# 进行 TCP 和 UDP 网络程序设计，其中，设计 TCP 网络程序，主要用到了 Socket 类、TcpClient 类和 TcpListener 类，而设计 UDP 网络程序，主要用到 UdpClient 类。C# 中，网络相关的类都位于 System.Net 和 System.Net.Sockets 命名空间中，学习本章时，重点需要掌握以上几个类的使用方法。

14.5　实战练习

改版实例 14.2，使用 Socket 实现客户端与服务器的交互。

扫码领取
· 配 套 答 案
· 在 线 试 题
· 视 频 讲 解
· 实 战 经 验
· 源 文 件 下 载

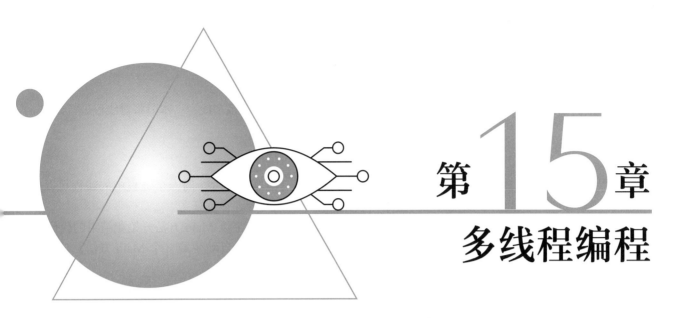

第15章

多线程编程

如果一次只完成一件事情，那是一个不错的想法，但事实上很多事情都是同时进行的，所以在 C# 中为了模拟这种状态，引入了线程机制。简单地说，当程序同时完成多件事情时，就是所谓的多线程程序。多线程运用广泛，开发人员可以使用多线程对要执行的操作分段执行，这样可以大大提高程序的运行速度和性能。本章将对 C# 中的多线程编程进行详细讲解。

本章知识架构如下：

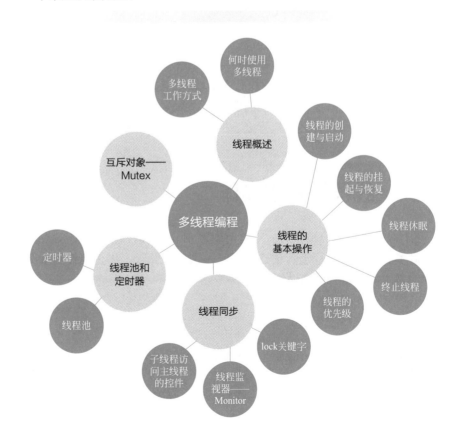

15.1 线程概述

每个正在运行的应用程序都是一个进程，一个进程可以包括一个或多个线程。本节将对线程进行介绍。

15.1.1 多线程工作方式

线程是进程中可以并行执行的程序段，它可以独立占用处理器时间片，同一个进程中的线程可以共用进程分配的资源和空间。多线程的应用程序可以在"同一时刻"处理多项任务。

默认情况下，系统为应用程序分配一个主线程，该线程执行程序中以 Main 方法开始和结束的代码。

例如，新建一个 Windows 应用程序，程序会在 Program.cs 文件中自动生成一个 Main 方法，该方法就是主线程的启动入口点。Main 方法代码如下：

```
01  [STAThread]
02  static void Main()
03  {
04      Application.EnableVisualStyles();
05      Application.SetCompatibleTextRenderingDefault(false);
06      Application.Run(new Form1());
07  }
```

📑 **说明**

在以上代码中，Application 类的 Run 方法用于在当前线程上开始运行标准应用程序，并使指定窗体可见。

15.1.2 何时使用多线程

多线程就是同时执行多个线程，但实际上，处理器每次都只会执行一个线程，只不过这个时间非常短，不会超过几毫秒，因此，在执行完一个线程之后，再次选择执行下一个线程的过程几乎是不被人发觉的。这种几乎不被发觉的同时执行多个线程的过程就是多线程处理。

一般情况下，需要用户交互的软件都必须尽可能快地对用户的活动作出反应，以便提供丰富多彩的用户体验，但同时它又必须执行必要的计算以便尽可能快地将数据呈现给用户，这时可以使用多线程来实现。

15.2 线程的基本操作

C# 中对线程进行操作时，主要用到了 Thread 类，该类位于 System.Threading 命名空间下。通过使用 Thread 类，可以对线程进行创建、暂停、恢复、休眠、终止及设置优先权等操作。本节将对 Thread 类及线程的基本操作进行详细讲解。

15.2.1 线程的创建与启动

Thread 类位于 System.Threading 命名空间下，System.Threading 命名空间提供一些可以进行多线程编程的类和接口。

Thread 类主要用于创建并控制线程、设置线程优先级并获取其状态。一个进程可以创建一个或多个线程以执行与该进程关联的部分程序代码，线程执行的程序代码由 ThreadStart 委托或 ParameterizedThreadStart 委托指定。

线程运行期间，不同的时刻会表现为不同的状态，但它总是处于由 ThreadState 定义的一个或多个状态中。用户可以通过使用 ThreadPriority 枚举为线程定义优先级，但不能保证操作系统会接受该优先级。

Thread 类的常用属性及说明如表 15.1 所示。

表 15.1　Thread 类的常用属性及说明

属性	说明
CurrentThread	获取当前正在运行的线程
IsAlive	获取一个值，该值指示当前线程的执行状态
Name	获取或设置线程的名称
Priority	获取或设置一个值，该值指示线程的调度优先级
ThreadState	获取一个值，该值包含当前线程的状态

Thread 类的常用方法及说明如表 15.2 所示。

表 15.2　Thread 类的常用方法及说明

方法	说明
Abort	在调用此方法的线程上引发 ThreadAbortException，以开始终止此线程的过程。调用此方法通常会终止线程
Join	阻止调用线程，直到某个线程终止时为止
ResetAbort	取消为当前线程请求的 Abort
Resume	继续已挂起的线程
Sleep	将当前线程阻止指定的毫秒数
Start	使线程被安排进行执行
Suspent	挂起线程，或者如果线程已挂起，则不起作用

创建一个线程非常简单，只需将其声明并为其提供线程起始点处的方法委托即可。创建新的线程时，需要使用 Thread 类，Thread 类具有接受一个 ThreadStart 委托或 ParameterizedThreadStart 委托的构造函数，该委托包装了调用 Start 方法时由新线程调用的方法。创建了 Thread 类的对象之后，线程对象已存在并已配置，但并未创建实际的线程，这时，只有在调用 Start 方法后，才会创建实际的线程。

Start 方法用来使线程被安排进行执行，它有两种重载形式，下面分别介绍。

① 导致操作系统将当前实例的状态更改为 ThreadState.Running。

```
public void Start ()
```

② 使操作系统将当前实例的状态更改为 ThreadState.Running，并选择提供包含线程执行的方法要使用的数据的对象。

```
public void Start (Object parameter)
```

parameter 表示一个对象，包含线程执行的方法要使用的数据。

⚡ **注意**

> 如果线程已经终止，就无法通过再次调用 Start 方法来重新启动。

例如，创建一个控制台应用程序，其中自定义一个静态的 void 类型方法 ThreadFunction。然后在 Main 方法中通过创建 Thread 类对象创建一个新的线程。最后调用 Start 方法启动该线程，代码如下：

```
01  static void Main(string[] args)
02  {
03      Thread t;                                              // 声明线程
04  // 用线程起始点的 ThreadStart 委托创建该线程的实例
05      t = new Thread(new ThreadStart(ThreadFunction));
06      t.Start();                                             // 启动线程
07  }
08  public static void ThreadFunction()                        // 线程的执行方法
09  {
10      Console.Write(" 创建一个新的子线程，并且该线程已启动！ ");    // 向控制台输出信息
11  }
```

💡 **注意**

> 线程的入口（本例中为 ThreadFunction）不带任何参数。

15.2.2 线程的挂起与恢复

创建完一个线程并启动之后，还可以挂起、恢复、休眠或终止它，本节主要对线程的挂起与恢复进行讲解。

线程的挂起与恢复分别可以通过调用 Thread 类中的 Suspend 方法和 Resume 方法实现，下面对这两个方法进行详细介绍。

（1）Suspend 方法

该方法用来挂起线程，如果线程已挂起，则不起作用。

```
public void Suspend ()
```

📖 **说明**

> 调用 Suspend 方法挂起线程时，.NET 允许要挂起的线程再执行几个指令，目的是为了达到 .NET 认为线程可以安全挂起的状态。

（2）Resume 方法

该方法用来继续已挂起的线程。

```
public void Resume ()
```

📖 **说明**

> 通过 Resume 方法来恢复被暂停的线程时，无论调用了多少次 Suspend 方法，调用 Resume 方法均会使另一个线程脱离挂起状态，并导致该线程继续执行。

例如，先后调用 Suspend 方法和 Resume 方法挂起和恢复 15.2.1 节创建的线程，代码如下：

```
01  if (t.ThreadState == ThreadState.Running)                  // 若线程已经启动
02  {
03      t.Suspend();                                           // 挂起线程
04      t.Resume();                                            // 恢复挂起的线程
05  }
```

15.2.3　线程休眠

线程休眠主要通过 Thread 类的 Sleep 方法实现，该方法用来将当前线程阻止指定的时间，它有两种重载形式，下面分别进行介绍。

① 将当前线程挂起指定的时间，语法如下。

```
public static void Sleep (int millisecondsTimeout)
```

millisecondsTimeout 表示线程被阻止的毫秒数，指定零以指示应挂起此线程以使其他等待线程能够执行，指定 Infinite 以无限期阻止线程。

② 将当前线程阻止指定的时间，语法如下。

```
public static void Sleep (TimeSpan timeout)
```

timeout：线程被阻止的时间量的 TimeSpan。指定零以指示应挂起此线程以使其他等待线程能够执行，指定 Infinite 以无限期阻止线程。

例如，使用 Thread 类的 Sleep 方法使当前线程休眠 2s，代码如下。

```
Thread.Sleep(2000); // 使线程休眠 2s
```

15.2.4　终止线程

终止线程可以分别使用 Thread 类的 Abort 方法和 Join 方法实现，下面对这两个方法进行详细介绍。

（1）Abort 方法

Abort 方法用来终止线程，它有两种重载形式，下面分别介绍。

① 终止线程，在调用此方法的线程上引发 ThreadAbortException 异常，以开始终止此线程的过程。

```
public void Abort ()
```

② 终止线程，在调用此方法的线程上引发 ThreadAbortException 异常，以开始终止此线程并提供有关线程终止的异常信息的过程。

```
public void Abort (Object stateInfo)
```

stateInfo 表示一个对象，它包含应用程序特定的信息（如状态），该信息可供正被终止的线程使用。

例如，调用 Thread 类的 Abort 方法终止 15.2.1 节创建的线程，代码如下：

```
t.Abort(); // 终止线程
```

（2）Join 方法

Join 方法用来阻止调用线程，直到某个线程终止时为止，它有 3 种重载形式，下面分别介绍。

① 在继续执行标准的 COM 和 SendMessage 消息处理期间阻止调用线程，直到某个线程终止为止，语法格式如下：

```
public void Join ()
```

② 在继续执行标准的 COM 和 SendMessage 消息处理期间阻止调用线程，直到某个线程终止或经过了指定时间为止，语法格式如下：

```
public bool Join (int millisecondsTimeout)
```

millisecondsTimeout 表示等待线程终止的毫秒数。如果线程已终止，则返回值为 true；如果线程在经过了 millisecondsTimeout 参数指定的时间量后未终止，则返回值为 false。

③ 在继续执行标准的 COM 和 SendMessage 消息处理期间阻止调用线程，直到某个线程终止或经过了指定时间为止，语法格式如下：

```
public bool Join (TimeSpan timeout)
```

timeout 表示等待线程终止的时间量的 TimeSpan。如果线程已终止，则返回值为 true；如果线程在经过了 timeout 参数指定的时间量后未终止，则返回值为 false。

例如，调用了 Thread 类的 Join 方法等待 15.2.1 节创建的线程终止，代码如下：

```
t.Join(); // 阻止调用该线程，直到该线程终止
```

💡 注意

如果在应用程序中使用了多线程，辅助线程还没有执行完毕，在关闭窗体时必须关闭辅助线程，否则会引发异常。

15.2.5 线程的优先级

线程优先级指定一个线程相对于另一个线程的相对优先级。每个线程都有一个分配的优先级。在公共语言运行库内创建的线程最初被分配为 Normal 优先级，而在公共语言运行库外创建的线程，在进入公共语言运行库时将保留其先前的优先级。

线程是根据其优先级而调度执行的，用于确定线程执行顺序的调度算法随操作系统的不同而不同。在某些操作系统下，具有最高优先级（相对于可执行线程而言）的线程经过调度后总是首先运行。如果具有相同优先级的多个线程都可用，则程序将遍历处于该优先级的线程，并为每个线程提供一个固定的时间片来执行。只要具有较高优先级的线程可以运行，具有较低优先级的线程就不会执行。如果在给定的优先级上不再有可运行的线程，则程序将移到下一个较低的优先级并在该优先级上调度线程以执行。如果具有较高优先级的线程可以运行，则具有较低优先级的线程将被抢先，并允许具有较高优先级的线程再次执行。除此之外，当应用程序的用户界面在前台和后台之间移动时，操作系统还可以动态调整线程优先级。

💡 注意

一个线程的优先级不影响该线程的状态，该线程的状态在操作系统可以调度该线程之前必须为 Running。

线程的优先级值及说明如表 15.3 所示。

表 15.3　线程的优先级值及说明

优先级值	说明
AboveNormal	可以将 Thread 安排在具有 Highest 优先级的线程之后，在具有 Normal 优先级的线程之前
BelowNormal	可以将 Thread 安排在具有 Normal 优先级的线程之后，在具有 Lowest 优先级的线程之前
Highest	可以将 Thread 安排在具有任何其他优先级的线程之前
Lowest	可以将 Thread 安排在具有任何其他优先级的线程之后
Normal	可以将 Thread 安排在具有 AboveNormal 优先级的线程之后，在具有 BelowNormal 优先级的线程之前。默认情况下，线程具有 Normal 优先级

开发人员可以通过访问线程的 Priority 属性来获取和设置其优先级。Priority 属性用来获取或设置一个值，该值指示线程的调度优先级。

```
public ThreadPriority Priority { get; set; }
```

属性值: hreadPriority 类型的枚举值之一, 默认值为 Normal。

15.3 线程同步

在单线程程序中, 每次只能做一件事情, 后面的事情需要等待前面的事情完成后才可以进行, 但是如果使用多线程程序, 就会发生两个线程抢占资源的问题, 例如两个人同时说话, 两个人同时过同一个独木桥等。所以在多线程编程中, 需要防止这些资源访问的冲突, 为此 C# 提供线程同步机制来防止资源访问的冲突。

线程同步机制是指并发线程高效、有序地访问共享资源所采用的技术, 所谓同步, 是指某一时刻只有一个线程可以访问资源, 只有当资源所有者主动放弃了代码或资源的所有权时, 其他线程才可以使用这些资源。线程同步技术主要用到 lock 关键字、Monitor 类, 下面分别进行讲解。

15.3.1 lock 关键字

lock 关键字可以用来确保代码块完成运行, 而不会被其他线程中断, 它是通过在代码块运行期间为给定对象获取互斥锁来实现的。

lock 语句以关键字 lock 开头, 它有一个作为参数的对象, 在该参数的后面还有一个一次只能有一个线程执行的代码块。lock 语句语法格式如下。

```
Object thisLock = new Object();
lock (thisLock)
{
        // 要运行的代码块
}
```

📑 **说明**

> 提供给 lock 语句的参数必须为基于引用类型的对象, 该对象用来定义锁的范围。严格来说, 提供给 lock 语句的参数只是用来唯一标识由多个线程共享的资源, 所以它可以是任意类实例, 然而实际上, 此参数通常表示需要进行线程同步的资源。

实例 15.1 　　　　**模拟账户转账操作**　　　　👁 **实例位置: 资源包 \Code\15\01**

创建一个控制台应用程序, 在其中定义一个公共资源类 Account, 该类中主要用来对一个账户进行转账操作, 每次转入 1000, 然后在 Main 方法中创建 Account 对象, 并同时启动三个线程来访问 Account 类的转账方法, 以便同时向同一账户进行转账操作, 代码如下:

```
01  class Program
02  {
03      static void Main(string[] args)
04      {
05          Account account = new Account();                    // 创建 Account 对象
06          for (int i = 0; i < 3; i++)                         // 创建 3 个线程, 模拟多线程运行
```

```
07            {
08                Thread th = new Thread(account.TofA);        // 创建线程并绑定 TofA 方法
09                th.Start();                                   // 启动线程
10            }
11            Console.Read();
12        }
13    }
14    class Account
15    {
16        private int i = 0;                                    // 定义整型变量，用于输出显示
17        public void TofA()                                    // 定义线程的绑定方法
18        {
19            lock (this)                                       // 锁定当前的线程，阻止其他线程的进入
20            {
21                Console.WriteLine("账户余额: " + i.ToString());
22                Thread.Sleep(1000);                           // 模拟做一些耗时的工作
23                i += 1000;                                    // 变量 i 自增
24                Console.WriteLine("转账后的账户余额: " + i.ToString());
25            }
26        }
27    }
```

⚙ **程序运行结果如图 15.1 所示。**

15.3.2 线程监视器——Monitor

Monitor 类提供了同步对对象的访问机制，它通过向单个线程授予对象锁来控制对对象的访问，对象锁提供限制访问代码块（通常称为临界区）的能力。当一个线程拥有对象锁时，其他任何线程都不能获取该锁。

Monitor 类的常用方法及说明如表 15.4 所示。

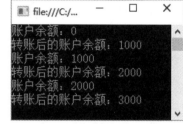

图 15.1　同时向同一账户转账

表 15.4　**Monitor 类的常用方法及说明**

方法	说明
Enter	在指定对象上获取排他锁
Exit	释放指定对象上的排他锁
Wait	释放对象上的锁并阻止当前线程，直到它重新获取该锁

实例 15.2

👁 **实例位置：资源包 \Code\15\02**

Monitor 同步监视器的使用

创建一个控制台应用程序，在其中定义一个公共资源类 TestMonitor，在该类中定义一个线程的绑定方法 TestRun，在该方法中使用 Monitor.Enter 方法开始同步，并使用 Monitor.Exit 方法退出同步。然后在 Main 方法中创建 TestMonitor 对象，并同时启动三个线程来访问 TestRun 方法。代码如下：

```
01    class Program
02    {
03        static void Main(string[] args)
04        {
05            TestMonitor tm = new TestMonitor();        // 创建 TestMonitor 对象
06            for (int i = 0; i < 3; i++)                // 创建 3 个线程，模拟多线程运行
07            {
```

```
08                 Thread th = new Thread(tm.TestRun);          // 创建线程并绑定 TestRun 方法
09                 th.Start();                                  // 启动线程
10            }
11            Console.Read();
12        }
13    }
14    class TestMonitor                                          // 线程要访问的公共资源类
15    {
16        private Object obj = new object();                     // 定义同步对象
17        private int i = 0;                                     // 定义整型变量, 用于输出显示
18        public void TestRun()                                  // 定义线程的绑定方法
19        {
20            Monitor.Enter(obj);                                // 在同步对象上获取排它锁
21            Console.WriteLine("i 的初始值为: " + i.ToString());
22            Thread.Sleep(1000);                                // 模拟做一些耗时的工作
23            i++;                                               // 变量 i 自增
24            Console.WriteLine("i 在自增之后的值为: " + i.ToString());
25            Monitor.Exit(obj);                                 // 释放同步对象上的排它锁
26        }
27    }
```

📋 **说明**

使用 Monitor 类有很好的控制能力, 例如, 它可以使用 Wait 方法指示活动的线程等待一段时间, 当线程完成操作时, 还可以使用 Pulse 方法或 PulseAll 方法通知等待中的线程。

15.3.3 子线程访问主线程的控件

在开发具有线程的应用程序时, 有时会通过子线程实现 Windows 窗体, 以及控件的操作, 比如: 在对文件进行复制时, 为了使用户可以更好地观察到文件的复制情况, 可以在指定的 Windows 窗体上显示一个进度条, 为了避免文件复制与进度条的同时操作所带来的机器假死状态, 可以用子线程来完成文件复制与进度条跟踪操作, 下面以简单的例子说明如何在子线程中操作窗体中的 TextBox。

```
01  Thread t;                                                   // 定义线程变量
02  private void button1_Click(object sender, EventArgs e)
03  {
04      t = new Thread(new ThreadStart(Threadp));               // 创建线程
05      t.Start();                                              // 启动线程
06  }
```

自定义方法 Threadp, 主要用于线程的调用。代码如下:

```
01  public void Threadp()
02  {
03      textBox1.Text = " 实现在子线程中操作主线程中的控件 ";
04      t.Abort();                          // 关闭线程
05  }
```

运行上面的代码, 将会出现如图 15.2 所示的错误提示。

以上是通过一个子线程来操作主线程中的控件, 但是, 这样做会出现一个问题: TextBox 控件是在主线程中创建的, 在子线程中并没有对其进行创建, 也就是从不是创建控件的线程访问它。

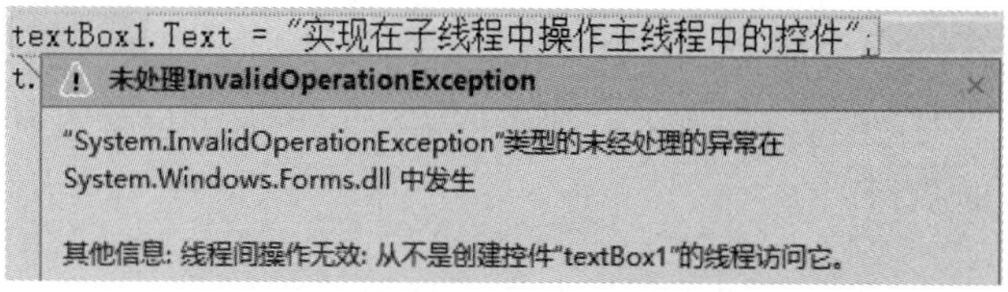

图 15.2 **在子线程中操作主线程中的控件的错误提示信息**

那么，如何解决跨线程调用 Windows 窗体控件呢？可以用线程委托实现跨线程调用 Windows 窗体控件。下面将上面的代码进行改动。代码如下：

```
01  Thread t;                                              // 定义线程变量
02  private void button1_Click(object sender, EventArgs e){
03      t = new Thread(new ThreadStart(Threadp));          // 创建线程
04      t.Start();                                         // 启动线程
05  }
06  private delegate void setText();                       // 定义一个线程委托
```

自定义方法 Threadp，主要用于线程的调用。代码如下：

```
01  public void Threadp(){
02      setText d = new setText(Threading);        // 创建一个委托
03      this.Invoke(d);                            // 在调用此控件的基础窗体句柄的线程上执行指定的委托
04                                          }
```

自定义方法 Threading，主要作于委托的调用。代码如下：

```
01  public void Threading(){
02      textBox1.Text = " 实现在子线程中操作主线程中的控件 ";
03      t.Abort();                        // 关闭线程
04  }
```

15.4 线程池和定时器

System.Threading 命名空间中除了提供同步线程活动和访问数据的类（Thread 类、Mutex 类、Monitor 类等）外，还包含一个 ThreadPool 类（它允许用户使用系统提供的线程池）和一个 Timer 类（它在线程池线程上执行回调方法），本节将分别对它们进行介绍。

15.4.1 线程池

许多应用程序创建的线程都要在休眠状态中消耗大量时间，以等待事件发生。其他线程可能进入休眠状态，只被定期唤醒以轮询更改或更新状态信息。线程池通过为应用程序提供一个由系统管理的辅助线程池，使用户可以更为有效地使用线程。

.NET 中的 ThreadPool 类用来提供一个线程池，该线程池可用于执行任务、发送工作项、处理异步 I/O、代表其他线程等待以及处理定时器。

如果要请求由线程池中的一个线程来处理工作项，需要使用 QueueUserWorkItem 方法，该方法用来对将被从线程池中选定的线程所调用的方法或委托的引用用作参数。它有两种重载形式，下面分别介绍。

① 将方法排入队列以便执行，该方法在有线程池线程变得可用时执行。

```
public static bool QueueUserWorkItem(WaitCallback callBack)
```

↻ callBack：一个 WaitCallback，表示要执行的方法。

↻ 返回值：如果方法成功排队，则为 true；如果无法将工作项排队，则引发 NotSupportedException。

② 将方法排入队列以便执行，并指定包含该方法所用数据的对象，该方法在有线程池线程变得可用时执行。

```
public static bool QueueUserWorkItem(WaitCallback callBack,Object state)
```

↻ callBack：一个 WaitCallback，表示要执行的方法。

⟳ state：包含方法所用数据的对象。

⟳ 返回值：如果方法成功排队，则为 true；如果无法将工作项排队，则引发 NotSupportedException。

每个进程都有一个线程池。从 .NET Framework 4 开始，进程的线程池的默认大小由虚拟地址空间的大小等多个因素决定。进程可以调用 GetMaxThreads 方法以确定线程的数量。使用 SetMaxThreads 方法可以更改线程池中的线程数。每个线程使用默认的堆栈大小并按照默认的优先级运行。

例如，下面的代码将自定义方法安排到线程池中执行：

```
01  public static void Main(){
02      // 使用线程池执行自定义的方法
03      ThreadPool.QueueUserWorkItem(new WaitCallback(ThreadProc));
04  }
05  static void ThreadProc(Object stateInfo) {
06      Console.WriteLine(" 线程池示例 ");
07  }
```

15.4.2　定时器

.NET 中的 Timer 类表示定时器，用来提供以指定的时间间隔执行方法的机制。使用 TimerCallback 委托指定希望 Timer 执行的方法。定时器委托在构造定时器时指定，并且不能更改，此方法不在创建定时器的线程上执行，而是在系统提供的 ThreadPool 线程上执行。

创建定时器时，可以指定在第一次执行方法之前等待的时间量（截止时间）以及此后的执行期间等待的时间量（时间周期）。创建定时器时，需要使用 Timer 类的构造函数，有 5 种形式，分别如下：

```
public Timer(TimerCallback callback)
public Timer(TimerCallback callback,Object state,int dueTime,int period)
public Timer(TimerCallback callback,Object state,long dueTime,long period)
public Timer(TimerCallback callback,Object state,TimeSpan dueTime,TimeSpan period)
public Timer(TimerCallback callback,Object state,uint dueTime,uint period)
```

⟳ callback：一个 TimerCallback 委托，表示要执行的方法。

⟳ state：一个包含回调方法要使用的信息的对象，或者为 null。

⟳ dueTime：调用 callback 之前延迟的时间量（以毫秒为单位）。指定 Timeout.Infinite 可防止启动定时器。指定零（0）可立即启动定时器。

⟳ period：调用 callback 的时间间隔（以毫秒为单位）。指定 Timeout.Infinite 可以禁用定期终止。

Timer 类最常用的方法有两个，一个是 Change 方法，用来更改定时器的启动时间和方法调用之间的间隔；另外一个是 Dispose 方法，用来释放由 Timer 对象使用的所有资源。

例如，下面代码初始化一个 Timer 定时器，然后将定时器的时间间隔设置为 500ms，停止计时 10ms 后生效：

```
01  Timer stateTimer = new Timer(tcb, autoEvent, 1000, 250);
02  stateTimer.Change(10, 500);
```

第一行代码中的 tcb 表示 TimerCallback 代理对象，autoEvent 用来作为一个对象传递给要调用的方法，1000 表示延迟时间，单位为毫秒，250 表示定时器的初始时间间隔，单位也是毫秒。

15.5　互斥对象——Mutex

当两个或更多线程需要同时访问一个共享资源时，系统需要使用同步机制来确保一次只有一个线程使用该资源。Mutex 类是同步基元，它只向一个线程授予对共享资源的独占访问权。如果一个线程获取了互斥体，则要获取该互斥体的第二个线程将被挂起，直到第一个线程释放该互斥体。Mutex 类与监视器类似，它防止多个线程在某一时间同时执行某个代码块，然而与监视器不同的是，Mutex 类可以用来使跨进程的线程同步。

可以使用 Mutex 类的 WaitOne 方法请求互斥体的所属权，拥有互斥体的线程可以在对 WaitOne 方法的重复调用中请求相同的互斥体而不会阻止其执行，但线程必须调用同样多次数的 Mutex 类的 ReleaseMutex 方法来释放互斥体的所属权。Mutex 类强制线程标识，因此互斥体只能由获得它的线程释放。

Mutex 类的常用方法及说明如表 15.5 所示。

表 15.5　Mutex 类的常用方法及说明

方法	说明
Close	在派生类中被重写时，释放由当前 WaitHandle 持有的所有资源
ReleaseMutex	释放 Mutex 一次
WaitOne	当在派生类中重写时，阻止当前线程，直到当前的 WaitHandle 收到信号

例如，使用 Mutex 类实现与实例 15.2 一样的功能，代码如下：

```
01  class Program
02  {
03      static void Main(string[] args){
04          TestMutex tm = new TestMutex();               // 创建 TestMutex 对象
05          for (int i = 0; i < 3; i++){                  // 创建 3 个线程，模拟多线程运行
06              Thread th = new Thread(tm.TestRun);       // 创建线程并绑定 TestRun 方法
07              th.Start();            // 启动线程
08          }
09          Console.Read();
10      }
11  }
12  class TestMutex                                       // 线程要访问的公共资源类
13  {
14      private int i = 0;                                // 定义整型变量，用于输出显示
15      Mutex myMutex = new Mutex(false);                 // 创建 Mutex 对象
16      public void TestRun()                             // 定义线程的绑定方法
17      {
18          while (true) {
19              if (myMutex.WaitOne()){                   // 阻止线程，等待 WaitHandle 收到信号
20                  break;
21              }
22          }
23          Console.WriteLine("i 的初始值为: " + i.ToString());
24          Thread.Sleep(1000);                           // 模拟做一些耗时的工作
25          i++;                                          // 变量 i 自增
26          Console.WriteLine("i 在自增之后的值为: " + i.ToString());
27          myMutex.ReleaseMutex();                       // 执行完毕释放资源
28      }
29  }
```

15.6　综合案例——设置同步块模拟售票系统

15.6.1　案例描述

以火车站售票系统为例，在代码中判断当前票数是否大于 0，如果大于 0，则执行把火车票出售给乘客的功能，但当两个线程同时访问这段代码时（假如这时只剩下一张票），第一个线程将票售出，与此同时第二个线程也已经执行并完成判断是否有票的操作，并得出结论票数大于 0，于是它也执行将票售出的

操作，这样票数就会产生负数。实例运行效果如图 15.3 所示。

图 15.3　设置同步块模拟售票系统

15.6.2　实现代码

使用 lock 关键字锁定售票代码，以便实现线程同步。主要代码如下：

```
01   class Program{
02       int num = 10;                                            // 设置当前总票数
03       void Ticket(){
04           while (true) {                                       // 设置无限循环
05               lock (this) {                                    // 锁定代码块，以便线程同步
06                   if (num > 0) {                               // 判断当前票数是否大于 0
07                       Thread.Sleep(100);                       // 使当前线程休眠 100ms
08                                                                // 票数减 1
09                       Console.WriteLine(Thread.CurrentThread.Name + "---- 票数 " + num--);
10                   }
11               }
12           }
13       }
14       static void Main(string[] args) {
15           Program p = new Program();                           // 创建对象，以便调用对象方法
16           Thread tA = new Thread(new ThreadStart(p.Ticket));   // 分别实例化 4 个线程，并设置名称
17           tA.Name = " 线程一 ";
18           Thread tB = new Thread(new ThreadStart(p.Ticket));
19           tB.Name = " 线程二 ";
20           Thread tC = new Thread(new ThreadStart(p.Ticket));
21           tC.Name = " 线程三 ";
22           Thread tD = new Thread(new ThreadStart(p.Ticket));
23           tD.Name = " 线程四 ";
24           tA.Start();                                          // 分别启动线程
25           tB.Start();
26           tC.Start();
27           tD.Start();
28           Console.ReadLine();
29       }
30   }
```

▽ 小结

本章首先对线程做了一个简单介绍，然后详细讲解了 C# 中进行线程编程的主要类 Thread，并对线程编程的常用操作、线程同步与互斥，以及线程池和定时器的使用进行了详细讲解。通过本章的学习，读者应该熟练掌握使用 C# 进行线程编程的知识，并能在实际开发中应用线程处理各种多任务问题。

15.7　实战练习

　　某商场举行抽奖活动，抽奖机上有一个按钮，顾客按住按钮后，上方定时器的时间开始滚动，松开按钮，定时器停止计时。如果顾客可以让定时器停在 10:00，则可以拿到大奖；若停在 10:0X，则可以拿二等奖；若停在 10:XX，则可以拿三等奖。请设计这个抽奖程序，效果如图 15.4 所示。

图 15.4　C# 实现"挑战 10 秒"抽奖程序

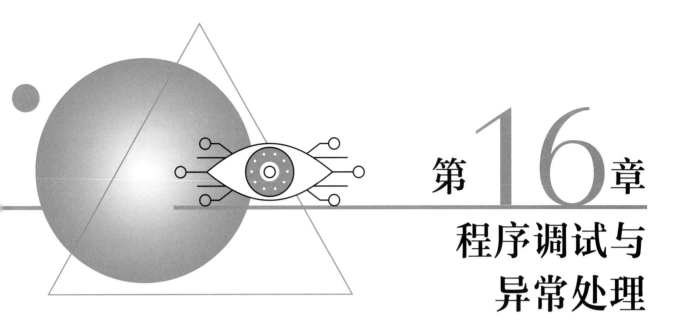

第16章
程序调试与
异常处理

开发应用程序的代码必须安全、准确，但是在编写的过程中，不可避免地会出现错误，而有的错误不容易被发觉，从而导致程序运行错误。为了排除这些非常隐蔽的错误，对编写好的代码要进行程序调试，这样才能确保应用程序能够成功运行。另外，开发程序时，不仅要注意程序代码的准确性与合理性，还要处理程序中可能出现的异常情况，.NET框架提供了一套称为结构化异常处理的标准错误机制，在这种机制中，如果出现错误或者任何预期之外的事件，都会引发异常。本章将对 .NET 中的程序调试与异常处理进行详细讲解。

本章知识架构如下：

16.1 程序调试

在程序开发过程中会不断体会到程序调试的重要性。为验证 C# 的运行状况，会经常在某个方法调用的开始和结束位置分别使用 Console.WriteLine() 方法或者 MessageBox.Show() 方法输出信息，并根据这些信息判断程序执行状况，这是非常古老的程序调试方法，而且经常导致程序代码混乱。下面将介绍几种使用 Visual Studio 开发工具调试 C# 程序的方法。

16.1.1 Visual Studio 编辑器调试

在使用 Visual Studio 开发 C# 程序时，编辑器不但能够为开发者提供代码编写、辅助提示和实时编译等常用功能，还提供对 C# 源代码进行快捷修改、重构和语法纠错等高级操作。通过 Visual Studio，可以很方便地找到一些语法错误，并且根据提示进行快速修正很方便。下面对 Visual Studio 提供的常用调试功能进行介绍。

图 16.1　对错误提示符的操作

（1）错误提示符 ▨

错误提示符位于出现错误的代码行的最左侧，用于指出错误所在的位置，使用鼠标右键单击该提示符，可以弹出快捷菜单，在快捷菜单中可以对其进行基本的查看操作，如图 16.1 所示。

（2）代码下方的红色波浪线

在出现错误的代码下方，会显示红色的波浪线，将鼠标移动到红色波浪线上，将显示具体的错误内容（如图 16.2 所示的提示框），开发人员可根据该提示对代码进行修改。

图 16.2　显示具体错误内容

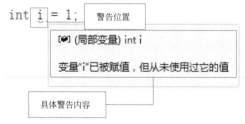

图 16.3　显示具体警告信息

（3）代码下方的绿色波浪线

在出现警告的代码下方，会显示绿色的波浪线，警告不会影响程序的正常运行，将鼠标移动到绿色波浪线上，将显示具体的警告信息（如图 16.3 所示的提示框），开发人员可以根据该警告信息对代码进行优化。

16.1.2 Visual Studio 调试器调试

当代码不能正常运行时，可以通过调试定位错误。常用的程序调试操作包括设置断点、开始、中断和停止程序的执行、单步执行程序以及使程序运行到指定的位置。下面将对这几种常用的程序调试操作进行详细地介绍。

（1）断点操作

断点通知调试器，使应用程序在某点上（暂停执行）或某情况发生时中断。发生中断时，称程序和调试器处于中断模式。进入中断模式并不会终止或结束程序的执行，所有元素（如函数、变量和对象）都保留在内存中。执行可以在任何时候继续。

插入断点有 3 种方式，分别如下：

① 在要设置断点的代码行旁边的灰色空白中单击。

② 右键单击要设置断点的代码行，在弹出的快捷菜单中选择"断点"→"插入断点"命令。

③ 单击要设置断点的代码行，选择菜单中的"调试"→"切换断点（G）"命令。

插入断点后，就会在设置断点的行旁边的灰色空白处出现一个红色圆点，并且该行代码也呈高亮显示，如图 16.4 所示。

删除断点主要有 3 种方式，分别如下：

① 可以单击设置了断点的代码行左侧的红色圆点。

② 在设置了断点的代码行左侧的红色圆点上单击鼠标右键，在弹出的快捷菜单中选择"删除断点"命令。

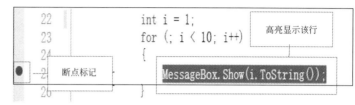

图 16.4　插入断点后效果图

③ 在设置了断点的代码行上单击鼠标右键，在弹出的快捷菜单中选择"断点"/"删除断点"命令。

（2）开始执行

开始执行是最基本的调试功能之一，从"调试"菜单（如图 16.5 所示）中选择"开始调试"菜单，或在源代码窗口中右键单击可执行代码中的某行，从弹出的快捷菜单中选择"运行到光标处"菜单，如图 16.6 所示。

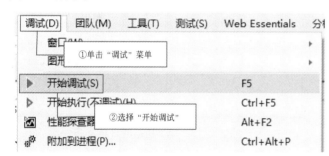

图 16.5　选择"开始调试"菜单

图 16.6　选择"运行到光标处"菜单

除了使用上述的方法开始执行外，还可以直接单击工具栏中的 ▶ 启动 按钮，启动调试，如图 16.7 所示。

如果选择"启动调试"菜单，则应用程序启动并一直

图 16.7　工具栏中的启动调试按钮

运行到断点，此时断点处的代码以黄色底色显示。可以在任何时刻中断执行，以查看值（将鼠标移动到相应的变量或者对象上，即可查看其具体值，如图 16.8 所示）、修改变量或观察程序状态。

如果选择"运行到光标处"命令，则应用程序启动并一直运行到断点或光标位置，具体要看是断点在前还是光标在前，可以在源代码窗口中设置光标位置。如果光标在断点的前面，则代码首先运行到光标处，如图 16.9 所示。

图 16.8　查看变量的值　　　　　　　图 16.9　运行到光标处

（3）中断执行

当执行到达一个断点或发生异常时，调试器将中断程序的执行。选择"调试"→"全部中断"菜单后，调试器将停止所有在调试器下运行的程序的执行。程序并没有退出，可以随时恢复执行，此时应用程序处于中断模式。"调试"菜单中"全部中断"菜单如图16.10 所示。

除了通过选择"调试"→"全部中断"命令中断执行外，也可以单击工具栏中的 ▮▮ 按钮中断执行，如图 16.11 所示。

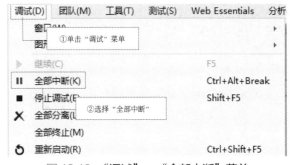

图 16.10　"调试"→"全部中断"菜单

图 16.11　工具栏中的中断执行按钮

（4）停止执行

停止执行意味着终止正在调试的进程并结束调试会话，可以通过选择菜单中的"调试"→"停止调试"命令来结束运行和调试。也可以选择工具栏中的 ▮ 按钮停止执行。

（5）单步执行和逐过程执行

通过单步执行，调试器每次只执行一行代码，单步执行主要是通过逐语句、逐过程和跳出这 3 种命令实现的。"逐语句"和"逐过程"的主要区别是当某一行包含函数调用时，"逐语句"仅执行调用本身，然后在函数内的第一个代码行处停止。而"逐过程"执行整个函数，之后在函数外的第一行代码处停止。如果位于函数调用的内部并想返回到调用函数时，应使用"跳出"，"跳出"将一直执行代码，直到函数返回，然后在调用函数中的返回点处中断。

当启动调试后，可以单击工具栏中的 ▮ 按钮执行"逐语句"操作，单击 ↻ 按钮执行"逐过程"操作，单击 ▮ 按钮执行"跳出"操作，如图 16.12 所示。

图 16.12　单步执行的 3 种命令

📖 **说明**

除了在工具栏中单击这 3 个按钮外，还可以通过快捷键执行这 3 种操作，启动调试后，按下"F11"键执行"逐语句"操作、"F10"键执行"逐过程"操作、"Shift+F10"键执行"跳出"操作。

16.2　异常处理

在编写程序时，不仅要关心程序的正常操作，还应该检查代码错误及可能发生的各类不可预期的事件。在现代编程语言中，异常处理是解决这些问题的主要方法。异常处理是一种功能强大的机制，用于处理应用程序可能产生的错误或是其他可以中断程序执行的异常情况。异常处理可以捕捉程序执行所发生的错误，通过异常处理可以有效、快速地构建各种用来处理程序异常情况的程序代码。

异常处理实际上就相当于大楼失火时（发生异常），烟雾感应器捕获到高于正常密度的烟雾（捕获异常），将自动喷水进行灭火（处理异常）。

在 .NET 类库中，提供了针对各种异常情形所设计的异常类，这些类包含了异常的相关信息。配合异常处理语句，应用程序能够轻易地避免程序执行时可能中断应用程序的各种错误。.NET 框架中公共异常类如表 16.1 所示，这些异常类都是 System.Exception 的直接或间接子类。

表 16.1　公共异常类及说明

异常类	说明
System.ArithmeticException	在算术运算期间发生的异常
System.ArrayTypeMismatchException	当存储一个数组时，如果由于被存储的元素的实际类型与数组的实际类型不兼容而导致存储失败，就会引发此异常
System.DivideByZeroException	在试图用零除整数值时引发
System.IndexOutOfRangeException	在试图使用小于零或超出数组界限的下标索引数组时引发
System.InvalidCastException	当从基类型或接口到派生类型的显示转换在运行时失败，就会引发此异常
System.NullReferenceException	在需要使用引用对象的场合，如果使用 null 引用，就会引发此异常
System.OutOfMemoryException	在分配内存的尝试失败时引发
System.OverflowException	在选中的上下文中所进行的算术运算、类型转换或转换操作导致溢出时引发的异常
System.StackOverflowException	挂起的方法调用过多而导致执行堆栈溢出时引发的异常
System.TypeInitializationException	在静态构造函数引发异常并且没有可以捕捉到它的 catch 子句时引发

C# 程序中，可以使用异常处理语句处理异常。主要的异常处理语句有 try…catch 语句、try…catch…finally 语句、throw 语句，通过这 3 个异常处理语句，可以对可能产生异常的程序代码进行监控。下面将对这 3 个异常处理语句进行详细讲解。

16.2.1　try…catch 语句

try…catch 语句允许在 try 后面的大括号 {} 中放置可能发生异常情况的程序代码，对这些程序代码进行监控。在 catch 后面的大括号 {} 中则放置处理错误的程序代码，以处理程序发生的异常。try…catch 语句的基本格式如下：

```
try
{
    被监控的代码
}
catch( 异常类名　异常变量名 )
{
    异常处理
}
```

在 catch 子句中，异常类名必须为 System.Exception 或从 System.Exception 派生的类型。当 catch 子句指定了异常类名和异常变量名后，就相当于声明了一个具有给定名称和类型的异常变量，此异常变量表示当前正在处理的异常。

实例 16.1

● **实例位置：资源包 \Code\16\01**

未将对象引用设置到对象实例的异常

创建一个控制台应用程序，声明一个 object 类型的变量 obj，其初始值为 null。然后将 obj 强制转换成 int 类型赋给 int 类型变量 N，使用 try…catch 语句捕获异常，代码如下：

```
01  static void Main(string[] args)
02  {
03      try                              // 使用 try…catch 语句
04      {
```

```
05          object obj = null;          // 声明一个 object 变量, 初始值为 null
06          int i = (int)obj;           // 将 object 类型强制转换成 int 类型
07      }
08      catch (Exception ex)            // 捕获异常
09      {
10          Console.WriteLine(" 捕获异常: " + ex);       // 输出异常
11      }
12      Console.ReadLine();
13  }
```

⚙ 程序的运行结果如图 16.13 所示。

查看运行结果, 抛出了异常。因为声明的 object 变量 obj 被初始化为 null, 然后又将 obj 强制转换成 int 类型, 这样就产生了异常, 由于使用了 try…catch 语句, 所以将这个异常捕获, 并将异常输出。

图 16.13　捕获异常

⚡ 注意

有时为了编程简单, 会忽略 catch 代码块中的代码, 这样 try…catch 语句就成了一种摆设, 一旦程序在运行过程中出现了异常, 这个异常将很难查找。因此要养成良好的编程习惯: 在 catch 代码块中写入处理异常的代码。

另外, 在开发程序时, 如果遇到需要处理多种异常信息的情况, 可以在一个 try 代码块后面跟多个 catch 代码块, 这里需要注意的是, 如果使用了多个 catch 代码块, 则 catch 代码块中的异常类顺序是先子类后父类。

例如, 在定义一个 int 类型的一维数组, 并输出其中的元素, 然后 try…catch 捕获数组越界异常和其他可能出现的异常, 如果代码编写如下:

```
01  try
02  {
03      int[] arr = { 1, 2, 3, 4, 5 };
04      for (int i = 0; i <= arr.Length; i++)
05          Console.WriteLine(arr[i]);
06  }
07  catch(Exception ex)
08  {
09      Console.WriteLine(ex.Message);
10  }
11  catch (IndexOutOfRangeException ex)
12  {
13      Console.WriteLine(ex.Message);
14  }
```

则程序会出现如图 16.14 所示的错误提示。

如果要使程序正常运行, 则应该将上面代码中的 catch 语句调换顺序, 即修改如下:

```
01  catch (IndexOutOfRangeException ex)
02  {
03      Console.WriteLine(ex.Message);
04  }
05  catch (Exception ex)
06  {
07      Console.WriteLine(ex.Message);
08  }
```

图 16.14　捕捉多个异常时的顺序问题

16.2.2 try…catch…finally 语句

完整的异常处理语句应该包含 finally 代码块，通常情况下，无论程序中有无异常产生，finally 代码块中的代码都会被执行。其基本格式如下：

```
try
{
    被监控的代码
}
catch( 异常类名　异常变量名 )
{
    异常处理
}
…
finally
{
    程序代码
}
```

对于 try…catch…finally 语句的理解并不复杂，它只是比 try…catch 语句多了一个 finally 语句，如果程序中有一些在任何情形中都必须执行的代码，那么就可以将它们放在 finally 语句的区块中。

📖 **说明**

> 使用 catch 子句是为了允许处理异常。无论是否引发了异常，使用 finally 子句都可以执行清理代码。如果分配了昂贵或有限的资源（如数据库连接或流），则应将释放这些资源的代码放置在 finally 块中。

实例 16.2
捕捉将字符串转换为整型数据时的异常　　　👁 **实例位置：资源包 \Code\16\02**

创建一个控制台应用程序，声明一个 string 类型变量 str，并初始化为"用一生下载你"。然后声明一个 object 变量 obj，将 str 赋给 obj。最后声明一个 int 类型的变量 i，将 obj 强制转换成 int 类型后赋给变量 i，这样必然会导致转换错误，抛出异常。然后在 finally 语句中输出"程序执行完毕…"，这样，无论程序是否抛出异常，都会执行 finally 语句中的代码，代码如下：

```
01  static void Main(string[] args)
02  {
03      string str = "零基础学 C#";              // 声明一个 string 类型的变量 str
04      object obj = str;                       // 声明一个 object 类型的变量 obj
05      try                                     // 使用 try…catch 语句
06      {
07          int i = (int)obj;                   // 将 obj 强制转换成 int 类型
08      }
09      catch (Exception ex)                    // 获取异常
10      {
11          Console.WriteLine(ex.Message);      // 输出异常信息
12      }
13      finally                  //finally 语句
14      {
15          Console.WriteLine(" 程序执行完毕 ...");  // 输出" 程序执行完毕 …"
16      }
17      Console.ReadLine();
18  }
```

251

🕐 **程序的运行结果为：**

> 指定的转换无效。
> 程序执行完毕 ...

16.2.3 throw 语句

throw 语句用于主动引发一个异常，使用 throw 语句可以在特定的情形下自行抛出异常。throw 语句的基本格式如下：

```
throw  ExObject
```

ExObject 表示所要抛出的异常对象，这个异常对象是派生自 System.Exception 类的类对象。

说明：通常 throw 语句与 try…catch 或 try…finally 语句一起使用。当引发异常时，程序查找处理此异常的 catch 语句。也可以用 throw 语句重新引发已捕获的异常。

实例 16.3　　　　　　　　抛出除数为 0 的异常　　　　　　👁 **实例位置：资源包 \Code\16\03**

创建一个控制台应用程序，创建一个 int 类型的方法 MyInt，此方法有两个 string 类型的参数 a 和 b。在这个方法中，使 a 作被除数，b 作除数，如果除数的值是 0，则通过 throw 语句抛出 DivideByZeroException 异常，这个异常被此方法中的 catch 子句捕获并输出。代码如下：

```
01  static int MyInt(string a, string b)              // 创建一个 int 类型的方法，参数分别是 a 和 b
02  {
03      int int1;                                      // 定义被除数
04      int int2;                                      // 定义除数
05      int num;                                       // 定义商
06      try {                                          // 使用 try…catch 语句
07          int1 = int.Parse(a);                       // 将参数 a 强制转换成 int 类型后赋给 int1
08          int2 = int.Parse(b);                       // 将参数 b 强制转换成 int 类型后赋给 int2
09          if (int2 == 0)                             // 判断 int2 是否等于 0，如果等于 0，抛出异常
10          {
11              throw new DivideByZeroException();     // 抛出 DivideByZeroException 类的异常
12          }
13          num = int1 / int2;                         // 计算 int1 除以 int2 的值
14          return num;                                // 返回计算结果
15      }
16      catch (DivideByZeroException de) {             // 捕获异常
17          Console.WriteLine("用零除整数引发异常！");
18          Console.WriteLine(de.Message);
19          return 0;
20      }
21  }
22  static void Main(string[] args)
23  {
24      try {                                          // 使用 try…catch 语句
25          Console.Write("请输入分子: ");             // 提示输入分子
26          string str1 = Console.ReadLine();          // 获取键盘输入的值
27          Console.Write("请输入分母: ");             // 提示输入分母
28          string str2 = Console.ReadLine();          // 获取键盘输入的值
29                                                     // 调用 MyInt 方法，获取键盘输入的分子与分母相除得到的值
30          Console.WriteLine("分子除以分母的值: " + MyInt(str1, str2));
31      }
32      catch (FormatException) {                      // 捕获异常
```

```
33          Console.WriteLine(" 请输入数值格式数据 ");     // 输出提示
34      }
35      Console.ReadLine();
36  }
```

⚙ 程序的运行结果如图 16.15 所示。

16.2.4　异常的使用原则

异常处理的主要作用是捕捉并处理程序在运行时产生的异常。编写代码处理某个方法可能出现的异常时，可遵循以下原则：

图 16.15　抛出除数为 0 的异常

① 不要过度使用异常。虽然通过异常可以增强程序的健壮性，但使用过多不必要的异常处理，可能会影响程序的执行效率。

② 不要使用过于庞大的 try…catch 块。在一个 try 块中放置大量的代码，这种写法看上去 "很简单"，但是由于 try 块中的代码过于庞大，业务过于复杂，会增加 try 块中出现异常的概率，从而增加分析产生异常原因的难度。

③ 避免使用 catch(Exception e)。如果所有异常都采用相同的处理方式，那么将导致无法对不同异常分类处理。

④ 不要忽略捕捉到的异常，遇到异常一定要及时处理。

⑤ 如果父类抛出多个异常，则覆盖方法必须抛出相同的异常或其异常的子类，不能抛出新异常。

16.3　综合案例——数组索引超出范围引发的异常

16.3.1　案例描述

索引超出范围是在开发中经常遇到的一个异常，本案例在控制台上演示一个整型数组（如 "int a[] = { 1, 2, 3, 4 };"）遍历的过程；并体现出当 i 的值为多少时，会产生异常？效果如图 16.16 所示。

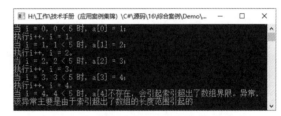

图 16.16　数组索引超出范围引发的异常

16.3.2　实现代码

捕获异常的代码如下：

```
01  static void Main(string[] args)
02  {
03      int[] a = { 1, 2, 3, 4 };                           // 定义一个 int 类型的数组
04      for (int i = 0; i < 5; i++)                         // 遍历数组
05      {
06          try                                             // try 块
07          {
08              Console.WriteLine(" 当 i = " + i + ", " + i + " < 5 时, a[" + i + "] = " + a[i] + "; ");
09          }
10          catch (Exception e)                             // catch 块
11          {
12              Console.WriteLine(" 当 i = " + i + ", " + i + " < 5 时, a[" + i + "] 不存在, 会引起 "
13                  + e.Message + " 异常, \n 该异常主要是由于索引超出了数组的长度范围引起的 ");
14          }
15          if (i != 4)
```

```
16          {
17                                                                    // 当 i 不等于 4 的时候
18              Console.WriteLine("执行 i++, " + "i = " + (i + 1) + "。");          // 控制台输出
19          }
20      }
21      Console.ReadLine();
22  }
```

◇ 小结

本章主要对程序调试及异常处理进行了详细讲解。在讲解过程中，重点讲解了常用的程序调试操作及异常处理语句的使用。程序调试和异常处理在程序开发过程中起着非常重要的作用，一个完善的程序，在其开发过程中必然会对可能出现的所有异常进行处理，并进行步步调试，以保证程序的可用性。通过学习本章，读者应掌握 C# 中的异常处理语句的使用，并能熟练使用常用的程序调试操作对开发的程序进行调试。

16.4 实战练习

运行程序时，出现如图 16.17 所示的错误提示，请尝试改正程序，使程序正常运行。

图 16.17 缺少 catch 语句的错误提示

扫码领取
· 配 套 答 案
· 在 线 试 题
· 视 频 讲 解
· 实 战 经 验
· 源 文 件 下 载

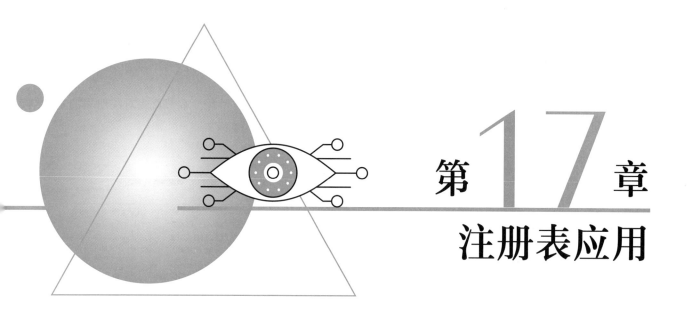

第 17 章

注册表应用

注册表是一个庞大的数据库系统，它记录了用户安装在计算机上的软件、硬件信息和每一个程序的相互关系。注册表中存放着很多参数，直接控制着整个系统的启动、硬件驱动程序的装载以及应用程序的运行。本章将详细讲解如何使用 C# 操作 Windows 注册表。

本章知识架构如下：

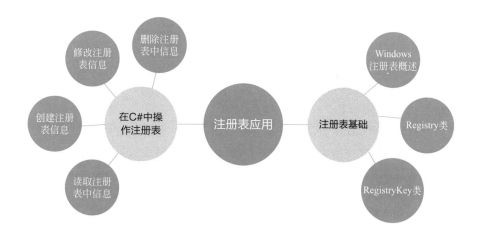

17.1 注册表基础

在学习使用 C# 语言操作注册表之前,首先要对注册表有个基本的了解,本节首先对注册表的基本结构进行概述,然后讲解访问注册表比较常用的 Registry 类和 RegistryKey 类。

17.1.1 Windows 注册表概述

Windows 注册表是包含 Windows 安装、用户喜好以及已安装软件和设备的所有配置信息的核心存储库。现在商用软件基本上都使用注册表来存储这些信息,COM 组件必须把它的信息存储在注册表中,才能由客户程序调用。注册表的层次结构非常类似于文件系统,它记录了用户账号、服务器硬件以及应用程序的设置信息等。同 INI 文件相比,注册表可以控制的数据更多,而且不仅仅限于

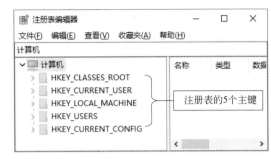

图 17.1 "注册表编辑器"窗口

处理字符串类型的数据。注册表也包含了一些系统配置的信息,这些信息根据操作系统的不同而不同。

单击"开始"菜单,在"搜索程序和文件"文本框中输入"regedit"命令(这里以 Windows 7 操作系统为例),按"Enter"键即可打开"注册表编辑器"窗口,如图 17.1 所示。

> **说明**
>
> 在 Windows 10 系统上运行时,由于系统本身的安全性问题,可能会提示无法操作相应的注册表项,这时只需要为提示的注册表项添加 everyone 用户的读写权限即可。

注册表中的所有信息都是分类保存的,"主键"是各个大的信息分类名称,注册表中的所有信息均被分类存放在相应的主键(也可称作基项)中。如图 17.1 所示,在注册表编辑器的左侧窗口中,列出了注册表的 5 个主键,下面分别进行介绍。

① HKEY_CLASSES_ROOT 主键。该主键用于保存在系统中注册的各类文件的控制名以及文件关联等信息。

② HKEY_CURRENT_USER 主键。该主键用于保存登录到系统的当前用户的计算机的环境变量、桌面设置、应用程序设置、个人程序组、打印机和网络连接等信息。

③ HEKY_LOCAL_MACHINE 主键。该主键中保存了计算机的硬件、软件及操作系统的配置信息,例如,硬件状态、外部设备、网络设备、软件的安装及设置等。

④ HKEY_USERS 主键。该主键用于保存计算机所有用户的配置信息。

⑤ HKEY_CURRENT_CONFIG 主键。该主键用于存放计算机当前的硬件配置信息,此主键实际上是 HEKY_LOCAL_MACHINE 中的一部分,它的子键与 HKDY_LOCAL_MACHINE\Config\0001 分支下的数据完全相同。

17.1.2 Registry 和 RegistryKey 类

.NET Freamwork 提供了访问注册表的类,比较常用的是 Registry 和 RegistryKey 类,这两个类都在 Microsoft.Win32 命名空间中。下面详细介绍这两个类。

(1) Registry 类

Registry 类是个静态类,不能被实例化,它的作用只是实例化 RegistryKey 类,以便开始在注册表中浏

览信息。Registry 类是通过静态的只读字段来提供 RegistryKey 实例的，这些字段共有 7 个，如表 17.1 所示。

表 17.1　Registry 类的常用字段及说明

字段	说明
ClassesRoot	定义文档的类型（或类）以及与那些类型关联的属性。该字段读取 Windows 注册表基项 HKEY_CLASSES_ROOT
CurrentConfig	包含有关非用户特定的硬件的配置信息。该字段读取 Windows 注册表基项 HKEY_CURRENT_ CONFIG
CurrentUser	包含有关当前用户首选项的信息。该字段读取 Windows 注册表基项 HKEY_CURRENT_ USER
DynData	包含动态注册表数据。该字段读取 Windows 注册表基项 HKEY_DYN_DATA
LocalMachine	包含本地计算机的配置数据。该字段读取 Windows 注册表基项 HKEY_LOCAL_MACHINE
PerformanceData	包含软件组件的性能信息。该字段读取 Windows 注册表基项 HKEY_PERFORMANCE_ DATA
Users	包含有关默认用户配置的信息。该字段读取 Windows 注册表基项 HKEY_USERS

📖 **说明**

> 因 Registry 类是个静态类，所以其公共成员均为静态类型。

例如，要获得一个表示 HKLM 键的 RegistryKey 实例，代码如下。

```
RegistryKey rk = Registry.LocalMachine;
```

（2）RegistryKey 类

RegistryKey 实例表示一个注册表项，这个类的方法可以浏览子键、创建新键、读取或修改键中的值。也就是说该类可以完成对注册表项的所有操作，除了设置键的安全级别之外。RegistryKey 类可以用于完成对注册表的所有操作。下面介绍 RegistryKey 类的常用属性和方法，分别如表 17.2 和表 17.3 所示。

表 17.2　RegistryKey 类的常用属性及说明

属性	说明
Name	检索项的名称
SubKeyCount	检索当前项的子项数目
ValueCount	检索项中值的计数

表 17.3　RegistryKey 类的常用方法及说明

方法	说明
Close	关闭键
CreateSubKey	创建给定名称的子键（如果该子键已经存在，就打开它）
DeleteSubKey	删除指定的子键
DeleteSubKeyTree	彻底删除子键及其所有的子键
DeleteValue	从键中删除一个指定的值
GetSubKeyNames	返回包含子键名称的字符串数组

方法	说明
GetValue	返回指定的值
GetValueNames	返回一个包含所有键值名称的字符串数组
OpenSubKey	返回表示给定子键的 RegistryKey 实例引用
SetValue	设置指定的值

📋 **说明**

> RegistryKey 类的常用属性和方法在使用时，将会做详细的讲解，此处只给出此类中比较重要的属性和方法以及用途。

17.2 在 C# 中操作注册表

在 C# 中注册表的基本操作主要包括读取注册表中信息、删除注册表中信息以及创建和修改注册表信息，下面对这几种注册表的基本操作进行详细地介绍。

17.2.1 读取注册表中信息

读取注册表中的信息主要是通过 RegistryKey 类中的 OpenSubKey 方法、GetSubKeyNames 方法和 GetValueNames 方法实现的，下面分别介绍这几种方法。

（1）OpenSubKey 方法

此方法用于检索指定的子项。语法如下：

```
public RegistryKey OpenSubKey(string name)
```

参数 name 表示要以只读方式打开的子项的名称或路径。该方法返回请求的子项；如果操作失败，则为空引用。

📋 **说明**

> 如果要打开的项不存在，该方法将返回 null 引用，而不是引发异常。

（2）GetSubKeyNames 方法

此方法用于检索包含所有子项名称的字符串数组。语法如下：

```
public string[] GetSubKeyNames ()
```

返回值是包含当前项的子项名称的字符串数组。

📋 **说明**

> 如果当前项已被删除或是用户没有读取该项的权限，将触发异常。

（3）GetValueNames 方法

此方法用于检索包含与此项关联的所有"键名"的字符串数组。语法如下：

```
public string[] GetValueNames ()
```

说明：返回值是由当前项的所有"键值对"的"键名"组成的字符串数组。

📖 **说明**

> 如果没有找到此项的值名称，则返回一个空数组。如果在注册表项设置了一个具有默认值的名称为空字符串的项，则 GetValueNames 方法返回的数组中包含该空字符串。

实例 17.1　**读取注册表信息**　　👁 **实例位置：资源包 \Code\17\01**

创建一个 Windows 应用程序，读取 HKEY_CURRENT_USER\Software 项下的所有子项信息，首先通过 Registry 类实例化一个 RegistryKey 类对象，然后利用对象的 OpenSubKey 方法打开指定的键。最后通过循环将所有"键值对"的"键名和键值"全部提取出来并显示在 ListBox 控件中，代码如下：

```
01  private void Form1_Load(object sender, EventArgs e)
02  {
03      this.lbInfo.Items.Clear();                              // 清除 ListBox 控件中的值
04      RegistryKey rkMain = Registry.CurrentUser;             // 创建 RegistryKey 实例
05  // 使用 OpenSubKey 方法打开 HKEY_CURRENT_USER\SOFTWARE 子项
06      RegistryKey rkChild = rkMain.OpenSubKey(@"Software");
07  // 使用两个 foreach 语句检索 HKEY_CURRENT_USER\SOFTWARE 项下的所有子项
08      foreach (string item in rkChild.GetSubKeyNames())
09      {
10          this.lbInfo.Items.Add("子项名: " + item);          // 添加子项名
11          RegistryKey rkGrandChild = rkChild.OpenSubKey(item);   // 打开 rkChild 实例的子项
12  // 获取子项的所有"键值对"的"键名"
13          foreach (string strVName in rkGrandChild.GetValueNames())
14          {
15  // 显示"键"的"名称"和值
16              this.lbInfo.Items.Add(strVName + rkGrandChild.GetValue(strVName));
17          }
18      }
19  }
```

 程序运行结果如图 17.2 所示。

17.2.2　创建和修改注册表信息

（1）创建注册表信息

通过 RegistryKey 类的 CreateSubKey 方法和 SetValue 方法可以创建注册表信息，下面介绍这两种方法。

① CreateSubKey 方法主要用于创建一个新子项或打开一个现有子项以进行写访问。语法如下：

```
public RegistryKey CreateSubKey (string subkey)
```

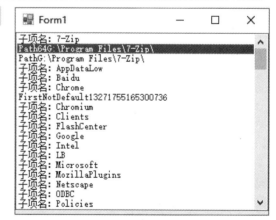

图 17.2　检索指定子项下的所有子项

📖 **说明**

> 参数 subkey 表示要创建或打开的子项的名称或路径。该方法返回 RegistryKey 对象，表示新建的子项或空引用。如果为 subkey 指定了零长度字符串，则返回当前的 RegistryKey 对象。

② SetValue 方法主要用于设置注册表项中的键值对的值。语法如下:

```
public void SetValue (string name,Object value)
```

说明: 参数 name 表示要存储的值的名称; 参数 value 表示要存储的数据。

 说明

> SetValue 方法用于从非托管代码中访问托管类, 不应从托管代码调用。

下面通过实例演示如何通过 RegistryKey 类的 CreateSubKey 方法和 SetValue 方法创建一个子键。

实例 17.2　　　　创建注册表项　　　　👁 实例位置: 资源包 \Code\17\02

创建一个 Windows 应用程序, 然后在 HKEY_CURRENT_USER\Software 项下创建一个名为 "明日" 的子项, 然后在这个子项下再创建一个名为 "东方" 的子项, 在 "东方" 这个子项下创建一个名为 "East"、值为 "ZHD" 的键, 代码如下:

```
01   private void button1_Click(object sender, EventArgs e)
02   {
03       try
04       {
05   // 创建 RegistryKey 实例
06           RegistryKey rkMain = Registry.CurrentUser;
07   // 使用 OpenSubKey 方法打开 HKEY_CURRENT_USER\Software 项
08           RegistryKey rkSoftware = rkMain.OpenSubKey("Software", true);
09   // 使用 CreateSubKey 方法创建名为 " 明日 " 的子项
10           RegistryKey rkMR = rkSoftware.CreateSubKey(" 明日 ");
11   // 使用 CreateSubKey 方法在 " 明日 " 项下创建一个名为 " 东方 " 的子项
12           RegistryKey rkEast = rkMR.CreateSubKey(" 东方 ");
13   // 在子项 " 东方 " 下建立一个名为 "East" 的键值, 数据值为 ZHD
14           rkEast.SetValue("East", "ZHD");
15           MessageBox.Show(" 创建成功 ");
16       }
17       catch (Exception ex)                    // 处理异常
18       {
19           MessageBox.Show(ex.Message);        // 弹出异常信息提示框
20       }
21   }
```

运行程序, 单击 "创建子键" 按钮, 结果如图 17.3 所示。

(2) 修改注册表信息

由于注册表中的信息十分重要, 因此一般不要对其进行写的操作。也可能是这个原因, 在 .Net Framework 中并没有提供修改注册表键的方法, 而只是提供了一个危害性相对较小的 SetValue 方法, 通过这个方法, 可以来修改键值。在使用 SetValue 方法时, 如

图 17.3　创建子项

果它检测到指定的键名不存在, 就会创建一个新的键 (即键值对)。关于 SetValue 方法在前面已经做过介绍, 所以此处不再做过多的讲解。下面通过一个实例演示如何通过 SetValue 方法修改注册表信息。

修改注册表项

◉ **实例位置：资源包 \Code\17\03**

创建一个 Windows 应用程序，将"HKEY_CURRENT_USER\Software\ 明日 \ 东方"子项下名称为"East"的键的数值修改为"MRKJ_ZHD"，代码如下：

```
01  private void button1_Click(object sender, EventArgs e)
02  {
03      // 创建 RegistryKey 实例
04      RegistryKey rkMain = Registry.CurrentUser;
05      // 使用 OpenSubKey 方法打开 HKEY_CURRENT_USER\Software 项
06      RegistryKey rkSoftware = rkMain.OpenSubKey("Software", true);
07      // 使用 OpenSubKey 方法打开"明日"子项
08      RegistryKey rkMR = rkSoftware.OpenSubKey("明日", true);
09      // 使用 OpenSubKey 方法打开"明日"项下的"东方"子项
10      RegistryKey rkEast = rkMR.OpenSubKey("东方", true);
11      // 然后使用 SetValue 方法修改"指定键"的值
12      rkEast.SetValue("East", "MRKJ_ZHD");
13      MessageBox.Show("修改成功");
14  }
```

程序运行前后对比如图 17.4 和图 17.5 所示。

图 17.4　修改注册表信息之前

图 17.5　修改注册表信息之后

17.2.3　删除注册表中信息

删除注册表中信息主要通过 RegistryKey 类中的 DeleteSubKey 方法、DeleteSubKeyTree 方法和 DeleteValue 方法。这 3 种方法的功能各有不同，希望读者注意。

（1）DeleteSubKey 方法

此方法用于删除不包含任何子项的子项。语法如下：

```
public void DeleteSubKey (string subkey,bool throwOnMissingSubKey)
```

说明：参数 subkey 表示要删除的子项的名称。把参数 throwOnMissingSubKey 的值设置为 true，在程序调用时，如果要删除的子项不存在，则产生一个错误信息；把其值设置为 false，在程序调用时，如果要删除的子项不存在，则也不产生错误信息，程序依然正确运行。

 说明

如果删除的项有子级子项的话，将触发异常。必须将子项删除后，才能删除该项。

例如，通过 RegistryKey 类的 DeleteSubKey 方法删除指定注册表项下的"东方"子项，代码如下：

```
rkMR.DeleteSubKey(" 东方 ", false);
```

（2）DeleteSubKeyTree 方法

DeleteSubKeyTree 方法用于彻底删除指定的子项目录，包括删除该子项以及该子项以下的全部子项。由于此方法的破坏性非常强，因此在使用时要特别谨慎。语法如下：

```
public void DeleteSubKeyTree (string subkey)
```

说明：参数 subkey 表示要彻底删除的子项名称。

 说明

> 当删除的项为 null 时，则触发异常。

例如，通过 DeleteSubKeyTree 方法彻底删除指定注册表项及其包含的所有子项，代码如下：

```
rkMR.DeleteSubKeyTree(" 东方 ");
```

（3）DeleteValue 方法

DeleteValue 方法主要用于删除指定的键值对。语法如下：

```
public void DeleteValue (string name)
```

说明：参数 name 表示要删除的键值对的键名。

 说明

> 如果在找不到指定值的情况下使用该值，又不想引发异常，可以使用 DeleteValue(string name,bool throwOnMissingValue) 重载方法，如果 throwOnMissingValue 参数为 true，将不引发异常。

例如，通过 DeleteValue 方法删除指定注册表项下名称为 East 的键，代码如下：

```
rkEast.DeleteValue("East");
```

17.3　综合案例——限制软件的使用次数

17.3.1　案例描述

为了使软件能被更广泛地推广，开发商希望能有更多的用户使用软件，但他们又不想让用户长时间免费使用未经授权的软件，这时就可以推出试用版软件，限制用户的使用次数，若用户感觉使用方便的话，可以花钱获取注册码，以获取其正式版软件。本实例使用 C# 实现了限制软件使用次数功能，运行本实例，如果程序未注册，则提示用户已经使用过几次，如图 17.6 所示，然后进入程序主窗体，单击主窗体中的"注册"按钮，弹出如图 17.7 所示的软件注册窗体，该窗体中自动获取机器码，用户输入正确的注册码之后，单击"注册"按钮，即可成功注册程序，注册之后的程序将不再提示软件试用次数。

17.3.2　实现代码

本实例在实现限制软件的使用次数功能时，首先需要判断软件是否已经注册，如果已经注册，则用

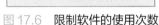

图 17.6　限制软件的使用次数　　　　　图 17.7　软件注册

户可以任意使用软件。如果软件未注册，则判断软件是否初次使用，如果是初次使用，则在系统注册表中新建一个子项，用来存储软件的使用次数，并且设置初始值为 1；如果不是初次使用，则从存储软件使用次数的注册表项中获取已经使用的次数，然后将获取的使用次数加一，作为新的软件使用次数，存储到注册表中。关键代码如下：

```
01  private void frmMain_Load(object sender, EventArgs e)
02  {
03      RegistryKey retkey = Microsoft.Win32.Registry.LocalMachine.OpenSubKey("software", true).CreateSubKey("mrwxk").CreateSubKey("mrwxk.ini");          // 打开注册表项
04      foreach (string strRNum in retkey.GetSubKeyNames())          // 判断是否注册
05      {
06          if (strRNum == softreg.getRNum())                        // 判断注册码是否相同
07          {
08              this.Text = " 限制软件的使用次数（已注册）";
09              button1.Enabled = false;
10              return;
11          }
12      }
13      this.Text = " 限制软件的使用次数（未注册）";
14      button1.Enabled = true;
15      MessageBox.Show(" 您现在使用的是试用版，该软件可以免费试用 30 次！ ", " 提示 ", MessageBoxButtons.OK, MessageBoxIcon.Information);
16      Int32 tLong;
17      try
18      {
19          tLong = (Int32)Registry.GetValue("HKEY_LOCAL_MACHINE\\SOFTWARE\\tryTimes", "UseTimes", 0);
// 获取软件的已经使用次数
20          MessageBox.Show(" 感谢您已使用了 " + tLong + " 次 ", " 提示 ", MessageBoxButtons.OK, MessageBoxIcon.Information);
21      }
22      catch
23      {
24          Registry.SetValue("HKEY_LOCAL_MACHINE\\SOFTWARE\\tryTimes", "UseTimes", 0, RegistryValueKind.DWord);                                           // 首次使用软件
25          MessageBox.Show(" 欢迎新用户使用本软件 "," 提示 ", MessageBoxButtons.OK, MessageBoxIcon.Information);
26      }
27      tLong = (Int32)Registry.GetValue("HKEY_LOCAL_MACHINE\\SOFTWARE\\tryTimes", "UseTimes", 0); /* 获取软件已经使用次数 */
28      if (tLong < 30)
29      {
30          int Times = tLong + 1;// 计算软件本次是第几次使用
31  // 将软件使用次数写入注册表
32          Registry.SetValue("HKEY_LOCAL_MACHINE\\SOFTWARE\\tryTimes", "UseTimes", Times);
33      }
34      else
35      {
36          MessageBox.Show(" 试用次数已到 ", " 警告 ", MessageBoxButtons.OK, MessageBoxIcon.Warning);
37          Application.Exit();                                       // 退出应用程序
38      }
39  }
```

263

♥ 小结

本章主要介绍了注册表相关的内容，.NET Framework 提供了 Registry 和 RegistryKey 类用于操作注册表，这两个类在 Microsoft.Win32 命名空间下。RegistryKey 类中提供了许多方法用于操作注册表，本章详细地介绍了创建、读取、修改和删除注册表信息的方法，并通过实际的应用演示如何操作注册表。

17.4 实战练习

大多数应用软件会将用户输入的注册信息写进注册表中，程序运行过程中，可以将这些信息从注册表中读出。本实例主要实现在程序中对注册表进行操作的功能，运行程序，单击"注册"按钮，会将用户输入的信息写入注册表中。运行结果如图 17.8 所示。

图 17.8　利用注册表设计软件注册程序

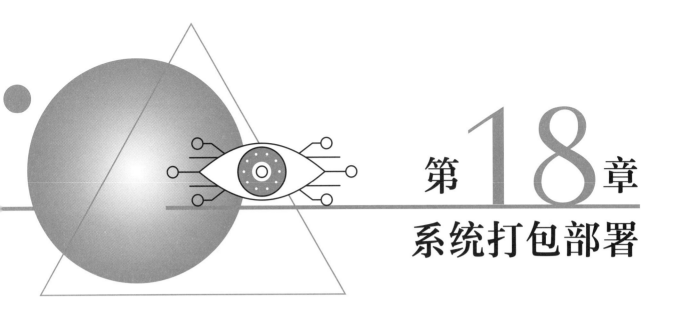

第18章

系统打包部署

Windows 应用程序开发完成后，还要面对程序的打包问题，即如何将应用程序打包并制作成安装程序在客户机上部署。本章将详细讲解如何利用 Viaual Studio 集成开发环境中的打包部署工具对 Windows 应用程序进行打包部署。

本章知识架构如下：

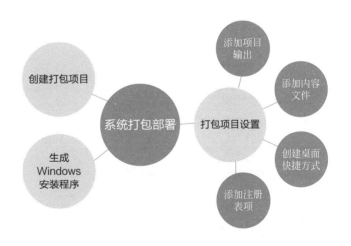

18.1　创建打包项目

从 Visual Studio 2012 开始，微软就不在环境中自动集成安装打包项目了，如果还想使用，需要手动下载安装，这里以在 Visual Studio 2019 上安装打包项目为例进行介绍，步骤如下。

📃 说明

> 其他版本与此类似，比如 Visual Studio 2015、Visual Studio 2017、Visual Studio 2022 等。

① 在 Visual Studio 2019 的菜单中选择"工具"/"扩展和更新"，如图 18.1 所示。

② 弹出"扩展和更新"对话框，左侧依次展开"联机"/"Visual Studio Marketplace"/"工具"/"安装和部署"，右侧选择"Microsoft Visual Studio 2019 Installer Project"项，选择之后，右上角会出现一个"下载"按钮，单击下载，下载完成后，关闭这个对话框，并且关闭 Visual Studio 2019 开发环境，会自动开始安装，按照提示安装完，如图 18.2 所示。

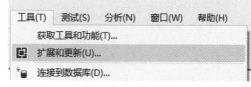

图 18.1　选择"工具"/"扩展和更新"

③ 重新启动 Visual Studio 2019，在菜单中选择"新建"/"项目"，在弹出的"新建项目"对话框中，左侧选择"其他项目类型"/"Visual Studio Installer"，右侧选择"Setup Project"，单击"确定"按钮即可，如图 18.3 所示。

图 18.2　安装 Installer Project

图 18.3　创建安装项目

18.2　添加项目输出

创建完 Windows 安装项目之后，接下来讲解如何制作 Windows 安装程序。一个完整的 Windows 安装程序通常包括项目输出文件、内容文件、桌面快捷方式和注册表项等，下面讲解如何在创建 Windows 安装程序时添加这些内容。

为 Windows 安装程序添加项目输出文件的步骤如下。

① 在"文件系统"的"目标计算机上的文件系统"节点下选中"应用程序文件夹"，单击右键，在弹出的快捷菜单中选择"添加 / 项目输出"选项，如图 18.4 所示。

② 弹出如图 18.5 所示的"添加项目输出组"对话框，该对话框中，在"项目"下拉列表中选择要部署的项目，然后选择要输出的类型，这里选择"主输出"，单击"确定"按钮，即可将项目输出文件添加

到 Windows 安装程序中。

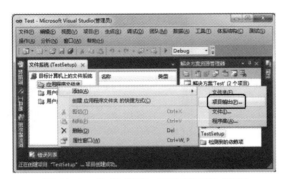

图 18.4 选择"添加 / 项目输出"选项

图 18.5 "添加项目输出组"对话框

18.3 添加内容文件

为 Windows 安装程序添加内容文件的步骤如下。

① 在 Visual Studio 开发环境的中间部分单击右键,在弹出的快捷菜单中选择"添加 / 文件"选项,如图 18.6 所示。

② 弹出如图 18.7 所示的"添加文件"对话框,该对话框中选择要添加的内容文件,单击"打开"按钮,即可将选中的内容文件添加到 Windows 安装程序中。

图 18.6 选择"添加 / 文件"选项

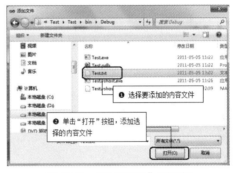

图 18.7 "添加文件"对话框

📑 说明

对于使用数据库的 Windows 应用程序,在打包程序时,可以通过"添加内容文件"的方式,将使用到的数据库文件添加到打包程序中,以便在客户端配置使用。

18.4 创建桌面快捷方式

为 Windows 安装程序创建桌面快捷方式的步骤如下。

① 在 Visual Studio 开发环境的中间部分选中"主输出来自 Test(活动)",单击右键,在弹出的快捷菜单中选择"创建主输出来自 Test(活动)的快捷方式"选项,如图 18.8 所示。

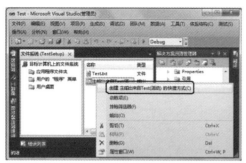

图 18.8　选择"创建主输出来自 Test
（活动）的快捷方式"选项

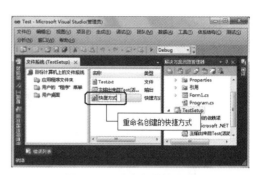

图 18.9　重命名快捷方式

② 添加了一个"主输出来自 Test（活动）的快捷方式"选项，将其重命名为"快捷方式"，如图 18.9 所示。

③ 选中创建的"快捷方式"，然后用鼠标将其拖放到左边"文件系统"下的"用户桌面"文件夹中，如图 18.10 所示，这样就为该 Windows 安装程序创建了一个桌面快捷方式。

18.5　添加注册表项

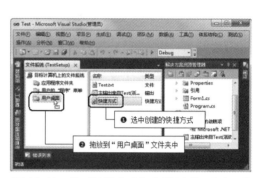

图 18.10　将"快捷方式"拖放到"用户桌面"
文件夹中

为 Windows 安装程序添加注册表项的步骤如下。

① 在解决方案资源管理器中选中安装项目，单击右键，在弹出的快捷菜单中选择"视图 / 注册表"选项，如图 18.11 所示。

② 在 Windows 安装项目的左侧显示"注册表"选项卡，在"注册表"选项卡中，依次展开"HKEY_CURRENT_USER/Software"节点，然后对注册表项"[Manufacturer]"进行重命名，如图 18.12 所示。

图 18.11　选择"视图 / 注册表"选项

图 18.12　"注册表"选项卡

 注意

　　"[Manufacturer]"注册表项用方括号括起来，表示它是一个属性，它将被替换为输入的部署项目的 Manufacturer 属性值。

③ 选中注册表项，单击右键，在弹出的快捷菜单中选择"新建 / 字符串值"选项，如图 18.13 所示，这样即可为添加的注册表项初始化一个值。

④ 选中添加的注册表项值，单击右键，选择"属性窗口"选项，弹出"属性"窗口，如图 18.14 所示，这里可以对注册表项的值进行修改。

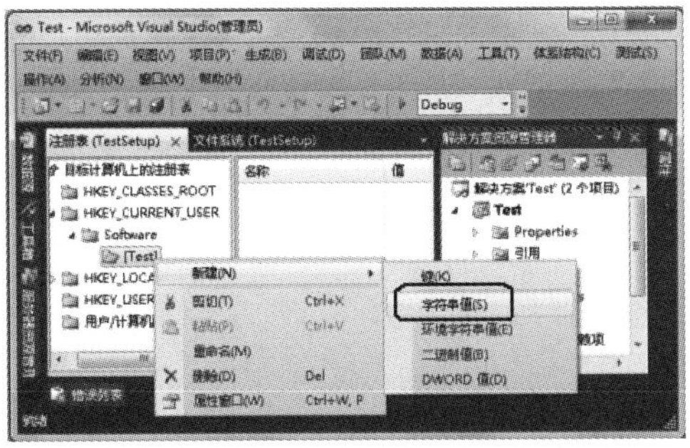

图 18.13　选择“新建 / 字符串值”选项

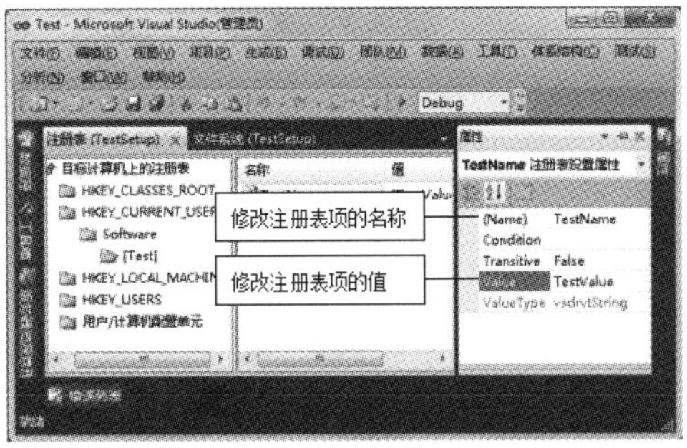

图 18.14　注册表项的“属性”窗口

按照以上步骤，即可为 Windows 安装程序添加一个注册表项。

18.6　生成 Windows 安装程序

添加完 Windows 安装程序所需的项目输出文件、内容文件、桌面快捷方式和注册表项等内容后，在解决方案资源管理器中选中 Windows 安装项目，单击右键，在弹出的快捷菜单中选择“生成”选项，即可生成一个 Windows 安装程序。选择“生成”选项如图 18.15 所示。

生成的 Windows 安装文件如图 18.16 所示。

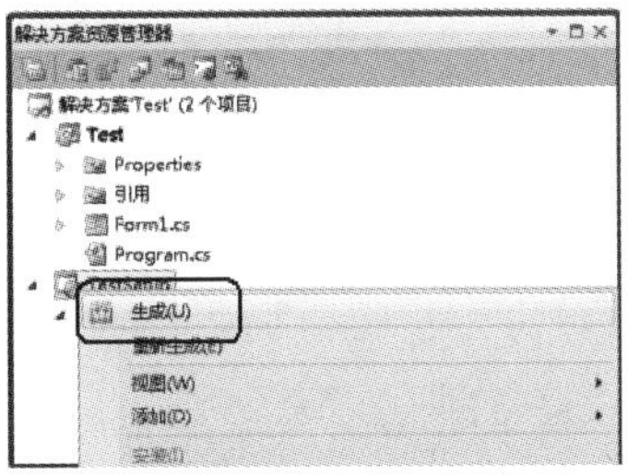

图 18.15　选择“生成”选项

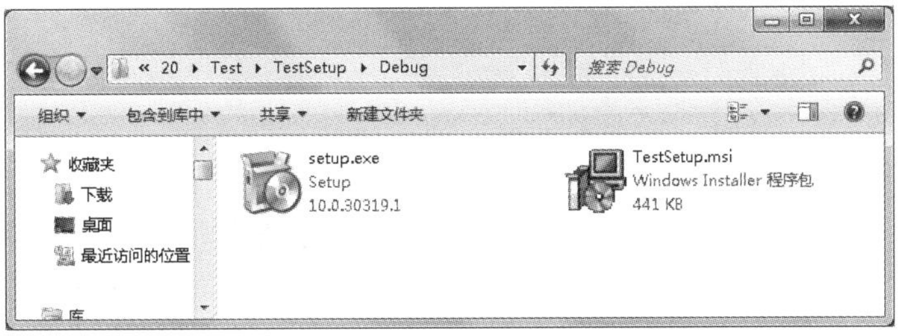

图 18.16　生成的 Windows 安装文件

说明

使用 Visual Studio 开发环境的打包工具打包完程序之后，会生成两个安装文件，分别为 .exe 文件和 .msi 文件，其中，.msi 文件是 Windows installer 开发出来的程序安装文件，它可以让用户安装、修改和卸载所安装的程序，也就是说，.msi 文件是 Windows Installer 的数据包，它把所有和安装文件相关的内容都封装在了一个包里；而 .exe 文件是生成 .msi 文件时附带的一个文件，它实质上是调用 .msi 的文件进行安装。因此，.msi 文件是必须有的，而 .exe 文件可有可无。

小结

本章主要对 Windows 应用程序的打包部署过程进行了详细讲解。打包部署是 Windows 应用程序后期开发中一个非常重要的步骤，因为一个 Windows 应用程序在开发完成后，只有通过打包部署才能被用户使用，而只有用户使用了，开发的 Windows 应用程序才能体现它的价值。通过本章的学习，读者应该能够熟练地对一个已经开发完成的 Windows应用程序进行打包部署。

全方位沉浸式学C#
见此图标 微信扫码

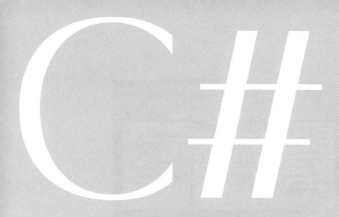

C#

开发手册

基础 · 案例 · 应用

第 2 篇
案例篇

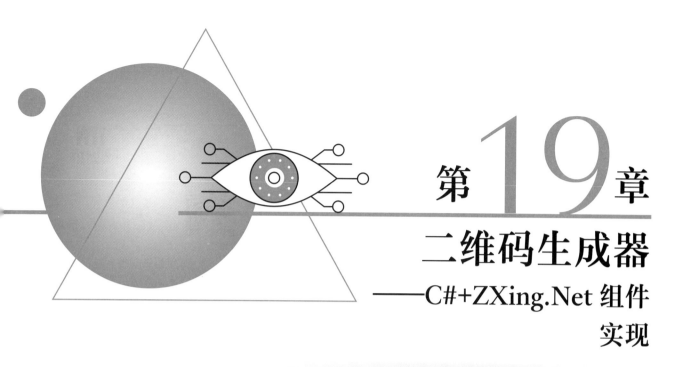

第 19 章

二维码生成器

——C#+ZXing.Net 组件实现

二维码又称二维条码，常见的二维码为 QR Code，QR 全称 Quick Response，它是用某种特定的几何图形按一定规律在平面（二维方向上）分布的黑白相间的记录数据符号信息的图形；二维码是近几年来移动设备上非常流行的一种编码方式，它比传统的 Bar Code 条形码能存更多的信息，也能表示更多的数据类型。日常生活中，二维码随处可见，比如支付宝可以生成领赏金的二维码，图书中有直接可以扫描看视频的二维码，那么这些二维码是如何生成的呢？本章将使用 C# 结合 ZXing.Net 组件开发一个二维码生成器。

本章知识架构如下：

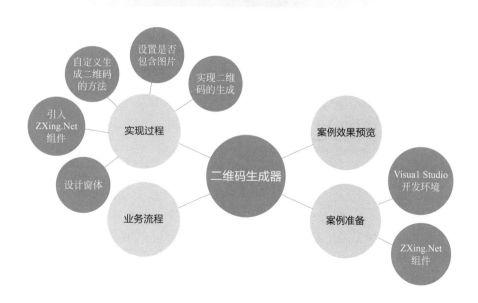

19.1 案例效果预览

本案例实现了一个二维码生成器，运行程序，输入二维码地址，并设置要生成的二维码宽度和高度，单击"生成二维码"按钮，即可按照设置生成相应的二维码图片；另外，用户还可以选择是否需要生成带 Logo 的二维码，勾选"是否包含图片"复选框后，即可在右侧选择要作为 Logo 的图片，然后再次单击"生成二维码"按钮，即可生成带 Logo 的二维码图片。运行结果如图 19.1 所示。

图 19.1　二维码生成器

19.2 案例准备

本软件的开发及运行环境具体如下：
- 操作系统：Windows 10。
- 语言：C#。
- 开发环境：Visual Studio 免费社区版（2015、2017、2019、2022 等版本兼容）。
- 第三个组件：ZXing.Net。

19.3 业务流程

在开发二维码生成器案例前，需要先了解二维码生成的业务流程，如图 19.2 所示。

图 19.2　二维码生成的业务流程

19.4 实现过程

19.4.1 设计窗体

新建一个 Windows 应用程序，默认主窗体为 Form1。在 Form1 窗体中添加 3 个 TextBox 控件、一个 RadioButton 控件、两个 Button 控件和两个 PictureBox 控件，其中，TextBox 控件用来设置二维码地址、宽度和高度；RadioButton 控件用来设置是否在生成的二维码中包含 Logo；Button 控件用来选择要包含的 Logo 图片和生成二维码；PictureBox 控件用来显示选择的 Logo 图片和生成的二维码。窗体设计效果如图 19.3 所示。

19.4.2　引入 ZXing.Net 组件

本实例实现时，主要用到 ZXing.Net 组件，该组件是一个第三方组件，它是基于 Java 的条形码阅读器和生成器库 ZXing 的一个端口，支持在图像中解码和生成码（如二维码、条形码、PDF 417、EAN、Data Matrix、Codabar 等），该组件的开源下载地址为 https://github.com/micjahn/ZXing.Net，下载完成后解压即可使用，使用 ZXing.Net 组件的步骤如下。

在项目的"解决方案资源管理器"窗口中选中当前项目下的"引用"文件夹，单击右键，在弹出的快捷菜单中选择"添加引用"，然后在弹出的对话框中找到下载路径下的 zxing.dll 文件，添加到项目中，如图 19.4 所示。

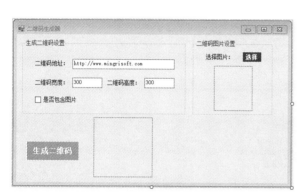

图 19.3　窗体设计效果

图 19.4　添加引用

技巧

ZXing.Net 组件在使用时，除了下载文件并添加引用这种方法，还可以通过 NuGet 命令进行安装，安装命令如下。

```
Install-Package zxing
```

添加完 zxing.dll 引用后，切换到代码页面，在命名空间区域添加响应命名空间后，即可使用该组件中的相应类及方法来生成或者识别码（包括二维码），例如，要操作二维码，需要添加如下命名空间：

```
01  using ZXing;
02  using ZXing.Common;
03  using ZXing.QrCode.Internal;
```

19.4.3　自定义生成二维码的方法

本案例中生成的二维码有两种，一种是普通二维码图片，另一种是中间带 Logo 图片的二维码，因此定义生成二维码的方法时，将其定义为重载方法，分别生成这两种类型的二维码图片。具体实现时，主要使用 ZXing.Net 组件中 BarcodeWriter 对象的相应属性和方法。具体代码如下：

```
01  /// <summary>
02  /// 生成二维码图片
03  /// </summary>
04  /// <param name="strMessage"> 要生成二维码的字符串 </param>
05  /// <param name="width"> 二维码图片宽度（单位：像素）</param>
06  /// <param name="height"> 二维码图片高度（单位：像素）</param>
```

```
07    /// <returns></returns>
08    private Bitmap GetQRCodeByZXingNet(String strMessage, Int32 width, Int32 height)
09    {
10        Bitmap result = null;
11        try
12        {
13            BarcodeWriter barCodeWriter = new BarcodeWriter();
14            barCodeWriter.Format = BarcodeFormat.QR_CODE;
15            barCodeWriter.Options.Hints.Add(EncodeHintType.CHARACTER_SET, "UTF-8");
16                barCodeWriter.Options.Hints.Add(EncodeHintType.ERROR_CORRECTION, ZXing.QrCode.Internal.
ErrorCorrectionLevel.H);
17            barCodeWriter.Options.Height = height;
18            barCodeWriter.Options.Width = width;
19            barCodeWriter.Options.Margin = 0;
20            ZXing.Common.BitMatrix bm = barCodeWriter.Encode(strMessage);
21            result = barCodeWriter.Write(bm);
22        }
23        catch { }
24        return result;
25    }
26    /// <summary>
27    /// 生成中间带有图片的二维码图片
28    /// </summary>
29    /// <param name="contents"> 要生成二维码包含的信息 </param>
30    /// <param name="middleImg"> 要生成到二维码中间的图片 </param>
31    /// <param name="width"> 生成的二维码宽度（单位：像素）</param>
32    /// <param name="height"> 生成的二维码高度（单位：像素）</param>
33    /// <returns> 中间带有图片的二维码 </returns>
34    public Bitmap GetQRCodeByZXingNet(string contents, Image middleImg, int width, int height)
35    {
36        if (string.IsNullOrEmpty(contents))
37        {
38            return null;
39        }
40        if (middleImg == null)
41        {
42            return GetQRCodeByZXingNet(contents,width,height);
43        }
44        // 构造二维码写码器
45        MultiFormatWriter mutiWriter = new MultiFormatWriter();
46        Dictionary<EncodeHintType, object> hint = new Dictionary<EncodeHintType, object>();
47        hint.Add(EncodeHintType.CHARACTER_SET, "UTF-8");
48        hint.Add(EncodeHintType.ERROR_CORRECTION, ErrorCorrectionLevel.H);
49        // 生成二维码
50        BitMatrix bm = mutiWriter.encode(contents, BarcodeFormat.QR_CODE, width, height, hint);
51        BarcodeWriter barcodeWriter = new BarcodeWriter();
52        Bitmap bitmap = barcodeWriter.Write(bm);
53        // 获取二维码实际尺寸（去掉二维码两边空白后的实际尺寸）
54        int[] rectangle = bm.getEnclosingRectangle();
55        // 计算插入图片的大小和位置
56        int middleImgW = Math.Min((int)(rectangle[2] / 3.5), middleImg.Width);
57        int middleImgH = Math.Min((int)(rectangle[3] / 3.5), middleImg.Height);
58        int middleImgL = (bitmap.Width - middleImgW) / 2;
59        int middleImgT = (bitmap.Height - middleImgH) / 2;
60        // 将 img 转换成 bmp 格式，否则后面无法创建 Graphics 对象
61            Bitmap bmpimg = new Bitmap(bitmap.Width, bitmap.Height, System.Drawing.Imaging.PixelFormat.
Format32bppArgb);
62        using (Graphics g = Graphics.FromImage(bmpimg))
63        {
64            g.InterpolationMode = System.Drawing.Drawing2D.InterpolationMode.HighQualityBicubic;
65            g.SmoothingMode = System.Drawing.Drawing2D.SmoothingMode.HighQuality;
66            g.CompositingQuality = System.Drawing.Drawing2D.CompositingQuality.HighQuality;
67            g.DrawImage(bitmap, 0, 0);
68        }
```

```
69        // 在二维码中插入图片
70        Graphics myGraphic = Graphics.FromImage(bmpimg);
71        // 白底
72        myGraphic.FillRectangle(Brushes.White, middleImgL, middleImgT, middleImgW, middleImgH);
73        myGraphic.DrawImage(middleImg, middleImgL, middleImgT, middleImgW, middleImgH);
74        return bmpimg;
75    }
```

19.4.4 设置是否包含图片

二维码中是否包含图片主要是通过一个复选框进行设置的，这里主要判断复选框中的选中状态，并根据选中状态选择相应的图片文件即可。代码如下：

```
01    private void checkBox1_CheckedChanged(object sender, EventArgs e)
02    {
03        if (checkBox1.Checked)
04            groupBox2.Visible = true;
05        else
06            groupBox2.Visible = false;
07    }
08    private void button2_Click(object sender, EventArgs e)
09    {
10        OpenFileDialog openFile = new OpenFileDialog();
11        openFile.Filter = "图片文件 |*.jpg;*.jpeg;*.png;*.bmp";
12        if(openFile.ShowDialog()==DialogResult.OK)
13        {
14            pictureBox1.Image = Image.FromFile(openFile.FileName);
15        }
16    }
```

19.4.5 实现二维码的生成

单击"生成二维码"按钮，根据复选框的选中状态，分别调用 GetQRCodeByZXingNet() 方法的不同重载形式生成相应类型的二维码图片，并显示在 PictureBox 图片控件中。代码如下：

```
01    private void button1_Click(object sender, EventArgs e)
02    {
03        Bitmap qrCode;
04        if (checkBox1.Checked)
05            qrCode = GetQRCodeByZXingNet(textBox1.Text, pictureBox1.Image, Convert.ToInt32(textBox2.Text),
    Convert.ToInt32(textBox2.Text));
06        else
07            qrCode = GetQRCodeByZXingNet(textBox1.Text, Convert.ToInt32(textBox2.Text), Convert.
    ToInt32(textBox2.Text));
08        qrCode.Save("qr.png", ImageFormat.Png);
09        pictureBox2.Image = qrCode;
10    }
```

▼ 小结

本章主要介绍了如何使用 C# 结合 ZXing.Net 组件开发一个二维码生成器，ZXing.Net 是一个非常强大的第三方组件，它包含了二维码、条形码等多种条码的生成、识别操作，开发人员可以很方便地利用它满足自身关于各种条码的开发工作，本案例中主要讲解了 ZXing.Net 在二维码方向的应用，读者可以探索该组件在其他条码方向的应用。

全方位沉浸式学C#
见此图标 📖 微信扫码

19

275

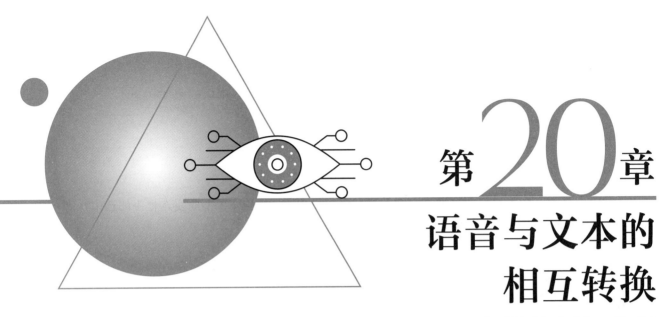

第20章

语音与文本的相互转换

——Baidu.AI+ffmpeg 多媒体框架实现

语音识别属于人工智能中感知智能的一部分，其本质是把人说的话转为文本的一种技术，本案例中可以将文本转换为语音，也可以将语音识别为文本。

本章知识架构如下：

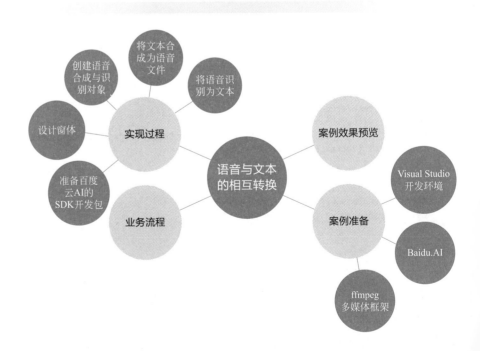

20.1   案例效果预览

语音合成主要是将文本框中输入的文字转换为语音文件，运行程序，在文本框中输入文字，选择相应的声音之后，单击"语音合成"按钮，即可将文本框中的文字合成为 wav 格式的语音文件，并自动打开播放，程序运行效果如图 20.1 和图 20.2 所示。

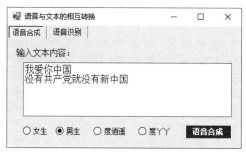

图 20.1   语音合成

图 20.2   合成的 wav 语音文件

本实例主要实现语音识别的功能，具体来说，就是将语音文件中的文字识别出来，运行程序，单击"选择"按钮，选择语音文件，同时将语音文件中的文字识别出来，显示在文本框中，效果如图 20.3 所示。

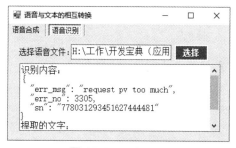

图 20.3   语音识别

20.2   案例准备

本软件的开发及运行环境具体如下：
- 操作系统: Windows 10。
- 语言: C#。
- 开发环境: Visual Studio 免费社区版（2015、2017、2019、2022 等版本兼容）。
- 第三方组件: Baidu.AI、ffmpeg。

20.3   业务流程

语音与文本转换程序的业务流程如图 20.4 所示。

20.4   实现过程

20.4.1   准备百度云 AI 的 SDK 开发包

本案例实现语音与文本的相互转换使用的是百度云 AI 的 API 接口，因此，其实现的关键是：如何申请百度云 AI 的 API 使用权限，以及如何在 C# 程序中调用百度云 AI 的 SDK 开发包，下面按步骤进行详细说明。

① 在网页浏览器（比如 Chrome 或者火狐）的地址栏中输入 ai.baidu.com，进入百度云 AI 的官网，如图 20.5 所示，该页面中单击右上角的蓝色"控制台"按钮。

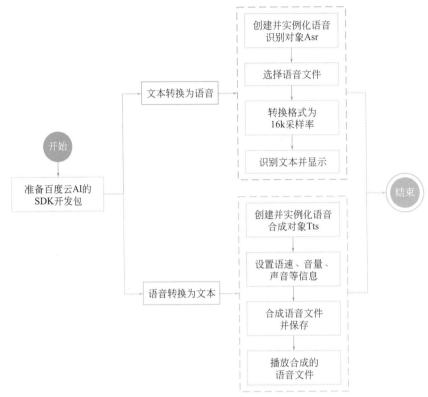

图 20.4　语音与文本转换程序的业务流程

② 进入到百度云 AI 官网的登录页面，如图 20.6 所示，该页面中需要输入你自己的百度账号和密码，如果没有，请单击"立即注册"超链接进行申请。

③ 登录成功后，进入百度云 AI 官网的控制台页面，单击左侧导航中的"产品服务"，展开列表，在列表的最右侧下方看到有"人工智能"的分类，该分类中选择"百度语音"，如图 20.7 所示。

图 20.5　百度云 AI 官网

图 20.6　百度云 AI 官网的登录页面

④ 进入"百度语音 - 概览"页面，要使用百度云 AI 的 API，首先需要申请权限，申请权限之前需要先创建自己的应用，因此单击"创建应用"按钮，如图 20.8 所示。

⑤ 进入到"创建应用"页面，该页面中需要输入应用的名称，选择应用类型，并选择接口，注意：这里的接口可以多选一些，把后期可能用到的接口全部选择上，这样，在开发本章后面的实例时，就可以直接使用了；选择完接口后，选择语音包名，这里选择"不需要"，输入应用描述，单击"立即创建"按钮，如图 20.9 所示。

图 20.7　在服务列表中选择"百度语音"

图 20.8　"百度语音 – 概览"页面中单击"创建应用"按钮

图 20.9　创建应用

⑥ 页面跳转到应用列表页面，该页面中即可查看创建的应用，以及百度云自动为您分配的 AppID、API Key、Secret Key，这些值根据应用的不同而不同，因此一定要保存好，以便开发时使用，如图 20.10 所示。

图 20.10　应用列表页面查看 AppID、API Key、Secret Key

⑦ 在图 20.10 中单击左侧导航中的"SDK 下载"菜单，进入 SDK 资源页面，如图 20.11 所示，该页面中可以根据自己程序的需要下载相应语言或者类别的 SDK，这里下载 C# 相应的 SDK 资源包即可。

⑧ 下载完的百度云 SDK 资源包是一个压缩文件，解压该文件，可以看到如图 20.12 所示的 4 个文件夹，这 4 个文件夹对应不同的 .NET 版本，双击打开任意一个文件夹，里面有 3 个文件，如图 20.13 所示，其中以 .dll 结尾的两个文件就是开发 C# 程序时需要引用的文件。

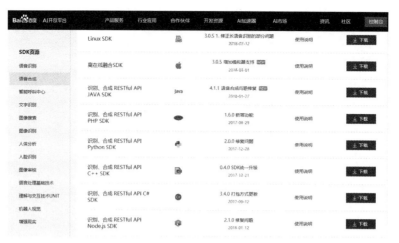

图 20.11　下载 C# 的 SDK 资源包

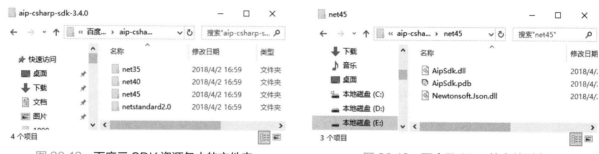

图 20.12　百度云 SDK 资源包中的文件夹　　　　图 20.13　百度云 SDK 的文件列表

 说明

> 在 C# 中可以使用 NuGet 命令安装百度云 AI 的 SDK，安装命令如下。

```
Install-Package Baidu.AI
```

⑨ 打开 C# 项目，在解决方案资源管理器中选中引用文件夹，单击右键，选择"添加引用"，弹出"添加引用"对话框，该对话框中找到百度云 SDK 的指定版本下的 AipSdk.dll 文件和 Newtonsoft.Json.dll 文件，单击"添加"按钮，即可引入到项目中，如图 20.14 所示。

⑩ 打开要使用百度云 AI 的代码文件，在命名空间区域添加相应的命名空间，接下来就可以在程序中使用

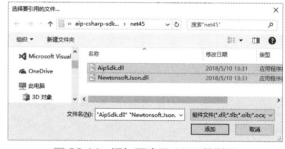

图 20.14　添加百度云 SDK 的引用

百度云 AI 提供的相应类来进行人工智能应用编程了。例如，本案例进行语音相关的编程，则添加如下命名空间：

```
using Baidu.Aip.Speech;
```

20.4.2　设计窗体

本案例中只有一个窗体，但实现两个功能，分别是将文本合成为语音、将语音识别为文本，因此窗体中使用了 TabControl 选项卡控件进行设计，该控件中设置了两个选项卡："语音合成"和"语音识别"，

其中，"语音合成"选项卡中添加一个 TextBox 控件，用来输入要合成语音的文字；添加 4 个 RadioButton 控件，用来设置合成语音时设置的声音；添加一个 Button 控件，用来执行合成语音操作。"语音识别"选项卡中添加一个 Button 控件，用来选择语音文件，并执行语音转文字操作；添加两个 TextBox 控件，分别用来显示选择的语音文件和识别的语音文字内容。"语音合成"选项卡设计效果如图 20.15 所示，"语音识别"选项卡设计效果如图 20.16 所示。

图 20.15　"语音合成"选项卡设计效果

图 20.16　"语音识别"选项卡设计效果

20.4.3　创建语音合成与识别对象

实现功能之前，首先应该创建百度云 API 中的语音合成对象以及语音识别对象，并且在窗体的构造函数中对它们进行初始化，代码如下：

```
01  private readonly Tts _ttsClient;                        // 声明 Tts 对象，该对象用来对语音进行操作
02  private readonly Asr _asrClient;                        // 声明 Asr 对象，该对象用来识别语音文件
03  string APPID = "11079594";                              // 自己在百度云控制台中创建的应用的 ID
04  string API_KEY = "fMA2S0U0dGPHbdbn3EmtRGfZ";            // 设置自己申请百度云账号时的 APIKey
05
06  string SECRET_KEY = "2d9bbfc2a45bde1056d0c1fd272fd5f2"; // 设置自己申请百度云账号时的 SECRETKey
07  public Form1()
08  {
09      _ttsClient = new Tts(API_KEY, SECRET_KEY);              // 初始化 Tts 对象
10      _asrClient = new Asr(APPID,API_KEY, SECRET_KEY);        // 初始化 Asr 对象
11      CheckForIllegalCrossThreadCalls = false;
12      InitializeComponent();
13  }
```

20.4.4　将文本合成为语音文件

将文本合成为语音文件主要使用百度云 API 中的 Tts 类，该类是语音合成的交互类，为使用语音合成的开发人员提供了一系列的交互方法。

Tts 类中提供了一个 Synthesis 方法，用来将文本合成为语音，其使用方法如下：

```
var result = client.Synthesis(text, option);
```

Synthesis 方法参数说明如表 20.1 所示。

表 20.1　Synthesis 方法参数说明

参数	类型	描述
text	String	合成的文本，使用 UTF-8 编码，请注意文本长度必须小于 1024 字节
option	Dictionary	可选参数，用来指定合成语音时的一些信息，具体指定的参数如表 20.2 所示

表 20.2　option 参数中可以指定的参数

参数	类型	描述
spd	String	语速，取值 0~9，默认为 5 中语速
pit	String	音调，取值 0~9，默认为 5 中语调
vol	String	音量，取值 0~15，默认为 5 中音量
per	String	发音人选择，0 为女声，1 为男声，3 为情感合成 - 度逍遥，4 为情感合成 - 度丫丫，默认为普通女
cuid	Int	用户唯一标识，用来区分用户，用来设置机器 MAC 地址或 IMEI 码，长度为 60 以内

　　单击"语音合成"按钮，首先根据单选按钮的选中情况设置要合成语音文件采用的声音，以及语速、音量等信息，然后调用 Tts 对象的 Synthesis 方法将用户输入的文本合成语音文件并保存，最后播放合成的语音文件。代码如下：

```
01    private void button2_Click(object sender, EventArgs e)
02    {
03        var option = new Dictionary<string, object>();
04        if (radioButton1.Checked)              // 0 为女声
05            option = new Dictionary<string, object>()
06            {
07                {"spd", 5},                    // 语速
08                {"vol", 7},                    // 音量
09                {"per", 0}                     /* 0 为女声，1 为男声，3 为情感合成 - 度逍遥，4 为情感合成 - 度丫丫，
                                                    默认为普通女 */
10            };
11        else if (radioButton2.Checked)         // 1 为男声
12            option = new Dictionary<string, object>()
13            {
14                {"spd", 5},                    // 语速
15                {"vol", 7},                    // 音量
16                {"per", 1}
17            };
18        else if (radioButton3.Checked)                          // 3 为情感合成 - 度逍遥
19            option = new Dictionary<string, object>()
20            {
21                {"spd", 5},                                      // 语速
22                {"vol", 7},                                      // 音量
23                {"per", 3}
24            };
25        else if (radioButton4.Checked)                          // 4 为情感合成 - 度丫丫
26            option = new Dictionary<string, object>()
27            {
28                {"spd", 5},                                      // 语速
29                {"vol", 7},                                      // 音量
30                {"per", 4}
31            };
32        var result = _ttsClient.Synthesis(textBox1.Text, option);    // 根据设置合成文字
33                                                                     // 设置要保存的文件名
34        string fileName = DateTime.Now.ToLongDateString() + DateTime.Now.Millisecond + ".wav";
35        if (result.Success)
36        {
37            File.WriteAllBytes(fileName, result.Data);          // 保存为语音文件
38        }
39        System.Diagnostics.Process.Start(fileName);             // 打开播放语音文件
40    }
```

📖 说明

　　本案例支持的语音格式，要求原始 PCM 的录音参数必须符合 8k/16k 采样率、16bit 位深、单声道，支持的格式有：pcm（不压缩）、wav（不压缩，pcm 编码）、amr（压缩格式）。

20.4.5　将语音识别为文本

将语音识别为文本主要使用百度云 API 中的 Asr 类，该类是语音识别的交互类，为使用语音识别的开发人员提供了一系列的交互方法。

Asr 类中提供了一个 Recognize 方法，用来向远程服务上传整段语音进行识别，其使用方法如下：

```
var result = client.Recognize(data, "pcm", 16000);
```

Recognize 方法参数说明如表 20.3 所示。

表 20.3　Recognize 方法参数说明

参数	类型	描述
data	byte[]	语音二进制数据，语音文件的格式，pcm 或者 wav 或者 amr。不区分大小写
format	string	语音文件的格式，pcm 或者 wav 或者 amr。不区分大小写。推荐 pcm 文件
rate	int	采样率，16000，固定值

Recognize 方法返回参数说明如表 20.4 所示。

表 20.4　Recognize 方法返回参数说明

参数	类型	是否一定输出	描述
err_no	int	是	错误码
err_msg	int	是	错误码描述
sn	int	是	语音数据唯一标识，系统内部产生，用于 debug
result	int	是	识别结果数组，提供 1~5 个候选结果，string 类型为识别的字符串，UTF-8 编码

单击"选择"按钮，首先选择要识别的语音文件，然后使用 ffmpeg 将语音文件转换为采用 16k 采样率的 wav 音频文件，最后使用 Asr 对象的 Recognize 识别转换后的 wav 音频文件中的文本内容，并显示在相应的文本框中。代码如下：

```
01  private void button3_Click(object sender, EventArgs e)
02  {
03      textBox3.Text = "";
04      OpenFileDialog file = new OpenFileDialog();            // 创建"打开"对话框
05      file.Filter = "音频文件 |*.pcm;*.wav;*.amr;*.mp3";      // 设置可以打开的文件
06      if (file.ShowDialog() == DialogResult.OK)             // 判断是否选中文件
07      {
08          textBox2.Text = file.FileName;                    // 记录选中的文件
09          System.Threading.ThreadPool.QueueUserWorkItem(    // 使用线程池
10              (P_temp) =>
11              {
12  // 定义使用 ffmpeg 转换视频的命令，将格式转换为采用 16k 采样率的 wav 文件
13              string cmd = @"ffmpeg -i"+ textBox2.Text + " -ar 16000 -ac 1  -f wav temp.wav";
14                                                            // 创建一个进程
15              Process p = new Process();
16              p.StartInfo.FileName = "cmd.exe";
17              p.StartInfo.UseShellExecute = false;          // 是否使用操作系统 shell 启动
18              p.StartInfo.RedirectStandardInput = true;     // 接收来自调用程序的输入信息
19              p.StartInfo.RedirectStandardOutput = true;    // 由调用程序获取输出信息
20              p.StartInfo.RedirectStandardError = true;     // 重定向标准错误输出
21              p.StartInfo.CreateNoWindow = true;            // 不显示程序窗口
22              p.Start();// 启动程序
23                                                            // 向 cmd 窗口发送输入信息
```

```
24                        p.StandardInput.WriteLine(cmd + "&exit");
25                        p.StandardInput.AutoFlush = true;
26                                                                          // 等待程序执行完退出进程
27                        p.WaitForExit();
28                        p.Close();
29                        System.Threading.Thread.Sleep(1000);
30                        var data = File.ReadAllBytes("temp.wav");         // 将文件内容保存为字节数组
31                                                                          // 按指定码率识别字节数组内容
32                        var result = _asrClient.Recognize(data, "pcm", 16000);
33                        textBox3.Text = "识别内容: " + Environment.NewLine + result + Environment.NewLine + "\n\n
提取的文字: " + Environment.NewLine;
34                        if (result["err_msg"].ToString() == "success.")
35                            textBox3.Text += result["result"];            // 显示读取的内容
36                        File.Delete("temp.wav");
37                    }
38                );
39            }
40      }
```

📑 指点迷津

在识别语音文件时，可能会出现"request pv too much"的结果，这是由于还未领取接口的免费使用次数，可以在百度云平台的"控制台 – 语音技术 – 概览"处领取接口的免费次数。另外，如果不是第一次使用，则代表免费次数已经耗尽，在相同位置开通接口的付费功能即可。

▽ 小结

本章主要讲解了如何在 C# 中实现语音与文本的相互转换，其中主要用到的技术是百度云 AI 提供的语音合成与识别接口，现在是一个人工智能时代，语音识别技术是其中一个重要的分支！因此通过学习本案例，希望能够引导读者初步接触人工智能技术的应用，并唤起读者深入探索人工智能的兴趣。

扫码领取
· 配 套 答 案
· 在 线 试 题
· 视 频 讲 解
· 实 战 经 验
· 源 文 件 下 载

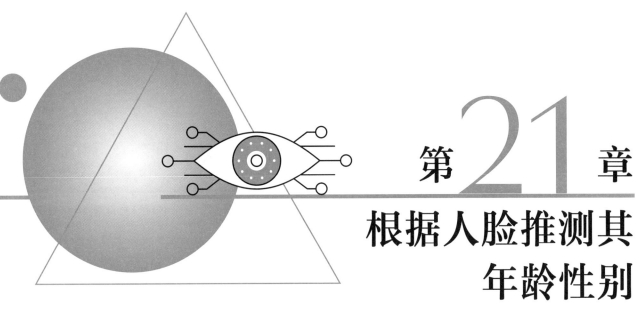

第21章

根据人脸推测其年龄性别

——C#+Baidu.AI 框架 + 人脸识别技术实现

人脸识别技术在最近几年的发展越来越快，在实际应用中也越来越广泛，比如现在酒店、宾馆要求入住的客人都要"刷脸"、正在加大力度推广的"刷脸支付"，另外，还有在抗击新冠病毒中发挥重要作用的人脸识别与监测等；人们越来越认识到人脸识别的重要性与方便性，同时各大平台也在积极推广普及人脸识别技术的应用，比如百度、旷视科技等。本章将使用百度的人脸识别技术结合 C# 开发一个简单的人脸识别应用，可以根据人脸推测出其年龄、性别，以及美丑程度等信息。

本章知识架构如下：

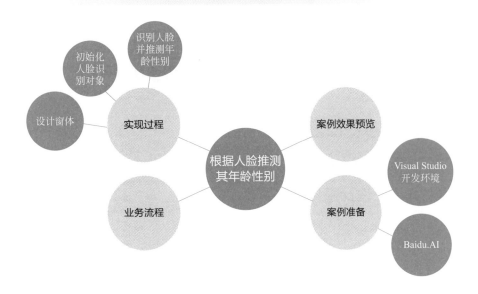

21.1 案例效果预览

本实例使用百度云 API 中的人脸识别类实现根据人脸推测其年龄、性别的功能，运行程序，单击"选择"按钮，选择一张人脸图片，程序即可自动识别该人脸图片对应的年龄、性别，并能够根据人的美丑给出友好提示信息。实例运行结果如图 21.1 所示。

图 21.1　根据人脸推测其年龄性别

📋 **说明**

本案例中的美丑只是根据百度云 AI 中的大数据预测的一个相关数据，并不代表个人的审美，用户不要以此为依据来判断自己或者他人的美丑。

21.2 案例准备

本软件的开发及运行环境具体如下：

↻ 操作系统：Windows 10。

↻ 语言：C#。

↻ 开发环境：Visual Studio 免费社区版（2015、2017、2019、2022 等版本兼容）。

↻ 第三方组件：Baidu.AI。

21.3 业务流程

本案例的业务流程设计如图 21.2 所示。

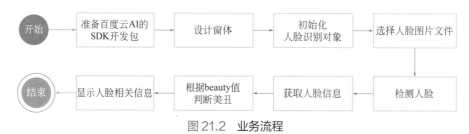

图 21.2　业务流程

21.4 实现过程

21.4.1 设计窗体

在窗体中添加一个 Button 控件，用来选择人脸图片文件，并执行人脸识别操作；添加一个 TextBox 控件，用来显示选择的人脸图片文件路径；添加一个 PictureBox 控件，用来预览选择的人脸图片；添加一个 Label 控件，用来显示识别的人的年龄、性别及美丑友好提示。窗体设计效果如图 21.3 所示。

图 21.3　窗体设计效果

21.4.2　初始化人脸识别对象

本案例实现时需要用到百度云 API 中的人脸识别类 Face 类，因此在实现功能之前，首先应该创建 Face 类的对象，并且在窗体的构造函数中对其进行初始化，代码如下：

```
01  private readonly Face client;                              // 创建百度 SDK 中的图片识别对象
02  string API_KEY = "BmN47GIGrQHGdkYvvG9WyRIs";               // 设置百度 APIKEY
03  string SECRET_KEY = "2YnBKNd1T7EXT325v7jjl8jPVMsRHi93";    // 设置百度 SECRET_KEY
04  public Form1()
05  {
06      client = new Face(API_KEY, SECRET_KEY);
07      client.Timeout = 60000;                                // 修改超时时间
08      CheckForIllegalCrossThreadCalls = false;
09      InitializeComponent();
10  }
```

📖 **说明**

本案例中用到了百度云 AI 中的 SDK 工具包，其下载使用步骤请参见第 20 章的 20.4.1 节。

21.4.3　识别人脸并推测年龄性别

识别人脸并推测其年龄及性别的功能主要使用百度云 API 中的 Face 类的 Detect 方法实现，Face 类是人脸的交互类，为使用人脸的开发人员提供了一系列的交互方法，其 Detect 方法用来检测图片中的人脸并标记出详细信息。Detect 方法使用方法如下：

```
result = client.Detect(image, imageType, options);
```

Detect 方法参数说明如表 21.1 所示。

表 21.1　Detect 方法参数说明

参数名称	是否必选	类型	默认值	说明
image	是	string		图片信息（总数据大小应小于 10MB），图片上传方式根据 image_type 来判断
image_type	是	string		图片类型 BASE64: 图片的 base64 值，base64 编码后的图片数据，需 urlencode，编码后的图片大小不超过 2MB；URL: 图片的 URL 地址（可能由于网络等原因导致下载图片时间过长）；FACE_TOKEN: 人脸图片的唯一标识，调用人脸检测接口时，会为每个人脸图片赋予一个唯一的 FACE_TOKEN，同一张图片多次检测得到的 FACE_TOKEN 是同一个
face_field	否	string		包括 age、beauty、expression、faceshape、gender、glasses、landmark、race、quality、facetype 信息，逗号分隔。默认只返回 FACE_TOKEN、人脸框、概率和旋转角度
max_face_num	否	string	1	最多处理人脸的数目，默认值为 1，仅检测图片中面积最大的那个人脸；最大值 10，检测图片中面积最大的几张人脸
face_type	否	string		人脸的类型，其中 LIVE 表示生活照，通常为手机、相机拍摄的人像图片或从网络获取的人像图片等；IDCARD 表示身份证芯片照，通常为二代身份证内置芯片中的人像照片；WATERMARK 表示带水印证件照，一般为带水印的小图，如公安网小图；CERT 表示证件照片，如拍摄的身份证、工卡、护照、学生证等证件图片。默认 LIVE

Detect 方法返回参数说明如表 21.2 所示。

表 21.2　Detect 方法返回参数说明

字段	必选	类型	说明
face_num	是	int	检测到的图片中的人脸数量
face_list	是	array	人脸信息列表
+face_token	是	string	人脸图片的唯一标识
+location	是	array	人脸在图片中的位置
++left	是	double	人脸区域离左边界的距离
++top	是	double	人脸区域离上边界的距离
++width	是	double	人脸区域的宽度
++height	是	double	人脸区域的高度
++rotation	是	int64	人脸框相对于竖直方向的顺时针旋转角，[-180,180]
+face_probability	是	double	人脸置信度，范围为 0~1，代表这是一张人脸的概率，0 最小，1 最大
+angel	是	array	人脸旋转角度参数
++yaw	是	double	三维旋转之左右旋转角 [-90(左),90(右)]
++pitch	是	double	三维旋转之俯仰角度 [-90(上),90(下)]
++roll	是	double	平面内旋转角 [-180(逆时针),180(顺时针)]
+age	否	double	年龄，当 face_field 包含 age 时返回
+beauty	否	int64	美丑打分，范围为 0~100，越大表示越美。当 face_fields 包含 beauty 时返回
+expression	否	array	表情，当 face_field 包含 expression 时返回
++type	否	string	none: 不笑；smile: 微笑；laugh: 大笑
++probability	否	double	表情置信度，范围为 0~1，0 最小、1 最大
+face_shape	否	array	脸型，当 face_field 包含 faceshape 时返回
++type	否	double	square: 正方形；triangle: 三角形；oval: 椭圆；heart: 心形；round: 圆形
++probability	否	double	置信度，范围为 0~1，代表这是人脸形状判断正确的概率，0 最小，1 最大
+gender	否	array	性别，face_field 包含 gender 时返回
++type	否	string	male: 男性；female: 女性
++probability	否	double	性别置信度，范围为 0~1，0 代表概率最小，1 代表概率最大
+glasses	否	array	是否带眼镜，face_field 包含 glasses 时返回
++type	否	string	none: 无眼镜；common: 普通眼镜；sun: 墨镜
++probability	否	double	眼镜置信度，范围为 0~1，0 代表概率最小，1 代表概率最大
+race	否	array	人种，face_field 包含 race 时返回
++type	否	string	yellow: 黄种人；white: 白种人；black: 黑种人；arabs: 阿拉伯人
++probability	否	double	人种置信度，范围为 0~1，0 代表概率最小，1 代表概率最大

字段	必选	类型	说明
+face_type	否	array	真实人脸 / 卡通人脸，face_field 包含 face_type 时返回
++type	否	string	human: 真实人脸；cartoon: 卡通人脸
++probability	否	double	人脸类型判断正确的置信度，范围为 0~1，0 代表概率最小，1 代表概率最大
+landmark	否	array	4 个关键点位置；左眼中心、右眼中心、鼻尖、嘴中心。face_field 包含 landmark 时返回
+landmark72	否	array	72 个特征点位置，face_field 包含 landmark 时返回
+quality	否	array	人脸质量信息。face_field 包含 quality 时返回
++occlusion	否	array	人脸各部分遮挡的概率，范围为 0~1，0 表示完整，1 表示不完整
+++left_eye	否	double	左眼遮挡比例
+++right_eye	否	double	右眼遮挡比例
+++nose	否	double	鼻子遮挡比例
+++mouth	否	double	嘴巴遮挡比例
+++left_cheek	否	double	左脸颊遮挡比例
+++right_cheek	否	double	右脸颊遮挡比例
+++chin	否	double	下巴遮挡比例
++blur	否	double	人脸模糊程度，范围为 0~1，0 表示清晰，1 表示模糊
++illumination	否	double	取值范围在 0~255，表示脸部区域的光照程度，数值越大表示光照越好
++completeness	否	int64	人脸完整度，0 或 1，0 为人脸溢出图像边界，1 为人脸都在图像边界内
+parsing_info	否	string	人脸分层结果数据是使用 gzip 压缩后再 base64 编码，使用前需 base64 解码后再解压缩，原数据格式为 string，形如 0,0,0,0,0,1,1,1,1,1,1,2,2,2,2,2,2,2,2,2,…

单击窗体中的"选择"按钮，首先弹出对话框选择要识别的人脸图片，然后设置相关的人脸参数，调用 Face 对象的 Detect 方法识别人脸并获取到相关信息，最后根据获取的人脸信息，显示其美丑度、年龄和性别。代码如下：

```
01  private void button1_Click(object sender, EventArgs e)
02  {
03      label1.Text = "";
04      OpenFileDialog file = new OpenFileDialog();
05      file.Filter = " 图片文件 |*.png;*.jpg;*.jpeg;*.bmp";
06      if (file.ShowDialog() == DialogResult.OK)
07      {
08          textBox1.Text = file.FileName;
09          pictureBox1.Image = Image.FromFile(file.FileName);
10          System.Threading.ThreadPool.QueueUserWorkItem(          // 使用线程池
11              (P_temp) =>
12              {
13                                                                   // 获取图片的 base64 编码后的数据
14                  var image = Convert.ToBase64String(File.ReadAllBytes(textBox1.Text));
15                  var imageType = "BASE64";                        // 图片类型
16                                                                   // 如果有可选参数
17                  var options = new Dictionary<string, object>{
18                      {"face_field", "age,beauty,gender"},
```

```
19                              {"max_face_num", 1},
20                              {"face_type", "LIVE"}
21                          };
22                                                              // 带参数调用人脸检测
23                  var result = client.Detect(image,imageType, options);
24                  foreach (var v in result["result"]["face_list"])
25                  {
26                          double beauty = Convert.ToDouble(v["beauty"]);
27                          int age = Convert.ToInt32(v["age"]);
28                          string gender = v["gender"]["type"].ToString() == "male" ? "男" : "女";
29                          string strBeauty = "";
30                          if (gender == "男")
31                          {
32                              if (beauty >= 90)
33                                  strBeauty = "霸道总裁";
34                              else if (beauty > 70 && beauty < 90)
35                                  strBeauty = "男神";
36                              else if (beauty > 40 && beauty <= 70)
37                                  strBeauty = "帅哥";
38                              else
39                                  strBeauty = "奇葩";
40                          }
41                          else
42                          {
43                              if (beauty >= 90)
44                                  strBeauty = "女神";
45                              else if (beauty > 70 && beauty < 90)
46                                  strBeauty = "淑女";
47                              else if (beauty > 40 && beauty <= 70)
48                                  strBeauty = "萌妹子";
49                              else
50                                  strBeauty = "女汉子";
51                          }
52                          label1.Text = strBeauty + Environment.NewLine + "性别:" + gender + Environment.
    NewLine + "年龄:" + age;
53                      }
54                  }
55              );
56          }
57  }
```

▽ 小结

　　本章主要讲解了如何使用百度提供的人脸识别对象对人脸图片进行识别,并提取相关信息,具体实现时,主要用到了 Face 类,该类是一个人脸交互类,它的 Detect 方法可以用来检测图片中的人脸并标记出详细信息;另外,使用 Face 类可以对多张人脸图片进行比对或者识别某个人等。通过学习本案例,读者应该熟悉基本的人脸识别程序开发思路,并能够使用百度人脸识别对象去完成一些基本的人脸识别操作。

扫码领取
· 配套答案
· 在线试题
· 视频讲解
· 实战经验
· 源文件下载

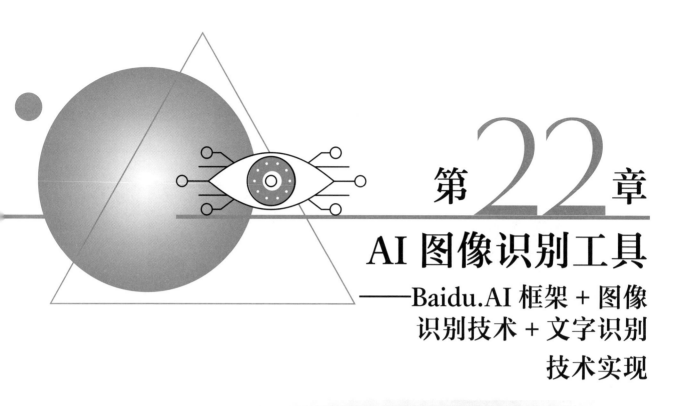

第22章

AI 图像识别工具

——Baidu.AI 框架 + 图像识别技术 + 文字识别技术实现

图像识别是人工智能领域发展特别迅速的一个方向，而且落地应用场景也非常多，为了使我们能跟上时代的步伐，本案例将使用 C# 结合 Baidu.AI 框架带领大家初步了解图像识别的应用。本案例中的 AI 图像识别工具主要包括植物识别、动物识别、车型识别、车牌识别和菜品识别。

本章知识架构如下：

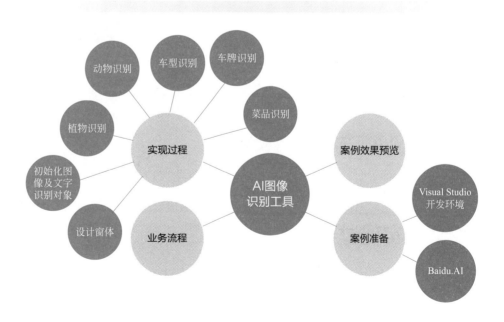

22.1 案例效果预览

AI 图像识别工具中主要包括植物识别、动物识别、车型识别、车牌识别以及菜品识别，它们的运行效果分别如图 22.1～图 22.5 所示。

图 22.1 植物识别

图 22.2 动物识别

图 22.3 车型识别

图 22.4 车牌识别

22.2 案例准备

本软件的开发及运行环境具体如下：

☯ 操作系统：Windows 10。

☯ 语言：C#。

☯ 开发环境：Visual Studio 免费社区版（2015、2017、2019、2022 等版本兼容）。

☯ 第三方组件：Baidu.AI。

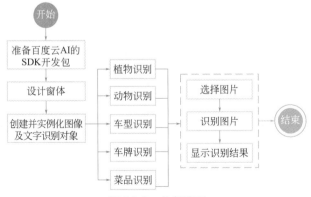

图 22.5 菜品识别

22.3 业务流程

AI 图像识别工具的业务流程设计如图 22.6 所示。

22.4 实现过程

22.4.1 设计窗体

本案例中只有一个窗体，首先在其中添加一个 OpenFileDialog 组件，用来选择相应的图片文件；另外，本案例通过一个窗体实现 5 种功能，分别是植物

图 22.6 业务流程

识别、动物识别、车型识别、车牌识别以及菜品识别，因此窗体中使用了 TabControl 选项卡控件进行设计，该控件中设置了 5 个选项卡："植物识别""动物识别""车型识别""车牌识别"和"菜品识别"，每个选项卡中用到的控件分别如下。

（1）"植物识别"选项卡中的控件

添加一个 Button 控件，用来选择植物图片文件，并执行植物识别操作；添加一个 TextBox 控件，用来显示选择的植物图片文件路径；添加一个 PictureBox 控件，用来预览选择的植物；添加一个 Label 控件，用来显示识别出的植物名称及相识度。设计效果如图 22.7 所示。

（2）"动物识别"选项卡中的控件

添加一个 Button 控件，用来选择动物图片文件，并执行动物识别操作；添加一个 TextBox 控件，用来显示选择的动物图片文件路径；添加一个 PictureBox 控件，用来预览选择的动物；添加一个 Label 控件，用来显示识别出的动物名称及相识度。设计效果如图 22.8 所示。

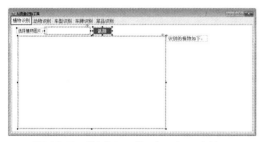
图 22.7 "植物识别"选项卡设计效果

图 22.8 "动物识别"选项卡设计效果

（3）"车型识别"选项卡中的控件

添加一个 Button 控件，用来选择车辆图片文件，并执行车型识别操作；添加一个 TextBox 控件，用来显示选择的车辆图片文件路径；添加一个 PictureBox 控件，用来预览选择的车辆；添加一个 Label 控件，用来显示识别出的车型名称及相识度。设计效果如图 22.9 所示。

（4）"车牌识别"选项卡中的控件

添加一个 Button 控件，用来选择车牌号图片，并执行车牌号识别操作；添加两个 TextBox 控件，分别用来显示选择的车牌号图片文件路径和识别的车牌号信息；添加一个 PictureBox 控件，用来预览选择的车牌号图片。设计效果如图 22.10 所示。

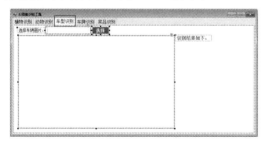
图 22.9 "车型识别"选项卡设计效果

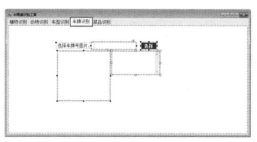
图 22.10 "车牌识别"选项卡设计效果

（5）"菜品识别"选项卡中的控件

添加一个 Button 控件，用来选择菜品图片文件，并执行菜品识别操作；添加一个 TextBox 控件，用来显示选择的菜品图片文件路径；添加一个 PictureBox 控件，用来预览选择的菜品图片；添加一个 Label 控件，用来显示识别出的菜品名称、每百克的卡路里含量及相识度。设计效果如图 22.11 所示。

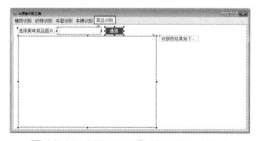
图 22.11 "菜品识别"选项卡设计效果

22.4.2　初始化图像及文字识别对象

本案例实现时需要用到百度云 API 中的图像识别类 ImageClassify 类和文字识别类 Ocr 类，因此在实现功能之前，首先应该创建并初始化这两个类的对象，代码如下：

```
01    private readonly ImageClassify client;              // 创建百度 SDK 中的图像识别对象
02    private readonly Ocr _imgclient;                    // 创建百度 SDK 中的文字识别对象
03    string API_KEY = "ba24IVjzsKjQEBu6IRLKt9n8";        // 设置百度 APIKEY
04    string SECRET_KEY = "S6Mhiw6Ttmg8PsZls9D94B6iVvXPM4G0";   // 设置百度 SECRET_KEY
05
06    public Form1()
07    {
08        client = new ImageClassify(API_KEY, SECRET_KEY);   // 实例化百度 SDK 中的图片识别对象
09        _imgclient = new Ocr(API_KEY, SECRET_KEY);         // 实例化百度 SDK 中的文字识别对象
10        client.Timeout = 60000;                            // 修改超时时间
11        CheckForIllegalCrossThreadCalls = false;
12        InitializeComponent();
13    }
```

📑 **说明**

本案例中用到了百度云 AI 中的 SDK 工具包，其下载使用步骤请参见第 20 章的 20.4.1 节。

22.4.3　植物识别

植物识别功能主要使用百度云 API 中的 ImageClassify 图像识别类中的 PlantDetect 方法实现，该方法用来识别一张图片，即对于输入的一张图片（可正常解码，且长宽比适宜），输出植物识别结果，其使用方法如下：

```
// 带参数调用植物识别，可能会抛出网络等异常，请使用 try/catch 捕获
result = client.PlantDetect(image, options);
```

PlantDetect 方法参数说明如表 22.1 所示。

表 22.1　PlantDetect 方法参数说明

参数	是否必选	类型	默认值	描述
image	是	byte[]		二进制图像数据
baike_num	否	string	0	返回百科信息的结果数，默认不返回

PlantDetect 方法的返回参数说明如表 22.2 所示。

表 22.2　PlantDetect 方法返回参数说明

参数	类型	是否必选	说明
log_id	uint64	是	唯一的 log id，用于问题定位
result	arrry(object)	是	植物识别结果数组
+name	string	是	植物名称，示例：吉娃莲
+score	uint32	是	置信度，示例：0.5321
+baike_info	object	否	对应识别结果的百科词条名称
++baike_url	string	否	对应识别结果百度百科页面链接
++image_url	string	否	对应识别结果百科图片链接
++description	string	否	对应识别结果百科内容描述

主要代码如下:

```
01  private void button1_Click(object sender, EventArgs e)
02  {
03      if (file.ShowDialog() == DialogResult.OK)
04      {
05          textBox1.Text = file.FileName;
06          pictureBox1.Image = Image.FromFile(file.FileName);
07          System.Threading.ThreadPool.QueueUserWorkItem(              // 使用线程池
08              (P_temp) =>
09              {
10                  var image = File.ReadAllBytes(file.FileName);
11                  var result = client.PlantDetect(image);              // 调用植物识别
12                  double score;
13                  foreach (var v in result["result"])
14                  {
15                      score = Convert.ToDouble(v["score"]);
16                      label1.Text += Environment.NewLine + "    " + v["name"] + "        相识度: " + score.
ToString("F2");
17                  }
18              }
19          );
20      }
21  }
```

22.4.4 动物识别

动物识别功能主要使用百度云 API 中的 ImageClassify 图像识别类中的 AnimalDetect 方法实现，该方法用来识别一张图片，即对于输入的一张图片（可正常解码，且长宽比适宜），输出动物识别结果，其使用方法如下:

```
// 带参数调用动物识别, 可能会抛出网络等异常, 请使用 try/catch 捕获
result = client.AnimalDetect(image, options);
```

AnimalDetect 方法参数说明如表 22.3 所示。

表 22.3 AnimalDetect 方法参数说明

参数	是否必选	类型	默认值	描述
image	是	byte[]		二进制图像数据
top_num	否	string	6	返回预测得分 top 结果数，默认为 6
baike_num	否	string	0	返回百科信息的结果数，默认不返回

AnimalDetect 方法的返回参数说明如表 22.4 所示。

表 22.4 AnimalDetect 方法返回参数说明

参数	类型	是否必选	说明
log_id	uint64	是	唯一的 log id，用于问题定位
result	arrry(object)	是	识别结果数组
+name	string	是	动物名称，示例: 蒙古马
+score	uint32	是	置信度，示例: 0.5321
+baike_info	object	否	对应识别结果的百科词条名称
++baike_url	string	否	对应识别结果百度百科页面链接
++image_url	string	否	对应识别结果百科图片链接
++description	string	否	对应识别结果百科内容描述

主要代码如下:

```
01    private void button2_Click(object sender, EventArgs e)
02    {
03        if (file.ShowDialog() == DialogResult.OK)
04        {
05            textBox2.Text = file.FileName;
06            pictureBox2.Image = Image.FromFile(file.FileName);
07            System.Threading.ThreadPool.QueueUserWorkItem(          // 使用线程池
08                (P_temp) =>
09                {
10                    var image = File.ReadAllBytes(file.FileName);
11                    var result = client.AnimalDetect(image);          // 调用动物识别
12                    double score;
13                    foreach (var v in result["result"])
14                    {
15                        score = Convert.ToDouble(v["score"]);
16                        label3.Text += Environment.NewLine + "   " + v["name"] + "       相识度: " + score.
ToString("F2");
17                    }
18                }
19            );
20        }
21    }
```

22.4.5　车型识别

车型识别功能主要使用百度云 API 中的 ImageClassify 图像识别类中的 CarDetect 方法实现，该方法用来检测一张车辆图片的具体车型，即对于输入的一张图片（可正常解码，且长宽比适宜），输出图片的车辆品牌及型号，其使用方法如下:

```
// 带参数调用植物识别，可能会抛出网络等异常，请使用 try/catch 捕获
result = client.CarDetect(image, options);
```

CarDetect 方法参数说明如表 22.5 所示。

表 22.5　CarDetect 方法参数说明

参数	是否必选	类型	默认值	说明
image	是	byte[]		二进制图像数据
top_num	否	string	5	返回预测得分 top 结果数，默认为 5
baike_num	否	string	0	返回百科信息的结果数，默认不返回

CarDetect 方法返回参数说明如表 22.6 所示。

表 22.6　CarDetect 方法返回参数说明

字段	是否必选	类型		说明
log_id	否	uint64		唯一的 log id，用于问题定位
color_result	是	string		颜色
result	否	car-result()		车型识别结果数组
+name	否	string		车型名称，示例: 宝马 x6
+score	否	double		置信度，示例: 0.5321
+year	否	string		年份
+baike_info	object	否		对应识别结果的百科词条名称

字段	是否必选	类型	说明
++baike_url	string	否	对应识别结果百度百科页面链接
++image_url	string	否	对应识别结果百科图片链接
++description	string	否	对应识别结果百科内容描述
location_result	否	string	车在图片中的位置信息

主要代码如下：

```
01  private void button3_Click(object sender, EventArgs e)
02  {
03      if (file.ShowDialog() == DialogResult.OK)
04      {
05          textBox3.Text = file.FileName;
06          pictureBox3.Image = Image.FromFile(file.FileName);
07          System.Threading.ThreadPool.QueueUserWorkItem(          // 使用线程池
08              (P_temp) =>
09              {
10                  var image = File.ReadAllBytes(file.FileName);
11                  var options = new Dictionary<string, object>{
12                      {"top_num", 3}
13                  };                                              // 设置只获取前 3 条记录
14                  var result = client.CarDetect(image, options);  // 调用车辆识别
15                  double score;
16                  foreach (var v in result["result"])
17                  {
18                      score = Convert.ToDouble(v["score"]);
19                      label5.Text += Environment.NewLine + "   " + v["name"] + "    相识度: " + score.
ToString("F2");
20                  }
21              }
22          );
23      }
24  }
```

22.4.6 车牌识别

车牌识别功能主要使用百度云 API 中的 Ocr 文字识别类中的 LicensePlate 方法实现，该方法用来识别大陆机动车车牌（包含新能源车牌），并返回签发地和号牌，其使用方法如下：

```
// 带参数调用车牌识别
result = client.LicensePlate(image, options);
```

LicensePlate 方法参数说明如表 22.7 所示。

表 22.7　LicensePlate 方法参数说明

参数	是否必选	类型	可选值范围	默认值	说明
image	是	byte[]			二进制图像数据
multi_detect	否	string	true false	false	是否检测多张车牌，默认为 false，当值为 true 的时候可以对一张图片内的多张车牌进行识别

LicensePlate 方法的返回参数说明如表 22.8 所示。

表 22.8　LicensePlate 方法返回参数说明

参数	类型	是否必选	说明
log_id	uint64	是	请求标识码，随机数，唯一
Color	string	是	车牌颜色
number	string	是	车牌号码

主要代码如下：

```
01   private void button4_Click(object sender, EventArgs e)
02   {
03       textBox4.Text = "";
04       if (file.ShowDialog() == DialogResult.OK)
05       {
06           textBox5.Text = file.FileName;
07           pictureBox4.Image = Image.FromFile(file.FileName);
08           System.Threading.ThreadPool.QueueUserWorkItem(          // 使用线程池
09               (P_temp) =>
10               {
11                   byte[] image = File.ReadAllBytes(file.FileName);
12                   var options = new Dictionary<string, object>{
13                       {"multi_detect", "true"}
14                   };                                               // 设置可选参数
15                   var result = _imgclient.LicensePlate(image, options);   // 车牌号识别
16                   foreach (var v in result["words_result"])
17                   {
18                       string strColor = v["color"].ToString() == "blue" ? " 蓝色车牌 " :  " 黄色车牌 ";
19                       textBox4.Text += strColor + " : " + v["number"] + Environment.NewLine;
20                   }
21               }
22           );
23       }
24   }
```

22.4.7　菜品识别

菜品识别功能主要使用百度云 API 中的 ImageClassify 图像识别类中的 DishDetect 方法实现，该方法用来进行菜品识别，即对于输入的一张图片（可正常解码，且长宽比适宜），输出图片的菜品名称、卡路里信息、置信度，其使用方法如下：

```
// 带参数调用菜品识别，可能会抛出网络等异常，请使用 try/catch 捕获
result = client.DishDetect(image, options);
```

DishDetect 方法参数说明如表 22.9 所示。

表 22.9　DishDetect 方法参数说明

参数名称	是否必选	类型	默认值	说明
image	是	byte[]		二进制图像数据
top_num	否	string		返回预测得分 top 结果数，默认为 5
filter_threshold	否	string		默认 0.95，可以通过该参数调节识别效果，降低非菜识别率
baike_num	否	string	0	返回百科信息的结果数，默认不返回

DishDetect 方法返回参数说明如表 22.10 所示。

表 22.10 DishDetect 方法返回参数说明

字段	是否必选	类型	说明
log_id	是	uint64	唯一的 log id，用于问题定位
result_num	否	unit32	返回结果数目，及 result 数组中的元素个数
result	否	array()	菜品识别结果数组
+name	否	string	菜名，示例：鱼香肉丝
+calorie	否	float	卡路里，每 100g 的卡路里含量
+probability	否	float	识别结果中每一行的置信度值，0~1
+baike_info	否	object	对应识别结果的百科词条名称
++baike_url	否	string	对应识别结果百度百科页面链接
++image_url	否	string	对应识别结果百科图片链接
++description	否	string	对应识别结果百科内容描述

主要代码如下：

```
01  private void button5_Click(object sender, EventArgs e)
02  {
03      if (file.ShowDialog() == DialogResult.OK)
04      {
05          textBox6.Text = file.FileName;
06          pictureBox5.Image = Image.FromFile(file.FileName);
07          System.Threading.ThreadPool.QueueUserWorkItem(          // 使用线程池
08              (P_temp) =>
09              {
10                  var image = File.ReadAllBytes(file.FileName);
11                  var options = new Dictionary<string, object>{
12                      {"top_num", 4}
13                  };                                              // 设置只获取 4 条结果
14                  var result = client.DishDetect(image, options); // 带参数调用菜品识别
15                  double score;
16                  foreach (var v in result["result"])
17                  {
18                      score = Convert.ToDouble(v["probability"]);
19                      label8.Text += Environment.NewLine + Environment.NewLine + "  菜品名称：" + v["name"]
+ Environment.NewLine
20                          + "  卡路里含量（每100g）：" + v["calorie"] + Environment.NewLine
21                          + "  相识度：" + score.ToString("F2");
22                  }
23              }
24          );
25      }
26  }
```

▽ 小结

本章主要讲解了如何在 C# 中使用 Baidu.AI 框架实现一个图像识别工具，其中的识别主要有两种，一种是植物、动物、车型以及菜品的识别，这主要使用 ImageClassify 图像识别类中的相应方法实现；另外一种是车牌识别，车牌识别本质上是对车牌中的文字进行识别，因此这里使用了 Baidu.AI 框架中的 Ocr 文字识别类来实现。

> 全方位沉浸式学C#
> 见此图标 微信扫码

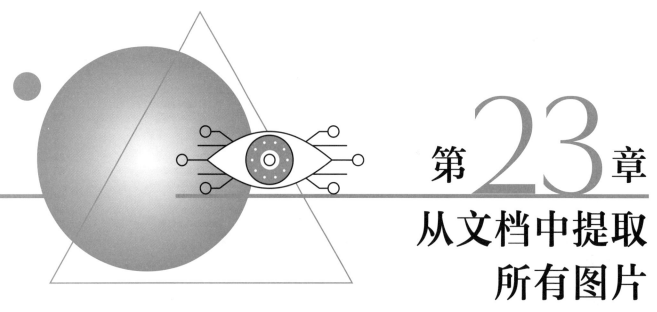

第 23 章

从文档中提取所有图片

——Sprie.PDF 组件 + 文件流 +Image 图片类实现

PDF 文档是现在最常见的文档查看方式之一，为了提升工作的效率，经常会遇到需要提取 PDF 文档中所有图片的功能，本章将讲解如何使用 C# 并结合 Spire.PDF 组件实现该功能。

本章知识架构如下：

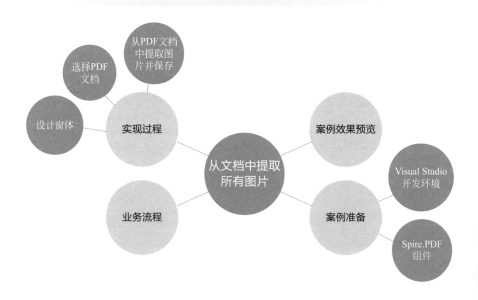

23.1 案例效果预览

本案例运行时，首先选择要从中提取图片的 PDF 文档，然后单击"提取图片"按钮，即可将选择的 PDF 文档中的所有图片提取出来，并将图片列表显示在窗体中。运行效果如图 23.1 和图 23.2 所示。

图 23.1 提取 PDF 文档中的所有图片

图 23.2 提取的图片

23.2 案例准备

本软件的开发及运行环境具体如下：
- 操作系统：Windows 10。
- 语言：C#。
- 开发环境：Visual Studio 免费社区版（2015、2017、2019、2022 等版本兼容）。
- 第三方组件：Spire.PDF 组件。

23.3 业务流程

本软件的业务流程设计如图 23.3 所示。

23.4 实现过程

23.4.1 设计窗体

在默认窗体 Form1 中添加两个 Button 控件，分别用来选择要从中提取图片的 PDF 文档和执行提取图片操作；添加 OpenFileDialog 组件，并将其 Filter 属性设置为"PDF 文档 |*.pdf"，用来作为打开对话框，并且在其中能够选择 PDF 文档；添加一个 TextBox 控件，

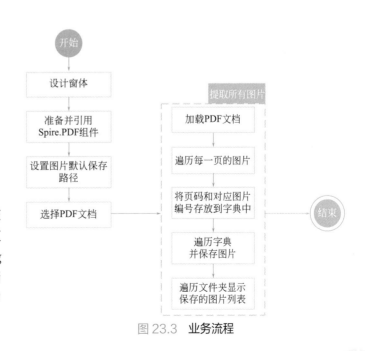

图 23.3 业务流程

301

用来显示选择的 PDF 文档路径；添加一个 ListView 控件，用来显示提取的图片列表。设计效果如图 23.4 所示。

23.4.2　选择 PDF 文档

首先在窗体类中定义一个字符串变量，用来设置保存图片的默认路径，代码如下：

```
string strPath = Application.StartupPath + "\\Temp\\"; // 设置临时文件路径
```

单击"选择"按钮，需要选择 PDF 文档，因此通过一个打开对话框来实现，并记录选择的 PDF 文档路径，代码如下：

图 23.4　窗体设计效果

```
01  // 选择 PDF 文档
02  private void button2_Click(object sender, EventArgs e)
03  {
04      if (openFileDialog1.ShowDialog() == DialogResult.OK)
05          textBox1.Text = openFileDialog1.FileName;
06  }
```

23.4.3　从 PDF 文档中提取图片并保存

实现从 PDF 文档中提取图片功能时主要用到了 Spire.PDF 组件，该组件是一款专业的基于 .NET 平台的 PDF 文档控制组件，它能够让开发人员在不使用 Adobe Acrobat 和其他外部控件的情况下，运用 .NET 应用程序创建、阅读、编写和操纵 PDF 文档。

Spire.PDF for .NET 功能丰富，除了基本的功能（比如绘制多种图形及图片、创建窗体字段、插入页眉页脚、输入数据表、自动对大型表格进行分页）外，还支持 PDF 数字签名、将 HTML 转换成 PDF 格式、提取 PDF 文档中的文本信息和图片等功能。使用该组件时，首先需要下载，下载地址为：https://www.e-iceblue.com/Download/download-pdf-for-net-now.html，下载完成后有两个 dll 文件（Spire.License.dll 和 Spire.Pdf.dll），通过"添加引用"的方式将这两个文件添加到 C# 项目中，然后在命名空间区域添加如下代码：

```
using Spire.Pdf;
```

接下来即可使用该组件中的 PdfDocument 类的相应属性和方法对 PDF 文档进行操作了。本案例中使用 Spire.PDF 组件的 PdfDocument 类对 PDF 文档进行操作，并提取其中的所有图片，通过 Image 类的 Save 方法保存到本地磁盘中，最后遍历本地的指定文件夹，将提取的图片列表显示在窗体中。代码如下：

```
01  private void button3_Click(object sender, EventArgs e)
02  {
03      if (!Directory.Exists(strPath))
04          Directory.CreateDirectory(strPath);
05      if (textBox1.Text != "")
06      {
07          System.Threading.ThreadPool.QueueUserWorkItem(          // 使用线程池
08              (P_temp) =>
09              {
10                  button3.Enabled = false;
11                  PdfDocument doc = new PdfDocument();
12                  doc.LoadFromFile(textBox1.Text);
13                  #region 使用字典存储所有图片及对应页码
14                  Dictionary<Image, string> images = new Dictionary<Image, string>();
15                  for (int i = 0; i < doc.Pages.Count; i++)
16                  {
```

```
17                          if (doc.Pages[i].ExtractImages() != null)
18                          {
19                              foreach (Image image in doc.Pages[i].ExtractImages())
20                              {
21                                  images.Add(image, (i + 1).ToString("000"));
22                              }
23                          }
24                      }
25                      #endregion
26                      doc.Close();
27                      int index = 1;                              // 图片编号
28                      string page, tempPage = "1";                // 当前页码 / 上一页页码，为了图片重新编号
29                      Image tempImage;                            // 当前图片
30                      string imageFileName, imageID;              // 要保存的图片文件名 / 图片编号
31                      #region 遍历字典中存储的所有图片及对应页码，并保存为图片
32                      foreach (var image in images)
33                      {
34                          page = image.Value;
35                          tempImage = image.Key;
36                          if (page != tempPage)
37                              index = 1;
38                          imageID = index++.ToString("000");
39                          imageFileName = String.Format(strPath + " 第 " + page + " 页 -{0}.png", imageID);
40                          tempImage.Save(imageFileName, ImageFormat.Png);
41                          tempImage.Dispose();
42                          tempPage = page;
43                      }
44                      #endregion
45                      listView1.Items.Clear();                    // 清空文件列表
46                      DirectoryInfo dir = new DirectoryInfo(strPath);        // 获取缓存文件路径
47                      FileSystemInfo[] files = dir.GetFiles();     // 获取文件夹中所有文件
48                      foreach (FileInfo file in files)             // 遍历所有文件
49                      {
50                          if (file.Extension.ToLower() == ".png")  // 如果是图片文件
51                          {
52                              listView1.Items.Add(file.FullName);  // 显示文件列表
53                          }
54                      }
55                      button3.Enabled = true;
56                  });
57          }
58          else
59          {
60              MessageBox.Show(" 请选择 PDF 文档路径! ", " 温馨提示 ", MessageBoxButtons.OK, MessageBoxIcon.
    Information);
61              button2.Focus();
62          }
63      }
```

▽ 小结

本章主要介绍了如何在 C# 中实现从 PDF 文档中提取所有图片的功能，实现该功能时用到了 Spire.PDF 组件，通过该组件可以遍历 PDF 文档中的所有图片，然后将这些图片以对应页码和编号存放到一个字典中，最后遍历字典，并将其中的图片进行保存即可。

扫码领取
· 配套答案
· 在线试题
· 视频讲解
· 实战经验
· 源文件下载

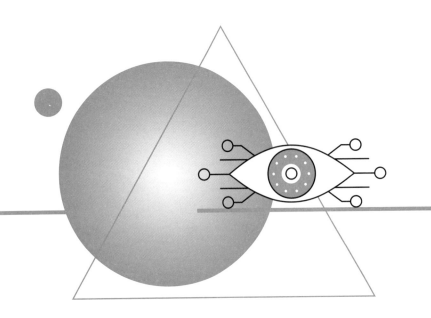

第 24 章

为图片批量添加水印

——C#+GDI+ 绘图技术实现

  平时在网店购买商品时，每种商品的宣传图片中都会有透明度不同的商家店铺名称，我们把这种文字叫作水印文字，这样做的好处是可以防止其他店铺直接盗用自己的图片去使用；另外，还可以对图片添加图片水印，比如在百度中搜索的图片，或者在微博上查看一些带图的信息时，经常会看到带有指定公司 Logo 或者微博主头像的水印，这种都是图片水印。本章将使用 C# 技术开发一个为图片批量添加水印的工具。

  本章知识架构如下：

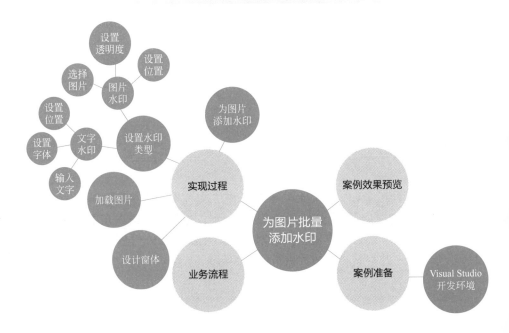

24.1　案例效果预览

本案例实现批量添加水印的功能，通过本案例开发的工具，可以同时为多个图片添加文字或者图片水印，程序运行效果如图 24.1 所示。

添加文字水印和图片水印的效果分别如图 24.2 和图 24.3 所示。

图 24.1　为图片批量添加水印

图 24.2　添加的文字水印

图 24.3　添加的图片水印

24.2　案例准备

本软件的开发及运行环境具体如下：

- 操作系统：Windows 10。
- 语言：C#。
- 开发环境：Visual Studio 免费社区版（2015、2017、2019、2022 等版本兼容）。

24.3　业务流程

本软件的业务流程设计如图 24.4 所示。

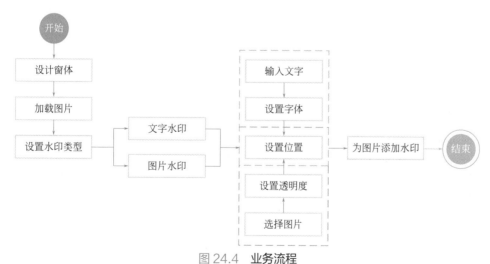

图 24.4　业务流程

24.4 实现过程

24.4.1 设计窗体

新建一个 Windows 应用程序，将其命名为 IMGwatermark，默认窗体为 Form1，Form1 窗体主要用到的控件及说明如表 24.1 所示。

表 24.1 Form1 窗体主要用到的控件及说明

控件类型	控件名称	属性设置	说　明
ListBox	lbImgList	无	显示图片列表
ColorDialog	colorDialog1	无	选择字体颜色
OpenFileDialog	openFileDialog1	无	打开所有图片
	openFileDialog2	无	打开水印图片
StatusStrip	statusStrip1	无	显示状态
FontDialog	fontDialog1	无	设置字体
FolderBrowserDialog	folderBrowserDialog1	无	选择保存位置
PictureBox	pbImgPreview	SizeMode 设为 CenterImage	显示加水印的效果
TrackBar	trackBar1	无	设置水印图片透明度
ComboBox	cbbPosition		设置添加水印的位置
RadioButton	2个		设置添加文字水印还是图片水印
Button	7个		执行加载图片、设置字体、选择图片、添加水印等操作
TextBox	3个		设置水印文字、显示水印图片和保存路径

窗体设计效果如图 24.5 所示。

24.4.2 加载图片

在为图片批量添加水印时，首先需要设置要添加水印的图片，这里通过在一个 OpenFileDialog 对话框中选择多项来加载要添加水印的图片，代码如下：

```
01  string [] ImgArray=null;
02  string ImgDirectoryPath=null;
03
04  private void btnLoadImg_Click(object sender, EventArgs e)
05  {
06      if (openFileDialog1.ShowDialog() == DialogResult.OK)
07      {
08          lbImgList.Items.Clear();
```

图 24.5 窗体设计效果

```
09          ImgArray = openFileDialog1.FileNames;
10          string ImgP = ImgArray[0].ToString();
11          ImgP = ImgP.Remove(ImgP.LastIndexOf("\\"));
12          ImgDirectoryPath = ImgP;
13          for (int i = 0; i < ImgArray.Length; i++)
14          {
15              string ImgPath = ImgArray[i].ToString();
16               string ImgName = ImgPath.Substring(ImgPath.LastIndexOf("\\") + 1, ImgPath.Length - ImgPath.
LastIndexOf("\\") - 1);
17              lbImgList.Items.Add(ImgName);
18          }
19          tsslStatus.Text = "图片总数：" + lbImgList.Items.Count;
20      }
21  }
```

24.4.3 设置水印类型

本案例中添加的水印有两种，一种是文字水印，一种是图片水印，因此需要首先选择要添加哪种类型的水印，这里是通过两个 RadioButton 单选按钮来控制的，代码如下：

```
01  private void rbTxt_CheckedChanged(object sender, EventArgs e)
02  {
03      trackBar1.Enabled = false;
04      if(rbPIC.Checked)
05          pbImgPreview.Image = null;
06  }
07  private void rbPIC_CheckedChanged(object sender, EventArgs e)
08  {
09      trackBar1.Enabled = true;
10      if (rbTxt.Checked)
11          pbImgPreview.Image = null;
12  }
```

如果添加文字水印，需要使用 FontDialog 对话框对要添加的文字的字体、颜色、字号等进行设置，代码如下：

```
01  private void button1_Click(object sender, EventArgs e)
02  {
03      if (lbImgList.Items.Count > 0)
04      {
05          fontDialog1.ShowColor = true;
06          fontDialog1.ShowHelp = false;
07          fontDialog1.ShowApply = false;
08          if (fontDialog1.ShowDialog() == DialogResult.OK)
09          {
10              FontF = fontDialog1.Font.FontFamily;
11              fontColor = fontDialog1.Color;
12              fontSize = fontDialog1.Font.Size;
13              fontStyle = fontDialog1.Font.Style;
14              AddFontWatermark(txtWaterMarkFont.Text.Trim(), lbImgList.Items[0].ToString(), 0);
15              pbImgPreview.Image = bt;
16          }
17      }
18  }
```

如果添加图片水印，则首先应该选择要作为水印的图片，然后设置水印图片的透明度，其中，选择要作为水印的图片是通过 OpenFileDialog 打开对话框来实现的，代码如下：

```
01  private void btnSelect_Click(object sender, EventArgs e)
```

```
02   {
03       if (openFileDialog2.ShowDialog() == DialogResult.OK)
04       {
05           txtWaterMarkImg.Text = openFileDialog2.FileName;
06           if (rbPIC.Checked == true)
07           {
08               ChangeAlpha();
09               pbImgPreview.Image = Image.FromFile(txtWaterMarkImg.Text.Trim());
10           }
11       }
12   }
```

而设置透明度是通过一个 TrackBar 滑动条控件来控制的，透明度的值随着 TrackBar 滑动条的值而改变，代码如下：

```
01   private void trackBar1_ValueChanged(object sender, EventArgs e)
02   {
03       if(rbPIC.Checked&&txtWaterMarkImg.Text.Trim()!="")
04           ChangeAlpha();
05   }
```

上面的代码中用到了一个 ChangeAlpha 方法，该方法是自定义的一个方法，主要用来调节图片的透明度，代码如下：

```
01   /// <summary>
02   /// 调节透明度
03   /// </summary>
04   /// <param name="sender"></param>
05   /// <param name="e"></param>
06   Bitmap effect;
07   Bitmap source;
08   Image new_img;
09   private void ChangeAlpha()
10   {
11       pbImgPreview.Refresh();
12       source = new Bitmap(Image.FromFile(txtWaterMarkImg.Text.Trim()));
13       if (source.Width <= 368)
14           effect = new Bitmap(368, 75);
15       else
16       {
17           Image.GetThumbnailImageAbort callb = null;
18   // 对水印图片生成缩略图，缩小到原图的1/4
19           new_img = source.GetThumbnailImage(source.Width / 4, source.Width / 4, callb, new System.
IntPtr());
20           effect = new Bitmap(this.new_img.Width, this.new_img.Height);
21       }
22       Graphics _effect = Graphics.FromImage(effect);
23       float[][] matrixItems ={new float[]{1,0,0,0,0},
24                               new float [] {0,1,0,0,0},
25                               new float []{0,0,1,0,0},
26                               new float []{0,0,0,0,0},
27                               new float[]{0,0,0,trackBar1.Value/255f,1}};
28       ColorMatrix imgMatrix = new ColorMatrix(matrixItems);
29       ImageAttributes imgEffect = new ImageAttributes();
30       imgEffect.SetColorMatrix(imgMatrix, ColorMatrixFlag.Default, ColorAdjustType.Bitmap);
31       if (source.Width <= 368)
32       {
33           _effect.DrawImage(source, new Rectangle(0, 0, 368, 75), 0, 0, 368, 75, GraphicsUnit.Pixel,
imgEffect);
34       }
35       else
```

```
36      {
37              _effect.DrawImage(new_img, new Rectangle(0, 0, new_img.Width, new_img.Height), 0, 0, new_img.
Width, new_img.Height, GraphicsUnit.Pixel, imgEffect);
38      }
39      pbImgPreview.Image = effect;
40  }
```

24.4.4　为图片添加水印

所有设置完成后，单击"开始执行"按钮，即可按照用户的设置为列表中的所有图片添加文字水印或者图片水印，代码如下：

```
01  private void btnPerform_Click(object sender, EventArgs e)
02  {
03      if (rbTxt.Checked&&txtSavaPath.Text!=""&&txtWaterMarkFont.Text!="")
04      {
05          for (int i = 0; i < lbImgList.Items.Count; i++)
06          {
07              AddFontWatermark(txtWaterMarkFont.Text.Trim(), lbImgList.Items[i].ToString(), 1);
08          }
09          MessageBox.Show("添加水印成功","提示",MessageBoxButtons.OK,MessageBoxIcon.Exclamation);
10      }
11      if (rbPIC.Checked && txtSavaPath.Text != "" && pbImgPreview.Image != null)
12      {
13          for (int i = 0; i < lbImgList.Items.Count; i++)
14          {
15              AddFontWatermark(txtWaterMarkFont.Text.Trim(), lbImgList.Items[i].ToString(),3);
16          }
17          MessageBox.Show("添加水印成功", "提示", MessageBoxButtons.OK, MessageBoxIcon.Exclamation);
18      }
19  }
```

上面代码的核心是 AddFontWatermark 方法，该方法为自定义的为图片添加水印的方法，该方法中可以给图片添加文字水印或图片水印，并且在添加水印之后，还可以将图片保存到指定的位置。AddFontWatermark 方法代码如下：

```
01  Bitmap bt=null;
02  float fontSize = 8;
03  Color fontColor=Color.Black;
04  FontFamily FontF = null;
05  FontStyle fontStyle = FontStyle.Regular;
06  int Fwidth;
07  int Fheight;
08  Bitmap BigBt;
09  Font f;
10  Brush b;
11  private void AddFontWatermark(string txt,string Iname,int i)            // 预览
12  {
13      b = new SolidBrush(fontColor);
14      bt = new Bitmap(368,75);
15      BigBt = new Bitmap(Image.FromFile(ImgDirectoryPath + "\\" +Iname));
16      Graphics g = Graphics.FromImage(bt);
17      Graphics g1 = Graphics.FromImage(BigBt);
18      g.Clear(Color.Gainsboro);
19      pbImgPreview.Image = bt;
20      if (FontF == null)
21      {
22          f = new Font(txt,fontSize);
23          SizeF XMaxSize = g.MeasureString(txt, f);
24          Fwidth = (int)XMaxSize.Width;
```

```
25          Fheight = (int)XMaxSize.Height;
26          g.DrawString(txt,f, b, (int)(368 - Fwidth) / 2, (int)(75 - Fheight) / 2);
27          if (cbbPosition.SelectedIndex==0)                              // 正中
28          {
29              g1.DrawString(txt, f, b, (int)(BigBt.Width - Fwidth) / 2, (int)(BigBt.Height - Fheight) / 2);
30          }
31          else if (cbbPosition.SelectedIndex == 1)                       // 左上
32          {
33              g1.DrawString(txt, f, b, 30,30);
34          }
35          else if (cbbPosition.SelectedIndex ==2)                        // 左下
36          {
37              g1.DrawString(txt, f, b, 30, (int)(BigBt.Height - Fheight)-30);
38          }
39          else if (cbbPosition.SelectedIndex == 3)                       // 右上
40          {
41              g1.DrawString(txt, f, b, (int)(BigBt.Width - Fwidth), 30);
42          }
43          else if (cbbPosition.SelectedIndex == 4)                       // 右下
44          {
45              g1.DrawString(txt, f, b, (int)(BigBt.Width - Fwidth), (int)(BigBt.Height - Fheight)-30);
46          }
47      }
48      else
49      {
50          f = new Font(FontF, fontSize, fontStyle);
51          SizeF XMaxSize = g.MeasureString(txt, f);
52          Fwidth = (int)XMaxSize.Width;
53          Fheight = (int)XMaxSize.Height;
54          g.DrawString(txt, new Font(FontF, fontSize, fontStyle), b, (int)(368 - Fwidth) / 2, (int)(75 - Fheight) / 2);
55          if (cbbPosition.SelectedIndex == 0)                           // 正中
56          {
57              g1.DrawString(txt, new Font(FontF, fontSize, fontStyle), b, (int)(BigBt.Width - Fwidth) / 2, (int)(BigBt.Height - Fheight) / 2);
58          }
59          else if (cbbPosition.SelectedIndex == 1)                      // 左上
60          {
61              g1.DrawString(txt, new Font(FontF, fontSize, fontStyle), b, 30, 30);
62          }
63          else if (cbbPosition.SelectedIndex == 2)                      // 左下
64          {
65              g1.DrawString(txt, new Font(FontF, fontSize, fontStyle), b, 30, (int)(BigBt.Height - Fheight)-30);
66          }
67          else if (cbbPosition.SelectedIndex == 3)                      // 右上
68          {
69              g1.DrawString(txt, new Font(FontF, fontSize, fontStyle), b, (int)(BigBt.Width - Fwidth), Fheight);
70          }
71          else if (cbbPosition.SelectedIndex == 4)                      // 右下
72          {
73              g1.DrawString(txt, new Font(FontF, fontSize, fontStyle), b, (int)(BigBt.Width - Fwidth), (int)(BigBt.Height - Fheight)-30);
74          }
75      }
76      if (i == 1)
77      {
78          string ipath;
79          if (NewFolderPath.Length == 3)
80              ipath = NewFolderPath.Remove(NewFolderPath.LastIndexOf(":") + 1);
81          else
82              ipath = NewFolderPath;
83          string imgstype = Iname.Substring(Iname.LastIndexOf(".") + 1, Iname.Length - 1 - Iname.
```

```
LastIndexOf("."));
84          if (imgstype.ToLower() == "jpeg" || imgstype.ToLower() == "jpg")
85          {
86              BigBt.Save(ipath + "\\_" + Iname, ImageFormat.Jpeg);
87          }
88          else if (imgstype.ToLower() == "png")
89          {
90              BigBt.Save(ipath + "\\_" + Iname, ImageFormat.Png);
91          }
92          else if (imgstype.ToLower() == "bmp")
93          {
94              BigBt.Save(ipath + "\\_" + Iname, ImageFormat.Bmp);
95          }
96          else if (imgstype.ToLower() == "gif")
97          {
98              BigBt.Save(ipath + "\\_" + Iname, ImageFormat.Gif);
99          }
100         g1.Dispose();
101         BigBt.Dispose();
102     }
103     else if (i == 2)
104     {
105         if (cbbPosition.SelectedIndex == 0)                      // 正中
106         {
107             g1.DrawImage(effect, (int)(BigBt.Width - effect.Width) / 2, (int)(BigBt.Height - effect.Height) / 2);
108         }
109         else if (cbbPosition.SelectedIndex == 1)                 // 左上
110         {
111             g1.DrawImage(effect, 30, 30);
112         }
113         else if (cbbPosition.SelectedIndex == 2)                 // 左下
114         {
115             g1.DrawImage(effect, 30, (int)(BigBt.Height - effect.Height) - 30);
116         }
117         else if (cbbPosition.SelectedIndex == 3)                 // 右上
118         {
119             g1.DrawImage(effect, (int)(BigBt.Width - effect.Width)-30, 30);
120         }
121         else if (cbbPosition.SelectedIndex == 4)                 // 右下
122         {
123             g1.DrawImage(effect, (int)(BigBt.Width - effect.Width)-30, (int)(BigBt.Height - effect.Height) - 30);
124         }
125     }
126     else if (i == 3)
127     {
128         if (cbbPosition.SelectedIndex == 0)                      // 正中
129         {
130             g1.DrawImage(effect, (int)(BigBt.Width - effect.Width) / 2, (int)(BigBt.Height - effect.Height) / 2);
131         }
132         else if (cbbPosition.SelectedIndex == 1)                 // 左上
133         {
134             g1.DrawImage(effect, 30, 30);
135         }
136         else if (cbbPosition.SelectedIndex == 2)                 // 左下
137         {
138             g1.DrawImage(effect, 30, (int)(BigBt.Height - effect.Height) - 30);
139         }
140         else if (cbbPosition.SelectedIndex == 3)                 // 右上
141         {
142             g1.DrawImage(effect, (int)(BigBt.Width - effect.Width), 30);
143         }
```

```
144          else if (cbbPosition.SelectedIndex == 4)                              // 右下
145          {
146              g1.DrawImage(effect, (int)(BigBt.Width - effect.Width), (int)(BigBt.Height - effect.Height)
     - 30);
147          }
148      string ipath;
149      if (NewFolderPath.Length == 3)
150          ipath = NewFolderPath.Remove(NewFolderPath.LastIndexOf(":") + 1);
151      else
152          ipath = NewFolderPath;
153          string imgstype = Iname.Substring(Iname.LastIndexOf(".") + 1, Iname.Length - 1 - Iname.
     LastIndexOf("."));
154          if (imgstype.ToLower() == "jpeg" || imgstype.ToLower() == "jpg")
155          {
156              BigBt.Save(ipath + "\\_" + Iname, ImageFormat.Jpeg);
157          }
158          else if (imgstype.ToLower() == "png")
159          {
160              BigBt.Save(ipath + "\\_" + Iname, ImageFormat.Png);
161          }
162          else if (imgstype.ToLower() == "bmp")
163          {
164              BigBt.Save(ipath + "\\_" + Iname, ImageFormat.Bmp);
165          }
166          else if (imgstype.ToLower() == "gif")
167          {
168              BigBt.Save(ipath + "\\_" + Iname, ImageFormat.Gif);
169          }
170      }
171  }
```

小结

　　本章主要使用 .NET 中的 GDI+ 技术实现了为图片批量添加水印的功能，可以添加的水印有两种类型，分别是文字水印和图片水印，其中，文字水印本质上就是在图片上绘制文字，这需要使用 Graphics 对象的 DrawString 方法实现；而图片水印本质上是绘制图片，这需要使用 Graphics 对象的 DrawImage 方法实现。

扫码领取
· 配 套 答 案
· 在 线 试 题
· 视 频 讲 解
· 实 战 经 验
· 源 文 件 下 载

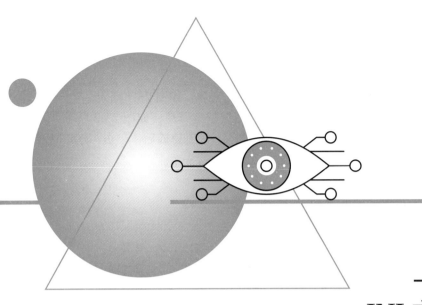

第 25 章

语音计算器

——系统 API 函数 + INI 文件读写 + 语音播放技术实现

在使用计算器对数字进行计算时，有时会输入错误的数字，但操作者并不知道，这样会给工作带来不必要的麻烦。

本章知识架构如下：

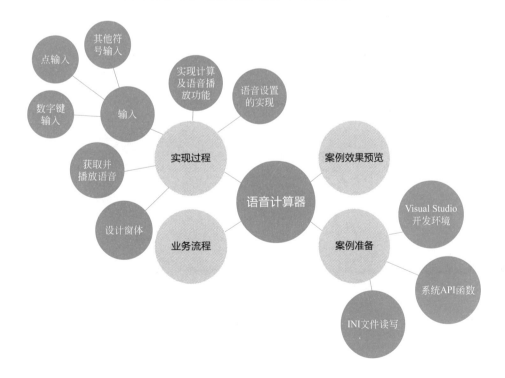

25.1 案例效果预览

运行本案例，首先显示计算器窗体，该窗体中可以执行一些基本的运算，如图 25.1 所示。

在计算器窗体中单击右键，可以弹出快捷菜单，选择"设置声音"快捷菜单，如图 25.2 所示，即可弹出"语音设置"窗体，该窗体中可以为按键设置语音，如图 25.3 所示。设置完成后，单击"确定"按钮，返回计算器窗体，这时再次单击设置完语音的按钮，就可以发出相应的语音提示。

图 25.1 语音计算器

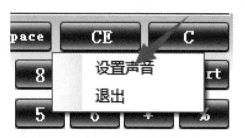

图 25.2 选择"设置声音"快捷菜单

图 25.3 语音设置

25.2 案例准备

本软件的开发及运行环境具体如下：

↻ 操作系统：Windows 10。

↻ 语言：C#。

↻ 开发环境：Visual Studio 免费社区版（2015、2017、2019、2022 等版本兼容）。

↻ 其他：系统 API 函数、INI 文件读写。

25.3 业务流程

本软件的业务流程设计如图 25.4 所示。

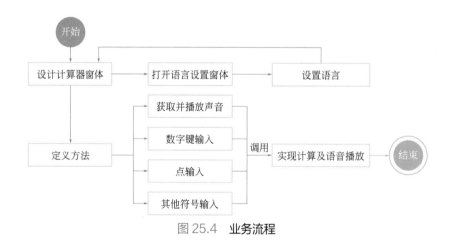

图 25.4 业务流程

25.4 实现过程

25.4.1 设计窗体

本项目中有两个窗体，分别为 ⬛⬛⬛⬛⬛⬛⬛窗体。其中，Form1 窗体用来作为计算器窗体，Form2 窗体用来设置各个按键⬛⬛⬛⬛⬛⬛⬛⬛⬛加一个 TextBox 控件，用于显示输入的数字及运算结果；添加 23 个⬛⬛⬛⬛⬛⬛⬛⬛⬛键；添加一个 ContextMenuStrip 控件，用来作为窗体的快捷菜单。⬛⬛⬛

Form2 窗体中添加一个⬛⬛⬛⬛⬛⬛⬛⬛⬛对话框；添加 24 个 TextBox 控件，用来显示选择的各个按键对应的⬛⬛⬛⬛⬛⬛⬛⬛组，用来选择各个按键对应的语音文件、"确定"和"取消"操作。

图 25.6 语音设置窗体效果

25.4.2 获⬛⬛⬛

本案例中主⬛⬛⬛⬛⬛⬛⬛⬛⬛语音文件的播放与关闭，该函数用于向 MCI 设备发送一条命令字⬛⬛⬛

```
[DllImport⬛⬛⬛⬛⬛⬛⬛⬛⬛⬛⬛⬛⬛⬛⬛⬛⬛⬛)]
private s⬛⬛⬛⬛⬛⬛⬛⬛⬛⬛⬛⬛⬛pstrCommand, String lpstrReturnString, Int32 uReturnLength,
Int32 hw⬛⬛⬛
```

💬 参数⬛⬛

⟳ lpstr⬛⬛⬛⬛⬛⬛⬛⬛⬛⬛ay、stop 和 close 等。

⟳ lpstrReturnString：⬛⬛⬛⬛⬛⬛⬛ng 函数返回的信息（例如，在 lpstrCommand 中的命令是让函数返回打开的文件的设备类型，那么⬛⬛⬛就把设备类型的信息保存在 lpstrReturnString 参数中）。

⟳ uReturnLength：lpstrReturnString 的长度。

⟳ hwndCallback：接收 wait、notify 消息的窗口句柄。

⚡ 注意

> 在使用系统 API 函数时，必须引用 System.Runtime.InteropServices 命名空间。

实现获取并播放语音的主要代码如下：

```
01  [DllImport("winmm.dll", EntryPoint = "mciSendString")]
```

```
02    private static extern Int32 mciSendString(String lpstrCommand, String lpstrReturnString, Int32
uReturnLength, Int32 hwndCallback);
03    [DllImport("kernel32")]
04    private static extern int GetPrivateProfileString(string section, string key, string def, StringBuilder
retVal, int size, string filePath);
05    public static string[] VoxPath = new string[24];
06    string tem_Value = "";
07    string tem_FileName = "";
08    Int32 n = 0;
09    // 获取按键对应的语音文件
10    public void GetVox()
11    {
12        StringBuilder temp = new StringBuilder(255);
13        if (System.IO.File.Exists(Application.StartupPath + "\\Tem_File.ini") == true)
14        {
15            for (int i = 0; i < VoxPath.Length; i++)
16            {
17                    GetPrivateProfileString("Vox", i.ToString(), "数据读取错误。", temp, 255, Application.
StartupPath + "\\Tem_File.ini");
18                VoxPath[i] = temp.ToString();
19            }
20        }
21    }
22    public void sound(string FileName)
23    {
24        if (FileName == null)                                                // 如果文件为空
25            return;                                                          // 退出操作
26        if (FileName.IndexOf(" ") == -1)                                     // 如果路径中没有空格
27        {
28            if (tem_FileName.Length!=0)                                       // 如果有播放的文件
29                mciSendString("close " + tem_FileName, null, 0, 0);          // 关闭当前文件的播放
30            n=mciSendString("open " + FileName , null , 0 , 0);              // 打开要播放的文件
31            n=mciSendString("play " + FileName, null, 0, 0);                 // 播放当前文件
32            tem_FileName = FileName;                                         // 记录播放文件的路径
33        }
34    }
```

25.4.3　数字键输入

定义一个 num 方法，用来实现数字键的输入，这里需要注意小数的输入，以及不是第一次输入的情况。num 方法代码如下：

```
01    bool isnum = false;
02    double n1 = 0;
03    string fu = "";
04    double zong = 0;
05    bool isdian = false;
06    // 数字键输入
07    public void num(string n)
08    {
09        if (isnum == true)
10        {
11            if (textBox1.Text == "0.") { textBox1.Text = textBox1.Text + n; }
12            else { textBox1.Text = n; }
13            isnum = false;
14        }
15        else
16        {
17            if (textBox1.Text == "0") { textBox1.Text = n; }
18            else
19            {
20                textBox1.Text = textBox1.Text + n;
```

```
21          }
22      }
23      n1 = Convert.ToDouble(textBox1.Text);
24  }
```

25.4.4 点输入

定义一个 dian 方法，用来实现按下按键点时的文本框输入情况，这里需要注意小数的输入，以及输入不只有一个点时的情况。dian 方法代码如下：

```
01  // 点
02  public void dian()
03  {
04      bool isfirst = isfloor();
05      if ((isnum == true) || (textBox1.Text == "0")) { textBox1.Text = "0."; }
06      if ((isdian == false) && (isfirst == true))
07      {
08          textBox1.Text = "0.";
09      }
10      else if (isdian == false)
11      {
12          if (Convert.ToDouble(textBox1.Text) == 0) { textBox1.Text = "0."; }
13          else if (isfirst == true) { textBox1.Text = textBox1.Text; }
14          else { textBox1.Text = textBox1.Text + "."; }
15          isdian = true;
16      }
17  }
18  // 判断是否为小数
19  public bool isfloor()
20  {
21      var int1 = Convert.ToDouble(textBox1.Text);
22      var int2 = Math.Floor(int1);
23      if (int1 > int2) { return true; }
24      else { return false; }
25  }
```

25.4.5 其他符号输入

分别为其他符号的输入定义不同的方法，比如清零、加减乘除运算、百分比、开方等，它们的实现代码如下：

```
01  // 输入错误时清除
02  public void ce()
03  {
04      zong = Convert.ToDouble(textBox1.Text);
05      textBox1.Text = "0";
06      isnum = true;
07      isdian = false;
08  }
09  //清零
10  public void Aclose()
11  {
12      isdian = isnum = false;
13      ce();
14      fu = tem_base = "";
15      zong = n1 = 0;
16  }
17  public bool isxiao(double n)
18  {
```

```
19        double int1 = Convert.ToSingle(n);
20        double int2 = Math.Floor(int1);
21        if (int1 > int2) { return true; }
22        else { return false; }
23    }
24    string tem_base;
25    // 计算
26    public void js(string s)
27    {
28        double lin = Convert.ToSingle(n1);
29        if ((s == "=") && (fu == "="))
30        {
31            if ((tem_base == "+") || (tem_base == "-") || (tem_base == "*") || (tem_base == "/"))
32            {
33                zong = eval(zong , tem_base , lin);
34                if (isxiao(zong) == true) { textBox1.Text = Math.Round(zong, 4).ToString(); }
35                        else { textBox1.Text = zong.ToString(); }
36            }
37        }
38        else if ((fu == "=") && (s == ("*") || s == ("/") || s == ("+") || s == ("-")))
39        {
40            if (isxiao(zong) == true) { textBox1.Text = Math.Round(zong, 4).ToString(); }
41            else { textBox1.Text = zong.ToString(); }
42            tem_base = fu;
43            fu = s;
44        }
45        else
46        {
47            if (isnum && fu != "=")
48            {
49                if ("+" == fu)
50                    zong = eval(zong , fu , lin);
51                else if ("-" == fu)
52                    zong = eval(zong , fu , lin);
53                else if ("/" == fu)
54                    zong = eval(zong , fu , lin);
55                else if ("*" == fu)
56                    zong = eval(zong , fu , lin);
57                else if ("" == fu)
58                    zong = lin;
59                if (isxiao(zong) == true) { textBox1.Text = Math.Round(zong, 4).ToString(); }
60                else { textBox1.Text = zong.ToString(); }
61                tem_base = fu;
62                fu = s;
63            }
64            else
65            {
66                if ("+" == fu)
67                    zong += lin;
68                else if ("-" == fu)
69                    zong = zong - lin;
70                else if ("/" == fu)
71                    zong /= lin;
72                else if ("*" == fu)
73                    zong *= lin;
74                else
75                    zong = lin;
76                if (isxiao(zong) == true) { textBox1.Text = Math.Round(zong, 4).ToString(); }
77                else { textBox1.Text = zong.ToString(); }
78                tem_base = fu;
79                fu = s;
80            }
81        }
82        isnum = true;
```

```
83      }
84      // 以百分比表示
85      public void bai()
86      {
87          textBox1.Text = ((Convert.ToDouble(textBox1.Text) / 100) * Convert.ToDouble(zong)).ToString();
88          isdian = false;
89      }
90      // 开方运算
91      public void kfang()
92      {
93          if (textBox1.Text != "0" || textBox1.Text != "")
94          {
95              textBox1.Text = Math.Sqrt(Convert.ToDouble(textBox1.Text)).ToString();
96              isnum = true;
97              isdian = false;
98          }
99      }
100     // 正负
101     public void zf()
102     {
103         double pp = Convert.ToDouble(textBox1.Text);
104         if (pp > 0) { textBox1.Text = "-" + pp; }
105         if (pp < 0) { textBox1.Text = Math.Abs(pp).ToString(); }
106     }
107     //x 分之一计算
108     public void ji()
109     {
110         double pp = Convert.ToDouble(textBox1.Text);
111         textBox1.Text = Convert.ToDouble(1 / pp).ToString();
112         isnum = true;
113         isdian = false;
114     }
115     // 退格删除
116     public void backspace()
117     {
118         var bstr = textBox1.Text;
119         if (bstr != "0")
120         {
121             string isabs = (Math.Abs(Convert.ToDouble(bstr)).ToString());
122             if ((bstr.Length == 1) || (isabs.Length == 1))
123             {
124                 textBox1.Text = "0";
125                 isdian = false;
126             }
127             else { textBox1.Text = bstr.Substring(0, bstr.Length - 1); }
128         }
129     }
130     // 加减乘除运算
131     public double eval(double n1, string sign, double n2)
132     {
133         switch (sign)
134         {
135             case "-": return n1 - n2;
136             case "+": return n1 + n2;
137             case "*": return n1 * n2;
138             case "/": return n1 / n2;
139         }
140         return 0;
141     }
```

25.4.6 实现计算及语音播放功能

上面已经定义了各个符号、数字、计算等的方法，接下来单击 Form1 窗体中的按钮时，分别调用相应的方法执行输入或计算，并播放指定按键的语音即可。代码如下：

```
01   private void pict_Back_Click(object sender, EventArgs e)
02   {
03       tem_Value = ((PictureBox)sender).AccessibleName;        // 获取当前按钮的标识
04       switch (tem_Value)
05       {
06           case "0": num(tem_Value); sound(VoxPath[0]); break;      // 实现按钮的语音功能
07           case "1": num(tem_Value); sound(VoxPath[1]); break;
08           case "2": num(tem_Value); sound(VoxPath[2]); break;
09           case "3": num(tem_Value); sound(VoxPath[3]); break;
10           case "4": num(tem_Value); sound(VoxPath[4]); break;
11           case "5": num(tem_Value); sound(VoxPath[5]); break;
12           case "6": num(tem_Value); sound(VoxPath[6]); break;
13           case "7": num(tem_Value); sound(VoxPath[7]); break;
14           case "8": num(tem_Value); sound(VoxPath[8]); break;
15           case "9": num(tem_Value); sound(VoxPath[9]); break;
16           case "+": js(tem_Value); sound(VoxPath[10]); break;
17           case "-": js(tem_Value); sound(VoxPath[11]); break;
18           case "*": js(tem_Value); sound(VoxPath[12]); break;
19           case "/": js(tem_Value); sound(VoxPath[13]); break;
20           case "=": js(tem_Value); sound(VoxPath[14]); break;
21           case "C": Aclose(); sound(VoxPath[15]); break;
22           case "CE": ce(); sound(VoxPath[16]); break;
23           case "Back": backspace(); sound(VoxPath[17]); break;
24           case "%": bai(); sound(VoxPath[18]); break;
25           case "X": ji(); sound(VoxPath[19]); break;
26           case ".": dian(); sound(VoxPath[20]); break;
27           case "+-":
28               {
29                   zf();
30                   if (Convert.ToInt32(textBox1.Text) > 0)     // 如果当前为正数
31                       sound(VoxPath[21]);                      // 实现正数发音
32                   else
33                       sound(VoxPath[22]);                      // 实现负数发音
34                   break;
35               }
36           case "Sqrt": kfang(); sound(VoxPath[23]); break;
37       }
38       textBox1.Select(textBox1.Text.Length, 0);
39   }
```

25.4.7 语音设置的实现

语音设置功能实在Form2窗体中实现的，该窗体中首先定义两个系统API函数，用来对INI文件读写；然后将用户的设置通过定义的API函数写入Debug文件夹下的Tem_File.ini文件中。代码如下：

```
01   [DllImport("kernel32")]
02    private static extern long WritePrivateProfileString(string section, string key, string val, string filePath);
03   [DllImport("kernel32")]
04    private static extern int GetPrivateProfileString(string section, string key, string def, StringBuilder retVal, int size, string filePath);
05   private void button25_Click(object sender, EventArgs e)
06   {
07       Clear_Control(groupBox1.Controls, Form1.VoxPath.Length);
08       this.DialogResult = DialogResult.OK;
09       Close();
10   }
11   public void Clear_Control(Control.ControlCollection Con, int m)
12   {
13       int tem_n = 0;
14       foreach (Control C in Con)
```

```
15          {                                              // 遍历可视化组件中的所有控件
16              if (C.GetType().Name == "TextBox")         // 判断是否为 TextBox 控件
17              {
18                  WritePrivateProfileString("Vox", ((TextBox)C).Tag.ToString(), ((TextBox)C).Text, Application.
    StartupPath + "\\Tem_File.ini");
19                  tem_n += 1;
20              }
21              if (tem_n > m)
22                  break;
23          }
24      }
25      public void Clear_Control(Control.ControlCollection Con, int n, string Path)
26      {
27          foreach (Control C in Con)
28          {                                              // 遍历可视化组件中的所有控件
29              if (C.GetType().Name == "TextBox")         // 判断是否为 TextBox 控件
30              {
31                  if (Convert.ToInt32(((TextBox)C).Tag.ToString()) == n)
32                  {
33                      ((TextBox)C).Text = Path;
34                      break;
35                  }
36              }
37          }
38      }
39      public void GetIni(Control.ControlCollection Con)
40      {
41          StringBuilder temp = new StringBuilder(255);
42          if (System.IO.File.Exists(Application.StartupPath + "\\Tem_File.ini") == true)
43          {
44              foreach (Control C in Con)
45              {                                          // 遍历可视化组件中的所有控件
46                  if (C.GetType().Name == "TextBox")     // 判断是否为 TextBox 控件
47                  {
48                      GetPrivateProfileString("Vox", ((TextBox)C).Tag.ToString(), "数据读取错误。", temp, 255,
    Application.StartupPath + "\\Tem_File.ini");
49                      ((TextBox)C).Text = temp.ToString();
50                  }
51              }
52          }
53      }
54      private void button1_Click(object sender, EventArgs e)
55      {
56          openFileDialog1.FileName = "";
57          if (openFileDialog1.ShowDialog() == DialogResult.OK)
58          {
59              Clear_Control(groupBox1.Controls, Convert.ToInt32(((Button)sender).Tag.ToString()),
    openFileDialog1.FileName);
60          }
61      }
62      private void Form2_Load(object sender, EventArgs e)
63      {
64          GetIni(groupBox1.Controls);
65      }
```

◇ 小结

本章主要讲解了如何使用 C# 开发一个语音计算器，主要用到了系统的 API 函数去实现，其中，语音文件的读写是通过对 INI 文件操作实现的，这用到了系统 API 函数 WritePrivateProfileString 和 GetPrivateProfileString；而按键语音的播放是通过系统 API 函数 mciSendString 实现的。

全方位沉浸式学C#
见此图标 🖥 微信扫码

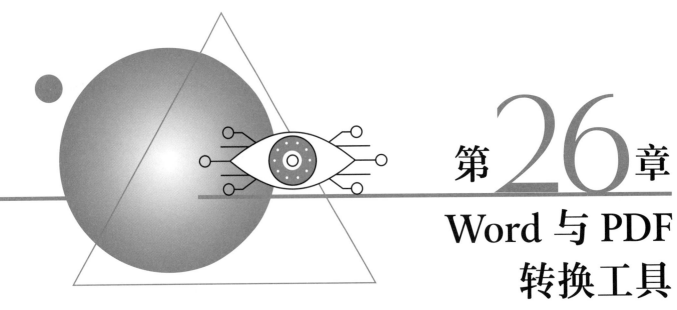

第26章

Word 与 PDF 转换工具

——C# + Spire.PDF 组件 + Spire.Doc 组件实现

在平时的工作中经常会遇到 Word 与 PDF 相互转换的需求，有很多人甚至会花钱购买一些类似的工具，以满足自己的工作需要。本案例将通过在 C# 中引用 Spire 相关的组件，制作一个 Word 与 PDF 的转换工具，同时，该工具还支持转换为 PNG 图片或者 HTML 网页格式。

本章知识架构如下：

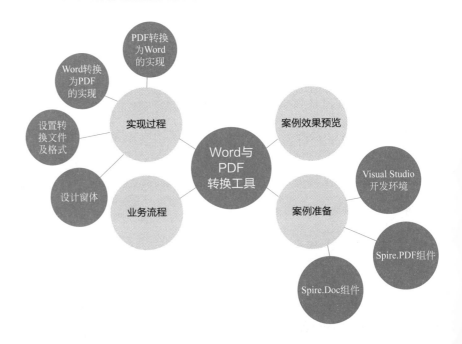

26.1 案例效果预览

运行程序，默认显示"Word 转换"选项卡，首先选择要转换的 Word 文档所在路径和转换后的文件保存路径，然后设置转换格式，这里的格式支持 PDF、PNG、RTF 和 HTML 这 4 种格式，设置完成后，单击"转换"按钮，即可开始将左侧列表中的所有 Word 文档转换为相应的格式，并在右侧显示转换后的文件列表。图 26.1 显示的是将 Word 转换为 PDF 后的效果。

图 26.1 Word 与 PDF 转换工具

📖 **说明**

图 26.1 中的"PDF 转换"选项卡主要实现将 PDF 转换为 Word、PNG 和 HTML 格式的功能，其界面及操作方法与图 26.1 类似。

26.2 案例准备

本软件的开发及运行环境具体如下：

➰ 操作系统：Windows 10。

➰ 语言：C#。

➰ 开发环境：Visual Studio 免费社区版（2015、2017、2019、2022 等版本兼容）。

➰ 第三方组件：Spire.PDF 组件、Spire.Doc 组件。

📖 **说明**

Spire.PDF 和 Spire.Doc 组件是 e-iceblue 提供的对 PDF 和 Word 进行操作的 .NET 组件，其官方网址为 https://www.e-iceblue.com/，使用这两个组件时，首先需要下载，然后将下载的 dll 文件通过添加引用的方式添加到项目中后，才可以使用。

26.3 业务流程

本软件的业务流程设计如图 26.2 所示。

图 26.2 业务流程

26.4 实现过程

26.4.1 设计窗体

本案例中只有一个窗体，但实现两个功能，分别是将 Word 转换为 PDF 和将 PDF 转换为 Word，因此窗体中使用了 TabControl 选项卡控件进行设计，该控件中设置了两个选项卡，但两个选项卡中的布局和使用的控件是一样的，这里以"Word 转换"选项卡为例进行讲解。在"Word 转换"选项卡中添加 2 个 TextBox 控件，分别用来显示设置的 Word 文档路径和要保存的 PDF 文档路径；添加一个 ComboBox 控件，用来设置转换格式；添加两个 ListView 控件，分别用来显示 Word 文档列表和转换后的 PDF 文档列表；添加 3 个 Button 控件，分别用来设置源 Word 文档路径、转换后的 PDF 文档保存路径和执行转换操作。"Word 转换"选项卡设计效果如图 26.3 所示。

图 26.3 "Word 转换"选项卡设计效果

26.4.2 设置转换文件及格式

在将 Word 转换为 PDF 或者其他格式之前，首先应该选择要转换的 Word 文档，本案例中支持批量转换，因此，这里只需要选择 Word 文档所在路径即可，程序会自动将选中路径下的所有 Word 文档显示在窗体左侧的列表中，代码如下：

```
01  private void button2_Click(object sender, EventArgs e)
02  {
03      FolderBrowserDialog folder = new FolderBrowserDialog();
04      if(folder.ShowDialog()==DialogResult.OK)
05      {
06          listView1.Items.Clear();                                    // 清空文件列表
07          textBox1.Text = folder.SelectedPath;                        // 记录选择路径
08          DirectoryInfo dir = new DirectoryInfo(textBox1.Text);
09          FileSystemInfo[] files = dir.GetFiles();                    // 获取文件夹中所有文件
10          foreach (FileInfo file in files)                            // 遍历所有文件
11          {
12              if (file.Extension.ToLower() == ".doc" || file.Extension.ToLower() == ".docx")
                                                                        // 如果是 Word 文件
13              {
14                  listView1.Items.Add(file.FullName);                 // 显示文件列表
15              }
16          }
17      }
18  }
```

接下来需要选择转换后的文件所保存的路径，这里使用一个 FolderBrowserDialog 对象显示浏览文件夹对话框，并将选择的路径显示在相应的文本框中，代码如下：

```
01  private void button1_Click(object sender, EventArgs e)
02  {
03      FolderBrowserDialog folder = new FolderBrowserDialog();
04      if (folder.ShowDialog() == DialogResult.OK)
05      {
```

```
06              textBox2.Text = folder.SelectedPath;          // 记录选择路径
07          }
08      }
```

单击窗体中的"转换格式"下拉列表，选择要转换的格式，并使用一个全局变量记录，代码如下：

```
01  private void comboBox1_SelectedIndexChanged(object sender, EventArgs e)
02  {
03      switch(comboBox1.SelectedItem.ToString())
04      {
05          case "PDF":
06              strExtention = ".pdf";
07              break;
08          case "PNG":
09              strExtention = ".png";
10              break;
11          case "RTF":
12              strExtention = ".rtf";
13              break;
14          case "HTML":
15              strExtention = ".html";
16              break;
17      }
18  }
```

26.4.3 Word 转换为 PDF 的实现

所有设置完成后，单击"转换"按钮，首先遍历要转换的所有 Word 文档，然后调用 Convertors 公共类中的 WordConversion 方法将遍历到的每个 Word 文档转换为相应的格式，并保存在设置的路径下，同时，将转换后的文件显示在右侧列表中。"转换"按钮的 Click 事件代码如下：

```
01  private void button4_Click(object sender, EventArgs e)
02  {
03      if (listView1.Items.Count > 0 && textBox2.Text != "")
04      {
05          listView2.Items.Clear();    // 清空文件列表
06          System.Threading.ThreadPool.QueueUserWorkItem(          // 使用线程池
07                  (P_temp) =>
08                  {
09                      button4.Enabled = false;
10                      foreach (ListViewItem item in listView1.Items)
11                      {
12                          FileInfo finfo = new FileInfo(item.Text);
13                          string fileName = finfo.Name;
14                          string otherFile = textBox2.Text.TrimEnd(new char[] { '\\' }) + "\\" + fileName.
Substring(0, fileName.LastIndexOf('.')) + strExtention;
15                          convert.WordConversion(item.Text, otherFile, comboBox1.SelectedItem.ToString());
16                          listView2.Items.Add(new ListViewItem(otherFile));
17                      }
18                      MessageBox.Show("文档格式转换完成，快去使用吧！", "提示", MessageBoxButtons.OK,
MessageBoxIcon.Information);
19                      button4.Enabled = true;
20                  });
21      }
22      else
23      {
24          MessageBox.Show("请确认存在要转换的 Word 文档列表和转换后的文件存放路径！", "温馨提示",
MessageBoxButtons.OK, MessageBoxIcon.Information);
25      }
26  }
```

26

上面的代码中用到了 Convertors 公共类中的 WordConversion 方法，Convertors 公共类是自定义的一个类，其中主要定义了分别将 Word、PDF 转换为其他格式的方法。其中，WordConversion 方法用来使用 Spire.Doc 组件中的相应方法将 Word 转换为 PDF、PNG、RTF 和 HTML 这 4 种格式，实现代码如下：

```
01  /// <summary>
02  /// Word 转换为 PDF\PNG\RTF\HTML 等格式
03  /// </summary>
04  /// <param name="docFile">原始 Word 文件（包括路径）</param>
05  /// <param name="otherFile"> 转换后的文件（包括路径）</param>
06  /// <param name="format"> 转换的格式 </param>
07  public void WordConversion(String docFile, String otherFile, string format)
08  {
09      Document document = new Document(docFile, Spire.Doc.FileFormat.Auto);
10      switch (format)
11      {
12          case "PDF":
13              document.SaveToFile(otherFile, Spire.Doc.FileFormat.PDF);
14              break;
15          case "PNG":
16              Image[] Images = document.SaveToImages(ImageType.Bitmap);
17              if (Images != null && Images.Length > 0)
18              {
19                  if (Images.Length == 1)
20                  {
21                      Images[0].Save(otherFile, ImageFormat.Bmp);
22                  }
23                  else
24                  {
25                      for (int i = 0; i<Images.Length; i++)
26                      {
27                          String fileName = String.Format("img-{0}.png", (i+1).ToString("000"));
28                              System.IO.DirectoryInfo dinfo = new System.IO.DirectoryInfo(otherFile.
Substring(0, otherFile.LastIndexOf('.') + 1));
29                              dinfo.Create();
30                              Images[i].Save(dinfo.FullName+"\\"+fileName, ImageFormat.Png);
31                      }
32                  }
33              }
34              break;
35          case "RTF":
36              document.SaveToFile(otherFile, Spire.Doc.FileFormat.Rtf);
37              break;
38          case "HTML":
39              document.SaveToFile(otherFile, Spire.Doc.FileFormat.Html);
40              break;
41      }
42  }
```

26.4.4 PDF 转换为 Word 的实现

PDF 转换为 Word 的实现过程与 Word 转换为 PDF 的实现过程类似，只是调用的方法不同，它调用的是 Convertors 公共类中的 PDFConversion 方法，该方法用来使用 Spire.PDF 组件中的相应方法将 PDF 转换为 Word、PNG 和 HTML 这 3 种格式，实现代码如下：

```
01  /// <summary>
02  /// PDF 转换为 Word\PNG\HTML 等格式
03  /// </summary>
04  /// <param name="pdfFile">原始 PDF 文件（包括路径）</param>
05  /// <param name="otherFile">转换后的文件（包括路径）</param>
06  /// <param name="format">转换的格式 </param>
```

```
07   public void PDFConversion(String pdfFile, String otherFile, string format)
08   {
09       PdfDocument document = new PdfDocument();
10       document.LoadFromFile(pdfFile);
11       switch (format)
12       {
13           case "WORD":
14               try
15               {
16                   document.SaveToFile(otherFile, Spire.Pdf.FileFormat.DOC);
17               }
18               catch(Exception ex)
19               {
20                   MessageBox.Show(ex.Message, "错误", MessageBoxButtons.OK, MessageBoxIcon.Error);
21               }
22               break;
23           case "PNG":
24               for (int i = 0; i < document.Pages.Count; i++)
25               {
26                   string fileName = String.Format("img-{0}.png", (i+1).ToString("000"));
27                   using (Image image = document.SaveAsImage(i, Spire.Pdf.Graphics.PdfImageType.Metafile,
300, 300))
28                   {
29                       System.IO.DirectoryInfo dinfo = new System.IO.DirectoryInfo(otherFile.Substring(0,
otherFile.LastIndexOf('.') + 1));
30                       dinfo.Create();
31                       image.Save(dinfo.FullName + "\\" + fileName, ImageFormat.Png);
32                   }
33               }
34               break;
35           case "HTML":
36               document.SaveToFile(otherFile, Spire.Pdf.FileFormat.HTML);
37               break;
38       }
39   }
```

📖 指点迷津

　　Spire.PDF 和 Spire.Doc 组件都是收费组件，但提供了免费的试用版，试用版在使用时，转换后的文档中会有 e-iceblue 的版权声明，而使用收费版则可以去掉这种限制，读者可以根据自己的需求确定使用收费版还是免费版。

▽ 小结

　　本章主要通过使用 Spire.PDF 组件和 Spire.Doc 组件，实现了将 PDF 或 Word 转换成其他格式的功能。本案例的功能在日常工作中非常实用，其最核心的技术就是如何在 C# 中引用 Spire.PDF 和 Spire.Doc 这两个组件，并调用其中的相应方法去实现自己需要的功能。

扫码领取
· 配 套 答 案
· 在 线 试 题
· 视 频 讲 解
· 实 战 经 验
· 源 文 件 下 载

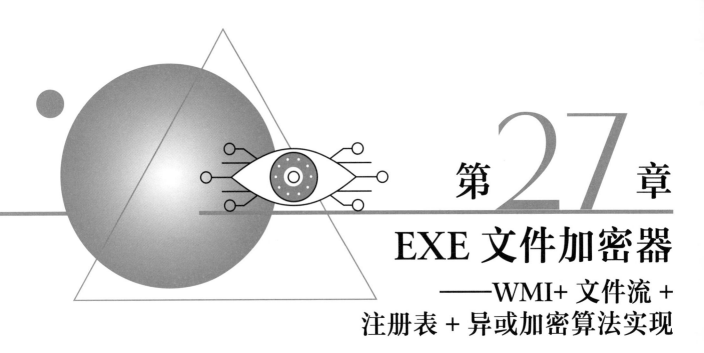

第27章

EXE 文件加密器

——WMI+ 文件流 + 注册表 + 异或加密算法实现

在一些商业软件中，为了防止盗版，经常要对软件进行加密。加密的方式多种多样，既可以通过注册表加密，也可以通过 EXE 文件加密，还可以通过类似于加密狗的硬件设备进行加密。本章制作了一个 EXE 文件加密程序，该程序可以对 EXE 文件本身进行加密，还可以限制 EXE 文件的使用期限。

本章知识架构如下：

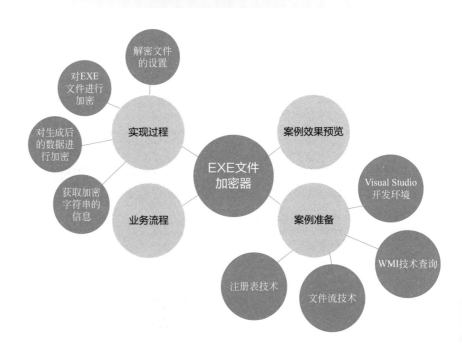

27.1 案例效果预览

运行 EXE 文件加密器，可以根据主机名称、CPU 序列号、硬盘序列号和网卡硬件地址生成密码，并将密码追加到 EXE 文件尾部，如图 27.1 所示，另外，用户还可以根据日期、月份、天数或者运行次数等条件对加密的 EXE 文件进行限制，如图 27.2 所示。

图 27.1　EXE 文件加密器

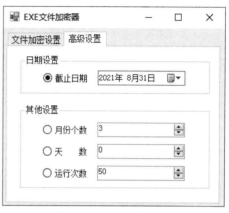

图 27.2　加密高级设置

在运行加密的 EXE 文件时，可以弹出解码对话框，该对话框中输入正确的解密密码，即可打开加密后的 EXE 文件，如果选中"下次登录是否显示"复选框，则在第一次密码输入正确后，后期再次运行加密后的 EXE 文件时，就不用再输入解密密码，如图 27.3 所示。

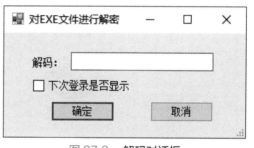

图 27.3　解码对话框

27.2 案例准备

本软件的开发及运行环境具体如下：
- 操作系统：Windows 10。
- 语言：C#。
- 开发环境：Visual Studio 免费社区版（2015、2017、2019、2022 等版本兼容）。

27.3 业务流程

制作 EXE 文件加密器，首先需要创建一个 Windows 应用程序，用于设计 EXE 文件加密器；然后创建一个 Windows 应用程序，主要用于制作 EXE 文件的解密窗体，该程序的主要功能包括获取指定硬件的序列号、根据序列号设置密码、设置 EXE 文件的使用期限、将信息写入 EXE 文件中、读取 EXE 文件中的密码进行解密等。图 27.4 所示为 EXE 文件加密器的业务流程图。

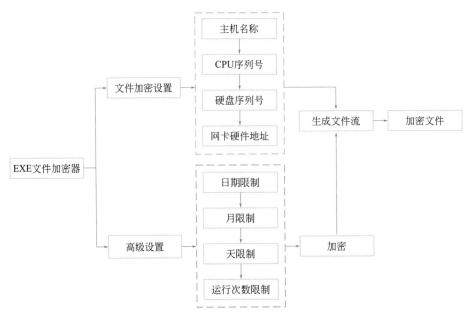

图 27.4　EXE 文件加密器的业务流程图

图 27.5 所示为解密窗体的业务流程图。

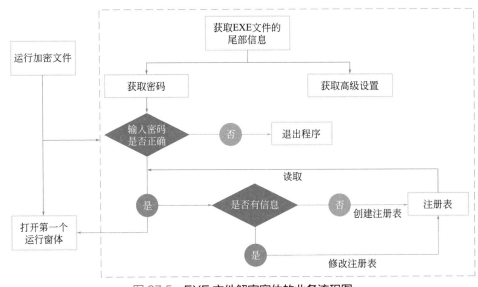

图 27.5　EXE 文件解密窗体的业务流程图

27.4　实现过程

27.4.1　获取加密字符串的信息

EXE 文件加密器的主要功能是通过主板序列号、CPU 序列号、硬盘序列号等来生成加密密码，并将密码写入指定的 EXE 文件的尾部。

要生成加密密码，就要先获取要进行加密的信息，这些信息是从本地计算机的硬件中获取的，例如 CPU、硬盘序列号等。

获取本地计算机名称。代码如下：

```
01  /// <summary>
02  /// 获取主机名
03  /// </summary>
04  public String GetBIOSNumber()
05  {
06                                                          // 显示主机名
07      string hostname = Dns.GetHostName();
08                                                          // 显示每个 IP 地址
09      IPHostEntry hostent = Dns.GetHostEntry(hostname);   // 主机信息
10      Array addrs = hostent.AddressList;                  // IP 地址数组
11      IEnumerator it = addrs.GetEnumerator();             // 迭代器
12      while (it.MoveNext())
13      {                                                   // 循环到下一个 IP 地址
14          IPAddress ip = (IPAddress)it.Current;           // 获得 IP 地址, 添加名命空间 using System.Net;
15          return ip.ToString();
16      }
17      return "";
18  }
```

获取本地计算机的 CPU 序列号。代码如下：

```
01  /// <summary>
02  /// 获取 CPU 序列号
03  /// </summary>
04  /// <returns>CPU 序列号 </returns>
05  public String GetCpuID()
06  {
07      try
08      {
09          ManagementClass mc = new ManagementClass("Win32_Processor");
10          ManagementObjectCollection moc = mc.GetInstances();
11          String strCpuID = null;
12          foreach (ManagementObject mo in moc)
13          {
14              strCpuID = mo.Properties["ProcessorId"].Value.ToString();
15              mo.Dispose();
16              break;
17          }
18          moc.Dispose();
19          mc.Dispose();
20          return strCpuID;
21      }
22      catch
23      {
24          return "";
25      }
26  }
```

获取本地计算机的网卡硬件地址。代码如下：

```
01  /// <summary>
02  /// 获取网卡硬件地址
03  /// </summary>
04  /// <returns> 网卡硬件地址 </returns>
05  public String GetNetworkCard()
06  {
07      try
08      {
09          ManagementClass mc = new ManagementClass("Win32_NetworkAdapterConfiguration");
10          ManagementObjectCollection moc2 = mc.GetInstances();
11          string StrNetworkCard = null;
12          foreach (ManagementObject mo in moc2)
13          {
14              if ((bool)mo["IPEnabled"] == true)
15              {
```

```
16              StrNetworkCard = mo["MacAddress"].ToString();
17              mo.Dispose();
18              break;
19          }
20          mo.Dispose();
21      }
22      moc2.Dispose();
23      mc.Dispose();
24      return StrNetworkCard;
25  }
26  catch
27  {
28      return "";
29  }
30 }
```

本程序可以获取本地计算机中的硬盘序列号。首先，要在本地计算机中获取所有的硬盘盘符。代码如下：

```
01 /// <summary>
02 /// 获取本地计算机的硬盘盘符
03 /// </summary>
04 /// <param cBox="ComboBox">ComboBox 控件 </param>
05 public void GetHardDisk(ComboBox cBox)
06 {
07     try
08     {
09         cBox.Items.Clear();
10         ManagementClass mcHD = new ManagementClass("win32_logicaldisk");
11         ManagementObjectCollection mocHD = mcHD.GetInstances();
12         foreach (ManagementObject mo in mocHD)                    // 遍历硬盘信息
13         {
14             cBox.Items.Add(mo["DeviceID"].ToString());           // 添加硬盘的盘符名称
15             mo.Dispose();
16         }
17         mcHD.Dispose();
18     }
19     catch { }
20 }
```

当获取硬盘盘符后，就可以根据硬盘的盘符获取相应的序列号。代码如下：

```
01 /// <summary>
02 /// 获序硬盘序列号
03 /// </summary>
04 /// <param Disk="string"> 盘符 </param>
05 /// <returns> 硬盘序列号 </returns>
06 public String GetHardDiskID(string Disk)
07 {
08     try
09     {
10         String strHardDiskID = null;
11         String DiskStr = Disk.Substring(0, 1) + ":";
12         ManagementClass mcHD = new ManagementClass("win32_logicaldisk");
13         ManagementObjectCollection mocHD = mcHD.GetInstances();
14         foreach (ManagementObject mo in mocHD)                    // 遍历硬盘信息
15         {
16             if (mo["DeviceID"].ToString() == DiskStr)             // 如果硬盘等于指定的盘符
17             {
18                 strHardDiskID = mo["VolumeSerialNumber"].ToString();  // 获取当前硬盘的序列号
19                 mo.Dispose();
20                 break;
21             }
22             mo.Dispose();
23         }
```

```
24              mcHD.Dispose();
25              return strHardDiskID;
26          }
27      catch
28      {
29              return "";
30      }
31  }
```

27.4.2　对生成后的数据进行加密

　　自定义方法 CreatePass 用来获取要被加密的信息，然后将各信息通过异或运算进行加密，再将加密后的信息用 MD5 方法进行再次加密，将最终生成的加密字符串进行返回。代码如下：

```
01  /// <summary>
02  /// 根据条件生成加密字符串
03  /// </summary>
04  /// <param GroupB="GroupBox">GroupBox 控件 </param>
05  /// <param Comb="ComboBox">ComboBox 控件 </param>
06  /// <returns> 加密后的字符串 </returns>
07  public String CreatePass(GroupBox GroupB, ComboBox Comb)
08  {
09      ArrInt = 0;
10      string PrassSum = null;
11      ArrayList List = new ArrayList();
12      foreach (Control Gb in GroupB.Controls)
13      {
14          if (Gb is CheckBox)
15          {
16              if (((CheckBox)Gb).Checked == true)
17              {
18                  switch (Convert.ToInt32(((CheckBox)Gb).Tag))
19                  {
20                      case 0:                                    // 主板序列号
21                          {
22                              PrassSum = GetBIOSNumber();
23                              if (PrassSum.Trim() == "")
24                                  MessageBox.Show("无法获取主板序列号。");
25                              break;
26                          }
27                      case 1:                                    //CPU 序列号
28                          {
29                              PrassSum = GetCpuID();
30                              if (PrassSum.Trim() == "")
31                                  MessageBox.Show("无法获取 CPU 序列号。");
32                              break;
33                          }
34                      case 2:                                    // 网卡硬件地址
35                          {
36                              PrassSum = GetNetworkCard();
37                              if (PrassSum.Trim() == "")
38                                  MessageBox.Show("无法获取网卡硬件地址。");
39                              break;
40                          }
41                      case 3:                                    // 硬盘序列号
42                          {
43                              PrassSum = GetHardDiskID(Comb.Text);
44                              if (PrassSum.Trim() == "")
45                                  MessageBox.Show("无法获取 " + Comb.Text + " 盘序列号。");
46                              break;
47                          }
48                  }
```

```
49                    if (PrassSum.Trim() != "")
50                    {
51                        ArrInt = ArrInt + 1;
52                        List.Add(ArrInt);
53                        List[ArrInt - 1] = PrassSum;
54                        PrassSum = null;
55                    }
56                }
57            }
58        }
59        if (List.Count == 0)
60        {
61            MessageBox.Show("请选择加密的条件。");
62            return "";
63        }
64        int Ci = 1;
65        PrassSum = List[0].ToString();
66        for (int i = Ci; i < List.Count; i++)
67        {
68            PrassSum = Encrypt(PrassSum, List[i].ToString(), 0);
69        }
70        MD5CryptoServiceProvider md5 = new MD5CryptoServiceProvider();
71        byte[] hdcode1 = System.Text.Encoding.UTF8.GetBytes(PrassSum + "new");
72        byte[] hdcode2 = md5.ComputeHash(hdcode1);
73        md5.Clear();
74        char[] charData = new char[hdcode2.Length];            // 建立一个字符组
75        Decoder d = Encoding.UTF8.GetDecoder();                // 实例化一个解码器
76        d.GetChars(hdcode2, 0, hdcode2.Length, charData, 0);   // 将编码字节数组转换为字符数组
77        PrassSum = "";
78        for (int i = 0; i < charData.Length; i++)              // 将字符数组组合成字符串
79        {
80            PrassSum = PrassSum + charData[i].ToString();
81        }
82        return PrassSum;
83    }
```

自定义方法 Encrypt 是将参数 spoon 与 former 中的信息进行异或，从而生成密码。代码如下：

```
01  /// <summary>
02  /// 对字符串进行加密
03  /// </summary>
04  /// <param former="string"> 加密字符串 </param>
05  /// <param spoon="string"> 密钥 </param>
06  /// <param n="int"> 密钥标识 </param>
07  /// <returns> 加密后的字符串 </returns>
08  public string Encrypt(string former, string spoon,int n)
09  {
10      byte[] FByteArray = Encoding.Default.GetBytes(former);    // 将字符串生成字节数组
11      byte[] SByteArray = Encoding.Default.GetBytes(spoon);
12      int Aleng = 0;
13      if (FByteArray.Length > SByteArray.Length)               // 获取字节数组的最大长度
14          Aleng = FByteArray.Length;
15      else
16          Aleng = SByteArray.Length;
17      char[] charData = new char[Aleng];                       // 定义指定长度的字符数组
18      for (int i = 0; i < FByteArray.Length; i++)              // 对字节数组中的单个字节进行异或运算
19      {
20          FByteArray[i] = Convert.ToByte(Convert.ToInt32(FByteArray[i]) ^ Convert.ToInt32(SByteArray[n]));
21              }
22      Decoder d = Encoding.UTF8.GetDecoder();                  // 获取一个解码器
23      d.GetChars(FByteArray, 0, FByteArray.Length, charData, 0); // 将编码字节数组转为字符数组
24      d.Reset();                                               // 将解码器设为初始状态
25      string Zpp = "";
26      for (int i = 0; i < charData.Length; i++)                // 将字符数组组合成字符串
```

```
27          {
28              Zpp = Zpp + charData[i].ToString();
29          }
30          n = n + 1;
31          if (n < SByteArray.Length-1)
32              Encrypt(Zpp, spoon, n);                        // 进行函数的递归调用
33          return Zpp;
34      }
```

27.4.3　对 EXE 文件进行加密

在"EXE 文件加密器"窗体中，完成加密字符串的设置，选择要进行加密的 EXE 文件路径，以及完成对加密后 EXE 文件使用期限的设置后，单击"EXE 文件加密"按钮，将对指定路径下的 EXE 文件进行加密。代码如下：

```
01  private void button_EXE_Click(object sender, EventArgs e)
02  {
03      string Sprass = "";                                    // 加密字符串
04      string Annex = "";                                     // 附加的高级条件
05      if (textBox_File.Text == "")                           // 没有选择要加密的文件
06      {
07          MessageBox.Show("没有选择要加密的 EXE 文件。");
08          return;
09      }
10      FileInfo SFInfo = new FileInfo(textBox_File.Text.Trim());   // 打开要加密的文件
11      if (SFInfo.Exists == false)                            // 在硬盘中没有该文件
12      {
13          MessageBox.Show("选择的文件并不存在。");
14          return;
15      }
16      if (SFInfo.Extension.ToUpper() != ".EXE")              // 如果当前文件不是 EXE 文件
17      {
18          MessageBox.Show("选择的加密文件并不是 EXE 文件。");
19          return;
20      }
21      Sprass = hd.CreatePass(this.groupB_Encryption, this.comboBox_Disk);   // 生成加密字符串
22                                                             // 设置高级查询
23      if (radio_Data.Checked == true)                        // 限定加密文件的运行时间
24      {
25          Annex = "," + dateTimePicker1.Value.ToShortDateString() + "D";
26      }
27      if (radio_Month.Checked == true)                       // 限定加密文件运行的月数
28      {
29          Annex = "," + ((int)nume_Month.Value).ToString() + "M";
30      }
31      if (radio_Day.Checked == true)                         // 限定加密文件运行的天数
32      {
33          Annex = "," + ((int)numer_Day.Value).ToString() + "A";
34      }
35      if (radio_Count.Checked == true)                       // 限定加密文件运行的次数
36      {
37          Annex = "," + ((int)numer_Count.Value).ToString() + "C";
38      }
39      if (Sprass.Trim() == "")                               // 没有生成要加密的密码
40      {
41          MessageBox.Show("无法生成加密字符串，请重新设置。");
42          return;
43      }
44      // 将加密后的信息追加到 EXE 文件的尾部
45      hd.WriteEXE(Hardware.HardwareInfo.PFileDir, Sprass.Trim() + Annex.Trim());
46      hd.CreateTXT(Sprass.Trim());                           // 生成一个记录密码的文档
```

```
47        MessageBox.Show("EXE 文件加密成功。");
48    }
```

自定义方法 WriteEXE 是将密码写入到指定的 EXE 文件尾部。代码如下：

```
01    /// <summary>
02    /// 将密码写入 EXE 文件中
03    /// </summary>
04    /// <param StrDir="string">EXE 文件的路径 </param>
05    /// <param Prass="string"> 加密数据 </param>
06    public void WriteEXE(string StrDir, string Prass)
07    {
08        byte[] byData = new byte[100];                              // 建立一个 FileStream 要用的字节组
09        char[] charData = new char[100];                           // 建立一个字符组
10        try
11        {
12            Prass = Prass.Trim();
13    // 实例化一个 FileStream 对象，用来操作 data.txt 文件
14            FileStream aFile = new FileStream(StrDir, FileMode.Open);
15            charData = Prass.ToCharArray();                         // 将字符串内的字符复制到字符组里
16            aFile.Seek(0, SeekOrigin.End);                         // 将指针移到文件尾
17            Encoder el = Encoding.UTF8.GetEncoder();               // 解码器
18            el.GetBytes(charData, 0, charData.Length, byData, 0, true);  // 字符数组存入字节数组
19            aFile.Write(byData, 0, byData.Length);                 // 将字节写入到文件中
20            aFile.Dispose();
21        }
22        catch
23        {
24            MessageBox.Show("EXE 文件加密失败。");
25        }
26    }
```

自定义方法 CreateTXT 是创建一个 TXT 文件，并按指定的格式将密码写入该文件中，其主要目的是用户可以在该文件中找到 EXE 文件的密码。代码如下：

```
01    /// <summary>
02    /// 生成 TXT 文件
03    /// </summary>
04    /// <param Prass="string"> 加密数据 </param>
05    public void CreateTXT(string Prass)
06    {
07        FileStream aFile;
08        string TemDir = PFileDir.Substring(0, PFileDir.LastIndexOf("\\"));
09        TemDir = TemDir + "\\" + PFileN + ".TXT";
10        byte[] byData = new byte[100];                             // 建立一个 FileStream 要用的字节组
11        char[] charData = new char[100];                          // 建立一个字符组
12        try
13        { // 实例化一个 FileStream 对象，用来操作 data.txt 文件
14            aFile = new FileStream(TemDir, FileMode.CreateNew);
15        }
16        catch
17        {
18            aFile = new FileStream(TemDir, FileMode.Truncate);
19        }
20        try
21        {
22            Prass = "密码: " + Prass.Trim();
23            charData = Prass.ToCharArray();                        // 将字符串内的字符复制到字符组里
24            aFile.Seek(0, SeekOrigin.Begin);                      // 将指针移到文件首
25            Encoder el = Encoding.UTF8.GetEncoder();              // 解码器
26            el.GetBytes(charData, 0, charData.Length, byData, 0, true);
27            aFile.Write(byData, 0, byData.Length);
28            aFile.Dispose();
29        }
```

27

```
30      catch
31      {
32          MessageBox.Show("TXT 文件生成失败。");
33      }
34  }
```

27.4.4 解密文件的设置

在对加密文件进行解密前，要在被加密文件的项目中添加对 EXE 文件进行解密的窗体，该窗体可以获取当前项目可执行文件的尾部信息，如果"解码"文本框中的信息与可执行文件的尾部信息相同，则进入该程序，并分解尾部信息的内容，如果对使用期限进行了设置，将在注册表中添加指定的信息。

运行被加密的可执行文件，弹出对 EXE 文件进行解密窗体，在该窗体的"解码"文本框中输入密码，单击"确定"按钮，便可以根据密码的正确性来判断当前程序是否可用。"确定"按钮的 Click 事件如下：

```
01  private void button_OK_Click(object sender, EventArgs e)
02  {
03      string temStr = "";
04      string TPrass = "";
05      string PPrass = "";
06      string FDir = "";
07      string Fshow = "";
08      string Str_Altitude = "";
09      if (textBox_Dispel.Text.Length == 0)
10      {
11          MessageBox.Show("请输入解码。");
12          return;
13      }
14      temStr = textBox_Dispel.Text;
15      PPrass = ReadEXEFile();                          // 获取尾部信息
16      PPrass = ReadAltitude(PPrass);                   // 分离密码与高级信息
17      TPrass = textBox_Dispel.Text.Trim();
18      textBox_Dispel.Text = TPrass;
19      if (PPrass == textBox_Dispel.Text)
20      {
21          if (checkBox_Show.Checked == true)          // 将指定信息写入注册表中
22          {
23              Fshow = "T";
24          }
25          else
26          {
27              Fshow = "F";
28          }
29          // 添加的注册码路径: HKEY_CURRENT_USER-Software-LB
30          FDir = Application.ExecutablePath;
31          FDir = FDir.Substring(FDir.LastIndexOf("\\") + 1, FDir.Length - FDir.LastIndexOf("\\") - 1);
32          RegistryKey retkey = Microsoft.Win32.Registry.CurrentUser.OpenSubKey("software", true).
CreateSubKey("LB").CreateSubKey(FDir).CreateSubKey ("Altitude");
33          enrolValse = "";
34          NewDate = "";
35          TemporarilyDate = "";
36          foreach (string sVName in retkey.GetValueNames())
37          {
38              if (sVName == "UserName")
39              {
40                  enrolValse = retkey.GetValue(sVName).ToString();
41              }
42              if (sVName == "DateCounter")
43              {
44                  NewDate = retkey.GetValue(sVName).ToString();
45              }
46              if (sVName == "DateMonth")
```

```
47              {
48                  TemporarilyDate = retkey.GetValue(sVName).ToString();
49              }
50          }
51          if (HighSgin == "C")
52              HighValue = Convert.ToString(Convert.ToInt32(HighValue) - 1);
53          Str_Altitude = HighValue + HighSgin + Fshow;
54          if (enrolValse == "" || NewDate == "" || TemporarilyDate == "")
55          {
56              retkey.SetValue("UserName", Str_Altitude.Trim());
57              retkey.SetValue("DateCounter", System.DateTime.Now.ToString());
58              retkey.SetValue("DateMonth", System.DateTime.Now.ToShortDateString());
59          }
60          else
61          {
62              ReadRegistered(enrolValse);
63              AmendEnrol(FDir);
64          }
65          this.DialogResult = DialogResult.OK;
66          this.Close();
67      }
68      else
69          textBox_Dispel.Text = temStr;
70  }
```

自定义方法 ReadEXEFile 用于获取当前可执行文件的最后 100 个字节，并将其转换成字符串。代码如下：

```
01  /// <summary>
02  /// 读取当前可执行文件的文件尾部信息
03  /// </summary>
04  /// <param Prass="string"> 密码 </param>
05  public string ReadEXEFile()
06  {
07      byte[] byData = new byte[100];                                    // 建立一个 FileStream 要用的字节组
08      char[] charData = new char[100];                                  // 建立一个字符组
09      try
10      {
11          FileStream aFile = new FileStream(Application.ExecutablePath, FileMode.OpenOrCreate, FileAccess.
Read); // 实例化一个 FileStream 对象，用来操作 data.txt 文件
12          // 把文件指针指向文件尾，从文件开始位置向前 100 位字节所指的字节
13          aFile.Seek(-100, SeekOrigin.End);
14          aFile.Read(byData, 0, 100); // 读取 FileStream 对象所指的文件到字节数组里
15      }
16      catch
17      {
18          MessageBox.Show(" 读取 EXE 文件时，发生错误。");
19          return "";
20      }
21      Decoder d = Encoding.UTF8.GetDecoder();                           // 实例化一个解码器
22      d.GetChars(byData, 0, byData.Length, charData, 0);                // 将编码字节数组转换为字符数组
23      string Zpp = "";
24      for (int i = 0; i < charData.Length; i++)                         // 将字符组合成字符串
25      {
26          Zpp = Zpp + charData[i].ToString();
27      }
28      Zpp = Zpp.Replace("\0", "");                                      // 将字符串后面的 "\0" 替换为空
29      return Zpp.Trim();
30  }
```

自定义方法 ReadAltitude 将在 EXE 文件尾部获取的字符串按照一定的标识将密码、高级信息分离出来。代码如下：

```
01  /// <summary>
02  /// 读取文件尾部的高级信息
```

```
03    /// </summary>
04    /// <param Field="string"> 文件尾部信息 </param>
05    public string ReadAltitude(string Field)
06    {
07        string Cauda = "";
08        StrPass = Field;
09        if (Field.LastIndexOf(",") > -1)
10        {
11            Cauda = Field.Substring(Field.LastIndexOf(",")+1, Field.Length - Field.LastIndexOf(",")-1);
12            switch (Cauda.Substring(Cauda.Length - 1, 1))
13            {
14                case "D":
15                    {
16                        StrPass = Field.Substring(0, Field.LastIndexOf(","));     // 密码
17                        HighValue = Cauda.Substring(0, Cauda.Length-1);          // 高级信息的值
18                        HighSgin = "D";                                          // 高级信息的标识
19                        break;
20                    }
21                case "M":
22                    {
23                        StrPass = Field.Substring(0, Field.LastIndexOf(","));     // 密码
24                        HighValue = Cauda.Substring(0, Cauda.Length - 1);        // 高级信息的值
25                        HighSgin = "M";                                          // 高级信息的标识
26                        break;
27                    }
28                case "A":
29                    {
30                        StrPass = Field.Substring(0, Field.LastIndexOf(","));     // 密码
31                        HighValue = Cauda.Substring(0, Cauda.Length - 1);        // 高级信息的值
32                        HighSgin = "A";                                          // 高级信息的标识
33                        break;
34                    }
35                case "C":
36                    {
37                        StrPass = Field.Substring(0, Field.LastIndexOf(","));     // 密码
38                        HighValue = Cauda.Substring(0, Cauda.Length - 1);        // 高级信息的值
39                        HighSgin = "C";                                          // 高级信息的标识
40                        break;
41                    }
42            }
43        }
44        return StrPass;
45    }
```

自定义方法 ReadRegistered 用于在 EXE 文件的尾部信息中读取高级信息，并按照标识，记录相应的信息。代码如下：

```
01    /// <summary>
02    /// 读取注册表中的信息
03    /// </summary>
04    /// <param Field="string"> 注册表中的信息 </param>
05    public bool ReadRegistered(string Field)
06    {
07        string Cauda = Field;
08        IfShow = Cauda.Substring(Cauda.Length - 1, 1);
09        if (Cauda.Length <= 1)
10            return false;
11        switch (Cauda.Substring(Cauda.Length - 2, 1))
12        {
13            case "D":
14                {
15                    HighValue = Cauda.Substring(0, Cauda.Length - 2);           // 高级信息的值
16                    HighSgin = "D";                                             // 高级信息的标识
17                    break;
```

339

```
18              }
19          case "M":
20              {
21                  HighValue = Cauda.Substring(0, Cauda.Length - 2);      // 高级信息的值
22                  HighSgin = "M";                                        // 高级信息的标识
23                  break;
24              }
25          case "A":
26              {
27                  HighValue = Cauda.Substring(0, Cauda.Length - 2);      // 高级信息的值
28                  HighSgin = "A";                                        // 高级信息的标识
29                  break;
30              }
31          case "C":
32              {
33                  HighValue = Cauda.Substring(0, Cauda.Length - 2);      // 高级信息的值
34                  HighSgin = "C";                                        // 高级信息的标识
35                  break;
36              }
37      }
38      return true;
39  }
```

　　自定义方法 AmendEnrol 根据获取的高级信息，修改注册表中指定的文件信息，如果没有指定的文件，则在注册表中创建文件后，再将信息写入相应的文件中。代码如下：

```
01  /// <summary>
02  /// 修改注册表
03  /// </summary>
04  /// <param Field="string"> 当前可执行文件的名称 </param>
05  public void AmendEnrol(string FDir)
06  {
07      int job = 0;
08      RegistryKey retkey = Microsoft.Win32.Registry.CurrentUser.OpenSubKey("software", true).
    CreateSubKey("LB").CreateSubKey(FDir).CreateSubKey("Altitude");
09                                   // 判断应用程序的使用期限
10      switch (HighSgin)
11      {
12          case "D":                     // 日期
13              {
14                  if (DateCompare(System.DateTime.Now.ToShortDateString().Trim(), HighValue.Trim()))
15                      Bypast = true;
16                  break;
17              }
18          case "M":                     // 月数
19              {
20                  if (Convert.ToInt32(HighValue) <= 0)
21                      Bypast = true;
22                  else
23                  {
24                      job = MonthJob(Convert.ToDateTime(TemporarilyDate), Convert.ToDateTime(System.
    DateTime.Now.ToShortDateString()));
25                      if (job > 0)
26                          retkey.SetValue("DateMonth", System.DateTime.Now.ToString());
27                  }
28                  break;
29              }
30          case "A":                     // 天数
31              {
32                  if (Convert.ToInt32(HighValue) <= 0)
33                      Bypast = true;
34                  else
35                  {
36                      job = DayJob(Convert.ToDateTime(TemporarilyDate), Convert.ToDateTime(System.DateTime.
```

```
Now.ToShortDateString()));
37                            if (job > 0)
38                                retkey.SetValue("DateMonth", System.DateTime.Now.ToString());
39                        }
40                        break;
41                    }
42            case "C":                        // 次数
43                {
44                    if (Convert.ToInt32(HighValue) <= 0)
45                        Bypast = true;
46                    else
47                        job = 1;
48                    break;
49                }
50        }
51    if (HighSgin == "M" || HighSgin == "A" || HighSgin == "C")
52    {
53        job = Convert.ToInt32(HighValue) - job;
54        retkey.SetValue("UserName", job.ToString() + HighSgin + IfShow);
55    }
56    retkey.SetValue("DateCounter", System.DateTime.Now.ToString());
57 }
```

自定义方法 DateCompare，用来判断 Date_1 参数所记录的日期是否大于 Date_2 参数所记录的日期，如果大于则返回 true，否则返回 false。代码如下：

```
01        /// <summary>
02        /// 比较前一个日期是否大于后一个日期
03        /// </summary>
04        /// <param Date_1="string"> 日期 </param>
05        /// <param Date_2="string"> 日期 </param>
06        public bool DateCompare(string Date_1, string Date_2)
07        {
08            string[] D1;
09            string[] D2;
10            bool Comp = false;
11            D1 = Date_1.Split(Convert.ToChar('-'));          // 获取当前日期的年、月、日
12            D2 = Date_2.Split(Convert.ToChar('-'));          // 获取当前日期的年、月、日
13            for (int i = 0; i < D1.Length; i++)              // 遍历两个日期的年、月、日
14            {
15                if (Convert.ToInt32(D1[i]) > Convert.ToInt32(D2[i])) // 对年、月、日进行比较
16                {
17                    Comp = true;
18                    break;
19                }
20            }
21            return Comp;
22        }
```

▽ 小结

本章使用 C# 中的文件流技术、WMI 查询技术、注册表技术以及异或加密算法开发了一个 EXE 文件加密器。在生成 EXE 文件的加密密码时，使用 WMI 技术获取 CPU、硬盘和网卡相关的信息，并对这些进行组合、异或运算之后，生成了加密密码，追加到了 EXE 文件的尾部；另外，本案例中还通过日期、月、天或运行次数等条件对加密的 EXE 文件进行了限制，这主要是通过将相关数据写入注册表实现的。

全方位沉浸式学C#
见此图标 📱 微信扫码

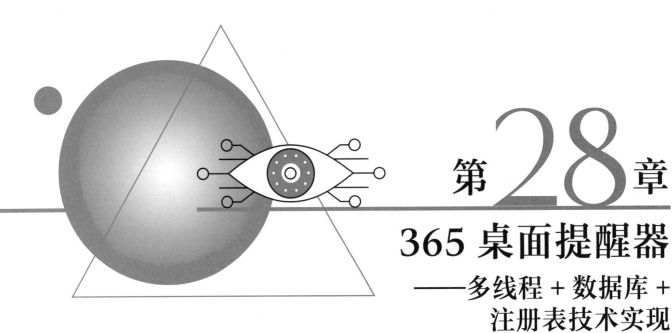

第28章

365 桌面提醒器

——多线程 + 数据库 + 注册表技术实现

无论是在生活中，还是在工作中，从小到个人、企事业单位，大到国家都会制定计划，并且有些计划是十分重要的。可繁忙的工作和较快的生活节奏，也许会让您偶尔的"健忘"。当您打开电脑开始一天的工作，一款"365桌面提醒器"软件会按照您事先设定的程序，给您一个温馨的提示，这真是一个不错的选择。本章将开发一个功能齐全并有着良好交互性的桌面提醒器软件。

本章知识架构如下：

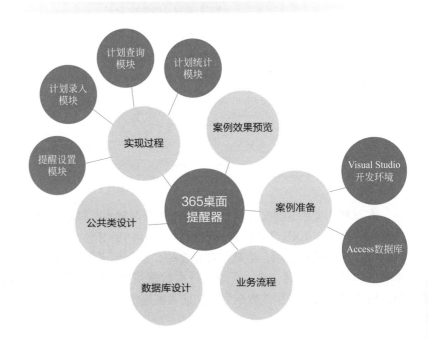

28.1　案例效果预览

365 桌面提醒器主要由 10 个界面组成，包括托盘菜单、启动提示窗口、提示气泡界面、提醒设置界面、计划录入界面、计划查询界面、计划处理窗体、计划统计界面、历史查询界面、定时关机窗口。下面将介绍其中的 5 个主要界面。

如图 28.1 所示，"提示气泡"功能会定时弹出包含将要执行的计划信息的窗口，以提醒用户。如图 28.2 所示，本程序为了使用户操作方便，在桌面的右下角添加了一个"托盘菜单"，该菜单包括"打开窗口""系统设置"和"退出程序"等菜单命令项。

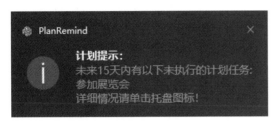

图 28.1　提示气泡界面

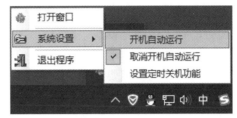

图 28.2　托盘菜单

如图 28.3 所示，"计划录入"界面用于添加、修改和删除计划信息，计划录入是整个系统的主要数据来源。

如图 28.4 所示，"计划查询"界面用于查询近期将要执行的计划任务，可以按照"提前天数"查询，也可以按照"计划内容关键字"查询，并且双击某一条计划信息，还可以打开"处理计划"窗口，在该窗口中对计划的执行做简单的说明。

图 28.3　计划录入界面

图 28.4　计划查询界面

如图 28.5 所示，"定时关机"窗口用于设置计算机系统定时关机的各种参数，包括关机时间、关机类型、执行周期和是否启用定时关机等。

图 28.5　定时关机界面

28.2　案例准备

本软件的开发及运行环境具体如下：

➲ 操作系统：Windows 10。

➲ 语言：C#。

↻ 开发环境：Visual Studio 免费社区版（2015、2017、2019、2022 等版本兼容）。

↻ 数据库：Access。

28.3 业务流程

365 桌面提醒器的主体功能主要分为提醒设置、计划录入、计划查询和计划统计等 4 个模块，下面分别介绍它们的业务流程。

28.3.1 提醒设置流程

提醒设置的核心内容是设置"提前提醒天数"，因为软件的"自动检查"功能和"实时提醒"功能都要读取"提前提醒天数"这个数据。若启用"自动检查"功能，则软件启动后，程序会自动检索指定天数内将要执行的计划，否则程序不检索数据；若启用"实时提醒"功能，则软件启动后，程序会根据设定的"提醒间隔"向用户弹出"提示气泡"，主动提示近期要执行的计划信息。在上述功能设置完毕后，就可以保存数据了，提醒设置流程图如图 28.6 所示。

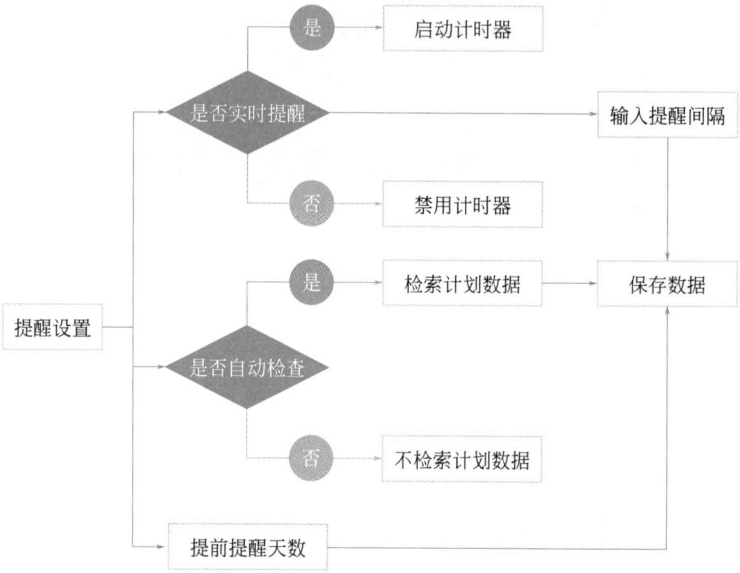

图 28.6　**提醒设置流程图**

28.3.2 计划录入流程

在初次使用软件时，需要添加计划任务（当然这里必须包括计划标题、计划种类和执行日期），在输

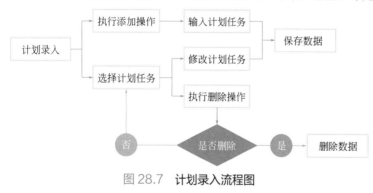

图 28.7　**计划录入流程图**

入计划信息完成之后，就可以保存数据。若需要对已添加的计划信息进行修改，则首先选定要指定的计划信息记录，然后修改计划任务，最后保存数据。若需要删除计划任务，则首先选择要删除的计划任务，然后执行删除操作，在执行删除操作时，系统会弹出"是否确认删除"的提示，当确认删除时，该数据记录将被删除掉。计划录入流程图如图 28.7 所示。

28.3.3 计划查询流程

计划查询有两种方式（按天数或计划内容查询），选择其中的一种，然后执行查询操作。在查询结果中（在有查询结果的情况下）双击某条记录，执行"处理计划"操作。若当前计划已被处理过（如计划已经执行），则可以修改处理内容，最后保存数据；若当前计划未被执行过，则可以录入处理内容，最后保存数据，计划查询流程图如图 28.8 所示。

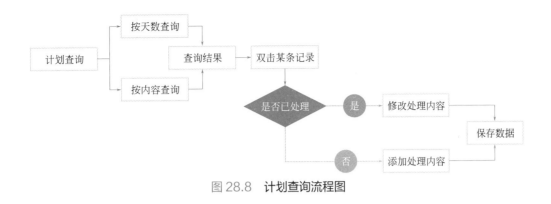

图 28.8　计划查询流程图

28.3.4　计划统计流程

计划统计用于查询本年度计划任务的执行情况，它分为两类："已按期执行的计划"和"未按期执行的计划"，选择其中的一类，然后执行查询操作，最后程序显示出查询结果，计划统计流程图如图 28.9 所示。

图 28.9　计划统计流程图

28.4　数据库设计

365 桌面提醒器应用 Microsoft Access 作为数据库，该软件的数据库名称为 PlanRemind（对应的物理文件名称为 PlanRemind.mdb），其中包含了 3 个数据表，分别用来存储定时关机参数、提醒参数信息和计划任务信息，如图 28.10 所示。

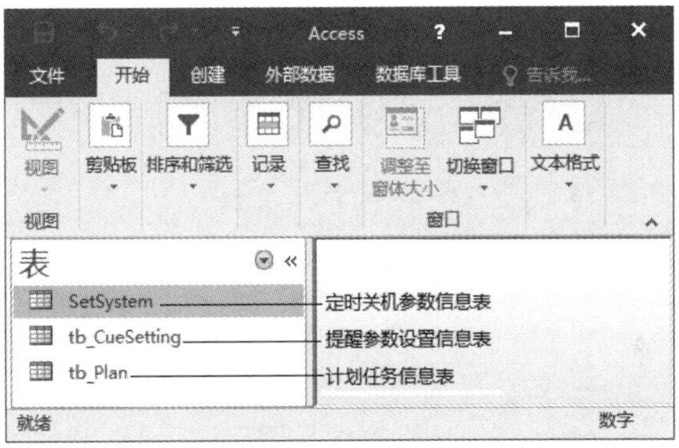

28.5　公共类设计

为了提高代码的重用率和加强代码的集中化管理，本软件将数据绑定功能和一些特殊属性封装在自定义类中，下面对这些自定义类进行详细介绍。

图 28.10　PlanRemind 数据库的结构及说明

28.5.1　封装数据值和显示值的类

为了将 DataGridView 控件的 DataGridViewComboBoxColumn 列的数据值转换为显示值，需要定义两个属性，分别来存储该列的 ValueMember 和 DisplayMember 属性值，这两个自定义属性被封装在 CalFlag 类中，详细代码如下：

```
01  class CalFlag
02  {
03      public string DisplayText                        // 存储 DisplayMember 属性值
04      {
05          get;
06          set;
07      }
```

```
08      public string DataValue                                    // 存储 ValueMember 属性值
09      {
10          get;
11          set;
12      }
13  }
```

28.5.2　绑定和显示数据的类

为了在 DataGridView 控件的 DataGridViewComboBoxColumn 列中显示数据，本软件实现将 List<
CalFlag > 实例绑定到 DataGridViewComboBoxColumn 列；另外，为了更加清晰地查看 DataGridView 控
件中的数据记录，本软件实现了在 DataGridView 控件中隔行换色显示数据记录，这两个功能被封装在
ExtendDataGridView 自定义类中，该类封装了两个扩展方法，具体代码如下：

```
01  static class ExtendDataGridView // 数据绑定和设置 DataGridView 控件的隔行换色
02  {
03      /// <summary>
04      /// 转换 DataGridViewComboBoxColumn 列的数据值为显示值
05      /// </summary>
06      /// <param name="dgvcbxColumn">DataGridViewComboBoxColumn 列 </param>
07      /// <param name="strValueMemberName"> 数据值 </param>
08      /// <param name="strDisplayMemberName"> 显示值 </param>
09      /// <param name="items"> 集合 </param>
10      public static void ConvertValueToText(this DataGridViewComboBoxColumn dgvcbxColumn, string
    strValueMemberName, string strDisplayMemberName, ICollection items)          // 声明一个扩展方法
11      {
12          dgvcbxColumn.DataSource = items;                        // 设置数据源
13          dgvcbxColumn.ValueMember = strValueMemberName;          // 设置数据值
14          dgvcbxColumn.DisplayMember = strDisplayMemberName;      // 设置显示值
15      }
16      /// <summary>
17      /// 在 DataGridView 控件中隔行换色显示数据记录
18      /// </summary>
19      /// <param name="dgv">DataGridView 控件 </param>
20      /// <param name="color"> 偶数行的颜色 </param>
21      public static void AlternateColor(this DataGridView dgv, Color color)
22      {
23          dgv.SelectionMode = DataGridViewSelectionMode.FullRowSelect;    // 设置选定模式为整行
24          foreach (DataGridViewRow dgvr in dgv.Rows)                      // 遍历所有的数据行
25          {
26              if (dgvr.Index % 2 == 0)                                    // 若是偶数行
27              {
28                  dgvr.DefaultCellStyle.BackColor = color;                // 设置偶数行的背景颜色
29              }
30          }
31      }
32  }
```

28.6　提醒设置模块设计

28.6.1　提醒设置功能概述

提醒设置提供了两个重要的自动服务功能，一个是软件启动后，
自动检索指定天数内将要执行的计划任务；另外一个是软件按照指
定的时间间隔弹出"提示气泡"，这两种功能的启用都是在"提醒设
置"界面中操作完成的。"提醒设置"界面的运行效果如图 28.11 所示。

图 28.11　提醒设置界面

28.6.2　提醒设置界面设计

把应用程序默认的 Form1 窗体重命名为 Frm_Main，在窗体上部的工具栏位置添加一个 PictureBox 控件，命名为 pic_CueSetting，用来作为"提醒设置"按钮；在该窗体的下部添加一个 Panel 控件，命名为 panel_CueSetting，在该 Panel 控件中添加若干控件，用来显示和设置提示信息。该 Panel 控件中添加的主要控件如表 28.1 所示。

表 28.1　提醒设置界面用到的控件及说明

控件类型	控件 ID	主要属性设置	用途
A Label	lab_Days	默认设置	该控件的文本用于对"提前提醒天数"这个概念进行解释
	lab_AutoRetrieve	默认设置	该控件的文本用于对"自动检查"这个概念进行解释
NumericUpDown	nud_Days	Value 属性设置为 3	设置"提前提醒天数"
	nud_TimeInterval	Minimun 属性设置为 0.01；Value 属性设置为 4	设置提醒间隔
☑ CheckBox	chb_IsAutoCheck	Checked 属性设置为 true	设置系统启动自动检查最近未执行的计划任务
	chb_IsTimeCue	Checked 属性设置为 true	设置系统是否具有实时提醒的功能
Button	button1	默认设置	实现保存数据的操作

28.6.3　打开提醒设置界面

在窗体的工具栏中单击"提醒设置"按钮，程序将设置 panel_CueSetting 控件为可见状态，而设置其他界面的 Panel 控件为不可见状态，"提醒设置"按钮的 Click 事件代码如下：

```
01                                                    // 提示设置
02  private void pic_CueSetting_Click(object sender, EventArgs e)
03  {
04      panel_PlanRegister.Visible = false;           // 计划录入面板不可见
05      panel_PlanSearch.Visible = false;             // 计划查询面板不可见
06      panel_PlanStat.Visible = false;               // 计划统计面板不可见
07      panel_HisSearch.Visible = false;              // 历史查询面板不可见
08      panel_CueSetting.Visible = true;              // 提醒设置面板不可见
09      OleDbDataAdapter oleDa = new OleDbDataAdapter("Select top 1 * from tb_CueSetting",oleConn); /* 检索提醒设置数据表 */
10      DataTable dt = new DataTable();// 创建 DataTable 实例
11      oleDa.Fill(dt);                               // 把数据填充到 DataTable 实例
12      if (dt.Rows.Count > 0)                        // 若存在数据
13      {
14          DataRow dr = dt.Rows[0];                  // 获取第一行数据
15          nud_Days.Value=Convert.ToDecimal(dr["Days"]);  // 获取提前天数
16          chb_IsAutoCheck.Checked = Convert.ToBoolean(dr["IsAutoCheck"]);  // 设置是否自动检查
17          chb_IsTimeCue.Checked = Convert.ToBoolean(dr["IsTimeCue"]);  // 设置是否实时提醒
18          nud_TimeInterval.Value = Convert.ToDecimal(dr["TimeInterval"]);  // 读取时间间隔
19      }
20  }
```

28.6.4　保存提示设置

首先输入"提前提醒天数"，因为软件的"自动检查"功能和"实时提醒"功能都要读取"提前提醒天数"这个数据，然后设置自动检查、实时提醒和时间间隔，最后单击"确定"按钮保存提示设置，具体实现代码如下：

```
01                                                      // 保存提示设置
02  private void button1_Click(object sender, EventArgs e)
03  {
04      OleDbCommand oleCmd = new OleDbCommand("SELECT top 1 * FROM tb_CueSetting", oleConn); // 创建命令对象
05      if (oleConn.State != ConnectionState.Open)          // 若数据连接未打开
06      {
07          oleConn.Open();                                 // 打开数据连接
08      }
09      OleDbDataReader oleDr = oleCmd.ExecuteReader();     // 创建只读数据流
10                                                          // 定义插入 SQL 语句
11      string strInsertSql = "INSERT INTO tb_CueSetting VALUES(" + Convert.ToInt32(nud_Days.Value) + "," +
    chb_IsAutoCheck.Checked + "," + chb_IsTimeCue.Checked + "," + Convert.ToDouble(nud_TimeInterval.Value)+")";
12                                                          // 定义更新 SQL 语句
13      string strUpdateSql = "UPDATE tb_CueSetting set Days = " + Convert.ToInt32(nud_Days.Value) +
    ",IsAutoCheck = " + chb_IsAutoCheck.Checked + ",IsTimeCue = " + chb_IsTimeCue.Checked + ",TimeInterval = " +
    Convert.ToDouble(nud_TimeInterval.Value);
14                                                          // 获取本次要执行的 SQL 语句
15      string strSql = oleDr.HasRows ? strUpdateSql : strInsertSql;
16      oleDr.Close();                                      // 关闭只读数据流
17      oleCmd.CommandType = CommandType.Text;              // 设置命令类型
18      oleCmd.CommandText = strSql;                        // 设置 SQL 语句
19      if (oleCmd.ExecuteNonQuery() > 0)                   // 若执行 SQL 语句成功
20      {
21          MessageBox.Show("设置成功！");
22          if (chb_IsTimeCue.Checked)
23          {                                               // 设置 Timer 控件的触发频率
24              timer1.Interval = Convert.ToInt32(nud_TimeInterval.Value * 3600 * 1000);
25              timer1.Enabled = true;                      // 启动定时器
26          }
27          else
28          {
29              timer1.Enabled = false;                     // 禁用定时器
30          }
31      }
32      else
33      {
34          MessageBox.Show("设置失败！");
35      }
36      oleConn.Close();                                    // 关闭连接
37  }
```

28.7 计划录入模块设计

28.7.1 计划录入功能概述

计划录入是 365 桌面提醒器软件的核心数据来源，系统所有的业务都围绕着计划展开，计划的内容包括计划标题、计划种类、执行日期和计划内容。"计划录入"界面的运行效果如图 28.12 所示。

28.7.2 计划录入界面设计

在 Frm_Main 窗体上部的工具栏位置添加一个 PictureBox 控件，命名为 pic_PlanRegister，用来作为"计划录入"按钮；在该窗体的下部添加一个 Panel 控件，命名为 panel_

图 28.12 计划录入界面

PlanRegister，在该 Panel 控件中添加若干控件，用来输入计划信息。该 Panel 控件中添加的主要控件如表 28.2 所示。

表 28.2　**计划任务界面用到的控件及说明**

控件类型	控件 ID	主要属性设置	用途
[abl] TextBox	txt_PlanTitle	Enabled 属性设置为 false	输入计划标题
[圖] DateTimePicker	dtp_ExecuteTime	Enabled 属性设置为 false	选择计划执行日期
[圖] ComboBox	cbox_PlanKind	Enabled 属性设置为 false，DropDownStyle 属性设置为 DropDownList	选择计划种类
[圖] RichTextBox	rtb_PlanContent	Enabled 属性设置为 false	输入计划内容
[圖] DataGridView	dgv_PlanRegister	Columns 属性添加若干项（详见源程序）；SelectionMode 属性设置为 FullRowSelect	显示计划信息
	button2	Text 属性设置为 "添加"	激活并清空各种控件
[ab] Button	button3	Text 属性设置为 "保存"	保存修改或添加的数据
	button4	Text 属性设置为 "删除"	删除人员信息

28.7.3　打开计划录入界面

在窗体的工具栏中单击 "计划录入" 按钮，程序将设置 panel_PlanRegister 控件为可见状态，而设置其他界面的 Panel 控件为不可见状态，"计划录入" 按钮的 Click 事件代码如下：

```
01  // 登记
02  OleDbDataAdapter oleDa = null;// 声明 OleDbDataAdapter 类型的引用
03  private void pic_PlanRegister_Click(object sender, EventArgs e)
04  {
05      //"计划录入" 面板可见，其他面板不可见
06      panel_CueSetting.Visible = false;
07      panel_PlanStat.Visible = false;
08      panel_PlanSearch.Visible = false;
09      panel_HisSearch.Visible = false;
10      panel_PlanRegister.Visible = true;
11      // 创建 OleDbDataAdapter 的实例
12      oleDa = new OleDbDataAdapter("Select * from tb_Plan", oleConn);
13      DataTable dt = new DataTable();
14      oleDa.Fill(dt);
15      dgv_PlanRegister.DataSource = dt;//DataGridView 控件绑定数据源
16      //DataGridView 控件实现隔行换色显示数据
17      dgv_PlanRegister.AlternateColor(Color.LightYellow);
18  }
```

28.7.4　添加计划任务

若要添加一个新的计划任务，首先必须单击 "计划录入" 界面上的 "添加" 按钮，这时程序将激活和清空界面上的控件，并将程序当前的操作状态设置为 "添加" 状态，"添加" 按钮的 Click 事件代码如下：

```
01  private void button2_Click(object sender, EventArgs e)
02  {
03      blIsEdit = false;               // 表示当前操作为添加状态
```

28

```
04         ActivationControl(true);                // 激活当前界面上的控件
05         RestUI();                                // 重置界面控件
06     }
```

ActivationControl 方法用于设置当前界面上某些控件的状态，它有一个 bool 类型的参数，当该参数值为 false 时，当前界面上用于输入计划信息的控件处于禁用状态；当该参数值为 true 时，当前界面上用于输入计划信息的控件处于激活状态，代码如下：

```
01     // 自定义方法，用于激活控件
02     private void ActivationControl(bool blValue)
03     {
04         txt_PlanTitle.Enabled = blValue;
05         cbox_PlanKind.Enabled = blValue;
06         dtp_ExecuteTime.Enabled = blValue;
07         rtb_PlanContent.Enabled = blValue;
08     }
```

RestUI 方法重新初始化用于输入计划信息的控件，其代码如下：

```
01     private void RestUI()
02     {
03         txt_PlanTitle.Text = "";                 // 清空标题输入框
04         cbox_PlanKind.Text = " 一般计划 ";        // 初始化计划种类
05         dtp_ExecuteTime.Value = DateTime.Today;
06         rtb_PlanContent.Text = "";               // 清空内容
07     }
```

28.7.5 保存计划任务

单击"添加"按钮，程序将设置当前的操作状态为"添加"状态，然后在当前界面的相关控件中输入计划信息，最后单击"保存"按钮即可；若要对已有的计划信息进行修改，首先在当前界面左侧的 DataGridView 控件中选择要修改的记录，然后该记录的信息会显示在当前界面右侧的相关控件中，在这些控件中修改信息完毕之后，单击"保存"按钮实现保存数据。"保存"按钮的 Click 事件代码如下：

```
01     private void button3_Click(object sender, EventArgs e)
02     {
03         string strSql = String.Empty;                          // 定义存储 SQL 语句的字符串
04         DataRow dr = null;                                     // 定义数据行对象
05         DataTable dt = dgv_PlanRegister.DataSource as DataTable; // 获取数据源
06         oleDa.FillSchema(dt, SchemaType.Mapped);               // 配置指定的数据架构
07         string strCue = string.Empty;                          // 定义提示字符串
08         if (txt_PlanTitle.Text.Trim() == string.Empty)
09         {
10             MessageBox.Show(" 标题不许为空！ ");                 // 提示标题不许为空
11             txt_PlanTitle.Focus();
12             return;
13         }
14         if (blIsEdit)                                          // 若是修改操作状态
15         {                                                     // 查找要修改的行
16             dr = dt.Rows.Find(dgv_PlanRegister.CurrentRow.Cells["IndivNum"].Value);
17             strCue = " 修改 ";
18         }
19         else                                                  // 若是添加操作状态
20         {
21             dr = dt.NewRow();                                 // 创建新行
22             dt.Rows.Add(dr);                                  // 在数据源中添加新创建的行
23             strCue = " 添加 ";
24             dr["DoFlag"] = "0";
```

```
25          }
26                                                          // 给数据源的各个字段赋值
27          dr["PlanTitle"] = txt_PlanTitle.Text.Trim();
28          dr["PlanKind"] = cbox_PlanKind.Text;
29          dr["ExecuteTime"] = dtp_ExecuteTime.Value;
30          dr["PlanContent"] = rtb_PlanContent.Text;
31          OleDbCommandBuilder scb = new OleDbCommandBuilder(oleDa);    // 关联数据库表单命令
32          if (oleDa.Update(dt) > 0)                        // 更新数据
33          {
34              MessageBox.Show(strCue + " 成功！ ");
35          }
36          else
37          {
38              MessageBox.Show(strCue + " 失败！ ");
39          }
40                                                          // 重置界面
41          RestUI();
42          ActivationControl(false);                        // 禁用界面，等待下一次操作
43                                                          // 清空 UI
44                                                          // 有助于更新 IndivNum 列
45          dt.Clear();
46          oleDa.Fill(dt);
47                                                          // 以助于更新 IndivNum 列
48      }
```

28.7.6 删除计划任务

在当前界面左侧的 DataGridView 控件中选择要删除的记录，然后单击 "删除" 按钮，这时程序将弹出 "确定要删除" 的提示框，选择 "是" 按钮，程序将删除当前选中的记录，"删除" 按钮的 Click 事件代码如下：

```
01  private void button4_Click(object sender, EventArgs e)
02  {
03      if (dgv_PlanRegister.CurrentRow != null)             // 若当前行不为空
04      {
05                                                          // 若确定要删除
06          if (MessageBox.Show(" 确定要删除吗？ ", " 软件提示 ", MessageBoxButtons.YesNo, MessageBoxIcon.
Exclamation) == DialogResult.Yes)
07          {
08              DataTable dt = dgv_PlanRegister.DataSource as DataTable;    // 获取数据源
09              oleDa.FillSchema(dt, SchemaType.Mapped);              // 配置指定的数据架构
10              int intIndivNum = Convert.ToInt32(dgv_PlanRegister.CurrentRow.Cells["IndivNum"].Value);
                                                            // 获取人员唯一编号
11              DataRow dr = dt.Rows.Find(intIndivNum);              // 查找指定数据行
12              dr.Delete();                                        // 删除数据行
13              OleDbCommandBuilder scb = new OleDbCommandBuilder(oleDa);    // 关联数据库表单命令
14              try
15              {
16                  if (oleDa.Update(dt) > 0)                        // 提交数据
17                  {
18                      if (oleConn.State != ConnectionState.Open)    // 弱连接为打开
19                      {
20                          oleConn.Open();                          // 打开连接
21                      }
22                      MessageBox.Show(" 删除成功！ ");
23                  }
24                  else                                            // 若删除失败
25                  {
26                      MessageBox.Show(" 删除失败！ ");
27                  }
28              }
```

28

```
29              catch (Exception ex)  // 处理异常
30              {
31                  MessageBox.Show(ex.Message, " 软件提示 ");
32              }
33              finally                                              //finally 语句
34              {
35                  if (oleConn.State == ConnectionState.Open)       // 若连接打开
36                  {
37                      oleConn.Close();                             // 关闭连接
38                  }
39              }
40          }
41      }
42  }
```

28.8　计划查询模块设计

28.8.1　计划查询功能概述

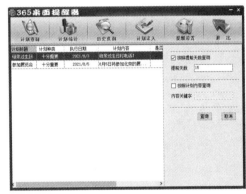

图 28.13　**计划查询界面**

查询计划任务有两种操作方式，既可以按照提前天数查询将要执行的计划任务，也可以按照计划内容（输入"计划内容"的若干关键字就可以）查询相关的计划任务，这两种查询方式只能选择其一。选择其中的一种查询方式，然后单击"查询"按钮，查询出的结果将显示在当前界面右侧的 DataGridView 控件中。"计划查询"界面的运行效果如图 28.13 所示。

28.8.2　计划查询界面设计

在 Frm_Main 窗体上部的工具栏位置添加一个 PictureBox 控件，命名为 pic_PlanSearch，用来作为"计划查询"按钮；在该窗体的下部添加一个 Panel 控件，命名为 panel_PlanSearch，在该 Panel 控件中添加若干控件，用来选择查询方式和输入查询关键字。该 Panel 控件中添加的主要控件如表 28.3 所示。

表 28.3　**计划查询界面用到的控件及说明**

控件类型	控件 ID	主要属性设置	用途
TextBox	txt_QueryDays	系统默认	输入提前天数
	txt_PlanContent	系统默认	输入计划内容的关键字
CheckBox	chb_Days	Checked 属性设置为 true，Text 属性设置为 "按照提前天数查询"	按照提前天数进行查询
	chb_PlanContent	Text 属性设置为 "按照计划内容查询"	按照计划内容查询
DataGridView	dgv_PlanSearch	在 Columns 属性集合中添加若干项（详细情况请参见源码）；Modifiers 属性设置为 public	显示计划任务信息
Button	button6	Text 属性设置为 "查询"	实现查询数据的操作
	button7	Text 属性设置为 "取消"	清空界面上的文本框

28.8.3　打开计划查询界面

在窗体的工具栏中单击"计划查询"按钮，程序将设置 panel_PlanSearch 控件为可见状态，而设置其他界面的 Panel 控件为不可见状态，"计划查询"按钮的 Click 事件代码如下：

```
01  private void pic_PlanSearch_Click(object sender, EventArgs e)
02  {
03                                              //"查询"面板可见，其他面板不可见
04      panel_PlanRegister.Visible = false;
05      panel_PlanStat.Visible = false;
06      panel_CueSetting.Visible = false;
07      panel_HisSearch.Visible = false;
08      panel_PlanSearch.Visible = true;
09                                              //DataGridView 控件中的列绑定数据
10      DoFlag1.ConvertValueToText("DataValue", "DisplayText", listSource);
11      chb_Days.Checked = true;                // 默认选择按照提前日期进行查询
12      txt_PlanContent.Text = string.Empty;    // 清空标题文本框
13      OleDbDataAdapter oleDa = new OleDbDataAdapter("Select Days from tb_CueSetting", oleConn);  // 创建
OleDbDataAdapter 实例
14      DataTable dt = new DataTable();          // 创建 DataTable 实例
15      oleDa.Fill(dt);                          // 把数据填充到 DataTable 实例
16      txt_QueryDays.Text = Convert.ToString(dt.Rows[0][0]); // 显示系统设置的默认提前天数
17      button6_Click(sender, e);                // 执行"查询"按钮的 Click 事件代码
18  }
```

28.8.4　查询计划信息

在当前界面上选择一种查询方式，并输入要查询的关键字，然后单击"查询"按钮实现查询计划任务信息，查询的结果会显示在当前界面左侧的 DataGridView 控件中，"查询"按钮的 Click 事件代码如下：

```
01  private void button6_Click(object sender, EventArgs e)
02  {// 加载 SQL 语句创建 StringBuilder 实例
03      StringBuilder sb = new StringBuilder(" Select * from tb_Plan Where ");
04      if (chb_Days.Checked)                                   // 若选择按提前天数查询
05      {
06          if (String.IsNullOrEmpty(txt_QueryDays.Text.Trim()))    // 若天数为空
07          {
08              MessageBox.Show(" 天数不许为空！ "," 软件提示 ");     // 提示天数不许为空
09              return;
10          }
11          // 过滤提前天数符合查询条件的数据
12          string strSql = "(format(ExecuteTime,'yyyy-mm-dd') >= '" + DateTime.Today.ToString("yyyy-MM-
dd") + "' and format(ExecuteTime,'yyyy-mm-dd') <= '" + DateTime.Today.AddDays(Convert.ToInt32(txt_QueryDays.
Text)).ToString("yyyy-MM-dd") + "')";
13          sb.Append(strSql);                                  // 连接查询字符串
14      }
15      else                                                    // 若是按照人员标题查询
16      {
17          string strContentSql = " PlanContent like '%" + txt_PlanContent.Text.Trim() + "%'"; /*过滤符合查
询条件的计划内容 */
18          sb.Append(strContentSql);                           // 连接查询字符串
19      }
20      oleDa = new OleDbDataAdapter(sb.ToString(), oleConn);   // 创建 OleDbDataAdapter 实例
21      DataTable dt = new DataTable();                         // 创建 DataTable 实例
22      oleDa.Fill(dt);                                         // 把数据填充到 DataTable 实例中
23      dgv_PlanSearch.DataSource = dt;                         //DataGridView 控件绑定数据源
24      dgv_PlanSearch.AlternateColor(Color.LightYellow);       // 隔行换色显示数据记录
25  }
```

28.8.5 处理计划

在当前界面左侧的 DataGridView 控件中双击某条记录,可以打开如图 28.14 所示的 "处理计划" 窗体,在该窗体上可以添加或修改处理信息。若该计划已经按期完成,则需要打上 "处理标记",并对计划的执行做简单的说明。

如图 28.14 所示,若按期完成当前计划,则标记 "该计划按期执行",并输入简短的执行说明;若未按期完成当前计划或因其他原因取消了计划,则不用标记 "该计划按期执行",并可做简短的说明,最后单击 "保存" 按钮,即可保存处理信息,"保存" 按钮的 Click 事件代码如下:

图 28.14　处理计划窗体

```
01  private void button1_Click(object sender, EventArgs e)
02  {
03      string strDoFlag = String.Empty;                                    // 定义描述计划执行的标记
04      if (chb_DoFlag.CheckState == CheckState.Checked)                    // 若标记该计划已经按期执行
05      {
06          strDoFlag = "1";                                                // 设置计划执行标记为 1
07      }
08      else
09      {
10          strDoFlag = "0";                                                // 设置计划执行标记为 0
11      }
12      string strSql = "Update tb_Plan set DoFlag = '" + strDoFlag + "',Explain='" + rtb_Explain.Text + "'
    where IndivNum = " + intIndivNum;                                       // 修改处理信息
13      OleDbCommand oleCmd = new OleDbCommand(strSql,oleConn);             // 创建命令对象
14      if (oleConn.State != ConnectionState.Open)                         // 若连接未打开
15      {
16          oleConn.Open();                                                 // 打开连接
17      }
18      if (oleCmd.ExecuteNonQuery() > 0)                                   // 执行 SQL 语句
19      {
20          MessageBox.Show("完成! ","软件提示");                            // 提示完成
21      }
22      else
23      {
24          MessageBox.Show("失败! ","软件提示");                            // 提示还未完成
25      }
26      oleConn.Close();                                                    // 关闭连接
27      this.Close();                                                       // 关闭当前窗体
28  }
```

28.9　计划统计模块设计

28.9.1　计划统计功能概述

计划统计用于查询本年度的计划执行情况,可以查询 "已按期执行的计划" 或 "未按期执行的计划"。"计划统计" 界面的运行效果如图 28.15 所示。

28.9.2　计划统计界面设计

在 Frm_Main 窗体上部的工具栏位置添加一个 PictureBox 控件,命名为 pic_PlanStat,用来作为 "计划统计" 按钮;在该窗体

图 28.15　计划统计界面

的下部添加一个 Panel 控件，命名为 panel_PlanStat，在该 Panel 控件中添加若干控件，用来选择统计方式和实现查询操作。该 Panel 控件中添加的主要控件如表 28.4 所示。

表 28.4　计划统计界面用到的控件及说明

控件类型	控件 ID	主要属性设置	用途
⊙ RadioButton	rb_DoFlag	Checked 属性设置为 true	表示统计"已按期执行的计划"
	rb_UnDoFlag	系统默认	表示统计"未按期执行的计划"
⊞ DataGridView	dgv_PlanStat	ShowCellToolTips 属性设置为 false	显示计划任务信息
ⓐⓑ Button	button5	Text 属性设置为"查询"	实现查询数据的操作

28.9.3　统计计划信息

在当前界面上选择"已按期执行的计划"或"未按期执行的计划"单选按钮，然后单击"查询"按钮，即可查询相应的数据记录，并将查询结果显示在界面左侧的 DataGridView 控件中，"查询"按钮的 Click 事件代码如下：

```
01   private void button5_Click(object sender, EventArgs e)
02   {
03       string strSql = string.Empty;                        // 定义存储 SQL 语句的字符串变量
04       if (rb_DoFlag.Checked)                               // 若选择计划
05       {
06           strSql = " SELECT * FROM tb_Plan where DoFlag = '1'";
07       }
08       else                                                // 若未选择计划
09       {
10           strSql = " SELECT * FROM tb_Plan where DoFlag = '0'";
11       }
12       oleDa = new OleDbDataAdapter(strSql, oleConn);       // 创建 OleDbDataAdapter 实例
13       DataTable dt = new DataTable();                      // 创建 DataTable 实例
14       oleDa.Fill(dt);                                      // 把数据添加到 DataTable 实例中
15       dgv_PlanStat.DataSource = dt;  //DataGridView 控件绑定数据源
16       dgv_PlanStat.AlternateColor(Color.LightYellow);      //DataGridView 控件中隔行换色显示记录
17   }
```

▽ 小结

本章使用 C# 实现了一个实用的桌面提醒器，通过该案例的学习，读者首先应该熟悉基本的程序开发流程，然后通过该案例中的功能实现，熟悉 C# 中的多线程技术、ADO.NET 技术以及注册表技术在实际开发中的应用。

扫码领取
· 配 套 答 案
· 在 线 试 题
· 视 频 讲 解
· 实 战 经 验
· 源 文 件 下 载

28

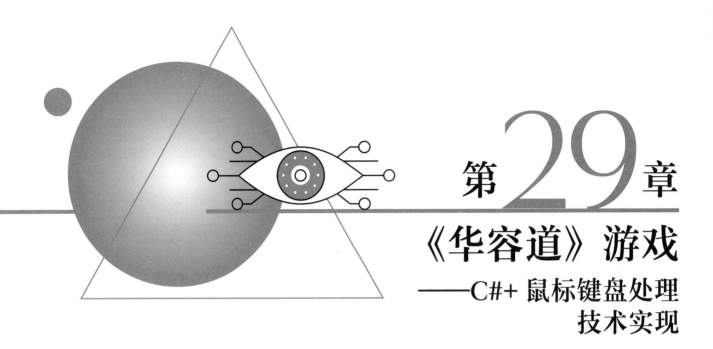

第 29 章

《华容道》游戏

——C#+ 鼠标键盘处理 技术实现

《华容道》是一款古老的中国游戏。《华容道》游戏通过移动各个棋子，帮助曹操从初始位置移到棋盘最下方中部，从出口逃走。本案例使用 C# 语言编写了一个《华容道》游戏。

本章知识架构如下：

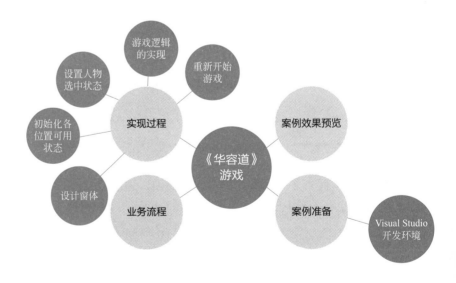

29.1 案例效果预览

运行程序，选中移动人物的方格，按键盘上的上、下、左、右键，即可将选中的方格向指定方向移动，单击"新游戏"按钮，可以开始新的游戏。运行结果如图 29.1 所示。

29.2 案例准备

本软件的开发及运行环境具体如下：

↺ 操作系统：Windows 10。

↺ 语言：C#。

↺ 开发环境：Visual Studio 免费社区版（2015、2017、2019、2022 等版本兼容）。

图 29.1 华容道

29.3 业务流程

《华容道》的设计思路如下：

① 明确《华容道》的游戏规则，如，曹操方格移动到窗体最下方的中间时，表示取胜。

② 本实例可以重新开始游戏。

③ 为了便于上下左右移动人物方格，可以直接按键盘上的上、下、左、右键。

④ 为了判断人物方格的四周是否可用，使用二维数组记录窗体中的方格位置。

⑤ 为了更好地移动人物方格，使用自定义枚举记录各种方格样式。

《华容道》游戏的业务流程如图 29.2 所示。

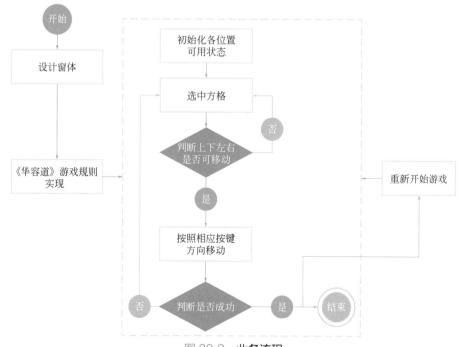

图 29.2 业务流程

29.4 实现过程

29.4.1 设计窗体

新建一个 Windows 应用程序，将其命名为 HuaRongDao，默认窗体为 Form1，将 Form1 窗体的 KeyPreview 属性设置为 true，以便接收键盘事件。Form1 窗体主要用到的控件及说明如表 29.1 所示。

表 29.1 Form1 窗体主要用到的控件及说明

控件名称	属性设置	说 明
panel1	Size 属性设置为 100,200	赵云人物方格
panel2	Size 属性设置为 200,200	曹操人物方格
panel3	Size 属性设置为 100,200	张飞人物方格
panel4	Size 属性设置为 100,200	马超人物方格
panel5	Size 属性设置为 200,100	关羽人物方格
panel6	Size 属性设置为 100,200	黄忠人物方格
panel7	Size 属性设置为 100,100	兵士一人物方格
panel8	Size 属性设置为 100,100	兵士二人物方格
panel9	Size 属性设置为 100,100	兵士三人物方格
panel10	Size 属性设置为 100,100	兵士四人物方格
button1	Text 属性设置为"新游戏"，FlatStyle 属性设置为 Popup	开始新的游戏

29.4.2 初始化各位置可用状态

Form1 窗体加载时，设置窗体中各个位置的可用状态，实现代码如下：

```
01 private void Form1_Load(object sender, EventArgs e)
02 {
03     // 初始化时设置各个位置的可用状态
04     PlState[0, 0] = PlState[0, 1] = PlState[0, 2] = PlState[0, 3] =
05         PlState[1, 0] = PlState[1, 1] = PlState[1, 2] = PlState[1, 3] =
06         PlState[2, 0] = PlState[2, 1] = PlState[2, 2] = PlState[2, 3] =
07         PlState[3, 0] = PlState[3, 1] = PlState[3, 2] = PlState[3, 3] =
08         PlState[4, 0] = PlState[4, 3] = true;
09 }
```

29.4.3 设置人物选中状态

单击 panel1 控件，将该控件的图片替换为选中状态下的图片，同时记录该控件的样式、ID 和其在坐标数组中的行、列索引。panel1 控件的 Click 事件代码如下：

```
01 private void panel1_Click(object sender, EventArgs e)
02 {
03                                 // 设置各方格图片
04     panel1.BackgroundImage = (Image)(Properties.Resources.a3);
05     panel2.BackgroundImage = (Image)(Properties.Resources._001);
06     panel3.BackgroundImage = (Image)(Properties.Resources._004);
```

```
07    panel4.BackgroundImage = (Image)(Properties.Resources._005);
08    panel5.BackgroundImage = (Image)(Properties.Resources._002);
09    panel6.BackgroundImage = (Image)(Properties.Resources._006);
10    panel7.BackgroundImage = (Image)(Properties.Resources._007);
11    panel8.BackgroundImage = (Image)(Properties.Resources._008);
12    panel9.BackgroundImage = (Image)(Properties.Resources._009);
13    panel10.BackgroundImage = (Image)(Properties.Resources._010);
14    PStyle = PStyles.P2V;              // 记录方格样式
15    pl = panel1;                       // 记录选中的控件 ID
16    PosX = intX(panel1);               // 记录选中控件在坐标数组中的列索引
17    PosY = intY(panel1);               // 记录选中控件在坐标数组中的行索引
18 }
```

29.4.4 游戏逻辑的实现

当在窗体中选中要移动的 Panel 之后，按键盘上的上、下、左、右键，即可移动选中的 Panel 控件，其实现代码如下：

```
01  // 通过按键盘上的上、下、左、右键来移动人物方格
02  private void Form1_KeyUp(object sender, KeyEventArgs e)
03  {
04      blUp = blDown = blLeft = blRight = false;          // 设置上、下、左、右方向移动不可用
05      switch (e.KeyData)
06      {
07          case Keys.Up:                                  // 向上移动
08              blUp = true;
09              break;
10          case Keys.Down:                                // 向下移动
11              blDown = true;
12              break;
13          case Keys.Left:                                // 向左移动
14              blLeft = true;
15              break;
16          case Keys.Right:                               // 向右移动
17              blRight = true;
18              break;
19      }
20      MovePosition(pl, PosX, PosY);                      // 移动人物方格位置
21      if (Successful())                                  // 判断是否成功
22          button1_Click(sender, e);                      // 重新开始
23  }
```

上面的代码中用到 MovePosition 方法，该方法为自定义的返回值类型为 bool 类型的方法，它主要用来移动选中的 Panel 控件位置。该方法中有 3 个参数，分别用来表示要移动的 Panel 控件、Panel 控件的横坐标在坐标数组中的列索引、Panel 控件的纵坐标在坐标数组中的行索引。MovePosition 方法实现代码如下：

```
01  #region 移动人物位置
02  ///<summary>
03  /// 移动人物位置
04  ///</summary>
05  ///<param name="pl"> 要移动的控件名称 </param>
06  ///<param name="x"> 横坐标在坐标数组中的索引 </param>
07  ///<param name="y"> 纵坐标在坐标数组中的索引 </param>
08  ///<returns> 是否移动成功 </returns>
09  public bool MovePosition(Panel pl, int x, int y)
10  {
11      #region 上移
12      if (blUp && (y - 1) >= 0)
```

```
13    {
14        switch (PStyle)
15        {
16            case PStyles.P4:                                        // 田
17            case PStyles.P2H:                                       // 口口
18                if (!PlState[y - 1, x] && !PlState[y - 1, x + 1])
19                {
20                    pl.Location = GetPosition()[y - 1, x];
21                    if (PStyle == PStyles.P4)                       // 田
22                    {
23                        PlState[y + 1, x] = false;
24                        PlState[y + 1, x + 1] = false;
25                    }
26                    else if (PStyle == PStyles.P2H)                 // 口口
27                    {
28                        PlState[y, x] = false;
29                        PlState[y, x + 1] = false;
30                    }
31                    PlState[y - 1, x] = true;
32                    PlState[y - 1, x + 1] = true;
33                    PosY -= 1;
34                    return true;
35                }
36                else return false;
37            case PStyles.P2V:                                       // 日
38            case PStyles.P1:                                        // 口
39                if (!PlState[y - 1, x])
40                {
41                    pl.Location = GetPosition()[y - 1, x];
42                    if (PStyle == PStyles.P2V)                      // 日
43                    {
44                        PlState[y + 1, x] = false;
45                    }
46                    else if (PStyle == PStyles.P1)// 口
47                    {
48                        PlState[y, x] = false;
49                    }
50                    PlState[y - 1, x] = true;
51                    PosY -= 1;
52                    return true;
53                }
54                else return false;
55        }
56    }
57    #endregion
58    #region 下移
59    else if (blDown)
60    {
61        switch (PStyle)
62        {
63            case PStyles.P4:                                        // 田
64                if ((y + 2) < (int)plEnumerate.plY && !PlState[y + 2, x] && !PlState[y + 2, x + 1])
65                {
66                    pl.Location = GetPosition()[y + 1, x];
67                    PlState[y, x] = false;
68                    PlState[y, x + 1] = false;
69                    PlState[y + 2, x] = true;
70                    PlState[y + 2, x + 1] = true;
71                    PosY += 1;
72                    return true;
73                }
74                else return false;
75            case PStyles.P2V:                                       // 日
76                if ((y + 2) < (int)plEnumerate.plY && !PlState[y + 2, x])
```

```
77                    {
78                        pl.Location = GetPosition()[y + 1, x];
79                        PlState[y, x] = false;
80                        PlState[y + 2, x] = true;
81                        PosY += 1;
82                        return true;
83                    }
84                    else return false;
85                case PStyles.P1:                                 // 口
86                    if ((y + 1) < (int)plEnumerate.plY && !PlState[y + 1, x])
87                    {
88                        pl.Location = GetPosition()[y + 1, x];
89                        PlState[y, x] = false;
90                        PlState[y + 1, x] = true;
91                        PosY += 1;
92                        return true;
93                    }
94                    else return false;
95                case PStyles.P2H:                                 // 口口
96                    if ((y + 1) < (int)plEnumerate.plY && !PlState[y + 1, x] && !PlState[y + 1, x + 1])
97                    {
98                        pl.Location = GetPosition()[y + 1, x];
99                        PlState[y, x] = false;
100                       PlState[y, x + 1] = false;
101                       PlState[y + 1, x] = true;
102                       PlState[y + 1, x + 1] = true;
103                       PosY += 1;
104                       return true;
105                   }
106                   else return false;
107           }
108       }
109       #endregion
110       #region 左移
111       else if (blLeft)
112       {
113           switch (PStyle)
114           {
115               case PStyles.P2V:                                 // 日
116               case PStyles.P4:                                  // 田
117                   if (x - 1 >= 0 && !PlState[y, x - 1] && !PlState[y + 1, x - 1])
118                   {
119                       pl.Location = GetPosition()[y, x - 1];
120                       switch (PStyle)
121                       {
122                           case PStyles.P4:                       // 田
123                               PlState[y, x + 1] = false;
124                               PlState[y + 1, x + 1] = false;
125                               break;
126
127                           case PStyles.P2V:                      // 日
128                               PlState[y, x] = false;
129                               PlState[y + 1, x] = false;
130                               break;
131                       }
132                       PlState[y, x - 1] = true;
133                       PlState[y + 1, x - 1] = true;
134                       PosX -= 1;
135                       return true;
136                   }
137                   else return false;
138               case PStyles.P1:                                 // 口
139               case PStyles.P2H:                                // 口口
140                   if (x - 1 >= 0 && !PlState[y, x - 1])
```

```
141                 {
142                     pl.Location = GetPosition()[y, x - 1];
143                     if (PStyle == PStyles.P2H)                    // 口口
144                     {
145                         PlState[y, x + 1] = false;
146                     }
147                     else
148                     {
149                         PlState[y, x] = false;
150                     }
151                     PlState[y, x - 1] = true;
152                     PosX -= 1;
153                     return true;
154                 }
155                 else return false;
156         }
157     }
158     #endregion
159     #region 右移
160     else if (blRight)
161     {
162         switch (PStyle)
163         {
164             case PStyles.P4:                                  // 田
165                 if (x + 2 < (int)plEnumerate.plX && !PlState[y, x + 2] && !PlState[y + 1, x + 2])
166                 {
167                     pl.Location = GetPosition()[y, x + 1];
168                     PlState[y, x] = false;
169                     PlState[y + 1, x] = false;
170                     PlState[y, x + 2] = true;
171                     PlState[y + 1, x + 2] = true;
172                     PosX += 1;
173                     return true;
174                 }
175                 else return false;
176             case PStyles.P1:                                  // 口
177                 if (x + 1 < (int)plEnumerate.plX && !PlState[y, x + 1])
178                 {
179                     pl.Location = GetPosition()[y, x + 1];
180                     PlState[y, x] = false;
181                     PlState[y, x + 1] = true;
182                     PosX += 1;
183                     return true;
184                 }
185                 else return false;
186             case PStyles.P2H:                                 // 口口
187                 if (x + 2 < (int)plEnumerate.plX && !PlState[y, x + 2])
188                 {
189                     pl.Location = GetPosition()[y, x + 1];
190                     PlState[y, x] = false;
191                     PlState[y, x + 2] = true;
192                     PosX += 1;
193                     return true;
194                 }
195                 else return false;
196             case PStyles.P2V:                                 // 日
197                 if (x + 1 < (int)plEnumerate.plX && !PlState[y, x + 1] && !PlState[y + 1, x + 1])
198                 {
199                     pl.Location = GetPosition()[y, x + 1];
200                     PlState[y, x] = false;
201                     PlState[y + 1, x] = false;
202                     PlState[y, x + 1] = true;
203                     PlState[y + 1, x + 1] = true;
204                     PosX += 1;
```

```
205                        return true;
206                    }
207                else return false;
208            }
209        }
210    #endregion
211    return false;
212 }
213 #endregion
```

29.4.5 重新开始游戏

单击"新游戏"按钮，重新初始化各 Panel 控件的背景图片和其在窗体中的位置，同时设置窗体中的可用移动位置。"新游戏"按钮的 Click 事件代码如下：

```
01 private void button1_Click(object sender, EventArgs e)
02 {
03                                              // 设置各方格的初始图片
04     panel1.BackgroundImage = (Image)(Properties.Resources._003);
05     panel2.BackgroundImage = (Image)(Properties.Resources._001);
06     panel3.BackgroundImage = (Image)(Properties.Resources._004);
07     panel4.BackgroundImage = (Image)(Properties.Resources._005);
08     panel5.BackgroundImage = (Image)(Properties.Resources._002);
09     panel6.BackgroundImage = (Image)(Properties.Resources._006);
10     panel7.BackgroundImage = (Image)(Properties.Resources._007);
11     panel8.BackgroundImage = (Image)(Properties.Resources._008);
12     panel9.BackgroundImage = (Image)(Properties.Resources._009);
13     panel10.BackgroundImage = (Image)(Properties.Resources._010);
14                                              // 设置各方格的初始位置
15     panel1.Location = position[0, 0];
16     panel2.Location = position[0, 1];
17     panel3.Location = position[0, 3];
18     panel4.Location = position[2, 0];
19     panel5.Location = position[2, 1];
20     panel6.Location = position[2, 3];
21     panel7.Location = position[3, 1];
22     panel8.Location = position[3, 2];
23     panel9.Location = position[4, 0];
24     panel10.Location = position[4, 3];
25     PlState[4, 0] = PlState[4, 3] = true;     // 设置最后一行的首尾位置不可用
26     PlState[4, 1] = PlState[4, 2] = false;    // 设置最后一行的中间两个位置可用
27 }
```

▼ 小结

本章主要介绍了如何使用 C# 开发一个《华容道》游戏，实现时，首先需要判断键盘上按下的方向键，这用到 KeyEventArgs. KeyData 属性；然后需要移动选中的人物方格，这时需要判断该人物方格四周的位置是否可用，实现该功能是通过一个坐标数组来实现的；另外，在移动选中的人物方格时，需要根据选中人物方格的样式进行移动，这里使用了枚举来记录人物方格的各种形状。

扫码领取
· 配套答案
· 在线试题
· 视频讲解
· 实战经验
· 源文件下载

29

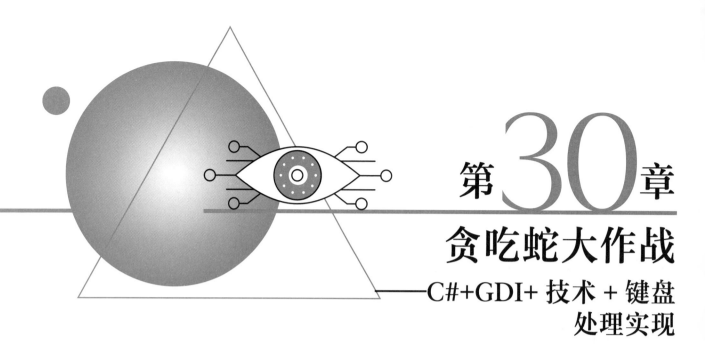

第30章

贪吃蛇大作战

——C#+GDI+ 技术 + 键盘处理实现

　　《贪吃蛇》是一款特别流行的小游戏，深受大家的喜爱，已经出现过很多不同平台上的版本，如手机、电脑、平板等。本章介绍如何在电脑上设计一款好玩的《贪吃蛇大作战》游戏。

　　本章知识架构如下：

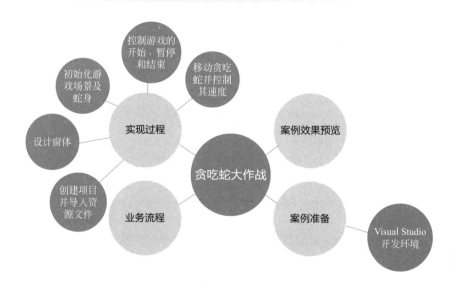

30.1 案例效果预览

《贪吃蛇大作战》的游戏规则也很简单，具体为：一条蛇出现在封闭的空间中，同时此空间里会随机出现一个食物，通过键盘上下左右方向键来控制蛇的前进方向；蛇头撞到食物，则食物消失，表示被蛇吃掉了；蛇身增加一节，累计得分，接着又出现食物，等待蛇来吃；如果蛇在前进过程中撞到墙或蛇头撞到自己的身体，那么游戏结束。游戏效果如图 30.1 所示，游戏结束效果如图 30.2 所示。

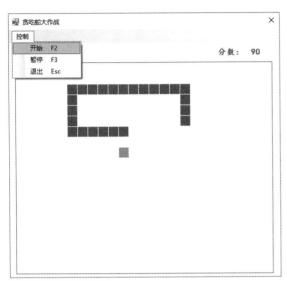

图 30.1 《贪吃蛇大作战》游戏

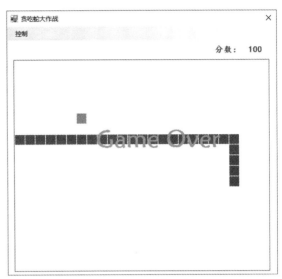

图 30.2 游戏结束

30.2 案例准备

本软件的开发及运行环境具体如下：
- 操作系统：Windows 10。
- 语言：C#。
- 开发环境：Visual Studio 免费社区版（2015、2017、2019、2022 等版本兼容）。

30.3 业务流程

使用 C# 实现贪吃蛇大作战的设计思路如下：
① 明确贪吃蛇的游戏规则，例如，蛇头不能碰到场地的四周；蛇身不能重叠；当吃到食物后，应在新的位置重新生成食物，且食物不能在蛇身内出现。
② 将 Panel 控件设为游戏背景。
③ 场地、贪吃蛇及食物都是在 Panel 控件的重绘事件中绘制。
④ 蛇身中的各个骨节都是在场景中单元格内绘制的，这样绘制蛇身的好处是在贪吃蛇进行移动时不需要重新绘制背景。
⑤ 用 Timer 组件来实现贪吃蛇的移动，并用该组件的 Interval 属性来控制移动速度。
《贪吃蛇大作战》游戏的设计流程如图 30.3 所示。

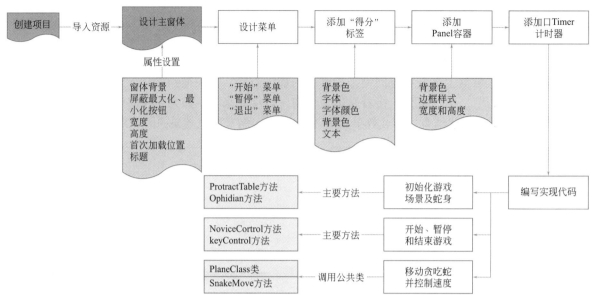

图 30.3 《贪吃蛇大作战》游戏的设计流程图

30.4 实现过程

30.4.1 创建项目并导入资源文件

创建一个名称为"贪吃蛇"的 Windows 窗体应用程序，创建完成的"贪吃蛇"项目结构如图 30.4 所示。

📋 **说明**

> 使用 Visual Studio 开发环境开发项目时，可以使用中文命名项目。

本项目实现时用到了一个公共类文件 Snake.cs，该类文件位于"Src"文件夹中，因此，用户只需要打开该文件夹，然后选中 Snake.cs，并复制，切换到 Visual Studio 开发环境中，在"解决方案资源管理器"中选中"贪吃蛇"项目，按下"Ctrl+V"快捷键，即可将 Snake.cs 类文件复制到"贪吃蛇"项目中，具体步骤如图 30.5 所示。

图 30.4 "贪吃蛇"项目结构

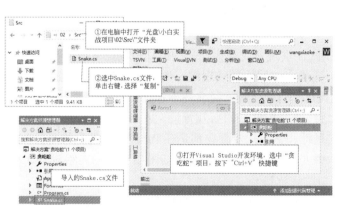

图 30.5 导入 Snake.cs 类文件

Snake.cs 类文件中定义的主要方法及作用如表 30.1 所示。

表 30.1　Snake.cs 类文件中定义的主要方法及作用

方法	作用
Ophidian(Control Con, int condyle)	初始化场地及贪吃蛇的信息
SnakeMove(int n)	移动贪吃蛇
EatFood()	贪吃蛇碰到食物块时吃掉
GameAborted(Point GameP)	游戏是否失败
EstimateMove(Point Ep)	判断蛇是否向相反的方向移动
ProtractSnake(Point Ep)	重新绘制蛇身
BuildFood()	生成食物
RectFood()	随机生成食物的节点

30.4.2　设计窗体

主窗体的设计主要分为两个步骤，分别是设计窗体、填充窗体，下面分别介绍。

（1）设计窗体

在 30.4.1 节中创建项目时，自动生成了一个 Form1 窗体，该窗体就是《贪吃蛇大作战》游戏的主窗体，该窗体的属性设置如表 30.2 所示。

表 30.2　Form1 窗体的属性设置

属性	值	说明
BackColor	White	设置窗体的背景为白色
MaximizeBox	False	设置窗体不可以最大化
MinimizeBox	False	设置窗体不可以最小化
Width	543	设置窗体的宽度
Height	508	设置窗体的高度
StartPosition	CenterScreen	设置窗体首次出现时的位置为屏幕中心
Text	贪吃蛇大作战	设置窗体的标题

（2）填充窗体

填充主窗体主要分为 3 步，分别是设计菜单、添加控件、添加 Timer 组件，下面分别进行介绍。

① 设计菜单。向窗体中添加一个 MenuStrip 控件，然后添加一个"控制"菜单，在控制菜单下添加"开始""暂停"和"退出"3 个子菜单，然后分别设置它们的属性，对应菜单的属性设置如表 30.3 所示。

表 30.3　菜单的属性设置

菜单	属性	值	说明
"开始"菜单	Text	开始　&F2	设置"开始"菜单的文本
	Tag	1	设置"开始"菜单的标识
"暂停"菜单	Text	暂停　&F3	设置"暂停"菜单的文本
	Tag	2	设置"暂停"菜单的标识
"退出"菜单	Text	退出　&Esc	设置"退出"菜单的文本
	Tag	3	设置"退出"菜单的标识

菜单设计完成的效果如图 30.6 所示。

② 添加控件。Form1 窗体中用到的控件及其属性如表 30.4 所示。

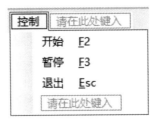

图 30.6　菜单设计效果

表 30.4　Form1 窗体中用到的控件及对应属性设置

控件类型	属性	值	说明
Label	BackColor	White	设置分数标识控件的背景色为白色
	Font	楷体 , 12pt, style=Bold	设置分数标识控件的字体及字体大小
	ForeColor	Fuchsia	设置分数标识控件的字体颜色
	X	404	设置分数标识控件的 X 坐标
	Y	35	设置分数标识控件的 Y 坐标
	Text	分数：	设置分数标识控件的文本
Label	BackColor	White	设置分数控件的背景色为白色
	Font	楷体 , 12pt, style=Bold	设置分数控件的字体及字体大小
	ForeColor	Fuchsia	设置分数控件的字体颜色
	X	469	设置分数控件的 X 坐标
	Y	35	设置分数控件的 Y 坐标
	Text	0000	设置分数控件的文本
Panel	BackColor	White	设置容器控件的背景色为白色
	BorderStyle	FixedSingle	设置容器控件的边框样式
	X	12	设置容器控件的 X 坐标
	Y	62	设置容器控件的 Y 坐标
	Width	501	设置容器控件的宽带
	Height	401	设置容器控件的高度

③ 添加 Timer 组件。向窗体中添加一个 Timer 组件，并将其 Interval 属性设置 400，用来控制贪吃蛇的移动速度。

30.4.3　初始化游戏场景及蛇身

在 Form1 窗体的设计界面，单击右键，选择"查看代码"菜单项，切换到 Form1 窗体的代码页，首先在 Form1 窗体类的内部声明公共的变量及对象，如下代码：

```
01  public static bool ifStart = false;          // 判断是否开始
02  public static int career = 400;              // 移动的速度
03  Snake snake = new Snake();        // 实例化 Snake 类
04  int snake_W = 20;                            // 骨节的宽度
05  int snake_H = 20;                            // 骨节的高度
06  public static bool pause = false;            // 是否暂停游戏
```

在 Form1 窗体类的内部，定义一个无返回值类型的 ProtractTable 方法，用来绘制游戏场景，该方法有一个 Graphics 类型的参数，用来指定绘图对象。ProtractTable 方法代码如下：

```
01  /// <summary>
02  /// 绘制游戏场景
03  /// </summary>
04  /// <param g="Graphics"> 封装一个 GDI+ 绘图图面 </param>
05  public void ProtractTable(Graphics g)
06  {
07      for (int i = 0; i <= panel1.Width / snake_W; i++)      // 绘制单元格的纵向线
08      {
09          g.DrawLine(new Pen(Color.White, 1), new Point(i * snake_W, 0), new Point(i * snake_W, panel1.
Height));
10      }
11      for (int i = 0; i <= panel1.Height / snake_H; i++)     // 绘制单元格的横向线
12      {
13          g.DrawLine(new Pen(Color.White, 1), new Point(0, i * snake_H), new Point(panel1.Width, i * snake_
H));
14      }
15  }
```

切换到 Form1 窗体的设计界面，双击 panel1 容器控件，自动触发其 Paint 事件，该事件中，首先调用 ProtractTable 方法绘制游戏场景，然后调用 Snake 公共类中的 Ophidian 方法初始化场地及贪吃蛇信息，最后使用 Graphics 对象的 FillRectangle 方法绘制蛇身及食物，如果游戏结束，则使用 Graphics 对象的 DrawString 方法绘制 "Game Over" 的游戏结束提醒。代码如下：

```
01  private void panel1_Paint(object sender, PaintEventArgs e)
02  {
03      Graphics g = panel1.CreateGraphics();                    // 创建 panel1 控件的 Graphics 类
04      ProtractTable(g);                                         // 绘制游戏场景
05      if (!ifStart)                                             // 如是没有开始游戏
06      {
07          Snake.timer = timer1;
08          Snake.label = label2;
09          snake.Ophidian(panel1, snake_W);                      // 初始化场地及贪吃蛇信息
10      }
11      else
12      {
13          for (int i = 0; i < Snake.List.Count; i++)            // 绘制蛇身
14          {
15              e.Graphics.FillRectangle(Snake.SolidB, ((Point)Snake.List[i]).X + 1, ((Point)Snake.List[i]).
Y + 1, snake_W - 1, snake_H - 1);
16          }
17          e.Graphics.FillRectangle(Snake.SolidF, Snake.Food.X + 1, Snake.Food.Y + 1, snake_W - 1, snake_H
 - 1);                                                          // 绘制食物
18          if (Snake.ifGame)                                    // 如果游戏结束
19              e.Graphics.DrawString("Game Over", new Font(" 华 文 新 魏 ", 35, FontStyle.Bold), new
SolidBrush(Color.Orange), new PointF(150, 130));              // 绘制提示文本
20      }
21  }
```

30.4.4 控制游戏的开始、暂停和结束

切换到 Form1 窗体的代码页面，在 Form1 窗体类的内部，定义一个无返回值类型的 NoviceCortrol 方法，用来通过标识控制游戏的开始、暂停和结束，该方法有一个 int 类型的参数，用来作为标识。NoviceCortrol 方法代码如下：

```
01  /// <summary>
02  /// 控制游戏的开始、暂停和结束
```

```
03    /// </summary>
04    /// <param n="int"> 标识 </param>
05    public void NoviceCortrol(int n)
06    {
07        switch (n)
08        {
09            case 1:                                              // 开始游戏
10                {
11                    ifStart = false;
12                    Graphics g = panel1.CreateGraphics();        // 创建 panel1 控件的 Graphics 类
13                                                                 // 刷新游戏场地
14                    g.FillRectangle(Snake.SolidD, 0, 0, panel1.Width, panel1.Height);
15                    ProtractTable(g);                            // 绘制游戏场地
16                    ifStart = true;                              // 开始游戏
17                    snake.Ophidian(panel1, snake_W);             // 初始化场地及贪吃蛇信息
18                    timer1.Interval = career;                    // 设置贪吃蛇移动的速度
19                    timer1.Start();                              // 启动定时器
20                    pause = true;                                // 是否暂停游戏
21                    label2.Text = "0";                           // 显示当前分数
22                    break;
23                }
24            case 2:                                              // 暂停游戏
25                {
26                    if (pause)                                   // 如果游戏正在运行
27                    {
28                        ifStart = true;                          // 游戏正在开始
29                        timer1.Stop();                           // 停止定时器
30                        pause = false;                           // 当前已暂停游戏
31                    }
32                    else
33                    {
34                        ifStart = true;                          // 游戏正在开始
35                        timer1.Start();                          // 启动定时器
36                        pause = true;                            // 开始游戏
37                    }
38                    break;
39                }
40            case 3:                                              // 退出游戏
41                {
42                    timer1.Stop();                               // 停止定时器
43                    Application.Exit();                          // 关闭工程
44                    break;
45                }
46        }
47    }
```

切换到 Form1 窗体的设计界面,选中"开始"菜单项,双击,自动触发其 Click 事件,该事件中,首先调用自定义的 NoviceCortrol 方法控制游戏的状态,然后调用 Snake 公共类中的 BuildFood 方法生成食物。代码如下:

```
01    private void 开始ToolStripMenuItem_Click(object sender, EventArgs e)
02    {
03        NoviceCortrol(Convert.ToInt32(((ToolStripMenuItem)sender).Tag.ToString()));
04        snake.BuildFood();
05    }
```

注意

切换到 Form1 窗体的设计界面,分别选中"暂停"菜单项和"退出"菜单项,在其"属性"对话框中单击 ⚡ 图标,分别将它们的 Click 事件设置为"开始 ToolStripMenuItem_Click"。

30.4.5　移动贪吃蛇并控制其速度

切换到 Form1 窗体的设计界面，选中窗体，在其"属性"对话框中单击 ⚡ 图标，在列表中找到 KeyDown，然后双击，触发其 KeyDown 事件，该事件中，首先使用键盘控制贪吃蛇的上下左右移动，以及游戏的开始、暂停和结束的功能，然后根据移动方向来移动贪吃蛇。代码如下：

```
01  private void Form1_KeyDown(object sender, KeyEventArgs e)
02  {
03      int tem_n = -1;                                    // 记录移动键值
04      if (e.KeyCode == Keys.Right)                       // 如果按 → 键
05          tem_n = 0;                                     // 向右移
06      if (e.KeyCode == Keys.Left)                        // 如果按 ← 键
07          tem_n = 1;                                     // 向左移
08      if (e.KeyCode == Keys.Up)                          // 如果按 ↑ 键
09          tem_n = 2;                                     // 向上移
10      if (e.KeyCode == Keys.Down)                        // 如果按 ↓ 键
11          tem_n = 3;                                     // 向下移
12      if (tem_n != -1 && tem_n != Snake.Aspect)          // 如果移动的方向不是相同方向
13      {
14          if (Snake.ifGame == false)
15          {
16                                                         // 如果移动的方向不是相反的方向
17              if (!((tem_n == 0 && Snake.Aspect == 1 || tem_n == 1 && Snake.Aspect == 0) || (tem_n == 2 &&
Snake.Aspect == 3 || tem_n == 3 && Snake.Aspect == 2)))
18              {
19                  Snake.Aspect = tem_n;                  // 记录移动的方向
20                  snake.SnakeMove(tem_n);                // 移动贪吃蛇
21              }
22          }
23      }
24      int tem_p = -1;                                    // 记录控制键值
25      if (e.KeyCode == Keys.F2)                          // 如果按 "F2" 键
26          tem_p = 1;                                     // 开始游戏
27      if (e.KeyCode == Keys.F3)                          // 如果按 "F3" 键
28          tem_p = 2;                                     // 暂停或继续游戏
29      if (e.KeyCode == Keys.Escape)                      // 如果按 "Esc" 键
30          tem_p = 3;                                     // 关闭游戏
31      if (tem_p != -1)                                   // 如果当前是操作标识
32          NoviceCortrol(tem_p);                          // 控制游戏的开始、暂停和关闭
33  }
```

切换到 Form1 窗体的设计界面，双击 timer1 组件，会自动触发其 Tick 事件，该事件中，调用 Snake 公共类中的 SnakeMove 方法来移动贪吃蛇，代码如下：

```
01  private void timer1_Tick(object sender, EventArgs e)
02  {
03      snake.SnakeMove(Snake.Aspect); // 移动贪吃蛇
04  }
```

☷ 小结

完成以上操作后，单击 Visual Studio 2017 开发环境工具栏中 ▶ 启动 图标按钮，即可运行该程序。

本章主要讲解了如何使用 C# 制作一个《贪吃蛇大作战》游戏，其最主要的难点是明确贪吃蛇的游戏规则，明确规则之后，只需要使用 GDI+ 绘图技术绘制场地、蛇身、食物，并通过 Timer 组件和键盘事件处理来控制贪吃蛇的移动即可。

全方位沉浸式学C#
见此图标 ▨▨ 微信扫码

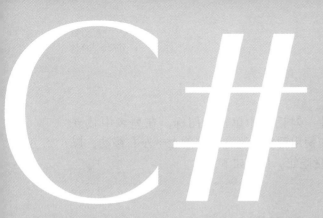

开发手册

基础·案例·应用

第3篇
应用篇

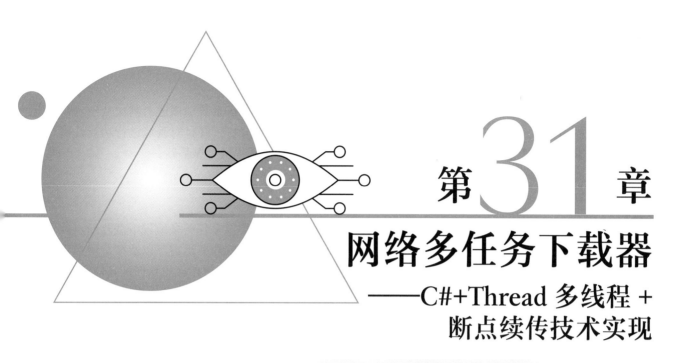

第31章

网络多任务下载器

——C#+Thread 多线程 +
断点续传技术实现

网络多任务下载器是一款支持多线程及断点续传功能的下载软件，它有着简洁的外表和便捷的操作，我们在互联网中浏览信息时，经常需要从网络中下载各种资源，使用本系统可以有效地利用网络资源，使用户轻松快捷地得到下载资源。本章将使用 C# 语言开发网络多任务下载工具。

本章知识架构如下：

31.1　系统需求分析

本节将对网络多任务下载器的具体设计进行分析。首先对系统进行系统地概述，其次从技术角度分析系统实现的可行性，之后从系统使用者方面对系统进行用户角色分析，并且对系统进行功能性需求与非功能性需求分析。通过本章的分析，为之后的系统功能设计与实现提供可靠基础。

31.1.1　系统概述

网络多任务下载器是一款基于 TCP/IP 协议的下载软件，它可以提供多任务多线程下载及断点续传功能，用户可以使用它在互联网自由的下载软件，现在比较流行的下载软件有迅雷，以及浏览器自带的下载功能等，它们都有多线程下载的能力。人们在浏览网页时经常需要下载一些应用软件或其他文件资料，那么使用下载软件就显得尤为重要了，本系统不只提供了多线程下载任务的功能，还可以实现断点续传，使用户可以方便快捷地得到网络资源。

31.1.2　系统可行性分析

可行性分析是从技术、经济、实践操作等维度对项目的核心内容和配置要求进行详细的考量和分析，从而得出项目或问题的可行性程度。故先完成可行性分析，再进行项目开发是非常有必要的。

从技术角度分析，网络编程和多线程技术都是 C# 中最常用的技术，可供查询的资料和范例也十分丰富；而系统功能本身也清晰明了。

31.1.3　系统用户角色分配

设计开发一个系统，首先需要确定系统所面向的用户群体，也就是哪部分人群会更多地使用该系统。本系统面向的用户是所有需要使用电脑下载网络资源的用户，是一个日常使用的下载工具，因此，在使用时，不用设置权限限制，只要获得了该系统的用户，都可以使用。

31.1.4　功能性需求分析

根据系统总体概述，对网络多任务下载器的功能性需求进行了进一步的分析。主要可以划分为以下几个模块：

（1）主窗体模块

本模块实现了对下载任务的基本操作，该模块中，可以新建下载任务和续传上一次的下载任务，也可以对正在下载或续传的任务进行管理，比如暂停、开始及删除下载任务等。

（2）新建下载任务模块

本模块主要用来向网络多任务下载器主窗体中添加新的下载任务，在该模块中，首先输入下载网络资源的地址，手动选择文件存储路径，然后选择下载网络资源所使用的线程的数量，最后单击"立即下载"按钮，即可向主窗体添加新的下载任务。

（3）系统设置模块

本模块主要包含了"常规设置""下载设置"和"消息提醒"，其中，常规设置主要用来设置软件是否开机启动和启动时是否自动开始未完成任务；下载设置主要用来设置下载路径、网速限制、下载完成后是否自动关机以及是否定时关机等选项；消息提醒主要用来设置任务下载完成后是否显示提示窗口、是否播放提示音、有未完成任务时是否显示继续下载提示，以及是否在主窗体中显示流量监控等选项。

31.1.5 非功能性需求分析

网络多任务下载器的主要设计目的是为给用户提供一个方便下载网络资源的工具，因此，除了上一小节提到的功能性需求外，本系统还应注意系统的非功能性需求，如良好的用户交互界面，系统运行的稳定性，系统功能的可维护性，以及系统开发的可拓展性等。

31.2 系统功能设计

31.2.1 系统功能结构

网络多任务下载器的功能结构如图 31.1 所示。

31.2.2 系统业务流程

在网络多任务下载器前，需要先了解软件的业务流程。根据网络多任务下载器的需求分析及功能结构，设计出如图 31.2 所示的系统业务流程。

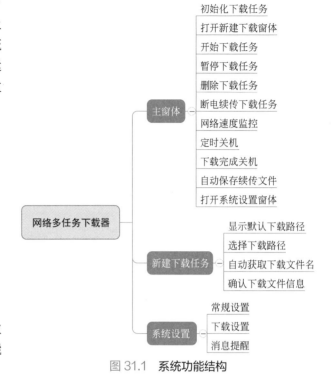

图 31.1　系统功能结构

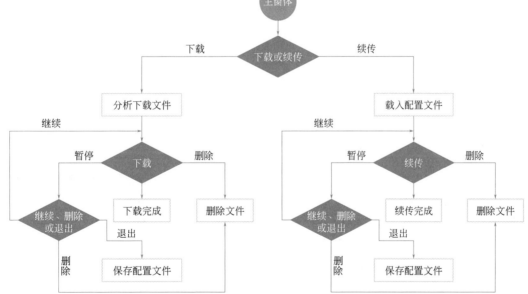

图 31.2　系统业务流程

31.2.3 系统预览

运行网络多任务下载器，首先在主窗口中单击"新建"按钮，弹出新建下载任务窗口，如图 31.3 所示，该窗口中输入下载链接，可以自动获取要下载的文件名，然后设置文件存储路径和要使用的线程数量，单击"立即下载"按钮，即可返回主窗口，并实时显示下载进度，如图 31.4 所示。

图 31.3 新建下载任务窗口

图 31.4 系统主窗口

系统设置窗口中可以进行常规设置、下载设置和消息提醒设置，例如，下载设置中的设置项如图 31.5 所示。

31.3 系统开发必备

31.3.1 系统开发环境

本系统的软件开发及运行环境具体如下。

- 操作系统: Windows 7（SP1）以上（包括 Windows 10、11 等）。
- 开发环境: Visual Studio 免费社区版（2015、2017、2019、2022 等版本兼容）。
- 开发语言: C#。

31.3.2 文件夹组织结构

明日 ERP 管理系统项目的目录结构图如图 31.6 所示。

图 31.5 下载设置中的设置项

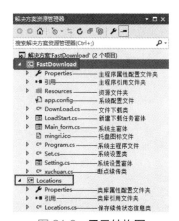

图 31.6 目录结构图

31.4 公共类设计

公共类的设计主要是为了提高代码的重用率，使代码更加规范、可读。网络多任务下载器程序中共创建了 3 个公共类，分别是 Set 类、DownLoad 类和 xuchuan 类，下面分别对它们进行介绍。

31.4.1 Set 系统设置类

Set 类表示系统设置类，该类中主要定义系统设置相关的字段和方法，在该类中，首先定义系统设置相关的变量，然后定义一个 strPath 变量，用来记录 INI 配置文件的路径，代码如下：

📚 **源码位置**   👁 资源包 \Code\31\FastDownload\FastDownload\Set.cs

```
01  public static string Start;                              // 是否开机自动启动
02  public static string Auto;                               // 是否自动开始未完成的任务
03  public static string Path;                               // 默认下载路径
04  public static string Net;                                // 网络限制下载速度
05  public static string NetValue;         // 网速限制值
06  public static string DClose;                             // 是否下载完成自动关机
07  public static string TClose;                             // 是否定时关机
08  public static string TCloseValue;      // 定时关机时间
09  public static string SNotify;          // 是否下载完成显示提示
10  public static string Play;                               // 是否下载完成播放提示音
11  public static string Continue;         // 是否在有未完成的下载时显示继续提示
12  public static string ShowFlow;         // 是否显示流量监控
13  public static string strNode= "SET";                     //ini 文件中要读取的节点
14  public static string strPath = Application.StartupPath + "\\Set.ini"; //INI 配置文件路径
```

在对 INI 文件读写和实现关机功能时，需要借助 Windows 系统的 API 函数实现，因此在 Set 类中引入相关的 API 函数，代码如下：

📚 **源码位置**   👁 资源包 \Code\31\FastDownload\FastDownload\Set.cs

```
01  [DllImport("kernel32")]                                  // 读取 INI 文件
02   public static extern int GetPrivateProfileString(string section, string key, string def, StringBuilder
retVal, int size, string filePath);
03  [DllImport("kernel32")]                                  // 向 INI 文件写入数据
04   public static extern long WritePrivateProfileString(string mpAppName,string mpKeyName,string
mpDefault,string mpFileName);
05  [DllImport("user32.dll", ExactSpelling = true, SetLastError = true)] // 定时关机
06  public static extern bool ExitWindowsEx(int uFlags, int dwReserved);
07                                                           // 关闭、重启系统（拥有所有权限）
08  [DllImport("ntdll.dll", ExactSpelling = true, SetLastError = true)]
09  public static extern bool RtlAdjustPrivilege(int htok, bool disall,bool newst, ref int len);
```

📖 **说明**

声明 API 函数时，需要添加 System.Runtime.InteropServices 命名空间。

定义一个 GetIniFileString 方法，主要调用系统 API 函数 GetPrivateProfileString 实现读取 INI 文件中指

定节点内容的功能，代码如下：

📚 **源码位置** 　　　👁 资源包 \Code\31\FastDownload\FastDownload\Set.cs

```
01  /// <summary>
02  /// 从 INI 文件中读取指定节点的内容
03  /// </summary>
04  /// <param name="section">INI 节点 </param>
05  /// <param name="key">节点下的项 </param>
06  /// <param name="def">没有找到内容时返回的默认值 </param>
07  /// <param name="filePath">要读取的 INI 文件 </param>
08  /// <returns>读取的节点内容 </returns>
09  public static string GetIniFileString(string section, string key, string def, string filePath)
10  {
11      StringBuilder temp = new StringBuilder(1024);
12      GetPrivateProfileString(section, key, def, temp, 1024, filePath);
13      return temp.ToString();
14  }
```

定义一个 AutoRun 方法，主要通过操作注册表，实现开机自动运行网络多任务下载器软件的功能，代码如下：

📚 **源码位置** 　　　👁 资源包 \Code\31\FastDownload\FastDownload\Set.cs

```
01  /// <summary>
02  /// 开机自动运行程序
03  /// </summary>
04  /// <param name="auto">是否自动运行 </param>
05  public void AutoRun(string auto)
06  {
07      string strName = Application.ExecutablePath;              // 记录可执行文件路径
08      if (!System.IO.File.Exists(strName))                      // 判断文件是否存在
09          return;
10      string strnewName = strName.Substring(strName.LastIndexOf("\\") + 1); // 获取文件名
11
12      RegistryKey RKey = Registry.LocalMachine.OpenSubKey
13  ("SOFTWARE\\Microsoft\\Windows\\CurrentVersion\\Run", true); // 打开开机自动运行的注册表项
14      if (RKey == null)
15          RKey = Registry.LocalMachine.CreateSubKey
16  ("SOFTWARE\\Microsoft\\Windows\\CurrentVersion\\Run");
17      if (auto == "0")                                          // 不运行
18          RKey.DeleteValue(strnewName, false);
19      else                                                     // 自动运行
20          RKey.SetValue(strnewName, strName);
21  }
```

📄 **说明**

> 对注册表进行操作时，需要添加 Microsoft.Win32 命名空间。

定义一个 Shutdown 方法，主要调用系统 API 函数 RtlAdjustPrivilege 和 ExitWindowsEx 实现关闭计算机的功能，代码如下：

📚 **源码位置** 　　　👁 资源包 \Code\31\FastDownload\FastDownload\Set.cs

```
01  private const int EWX_SHUTDOWN = 0x00000001;              // 关闭参数
02  private const int SE_SHUTDOWN_PRIVILEGE = 0X13;           // 关机特权
03  public void Shutdown()                                   // 关机
04  {
```

```
05        int i = 0;
06                                                                        // 提权，否则权限不足，无法执行
07        RtlAdjustPrivilege(SE_SHUTDOWN_PRIVILEGE, true, false, ref i); // 获得关机特权
08        ExitWindowsEx(EWX_SHUTDOWN, 0);                                  // 关闭计算机
09    }
```

定义一个 GetConfig 方法，主要调用自定义的 GetIniFileString 方法实现获取 INI 文件中各字段的值的功能，代码如下：

🎵 **源码位置**　　　　　　　　　　👁 资源包 \Code\31\FastDownload\FastDownload\Set.cs

```
01    public void GetConfig()
02    {
03        Start = GetIniFileString(strNode, "Start", "", strPath);        // 是否开机自动启动
04        Auto = GetIniFileString(strNode, "Auto", "", strPath);          // 是否自动开始未完成任务
05        Path = GetIniFileString(strNode, "Path","", strPath);           // 默认下载路径
06        string netTemp = GetIniFileString(strNode, "Net", "", strPath); // 网络限制
07        Net = netTemp.Split(' ')[0];                                     // 是否进行网络限制
08        NetValue = netTemp.Split(' ')[1];                                // 网络限制的值
09        DClose = GetIniFileString(strNode, "DClose", "", strPath);       // 是否下载完成自动关机
10        string closeTemp = GetIniFileString(strNode, "TClose", "", strPath); // 定时关机
11        TClose = closeTemp.Split(' ')[0];                                // 是否定时关机
12        TCloseValue = closeTemp.Split(' ')[1];                           // 定时关机事件
13        SNotify = GetIniFileString(strNode, "SNotify", "", strPath);     // 是否下载完成显示提示
14        Play = GetIniFileString(strNode, "Play", "", strPath);           // 是否下载完成播放提示音
15        // 是否在有未完成的下载时显示继续提示
16        Continue = GetIniFileString(strNode, "Continue", "", strPath);
17        ShowFlow = GetIniFileString(strNode, "ShowFlow", "", strPath);   // 是否显示流量监控
18    }
```

定义一个 GetSpace 方法，主要使用 DriveInfo 对象的 TotalFreeSpace 方法获取指定驱动器的剩余空间，并将其转换为以 GB 为单位的值，代码如下：

🎵 **源码位置**　　　　　　　　　　👁 资源包 \Code\31\FastDownload\FastDownload\Set.cs

```
01    public string GetSpace(string path)
02    {
03        System.IO.DriveInfo[] drive = System.IO.DriveInfo.GetDrives();   // 获取所有驱动器
04        int i;
05        for (i = 0; i < drive.Length; i++)                               // 遍历驱动器
06        {
07            if (path == drive[i].Name)   // 判断遍历到的项是否与下拉列表中的项相同
08            {
09                break;                                                    // 跳出循环
10            }
11        }
12                                        // 显示剩余空间
13        return (drive[i].TotalFreeSpace / 1024 / 1024 / 1024.0).ToString("0.00") + "G";
14    }
```

31.4.2　DownLoad 文件下载类

DownLoad 类表示文件下载类，该类中主要定义文件下载相关的方法，下面对该类中的主要方法进行介绍。

定义一个 StartLoad 方法，主要使用 HttpWebRequest 类和 HttpWebResponse 类的相关方法获取下载资源，并将其添加到下载任务列表中。StartLoad 方法代码如下：

源码位置

资源包 \Code\31\FastDownload\FastDownload\DownLoad.cs

```csharp
01  /// <summary>
02  /// 开始下载网络资源
03  /// </summary>
04  public void StartLoad()
05  {
06      long filelong = 0;
07      try
08      {
09                                                              // 创建 HttpWebRequest 对象
10          HttpWebRequest hwr = (HttpWebRequest)HttpWebRequest.Create(downloadUrl);
11          // 根据 HttpWebRequest 对象得到 HttpWebResponse 对象
12          HttpWebResponse hwp = (HttpWebResponse)hwr.GetResponse();
13                                                              // 得到下载文件的长度
14          filelong = hwp.ContentLength;
15          b_thread = GetBool(downloadUrl);
16      }
17      catch (WebException we)
18      {
19                                                              // 向上一层抛出异常
20          throw new WebException("未能找到文件下载服务器或下载文件，请填入正确下载地址！");
21      }
22      catch (Exception ex)
23      {
24          throw new Exception(ex.Message);
25      }
26      filesize = filelong;                                    //filesize 得到文件长度值
27      int meitiao = (int)filelong / xiancheng;               // 开始计算每条线程要下载多少字节
28      int yitiao = (int)filelong % xiancheng;                // 每条线程分配字节后，余出的字节
29      Locations ll = new Locations(0, 0);                    // 新建一个续传信息对象
30      lbo = new List<bool>();                                // 初始化布尔集合
31      for (int i = 0; i < xiancheng; i++)                    // 开始为每条线程分配下载区间
32      {
33          ll.Start = i != 0 ? ll.End + 1 : ll.End;          // 分配下载区间
34          ll.End = i == xiancheng - 1 ?                      // 分配下载区间
35              ll.End + meitiao + yitiao : ll.End + meitiao;
36          System.Threading.Thread th =                       // 为每一条线程分配下载区间
37              new System.Threading.Thread(GetData);
38          th.Name = i.ToString();                            // 线程的名称为下载区间排序的索引
39          th.IsBackground = true;                            // 线程为后台线程
40          th.Start(ll); // 线程开始，并为线程执行的方法传递参数，参数为当前线程下载的区间
41          lli.Add(new Locations(ll.Start, ll.End, downloadUrl, filename, filesize,
42              new Locations(ll.Start, ll.End)));             // 续传状态列表添加新的续传区间
43          ll = new Locations(ll.Start, ll.End);             // 得到新的区间对象
44          G_thread_Collection.Add(th);
45          lbo.Add(false);                                    // 设置每条线程的完成状态为 false
46      }
47      hebinfile();                                           // 合并文件线程开始启动
48  }
```

定义一个 GetData 方法，主要使用 HttpWebResponse 对象的 GetResponseStream() 方法得到要下载的网络资源，然后开始多线程下载网络资源。GetData 方法代码如下：

源码位置

资源包 \Code\31\FastDownload\FastDownload\DownLoad.cs

```csharp
01  /// <summary>
02  /// 下载网络资源方法
03  /// </summary>
04  /// <param name="l"> 下载资源区间 </param>
05  public void GetData(object l)
06  {
```

```
07                    // 得到续传信息对象（也就是文件下载或续传的开始点与结束点）
08          Locations ll = (Locations)l;
09          if (!b_thread) are.WaitOne(); else are.Set();
10                                          // 根据下载地址，创建 HttpWebRequest 对象
11          HttpWebRequest hwr = (HttpWebRequest)HttpWebRequest.Create(downloadUrl);
12          hwr.Timeout = 15000;            // 设置下载请求超时为 200s
13                                          // 设置当前线程续传或下载任务的开始点与结束点
14          hwr.AddRange(ll.Start, ll.End);
15                                          // 得到 HttpWebResponse 对象
16          HttpWebResponse hwp = (HttpWebResponse)hwr.GetResponse();
17          // 根据 HttpWebResponse 对象的 GetResponseStream() 方法得到用于下载数据的网络流对象
18          Stream ss = hwp.GetResponseStream();
19          new Set().GetConfig();          // 设置文件下载的缓冲区
20          byte[] buffer = new byte[Convert.ToInt32(Set.NetValue) * 8];
21                                          // 新建文件流对象，用于存放当前每个线程下载的文件
22          FileStream fs = new FileStream(
23              string.Format(filepath + @"\" + filename +
24              System.Threading.Thread.CurrentThread.Name), FileMode.Create);
25          try
26          {
27              int i;                      // 用于计数，每次下载有效字节数
28                                          // 当前线程的索引
29              int nns = Convert.ToInt32(System.Threading.Thread.CurrentThread.Name);
30                                          // 开始将下载的数据放入缓冲中
31              while ((i = ss.Read(buffer, 0, buffer.Length)) > 0)
32              {
33                  fs.Write(buffer, 0, i);             // 将缓冲中的数据写到本地文件中
34                  lli[nns].Start += i;                // 计算现在下载位置，用于续传
35                  while (stop)                        // 单击"暂停"按钮后，使线程暂时挂起
36                  {
37                      System.Threading.Thread.Sleep(100); // 线程挂起
38                  }
39                  if (stop2)                          // 单击"删除"按钮后，使下载过程强行停止
40                  {
41                      break;
42                  }
43                  Thread.Sleep(10);
44              }
45              fs.Close();                 // 关闭文件流对象
46              ss.Close();                 // 关闭网络流对象
47                                          // 开始记录当前线程的下载状态为已经完成
48              lbo[Convert.ToInt32(System.Threading.Thread.CurrentThread.Name)] = true;
49          }
50          catch (Exception ex)
51          {
52              writelog(ex.Message);       // 如果出现异常，将异常信息写入错误日志
53              SaveState();                // 保存断点续传状态
54          }
55          finally
56          {
57              fs.Close();                 // 关闭文件流对象
58              ss.Close();                 // 关闭网络流对象
59              if (!b_thread) are.Set(); else are.Set();
60          }
61      }
```

定义一个 SaveState 方法，该方法主要借助文件流保存任务的续传状态，代码如下：

🎵 **源码位置**　　👁 **资源包 \Code\31\FastDownload\FastDownload\DownLoad.cs**

```
01  /// <summary>
02  /// 保存续传状态方法
03  /// </summary>
```

```
04   public void SaveState()                                            // 实例化二进制格式对象
05   {
06       BinaryFormatter bf = new BinaryFormatter();                    // 实例化二进制格式对象
07       MemoryStream ms = new MemoryStream();                          // 新建内存流对象
08       bf.Serialize(ms, lli);                                         // 将续传信息序列化到内存流中
09       ms.Seek(0, SeekOrigin.Begin);                                  // 将内存流中指针位置 置零
10       byte[] bt = ms.GetBuffer();                                    // 从内存流中得到字节数组
11       FileStream fs = new FileStream                                 // 创建文件流对象
12           (fileNameAndPath + ".cfg", FileMode.Create);
13       fs.Write(bt, 0, bt.Length);                                    // 向文件流中写入数据（字节数组）
14       fs.Close();                                                    // 关闭流对象
15   }
```

定义一个 hebinfile 方法，该方法中主要使用多线程技术实时监控要下载的任务是否已经完成，其实现代码如下：

📚 源码位置　　　　　　　　　　　👁 资源包 \Code\31\FastDownload\FastDownload\DownLoad.cs

```
01   /// <summary>
02   /// 监控文件是否完成下载的方法
03   /// </summary>
04   public void hebinfile()
05   {
06                                                              // 在新线程中执行
07       System.Threading.Thread th2 = new System.Threading.Thread(
08                                                              // 使用匿名方法
09           delegate()
10           {
11                                                              // 每隔 1s，检测是否所有线程都完成了下载任务
12               while (true)
13               {
14                   if (!lbo.Contains(false))      // 如果所有线程都完成了下载任务
15                   {
16                       GetFile();                             // 开始合并文件
17                       break;                                 // 停止检测线程
18                   }
19                   else
20                   {
21                       if (this.stop2)
22                       {
23                           DeleteFile();                      // 删除缓存文件
24                       }
25                   }
26                   Thread.Sleep(1000);                        // 线程挂起 1s
27               }
28           });
29       th2.IsBackground = true;                               // 此线程是后台线程
30       th2.Start();                                           // 线程开始
31   }
```

31.4.3　xuchuan 断点续传类

xuchuan 类表示断点续传类，该类中定义的下载相关的方法与 DownLoad 类似，这里不再详细介绍，这里主要讲解该类中的 Begin 方法，该方法为自定义的无返回值类型方法，主要用来实现使用断点续传方式下载文件的功能，该方法中有两个参数，第一个参数为 stream 类型，表示文件流对象；第二个参数为 string 类型，表示续传文件的文件名。Begin 方法代码如下：

源码位置　　　　　　　　　　◉ **资源包 \Code\31\FastDownload\FastDownload\xuchuan.cs**

```
01  /// <summary>
02  /// 续传开始的第一个方法
03  /// </summary>
04  /// <param name="sm"> 文件流对象 </param>
05  /// <param name="filenames"> 续传文件的文件名 </param>
06  public void Begin(Stream sm, string filenames)
07  {
08      BinaryFormatter bf = new BinaryFormatter();              // 实例化二进制格式对象
09      lli = (List<Locations>)bf.Deserialize(sm);              // 反序列化，得到续传信息
10      dtbegin = DateTime.Now;                                 // 设置开始续传的时间，用于显示给用户
11      if (lli.Count > 0)
12      {
13          filesize = lli[lli.Count - 1].Filesize; // 得到文件的总大小
14      }
15      xiancheng = lli.Count;                                  // 判断续传时需要多少线程
16      string s = filenames;                                   // 得到续传文件名称
17      // 得到续传完成后下载到本地文件的文件路径及名称
18      fileNameAndPath = s.Substring(0, s.Length - 4);
19      filename = fileNameAndPath.Substring(fileNameAndPath.LastIndexOf(@"\") + 1,
20          fileNameAndPath.Length - (fileNameAndPath.LastIndexOf(@"\") + 1)); // 得到文件名称
21      new Set().GetConfig();
22      filepath = Set.Path;                                    // 得到文件路径
23      for (int i = 0; i < lli.Count; i++)     // 为每条线程分配续传任务
24      {
25          lbo.Add(false);                                     // 设置续传的文件为未完成
26          Thread th = new Thread(GetData);                    // 建立线程，处理每条续传
27          th.Name = i.ToString();                             // 设置线程的名称
28          th.IsBackground = true;                             // 将线程属性设置为后台线程
29          th.Start(lli[i]);                                   // 线程开始
30      }
31      b_thread = GetBool(lli[0].Url);
32      hebinfile();                                            // 合并文件线程开始启动
33      sm.Close();                                             // 关闭文件流对象
34  }
```

说明

　　实现续传下载网络资源时，首先需要将 .cfg 续传文件中的二进制数据反序列化为内存流数据，这时需要用到 BinaryFormatter 类，该类可以用二进制格式将对象或整个连接对象图形序列化和反序列化。

31.5　主窗体设计

31.5.1　主窗体概述

　　网络多任务下载器的主窗体实现了对下载任务的基本操作，该窗体中，可以新建下载任务和续传上一次的下载任务，也可以对正在下载或续传的任务进行管理，比如暂停、开始及删除下载任务等，另外，通过该窗体还可以打开系统设置窗体。主窗体的运行结果如图 31.7 所示。

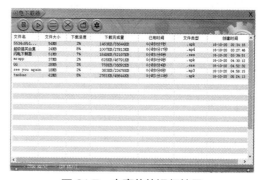

图 31.7　**主窗体的运行结果**

31.5.2 主窗体的业务流程

在设计网络多任务下载器的主窗体时，先要梳理出它的业务流程和实现技术。根据网络多任务下载器的主窗体要实现的功能，可以画出如图 31.8 所示的业务流程。

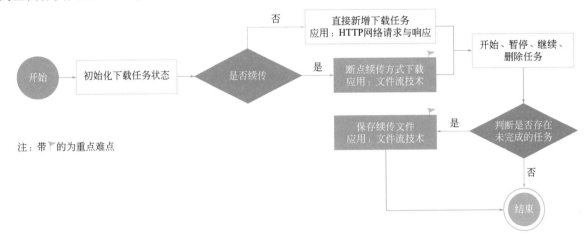

图 31.8 主窗体的业务流程

31.5.3 设计主窗体

新建一个 Windows 窗体，命名为 Main_form.cs，设置其 FormBorderStyle 属性为 None，StarPosition 属性为 CenterScreen，Text 属性为"网络多任务下载器"。该窗体用到的主要控件及说明如表 31.1 所示。

表 31.1 主窗体用到的主要控件及说明

控件类型	控件 ID	主要属性设置	说明
ListView	lv_state	在 columns 集合中添加 7 个新成员，成员的 Text 属性分别为"文件名""文件大小""下载进度""下载完成量""已用时间""文件类型""创建时间"	显示文件下载状态
PictureBox	pbox_new	Images 属性中添加 pbox_new2.png	新建下载任务
	pbox_start	Images 属性中添加 pbox_start2.png	开始下载任务
	pbox_pause	Images 属性中添加 pbox_pause2.png	暂停下载任务
	pbox_delete	Images 属性中添加 pbox_delete2.png	删除下载任务
	pbox_continue	Images 属性中添加 pbox_continue2.png	续传下载任务
	pbox_set	Images 属性中添加 pbox_set.png	系统设置
	pbox_close	Images 属性中添加 pbox_close.png	退出程序
OpenFileDialog	openFileDialog1	无	选择续传文件
Label	label1	Text 属性设置为 [0 KB/s]	显示上传速度
	label2	Text 属性设置为 [0 KB/s]	显示下载速度
ContextMenuStrip	contextMenuStrip1	添加一个"退出"快捷菜单	系统托盘快捷菜单
NotifyIcon	notifyicon1	ContextMenuStrip 属性设置为 contextMenuStrip1，Icon 属性设置为 mingri.ico	系统托盘
Timer	timer1	Enabled 属性设置为 true，Interval 属性设置 1000	实时显示网络流量及定时关机

31.5.4 初始化控件及下载任务状态

Main_form 窗体加载时，首先显示下载任务状态，然后初始化菜单及提示信息，并启动 Thread 线程定时重绘 ListView 控件，以便设置 ListView 控件的样式；最后通过判断系统设置的字段值，确定是否显示流量监控和是否自动开始未完成的下载任务。Main_form 窗体的 Load 事件代码如下：

源码位置 👁 资源包 \Code\31\FastDownload\FastDownload\Main_form.cs

```
01   private void Main_form_Load(object sender, EventArgs e)
02   {
03       set.GetConfig();                                     // 获取配置信息
04       Thread th = new Thread(
05           new ThreadStart(BeginDisplay));                  // 线程用于显示任务状态
06       th.IsBackground = true;                              // 设置线程为后台线程
07       th.Start();                                          // 线程开始
08       SetToolTip();                                        // 设置提示组件
09       InitialListViewMenu();                               // 初始化 ListView 控件菜单
10       Thread th2 = new Thread(                             // 线程用于重绘 Listview 控件
11           new ThreadStart(DisplayListView));
12       th2.IsBackground = true;                             // 设置线程为后台线程
13       th2.Start();                                         // 开始执行线程
14       if (Set.ShowFlow == "1")                             // 是否显示流量监控
15       {
16           pictureBox1.Visible = pictureBox2.Visible = label1.Visible = label2.Visible = true;
17       }
18       if (Set.Auto == "1")                                 // 是否自动开始未完成的任务
19       {
20           DirectoryInfo dir = new DirectoryInfo(Set.Path); // 指定路径
21           if (dir.Exists)
22           {
23               FileInfo[] files = dir.GetFiles();           // 获取所有文件列表
24               foreach (FileInfo file in files)
25               {
26                   if (file.Extension == ".cfg")            // 判断是否有未下载完的文件
27                   {
28                                                            // 得到续传文件的流对象
29                       Stream sm = file.Open(FileMode.Open, FileAccess.ReadWrite);
30                       string s = file.Name;                // 得到续传文件的文件名
31                       xuchuan jcc = new xuchuan();         // 实例化处理续传文件下载的类的实例
32                       jcc.Begin(sm, s);                    // 正式开始处理续传信息
33                       jc.Add(jcc);                         // 将续传对象加入到续传处理队列
34                   }
35               }
36           }
37       }
38   }
```

说明

程序中使用 Thread 类时，首先需要添加 System.Threading 命名空间，下面遇到类似情况将不再提示。

上面的代码中用到了 BeginDisplay、SetToolTip、InitialListViewMenu 和 DisplayListView 等多个方法，下面分别对它们进行详细介绍。BeginDisplay 方法用来显示窗体下载或续传文件的状态，其实现代码如下：

源码位置 👁 资源包 \Code\31\FastDownload\FastDownload\Main_form.cs

```
01   private void BeginDisplay()
```

```
02  {
03      // 字符串集合 1, 用于对 listview1 控件中数据项进行对比
04      List<string[]> ls1 = new List<string[]>();
05      // 字符串集合 2, 用于对 listview1 控件中数据项进行对比
06      List<string[]> ls2 = new List<string[]>();
07      // 使用 While 循环, 重复检查下载或续传文件的状态
08      while (true)
09      {
10          // 检测是否有异常
11          try
12          {
13              if (dl.Count > 0) // 如果下载队列中有数据则向下执行
14              {
15                  // 下载队列和续传队列的数量的和
16                  for (int j = 0; j < dl.Count + jc.Count; j++)
17                  {
18                      // 在窗体主线程中 listview1 控件中添加新的空数据项
19                      this.Invoke(
20                          (MethodInvoker)delegate ()
21                          {
22                              if (lv_state.Items.Count < dl.Count + jc.Count)
23                              {
24                                  lv_state.Items.Add(new ListViewItem(
25                                      new string[] {string.Empty,string.Empty,string.Empty,
26                                  string.Empty ,string.Empty,string.Empty,string.Empty}));
27                              }
28                          });
29                  }
30                  for (int i = 0; i < dl.Count; i++)// 遍历下载列表
31                  {
32                      // 检查下载列表中每一个下载进程的状态, 如果为 true 则继续执行
33                      if (dl[i].state == true)
34                      {
35                          // 如果下载列表中的下载进程的状态为: 已经完成
36                          if (dl[i].complete)
37                          {
38                              if (Set.Play == "1")// 自动播放声音
39                              {
40                                  SoundPlayer player = new SoundPlayer("msg.wav");
41                                  player.Play();
42                              }
43                              if (Set.SNotify == "1")// 下载完成显示提示
44                              {
45                                  MessageBox.Show(" 任务下载完成! ");
46                              }
47                              // 将已经完成的下载进程从下载队列中删除
48                              dl.RemoveAt(i);
49                              // 将已经完成的下载进程从 listview1 控件中删除
50                              this.Invoke(
51                                  (MethodInvoker)delegate ()
52                                  {
53                                      lv_state.Items.RemoveAt(i);
54                                  });
55                              ls1.Clear(); // 清空字符串集合 1
56                              ls2.Clear(); // 清空字符串集合 2
57                              break; // 跳出此次循环
58                          }
59                          // 进入主窗体线程, 开始对 listview1 控件进行操作
60                          this.Invoke(
61                              (MethodInvoker)delegate ()
62                              {
63                                  if (ls1.Count < dl.Count) // 添加新的空数据项
64                                  {
65                                      ls1.Add(
```

```
66                                     new string[] {string.Empty,string.Empty,string.Empty,
67                                 string.Empty, string.Empty,string.Empty,string.Empty});
68                             }
69                             ls1[i] = (dl[i].showmessage());// 得到新的下载状态信息
70                             if (ls2.Count < ls1.Count) // 添加新的空数据项
71                             {
72                                 ls2.Add(
73                                 new string[] {string.Empty,string.Empty,string.Empty,
74                                 string.Empty,string.Empty,string.Empty,string.Empty});
75                             }
76                             // 只更新新的数据项，不会造成 listview1 控件的闪烁
77                             for (int j = 0; j < 7; j++)
78                             {
79                                 if (ls1[i][j] != ls2[i][j])
80                                 {
81                                     ls2[i][j] = ls1[i][j];
82                                     ListViewItem lvi = lv_state.Items[i];
83                         lvi.SubItems[j] = new ListViewItem.ListViewSubItem(lvi, ls1[i][j]);
84                                 }
85                             }
86                         });
87                     }
88                     else
89                     {
90                         dl[i].state = true; // 将下载进程的状态设置为 true
91                         dl[i].StartLoad();// 执行下载进程中的开始下载的方法
92                     }
93                 }
94             }
95             // 续传
96             // 如果续传队列中有数据，则向下执行
97             if (jc.Count > 0)
98             {
99                 // 下载队列和续传队列的数量的和
100                 for (int j = 0; j < jc.Count + dl.Count; j++)
101                 {
102                     // 在窗体主线程中的 listview1 控件中添加新的空数据项
103                     this.Invoke(
104                         (MethodInvoker)delegate ()
105                         {
106                             if (lv_state.Items.Count < jc.Count + dl.Count)
107                             {
108                                 lv_state.Items.Add(new ListViewItem(
109                                 new string[] {string.Empty,string.Empty,string.Empty,
110                                 string.Empty ,string.Empty,string.Empty,string.Empty}));
111                             }
112                         });
113                 }
114                 // 遍历续传队列
115                 for (int i = 0; i < jc.Count; i++)
116                 {
117                     // 如果续传队列中的进程的状态为 true，则向下执行
118                     if (jc[i].state == true)
119                     {
120                         // 如果续传列表中的续传进程的状态为：已经完成
121                         if (jc[i].complete) // 自动播放声音
122                         {
123                             SoundPlayer player = new SoundPlayer("msg.wav");
124                             player.Play();
125                         }
126                         if (Set.SNotify == "1")// 下载完成显示提示
127                         {
128                             MessageBox.Show(" 任务下载完成！ ");
129                         }
```

```
130                              // 将已经完成的续传进程从续传队列中删除
131                              jc.RemoveAt(i);
132                              // 将已经完成的下载文件从 listview1 控件中删除
133                              this.Invoke(
134                                  (MethodInvoker)delegate ()
135                                  {
136                                      lv_state.Items.RemoveAt(i);
137                                  });
138                              ls1.Clear();// 清空字符串集合 1
139                              ls2.Clear();// 清空字符串集合 2
140                              break;
141                          }
142                          // 进入主窗体线程，开始对 listview1 控件进行操作
143                          this.Invoke(
144                              (MethodInvoker)delegate ()
145                              {
146                                  try
147                                  {
148                                      // 添加新的空数据项
149                                      if (ls1.Count < jc.Count + dl.Count)
150                                      {
151                                          ls1.Add(
152                                              new string[] {string.Empty,string.Empty,
153                              string.Empty,string.Empty, string.Empty,string.Empty,string.Empty});
154                                      }
155                                      // 得到新的续传状态信息
156                                      ls1[dl.Count + i] = (jc[i].showmessage());
157                                      // 添加新的空数据项
158                                      if (ls2.Count < ls1.Count + dl.Count)
159                                      {
160                                          ls2.Add(
161                                              new string[] {string.Empty,string.Empty,
162                              string.Empty,string.Empty ,string.Empty,string.Empty,string.Empty});
163                                      }
164                                      // 只更新新的数据项，不会造成 listview1 控件的闪烁
165                                      for (int j = 0; j < 7; j++)
166                                      {
167                                          if (ls1[i + dl.Count][j] != ls2[i + dl.Count][j])
168                                          {
169                                              ls2[i + dl.Count][j] = ls1[i + dl.Count][j];
170                                              ListViewItem lvi = lv_state.Items[i + dl.Count];
171                              lvi.SubItems[j] = new ListViewItem.ListViewSubItem(lvi, ls1[i + dl.Count][j]);
172                                          }
173                                      }
174                                  }
175                                  catch (Exception ex)
176                                  {
177                                      writelog(ex.Message); // 将出现的异常写入日志文件
178                                  }
179                              });
180                      }
181                      else
182                      {
183                          jc[i].state = true; // 将续传进程的状态设置为 true
184                      }
185                  }
186              }
187          }
188      catch (WebException ex)
189      {
190          // 将出现的异常写入日志文件
191          if (ex.Message == " 未能找到文件下载服务器或下载文件，请输入正确下载地址！ ")
192          {
193              writelog(ex.Message); // 将异常写入日志
```

```
194                    if (dl.Count > 0) // 判断是否存在下载进程
195                        dl.RemoveAt(dl.Count - 1); // 移除下载进程
196                    MessageBox.Show(ex.Message, "出错！");
197                }
198            }
199            catch (Exception ex2)
200            {
201                writelog(ex2.Message); // 将出现的异常写入日志文件
202                if (dl.Count > 0) // 判断是否存在下载进程
203                    dl.RemoveAt(dl.Count - 1);  // 移除下载进程
204                MessageBox.Show(ex2.Message, "出错！");
205            }
206            System.Threading.Thread.Sleep(1000); // 每隔 1s 重复检查一次
207        }
208    }
```

技巧

上面的代码中的第 50、60 行用到了 this.Invoke 方法，该方法用来将线程中执行的方法转移到窗体主线程中执行。

使用 ToolTip 对象的 SetToolTip 方法定义提示组件的文本，其实现代码如下：

源码位置　　　　　　　　　　资源包 \Code\31\FastDownload\FastDownload\Main_form.cs

```
01   private void SetToolTip()
02   {
03       ToolTip ttnew = new ToolTip();                    // 创建 ToolTip 对象
04       ttnew.InitialDelay = 10;                          // 设置延迟为 10ms
05       ttnew.SetToolTip(pbox_new, "新建");               // 为控件添加提示信息
06       ToolTip ttbegin = new ToolTip();                  // 创建 ToolTip 对象
07       ttbegin.InitialDelay = 10;                        // 设置延迟为 10 ms
08       ttbegin.SetToolTip(pbox_start, "开始");           // 为控件添加提示信息
09       ToolTip ttpause = new ToolTip();                  // 创建 ToolTip 对象
10       ttpause.InitialDelay = 10;                        // 设置延迟为 10 ms
11       ttpause.SetToolTip(pbox_pause, "暂停");           // 为控件添加提示信息
12       ToolTip ttdel = new ToolTip();                    // 创建 ToolTip 对象
13       ttdel.InitialDelay = 10;                          // 设置延迟为 10 ms
14       ttdel.SetToolTip(pbox_delete, "删除");            // 为控件添加提示信息
15       ToolTip ttopen = new ToolTip();                   // 创建 ToolTip 对象
16       ttopen.InitialDelay = 10;                         // 设置延迟为 10 ms
17       ttopen.SetToolTip(pbox_continue, "续传");         // 为控件添加提示信息
18       ToolTip ttset = new ToolTip();                    // 创建 ToolTip 对象
19       ttset.InitialDelay = 10;                          // 设置延迟为 10 ms
20       ttset.SetToolTip(pbox_set, "设置");               // 为控件添加提示信息
21       ToolTip ttclose = new ToolTip();                  // 创建 ToolTip 对象
22       ttclose.InitialDelay = 10;                        // 设置延迟为 10 ms
23       ttclose.SetToolTip(pbox_close, "关闭");           // 为控件添加提示信息
24   }
```

InitialListViewMenu 方法主要用来初始化 ListView 控件菜单，其实现代码如下：

源码位置　　　　　　　　　　资源包 \Code\31\FastDownload\FastDownload\Main_form.cs

```
01   private void InitialListViewMenu()
02   {
03       MenuItem mi = new MenuItem("开始");               // 定义菜单的开始项
04       mi.Click += new EventHandler(mi_Click);           // 为菜单的开始项添加事件
05       MenuItem mi2 = new MenuItem("暂停");              // 定义菜单的暂停项
06       mi2.Click += new EventHandler(mi2_Click);         // 为菜单的暂停项添加事件
```

```
07        MenuItem mi3 = new MenuItem(" 删除 ");                    // 定义菜单的删除项
08        mi3.Click += new EventHandler(mi3_Click);                // 为菜单的删除项添加事件
09        lv_state.ContextMenu =                                   // 为 ListView 控件添加菜单
10            new ContextMenu(new MenuItem[] { mi, mi2, mi3 });
11    }
```

DisplayListView 方法用来定时重绘 ListView 控件，使 ListView 中的列表项以蓝白相间的形式出现。
DisplayListView 方法实现代码如下：

源码位置　　　　　　　　　　　　　◉ 资源包 \Code\31\FastDownload\FastDownload\Main_form.cs

```
01    private void DisplayListView()
02    {
03        while (true)
04        {
05            this.Invoke(
06                (MethodInvoker)delegate // 定义匿名方法
07                {
08                    if (lv_state.Items.Count < 28) //lv_state 发生改变则执行下面的内容
09                    {
10                        for (int j = 0; j < 28 - lv_state.Items.Count; j++)   // 遍历列表项
11                        {
12                            lv_state.Items.Add(
13                                new ListViewItem(new string[] { // 初始化 lv_state 的状态
14                                string.Empty, string.Empty, string.Empty, string.Empty,
15                                string.Empty, string.Empty, string.Empty, string.Empty}));
16                        }
17                    }
18                    for (int i = 0; i < lv_state.Items.Count; i++) // 遍历列表项
19                    {
20                        if (i % 2 == 0) // 如果是偶数行
21                        {
22                            lv_state.Items[i].BackColor =
23                                Color.FromArgb(225, 238, 255); // 背景设为浅蓝色
24                        }
25                        else
26                        {
27                            lv_state.Items[i].BackColor = Color.White;// 背景设为白色
28                        }
29                    }
30                });
31            Thread.Sleep(1000); // 线程挂起 1s
32        }
33    }
```

技巧

　　程序中使用匿名方法可以使用户能够省略参数列表，这意味着可以将匿名方法转换为带有各
种签名的委托。例如，上面的代码中通过使用匿名方法创建委托，以便执行重绘 ListView 控件的
功能，代码如下：

```
01    this.Invoke(                         // 定义匿名方法
02        (MethodInvoker)delegate          // 创建委托
03        {
04            ......
05        });
```

初始化控件及下载任务状态的运行效
果如图 31.9 所示。

31.5.5 打开新建下载任务窗体

图 31.9 初始化控件及下载任务状态

在 Main_form 窗体的工具栏中单击"新建"图标，创建 LoadStart 窗体对象，并将其 Owner 属性设置
为当前窗体，然后使用 Show 方法显示 LoadStart 窗体。"新建"图标的 Click 事件代码如下：

📚 **源码位置** 👁 资源包 \Code\31\FastDownload\FastDownload\Main_form.cs

```
01  private void pictureBox1_Click(object sender, EventArgs e)
02  {
03      LoadStart ls = new LoadStart();              // 实例化下载页面对象
04      ls.Owner = this;                             // 下载页面的 Owner 属性为本窗体
05      ls.Show();                                   // 显示下载页面
06  }
```

31.5.6 开始、暂停、删除及续传操作

在 Main_form 窗体的 ListView 列表中选中下载任务，单击工具栏中的"开始"图标，即可调用 start
方法开始选中的任务。start 方法为自定义的无返回值类型方法，主要用来开始下载任务，其代码如下：

📚 **源码位置** 👁 资源包 \Code\31\FastDownload\FastDownload\Main_form.cs

```
01  void start()
02  {
03      if (RowProcess != -1)                                        // 判断 lv_state 是否选中行
04      {
05          if (lv_state.Items[RowProcess].Text != string.Empty)     // 判断选中行是否为有效行
06          {
07              if (RowProcess + 1 > dl.Count)
08              {
09                  jc[RowProcess - dl.Count > 0 ?                   // 设置任务的状态为开始
10                      RowProcess - dl.Count : 0].stop = false;
11              }
12              else
13              {
14                  dl[RowProcess].stop = false;                     // 设置任务的状态为开始
15              }
16          }
17      }
18  }
```

在 Main_form 窗体的 ListView 列表中选中下载任务，单击工具栏中的"暂停"图标，即可调用 pause
方法暂停选中的任务。pause 方法为自定义的无返回值类型方法，主要用来暂停下载任务，其代码如下：

📚 **源码位置** 👁 资源包 \Code\31\FastDownload\FastDownload\Main_form.cs

```
01  void pause()
02  {
03      if (RowProcess != -1)                                        // 判断 lv_state 是否选中行
04      {
05          if (lv_state.Items[RowProcess].Text != string.Empty)     // 判断选中行是否为有效行
06          {
07              if (RowProcess + 1 > dl.Count)
08              {
09                  jc[RowProcess - dl.Count > 0 ?                   // 设置任务的状态为暂停
```

```
10                          RowProcess - dl.Count : 0].stop = true;
11              }
12          else
13          {
14              dl[RowProcess].stop = true;                         // 设置任务的状态为暂停
15          }
16      }
17   }
18 }
```

在 Main_form 窗体的 ListView 列表中选中下载任务，单击工具栏中的"删除"图标，即可调用 delete 方法删除选中的任务。delete 方法为自定义的无返回值类型方法，主要用来删除下载任务，其代码如下：

源码位置　　　　　　　　　　　👁 资源包 \Code\31\FastDownload\FastDownload\Main_form.cs

```
01 void delete()
02 {
03     if (RowProcess != -1)                                       // 判断 lv_state 是否选中行
04     {
05         if (lv_state.Items[RowProcess].Text != string.Empty)     // 判断选中行是否为有效行
06         {
07             if (RowProcess + 1 > dl.Count)
08             {
09                 jc[RowProcess - dl.Count > 0 ?                   // 设置任务的状态为暂停
10                     RowProcess - dl.Count : 0].stop = false;
11                 jc[RowProcess - dl.Count > 0 ?                   // 设置任务的状态为删除
12                     RowProcess - dl.Count : 0].stop2 = true;
13             }
14             else
15             {
16                 dl[RowProcess].stop = false;                     // 设置任务的状态为暂停
17                 dl[RowProcess].stop2 = true;                     // 设置任务的状态为删除
18             }
19         }
20     }
21 }
```

在 Main_form 窗体中单击工具栏中的"续传"图标，打开"打开"对话框，在该对话框中选择要续传的 .cfg 格式文件，单击"打开"按钮，即可调用 xuchuan 类中的 Begin 方法处理续传信息。"续传"图标的 Click 事件代码如下：

源码位置　　　　　　　　　　　👁 资源包 \Code\31\FastDownload\FastDownload\Main_form.cs

```
01 private void pictureBox5_Click(object sender, EventArgs e)
02 {
03     openFileDialog1.FileName = string.Empty;                    // 重置续传文件的名称
04     openFileDialog1.Filter = string.Format("fg 文件 |*.cfg");   // 续传文件类型筛选
05     DialogResult dr = openFileDialog1.ShowDialog();             // 打开文件浏览，选择续传文件
06     if (dr == DialogResult.OK)                                  // 判断是否点下确定按钮
07     {
08         Stream sm = openFileDialog1.OpenFile();                 // 得到续传文件的流对象
09         string s = openFileDialog1.FileName;                    // 得到续传文件的文件名
10         xuchuan jcc = new xuchuan();                            // 创建处理续传文件下载的类的实例
11         jcc.Begin(sm, s);                                       // 正式开始处理续传信息
12         jc.Add(jcc);                                            // 将续传对象加入到续传处理队列
13     }
14 }
```

开始、暂停、删除及续传操作按钮的效果如图31.10所示。

31.5.7 网络速度实时监控

图31.10 开始、暂停、删除及续传操作按钮

在 Main_form 窗体中自定义一个 ShowSpeed 方法，用来显示当前网络下载和上传速度，在该方法中，首先遍历网卡列表，并获取接收和发送的字节数，然后通过逻辑运算获取本次接收和发送的字节数，并显示在相应的 Label 控件中。ShowSpeed 方法代码如下：

源码位置 👁 资源包 \Code\31\FastDownload\FastDownload\Main_form.cs

```
01  private List<NetworkInterface> netList;                              // 存储网卡列表
02  private long receivedBytes;                                          // 记录上一次总接收字节数
03  private long sentBytes;                                              // 记录上一次总发送字节数
04  /// <summary>
05  /// 显示当前网络下载和上传速度
06  /// </summary>
07  private void ShowSpeed()
08  {
09      long totalReceivedbytes = 0;                                     // 记录本次总接收字节数
10      long totalSentbytes = 0;                                         // 记录本次总发送字节数
11      foreach (NetworkInterface net in netList)                        // 遍历网卡列表
12      {
13          IPv4InterfaceStatistics interfaceStats = net.GetIPv4Statistics(); // 获取 IPv4 统计信息 //
14          totalReceivedbytes += interfaceStats.BytesReceived;          // 获取接收字节数，并累计
15          totalSentbytes += interfaceStats.BytesSent;                  // 获取发送字节数，并累计
16      }
17      long recivedSpeed = totalReceivedbytes - receivedBytes;          // 计算本次接收字节数（本次 - 上次）//
18      long sentSpeed = totalSentbytes - sentBytes;                     // 计算本次发送字节数（本次 - 上次）
19      // 如果上一次接收和发送值为 0，将下载和上传速度设置为 0
20      if (receivedBytes == 0 && sentBytes == 0)
21      {
22          recivedSpeed = 0;
23          sentSpeed = 0;
24      }
25      label1.Text = "[" + recivedSpeed / 1024 + " KB/s]";              // 显示下载速度
26      label2.Text = "[" + sentSpeed / 1024 + " KB/s]";                 // 显示上传速度
27      receivedBytes = totalReceivedbytes;                              // 记录上一次总接收字节数
28      sentBytes = totalSentbytes;                                      // 记录上一次总发送字节数
29  }
```

网络速度实时监控效果如图 31.11 所示，其中，556 KB/s 为每秒发送的字节，19 KB/s 为每秒接收的字节。

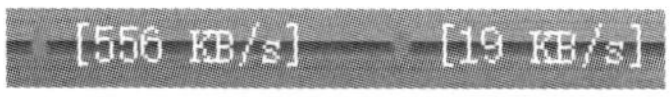

—— [556 KB/s] —— [19 KB/s]

图31.11 网络速度实时监控效果

31.5.8 退出程序时保存续传文件

在 Main_form 窗体中单击标题栏中的"关闭"图标，调用 exit 方法实现退出应用程序并保存续传信息的功能。exit 方法为自定义的无返回值类型方法，主要用来退出应用程序并保存续传信息，其代码如下：

源码位置 👁 资源包 \Code\31\FastDownload\FastDownload\Main_form.cs

```
01  private void exit()
02  {
03      if (Set.Continue == "1")
04      {
05          if (dl.Count > 0 || jc.Count > 0)  // 下载或续传队列有任务则继续执行
06          {
07              DialogResult dr = MessageBox.Show("当前有未完成的下载，请确认继续下载（是），还是关闭应用程序
```

```
( 否 )!", " 提示 ",
08                     MessageBoxButtons.YesNo);   // 是否关闭应用程序
09             if (dr == DialogResult.Yes)     // 单击确认按钮向下执行
10             {
11                 if (dl.Count > 0)   // 如果下载队列中有下载进程
12                 {
13                     // 遍历下载队列中所有下载进程，并操作下载进程保存续传数据信息
14                     for (int i = 0; i < dl.Count; i++)
15                     {
16                         dl[i].stop = true; // 暂停下载进程的下载动作
17                         System.Threading.Thread.Sleep(3000); // 线程挂起 3s
18                         dl[i].SaveState();// 保存下载数据的续传信息
19                         dl[i].AbortThread();
20                     }
21                 }
22                 if (jc.Count > 0) // 如果续传队列中有续传进程
23                 {
24                     // 遍历续传队列中所有续传进程，并操作续传进程保存续传数据信息
25                     for (int j = 0; j < jc.Count; j++)
26                     {
27                         jc[j].stop = true; // 暂停续传进程的下载动作
28                         System.Threading.Thread.Sleep(3000); // 线程挂起 3s
29                         jc[j].SaveState();// 保存续传数据的续传信息
30                         jc[j].AbortThread();
31                     }
32                 }
33                 Environment.Exit(0); // 强制退出应用程序
34             }
35         }
36         else
37         {
38             Close();// 退出应用程序
39         }
40     }
41     else
42     {
43         Close(); // 退出应用程序
44     }
45 }
```

如果下载任务没有完成，退出程序时自动保存续传文件，保存的续传文件效果如图 31.12 所示。

图 31.12 **保存的续传文件效果（扩展名为 .cfg）**

31.5.9 打开系统设置窗体

在 Main_form 窗体的工具栏中单击"设置"图标，创建 Setting 窗体对象，并使用 ShowDialog 方法显示 Setting 窗体。"设置"图标的 Click 事件代码如下：

源码位置   **资源包 \Code\31\FastDownload\FastDownload\Main_form.cs**

```
01 private void pbox_set_Click(object sender, EventArgs e)
02 {
03     Setting set = new Setting();          // 创建设置窗体对象
04     set.ShowDialog();                     // 显示设置窗体
05 }
```

31.6 新建下载任务窗体设计

31.6.1 新建下载任务概述

新建下载任务窗体主要用来向网络多任务下载器主窗体中添加新的下载任务，在该窗体中，首先输入下载网络资源的地址，手动选择文件存储路径，然后选择下载网络资源所使用的线程的数量，最后单击"立即下载"按钮，即可向主窗体添加新的下载任务。新建下载任务功能的运行结果如图 31.13 所示。

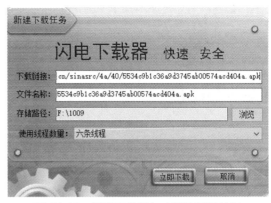

图 31.13　新建下载任务功能的运行结果

31.6.2 新建下载任务的业务流程

在设计网络多任务下载器的新建下载任务窗体时，先要梳理出它的业务流程和实现技术。根据网络多任务下载器的新建下载任务窗体要实现的功能，可以画出如图 31.14 所示的业务流程。

注：带 ▼ 的为重点难点

图 31.14　新建下载任务的业务流程

31.6.3 设计新建下载任务界面

新建一个 Windows 窗体，命名为 LoadStart.cs，设置其 FormBorderStyle 属性为 None，StarPosition 属性为 CenterScreen，Text 属性为"新建下载任务"。该窗体用到的主要控件及说明如表 31.2 所示。

表 31.2　新建下载任务窗体用到的主要控件及说明

控件类型	控件 ID	主要属性设置	说明
TextBox	tb_url	无	下载链接地址
	tb_filename	BackColor 属性选择为"Control"	下载文件名称
	tb_savepath	无	下载文件保存路径
PictureBox	pbox_true	Image 属性中添加 pbox_begin.png	立即下载
	pbox_cancel	Image 属性中添加 pbox_cancel.png	取消
Button	btn_browse	Text 属性设置为"浏览"	浏览文件夹
ComboBox	cbox_count	在 Items 属性集合中添加如下字符串："单线程""两条线程""三条线程""四条线程""五条线程""六条线程""七条线程""八条线程""九条线程""十条线程""十一条线程""十二条线程"	选择线程数量
FolderBrowserDialog	folderBrowserDialog1	无	浏览文件夹

31.6.4　显示默认下载路径

LoadStart 窗体加载时，首先设置默认下载线程数量，然后通过使用 Set 类中的静态变量 Path 获取默认的下载路径，并显示在"存储路径"文本框中。LoadStart 窗体的 Load 事件代码如下：

源码位置　　　　　　　　　　👁 资源包 \Code\31\FastDownload\FastDownload\LoadStart.cs

```
01  private void LoadStart_Load(object sender, EventArgs e)
02  {
03      cbox_count.SelectedIndex = 5;   // 默认选择使用六条线程下载
04      tb_savepath.Text = Set.Path;    // 显示默认路径
05      bs2 = Owner as Main_form;       // 得到主窗体的实例的引用
06  }
```

显示默认下载路径的效果如图 31.15 所示。

存储路径: F:\1009

图 31.15　显示默认下载路径

31.6.5　选择下载文件保存位置

在新建下载任务窗体中单击"浏览"按钮，首先使用 FolderBrowserDialog 控件显示"浏览文件夹"对话框，然后使用 DialogResult 对象获取该对话框中的返回值，如果返回 OK，则显示并记录选择的路径。"浏览"按钮的 Click 事件代码如下：

源码位置　　　　　　　　　　👁 资源包 \Code\31\FastDownload\FastDownload\LoadStart.cs

```
01  private void btn_browse_Click(object sender, EventArgs e)
02  {
03      DialogResult dr = folderBrowserDialog1.ShowDialog(); // 选择下载文件保存到的文件夹
04      if (dr == DialogResult.OK) // 如果选定了文件夹，则执行下面的代码
05      {
06          tb_savepath.Text = folderBrowserDialog1.SelectedPath;       // 显示下载路径
07          bs2.filepath = tb_savepath.Text;                            // 得到下载路径
08          Set.WritePrivateProfileString(Set.strNode, "Path", tb_savepath.Text, Set.strPath);
09      }
10  }
```

在新建下载任务窗体中单击"浏览"按钮，将弹出"浏览文件夹"对话框，如图 31.16 所示。在该对话框中选择下载文件的保存路径。

31.6.6　自动获取下载文件名

当用户在"下载链接"文本框中输入下载地址后，触发该文本框的 TextChanged 事件，该事件中自动从下载链接中获取下载文件的名称，显示在"文件名称"文本框中，代码如下：

图 31.16　选择下载文件的保存路径

源码位置　　　　　　　　　　👁 资源包 \Code\31\FastDownload\FastDownload\LoadStart.cs

```
01  private void tb_url_TextChanged(object sender, EventArgs e)
02  {
03      string strUrl = tb_url.Text;   // 获取下载链接
04      if (strUrl.IndexOf("/") > 0)   // 自动获取下载文件名
05          tb_filename.Text = strUrl.Substring(strUrl.LastIndexOf("/") + 1);
06  }
```

运行程序，在新建下载任务窗体中输入下载链接后，程序会自动获取下载链接中的文件名称，并显

示在"文件名称"文本框中，如图 31.17 所示。

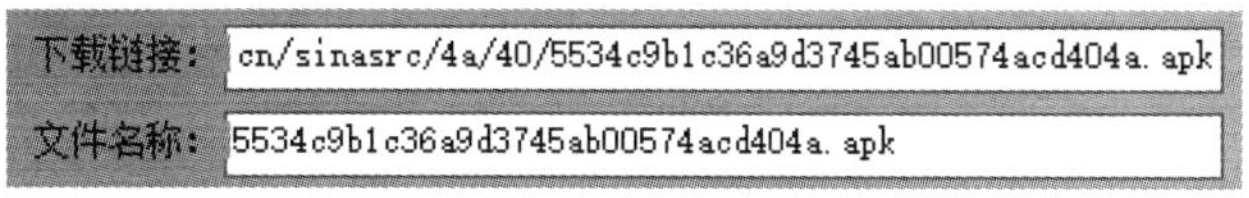

| 下载链接： | cn/sinasrc/4a/40/5534c9b1c36a9d3745ab00574acd404a.apk |
| 文件名称： | 5534c9b1c36a9d3745ab00574acd404a.apk |

31.6.7　确认下载文件信息

图 31.17　自动获取下载文件名

在新建下载任务窗体中输入下载链接和文件名称，并选择了存储路径和使用线程数量后，单击"立即下载"按钮，使用主窗体中的全局变量记录用户的输入和选择，并创建一个新的下载对象，然后关闭当前窗体。"立即下载"按钮的 Click 事件代码如下：

源码位置　　　◉ 资源包 \Code\31\FastDownload\FastDownload\LoadStart.cs

```
01  private void pictureBox1_Click(object sender, EventArgs e)
02  {
03      if (String.IsNullOrEmpty(tb_url.Text) || String.IsNullOrEmpty(tb_filename.Text))
04      {
05          MessageBox.Show("请输入下载地址及路径！ ");
06      }
07      else
08      {
09          if (!System.IO.Directory.Exists(tb_savepath.Text)) // 判断路径是否存在
10          {
11              try
12              {
13                  System.IO.Directory.CreateDirectory(tb_savepath.Text); // 创建路径
14              }
15              catch
16              {
17                  MessageBox.Show("默认磁盘不存在，请重新选择保存路径");
18                  btn_browse_Click(sender, e); // 触发浏览按钮事件
19              }
20          }
21          bs2.downloadUrl = tb_url.Text; // 设置下载地址
22          // 设置文件名称
23          bs2.filename = bs2.downloadUrl.Substring(bs2.downloadUrl.LastIndexOf("/") + 1,
24              bs2.downloadUrl.Length - (bs2.downloadUrl.LastIndexOf("/") + 1));
25          tb_filename.Text = bs2.filename;
26          bs2.xiancheng = cbox_count.SelectedIndex + 1; // 设置下载文件时使用的线程数量
27          // 设置文件全路径
28          if (tb_savepath.Text.EndsWith("\\"))
29              bs2.fileNameAndPath = tb_savepath.Text + bs2.filename;
30          else
31              bs2.fileNameAndPath = tb_savepath.Text + @"\" + bs2.filename;
32          if (tb_savepath.Text != string.Empty) // 如果文件保存路径不等于空字符串
33          {
34              Set.WritePrivateProfileString(Set.strNode, "Path", tb_savepath.Text, Set.strPath);
35              DownLoad dll = new DownLoad(bs2.filename, // 创建下载类型的实例
36                  tb_savepath.Text,
37                  bs2.downloadUrl,
38                  bs2.fileNameAndPath, bs2.xiancheng);
39              bs2.dl.Add(dll); // 将下载类型的实例放入下载列表
40              this.Close();// 关闭当前窗体
41          }
42          else
43          {
44              // 如果没有设置文件保存的路径，那么提示选择文件保存路径
45              MessageBox.Show("请选择下载文件保存的位置");
46          }
47      }
48  }
```

✏ **技巧**

> 开发程序时，经常需要在多个窗体间传值，这时可以在某窗体中定义全局变量，然后通过窗体对象引用该全局变量，从而实现为其赋值和取值的功能。

31.7   系统设置窗体设计

31.7.1   系统设置窗体概述

系统设置窗体主要有 3 个选项卡，分别是"常规设置""下载设置"和"消息提醒"，其中，常规设置主要用来设置软件是否开机启动和启动时是否自动开始未完成任务，如图 31.18 所示。

下载设置主要用来设置下载路径、网速限制、下载完成后是否自动关机以及是否定时关机等选项，如图 31.19 所示。

图 31.18   常规设置界面

图 31.19   下载设置界面

消息提醒主要用来设置任务下载完成后是否显示提示窗口、是否播放提示音、有未完成任务时是否显示继续下载提示，以及是否在主窗体中显示流量监控等选项，如图 31.20 所示。

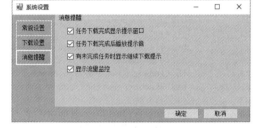

图 31.20   消息提醒界面

31.7.2   系统设置的业务流程

在设计网络多任务下载器的系统设置窗体时，先要梳理出它的业务流程和实现技术。根据网络多任务下载器的系统设置窗体要实现的功能，可以画出如图 31.21 所示的业务流程。

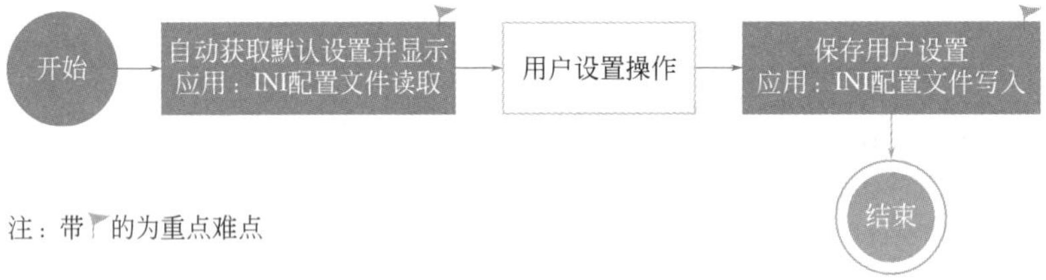

开始 → 自动获取默认设置并显示 应用：INI配置文件读取 → 用户设置操作 → 保存用户设置 应用：INI配置文件写入 → 结束

注：带 ◤ 的为重点难点

图 31.21   系统设置的业务流程

31.7.3   设计系统设置窗体

新建一个 Windows 窗体，命名为 Setting.cs，设置其 Text 属性为"系统设置"。该窗体用到的主要控件及说明如表 31.3 所示。

表 31.3　系统设置窗体用到的主要控件及说明

控件类型	控件 ID	主要属性设置	说明
Button	btnSet	FlatStyle 属性设置为 Flat，Text 属性设置为"常规设置"	常规设置按钮
	btnDownload	FlatStyle 属性设置为 Flat，Text 属性设置为"下载设置"	下载设置按钮
	btnNotify	FlatStyle 属性设置为 Flat，Text 属性设置为"消息提醒"	消息提醒按钮
	btnSelect	Text 属性设置为"选择"	选择下载路径按钮
	btnOK	Text 属性设置为"确定"	确定按钮（保存设置）
	btnCancel	Text 属性设置为"取消"	取消按钮（关闭窗体）
GroupBox	gboxSet	Text 属性设置为"常规设置"	常规设置容器
	gboxDownload	Text 属性设置为"下载设置"	下载设置容器
	gboxNotify	Text 属性设置为"消息提醒"	消息提醒容器
Label	lblSpace	Font 属性设置为"宋体，11pt，style=Bold"，ForeColor 属性设置为 Teal	显示剩余空间
TextBox	txtPath	无	设置下载路径
	txtNet	无	设置网速
DateTimePicker	dtpickerTime	Format 属性设置为 Time，ShowUpDown 属性设置为 true	选择定时关机事件
CheckBox	cboxStart	Text 属性设置为"开机启动"	是否开机启动
	cboxAuto	Text 属性设置为"启动时自动开始未成任务"	是否在启动时自动开始未完成任务
	cboxNet	Text 属性设置为"网速保护"	是否启用网速保护
	cboxDClose	Text 属性设置为"下载完成自动关闭计算机"	是否下载完成自动关闭计算机
	cboxTClose	Text 属性设置为"定时关闭计算机"	是否定时关闭计算机
	cboxSNotify	Text 属性设置为"任务下载完成显示提示窗口"	是否任务下载完成显示提示窗口
	cboxPlay	Text 属性设置为"任务下载完成后播放提示音"	是否任务下载完成后播放提示音
	cboxContinue	Text 属性设置为"有未完成任务时显示继续下载提示"	是否有未完成任务时显示继续下载提示
	cboxShowFlow	Text 属性设置为"显示流量监控"	是否显示流量监控

31.7.4　显示用户的默认设置

系统设置窗体加载时，首先将 INI 配置文件中设置的选项值读取出来，并根据选项值确定各个选项复选框的选中状态；在"下载路径"文本框中显示读取的下载路径，在"剩余空间"标签中显示下载路径所在磁盘的剩余空间。系统设置窗体的 Load 事件代码如下：

源码位置　　　　　　　　　　　　👁 资源包 \Code\31\FastDownload\FastDownload\Setting.cs

```
01   private void Setting_Load(object sender, EventArgs e)
02   {
03       set.GetConfig();                          // 获取设置信息
04       if (Set.Start == "1")                     // 判断是否开机自动启动
05           cboxStart.Checked = true;
```

```
06        else
07            cboxStart.Checked = false;
08        if (Set.Auto == "1")                                    // 判断是否自动开始未完成任务
09            cboxAuto.Checked = true;
10        else
11            cboxAuto.Checked = false;
12        txtPath.Text = Set.Path;                                // 获取默认下载路径
13        // 显示默认下载路径的剩余空间
14        lblSpace.Text = set.GetSpace(txtPath.Text.Substring(0, txtPath.Text.IndexOf("\\") + 1));
15        if (Set.Net == "1")                                     // 判断网络限制
16            cboxNet.Checked = true;
17        else
18            cboxNet.Checked = false;
19        txtNet.Text = Set.NetValue;                             // 获取网速限制值
20        if (Set.DClose == "1")                                  // 判断是否下载完成自动关机
21            cboxDClose.Checked = true;
22        else
23            cboxDClose.Checked = false;
24        if (Set.TClose == "1")                                  // 判断是否定时关机
25            cboxTClose.Checked = true;
26        else
27            cboxTClose.Checked = false;
28        dtpickerTime.Text = Set.TCloseValue;                    // 获取定时关机时间
29        if (Set.SNotify == "1")                                 // 判断是否下载完成显示提示
30            cboxSNotify.Checked = true;
31        else
32            cboxSNotify.Checked = false;
33        if (Set.Play == "1")                                    // 判断是否下载完成播放提示音
34            cboxPlay.Checked = true;
35        else
36            cboxPlay.Checked = false;
37        if (Set.Continue == "1")                                // 判断是否在有未完成的下载时显示继续提示
38            cboxContinue.Checked = true;
39        else
40            cboxContinue.Checked = false;
41        if (Set.ShowFlow == "1")                                // 判断是否显示流量监控
42            cboxShowFlow.Checked = true;
43        else
44            cboxShowFlow.Checked = false;
45        btnSet_Click(sender, e);                                // 显示常规设置选项卡
46    }
```

系统设置窗体加载，会自动从 INI 文件中获取默认设置值，并根据这些默认设置值设置相应控件的状态或者值，例如，在 INI 文件中将 Start 和 Auto 都设置为 1，如图 31.22 所示，则在"常规设置"界面中的两个复选框都会处于选中状态，如图 31.23 所示。

图 31.22 INI 文件的值　　　　图 31.23 显示用户默认设置

31.7.5 切换设置界面

当用户单击系统设置窗体左侧的 3 个按钮时，切换各个设置界面的显示，并通过设置相应容器的 Dock 属性使其填充整个窗体的区域，代码如下：

源码位置　　　　👁 资源包 \Code\31\FastDownload\FastDownload\Setting.cs

```
01    private void btnSet_Click(object sender, EventArgs e)        // 常规设置
02    {
```

```
03        gboxSet.Visible = true;                                    // 显示常规设置容器
04        gboxSet.Dock = DockStyle.Fill;                             // 设置常规设置容器填充窗体
05        gboxDownload.Visible = gboxNotify.Visible = false;         // 隐藏下载设置和消息提醒容器
06     }
07     private void btnDownload_Click(object sender, EventArgs e)     // 下载设置
08     {
09        gboxDownload.Visible = true;                               // 显示下载设置容器
10        gboxDownload.Dock = DockStyle.Fill;                        // 设置下载设置容器填充窗体
11        gboxSet.Visible = gboxNotify.Visible = false;             // 隐藏常规设置和消息提醒容器
12     }
13     private void btnNotify_Click(object sender, EventArgs e)      // 消息提醒
14     {
15        gboxNotify.Visible = true;                                 // 显示消息提醒容器
16        gboxNotify.Dock = DockStyle.Fill;                          // 设置消息提醒容器填充窗体
17        gboxDownload.Visible = gboxSet.Visible = false;           // 隐藏常规设置和下载设置容器
18     }
```

切换设置页面功能主要是通过系统设置窗体中左侧的 3 个按钮实现的，其效果如图 31.24 所示。

31.7.6 保存用户设置

当用户在系统设置窗体中设置完各个选项后，单击"确定"按钮，根据各个控件的状态记录相应的选项值，然后调用 Set 类的 WritePrivateProfileString 方法将记录的选项值写入 INI 配置文件中的相应节点中。"确定"按钮的 Click 事件代码如下：

图 31.24 切换设置页面的 3 个按钮

🎵 **源码位置**　　　　　👁 资源包 \Code\31\FastDownload\FastDownload\Setting.cs

```
01     private void btnOK_Click(object sender, EventArgs e)
02     {
03        // 定义变量，用来存储 INI 配置文件中的相应值
04        string start,auto,path,net, dclose,tclose, snotify,play,contin, showflow;
05        if (cboxStart.Checked)
06            start = "1";                                    // 开机自动启动
07        else                                                // 开机不自动启动
08            start = "0";
09        set.AutoRun(Set.Start);                             // 设置开机启动
10        if (cboxAuto.Checked)
11            auto = "1";                                     // 自动开始未完成任务
12        else
13            auto = "0";                                     // 不自动开始未完成任务
14        if (txtPath.Text !="")
15            path = txtPath.Text;
16        else
17            path = "C:\\";                                  // 默认路径
18        if (cboxNet.Checked)
19        {
20            if (txtNet.Text == "")                          // 判断是否设置了网速
21            {
22                MessageBox.Show("请输入限制网速！");
23                return;
24            }
25            else
26                net = 1 + " " + txtNet.Text.Trim();         // 记录限制的网速
27        }
28        else
29            net = "0 256";                                  // 记录默认网速
30        if (cboxDClose.Checked)
31            dclose = "1";                                   // 下载完成自动关机
32        else
```

```
33              dclose = "0";                                       // 下载完成不自动关机
34          if (cboxTClose.Checked)                                 // 判断是否选中定时关机复选框
35          {
36              if (dtpickerTime.Text == "")                        // 判断是否设置了时间
37              {
38                  MessageBox.Show(" 请设置时间！");                 // 弹出信息提示
39                  return;
40              }
41              else
42                  tclose = 1 + " " + dtpickerTime.Text;           // 记录选择的时间
43          }
44          else
45              tclose = "0 00:00:00";                              // 初始化定时关机时间
46          if (cboxSNotify.Checked)                                // 判断是否选择了下载完成提示复选框
47              snotify = "1";                                      // 提示
48          else
49              snotify = "0";                                      // 不提示
50          if (cboxPlay.Checked)
51              play = "1";                                         // 播放提示音
52          else
53              play = "0";                                         // 不播放提示音
54          if (cboxContinue.Checked)
55              contin = "1";                                       // 显示继续提示
56          else
57              contin = "0";                                       // 不显示提示
58          if (cboxShowFlow.Checked)
59              showflow = "1";                                     // 显示流量监控
60          else
61              showflow = "0";                                     // 不显示流量监控
62          // 写入是否开机自动启动的值
63          Set.WritePrivateProfileString(Set.strNode, "Start", start, Set.strPath);
64          // 写入是否自动开始未完成任务的值
65          Set.WritePrivateProfileString(Set.strNode, "Auto", auto, Set.strPath);
66          // 写入默认下载路径的值
67          Set.WritePrivateProfileString(Set.strNode, "Path", path, Set.strPath);
68          // 写入网络限制的值
69          Set.WritePrivateProfileString(Set.strNode, "Net", net, Set.strPath);
70          // 写入是否下载完成自动关机的值
71          Set.WritePrivateProfileString(Set.strNode, "DClose", dclose, Set.strPath);
72          // 写入是否定时关机的值
73          Set.WritePrivateProfileString(Set.strNode, "TClose", tclose, Set.strPath);
74          // 写入是否下载完成显示提示的值
75          Set.WritePrivateProfileString(Set.strNode, "SNotify", snotify, Set.strPath);
76          // 写入是否下载完成播放提示音的值
77          Set.WritePrivateProfileString(Set.strNode, "Play", play, Set.strPath);
78          // 写入是否在有未完成的下载时显示继续提示的值
79          Set.WritePrivateProfileString(Set.strNode, "Continue", contin, Set.strPath);
80          // 写入是否显示流量监控的值
81          Set.WritePrivateProfileString(Set.strNode, "ShowFlow", showflow, Set.strPath);
82          MessageBox.Show(" 设置保存成功！");
83          Close();                                                // 关闭当前窗体
84      }
```

小结

本章运用软件工程的设计思想，通过一个完整的网络多任务下载器带领读者详细走完一个系统的开发流程。实际开发中，使用了 C# 中常用的网络编程技术、多线程技术，另外，还应用了 C# 中调用系统 API 函数的技术。通过本章的学习，读者不仅可以了解一般项目的开发流程，还应该对 C# 中的网络编程技术和多线程技术应用有一个深刻的了解，为以后的应用打下基础。

全方位沉浸式学C#
见此图标 微信扫码

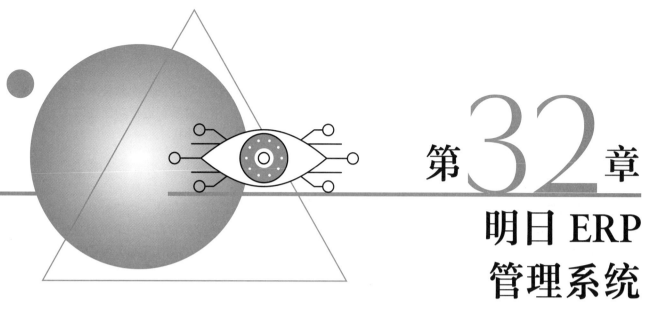

第32章

明日 ERP
管理系统
——WinForm+SQL Server+ 事务处理技术实现

ERP 管理系统是整合了企业管理理念、业务流程、基础数据、人力物力、计算机硬件和软件于一体的企业资源管理系统，它是一种先进的企业管理模式，是提高企业经济效益的解决方案，它的主要宗旨是对企业所拥有的人、财、物、信息、时间和空间等综合资源进行综合平衡和优化管理，协调企业各管理部门，围绕市场导向开展业务活动，提高企业的核心竞争力，从而取得最好的经济效益。本章将使用 C# 结合 SQL Server 技术开发一个 C/S 架构的明日 ERP 管理系统。

本章知识架构如下：

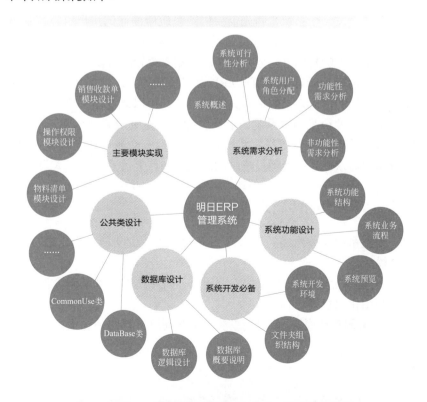

32.1　系统需求分析

本节将对 ERP 管理系统的具体设计进行分析。首先对系统进行系统的概述，其次从技术角度分析系统实现的可行性，之后从系统使用者方面对系统进行用户角色分析，并且对系统进行功能性需求与非功能性需求分析。通过本章的分析，为之后的系统功能设计与实现提供可靠基础。

32.1.1　系统概述

在企业管理中，一般的管理主要包括 4 方面的内容：生产控制（计划、制造）、物流管理（销售、采购、库存）、财务管理（会计核算、财务管理）和人力资源。现在不少企业都有自己的单项信息化业务系统，比如进销存系统、财务系统、客户关系系统、工资人事系统等，很多人认为这就实现了企业信息化管理，但这些软件系统间的信息是各自独立的，无法实现信息共享，各个信息在某一个部门可能得心应手，但对企业整体来说，并没有起到信息综合利用的效果，各个部门间的信息都是"孤岛"，而只有将企业的各个信息系统集成化，才能够整合各个部门的信息资源，实现信息共享和企业资源的综合利用，这也正是明日 ERP 管理系统能够解决的最主要问题。

32.1.2　系统可行性分析

可行性分析是从技术、经济、实践操作等维度对项目的核心内容和配置要求进行详细的考量和分析，从而得出项目或问题的可行性程度。故先完成可行性分析，再进行项目开发是非常有必要的。

从技术角度分析，本系统采用成熟的 C#+WinForm 方式进行开发，存储数据采用的是与 C# 紧密结合的 SQL Server 数据库，可供查询的资料和范例十分丰富。从经济成本上来说，通过该系统可以实现对企业所拥有的人、财、物、信息、时间和空间等综合资源进行综合平衡和优化管理，协调企业各管理部门，围绕市场导向开展业务活动，提高企业的核心竞争力，从而取得最好的经济效益。

32.1.3　系统用户角色分配

设计开发一个系统，首先需要确定系统所面向的用户群体，也就是哪部分人群会更多地使用该系统。本系统主要面向公司内部人员使用。用户与角色是使用系统的基本单位，根据系统中的用户权限和实际需要，系统中的角色可以分为普通用户和系统管理员。

普通用户指所有使用明日 ERP 管理系统的人，这类用户是系统的核心用户。本系统将内容查询功能设置为开放的，而如果想拥有其他权限，则可以让管理用户在系统内为其设置。

系统管理员是指本系统的后端管理者，主要对系统的用户管理负责，职能重点是对系统用户的各种行为进行管理。在最初开发系统时，会预设一个账号和密码供系统管理人员登录，但考虑到后期系统的运行管理需求，系统管理员能够动态地添加和删除系统用户人员，方便系统的管理。

32.1.4　功能性需求分析

根据系统总体概述，对明日 ERP 管理系统的功能性需求进行了进一步的分析。主要可以划分为以下几个模块：

① 基础管理模块　该模块主要用于设置系统的各种基础分类、各种档案资料、结算账户、物料清单及库存初始化信息等。

② 采购管理模块　该模块主要用于管理原材料的采购预订、采购入库、采购付款等业务。

③ 销售管理模块 该模块主要用于管理产品的销售预订、销售出库、销售收款等业务。

④ 仓库管理模块 该模块主要用于对产品和原材料的库存管理，包括领料、退料、报损、库存盘点、查询库存清单等业务。

⑤ 生产管理模块 该模块主要用于对企业车间各种生产活动的管理，包括从生产计划到产成品入库的一系列生产活动。

⑥ 客户管理模块 该模块为企业提供全方位的管理视角；赋予企业更完善的客户交流能力，最大化客户的收益率。

⑦ 财务管理模块 该模块主要用于管理银行的存取款、采购费用、销售费用等日常财务工作。

⑧ 系统管理模块 该模块主要用于进行操作员管理、密码维护、权限设置等系统设置业务。

32.1.5　非功能性需求分析

明日 ERP 管理系统的主要设计目的是为企业提供一个生产、采购、销售、库存、财务等管理功能为一体的平台。除了上一小节提到的功能性需求外，本系统还应注意系统的非功能性需求，如系统运行的稳定性、系统功能的可维护性、系统开发的可拓展性，以及良好的人机交互界面等。

32.2　系统功能设计

32.2.1　系统功能结构

ERP 管理系统的功能结构如图 32.1 所示。

图 32.1　ERP 管理系统的功能结构

32.2.2 系统业务流程

在开发 ERP 管理系统前，需要先了解软件的业务流程。根据 ERP 管理系统的需求分析及功能结构，设计出如图 32.2 所示的系统业务流程图。

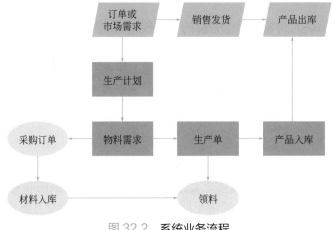

图 32.2　系统业务流程

📑 **说明**

图 32.2 中的平行四边形表示销售环链（销售），矩形表示为了销售而进行备货的环链（生产），椭圆形表示为了生产而进行备料的环链（采购）。

32.2.3 系统预览

系统登录模块主要实现当用户输入正确的登录用户名和密码后，单击"登录"按钮，将进入系统的主窗体，系统登录界面的运行效果如图 32.3 所示。

明日 ERP 管理系统的主窗体主要提供各个功能的快捷菜单及常用工具栏，其运行效果如图 32.4 所示。

通过主窗体的菜单可以打开各个管理窗口，而管理窗口的布局基本类似，实现的功能也比较类似，比如采购订单窗体的效果如图 32.5 所示。

图 32.3　系统登录

图 32.4　系统主窗体

图 32.5　采购订单

32.3　系统开发必备

32.3.1 系统开发环境

本系统的软件开发及运行环境具体如下。

⊃ 操作系统: Windows 7 (SP1) 以上（包括 Windows 10、11 等）。

⊃ 开发环境: Visual Studio 免费社区版（2015、2017、2019、2022 等版本兼容）。

⊃ 开发语言: C#。

⊃ 数据库: SQL Server 数据库（2012、2014、2016、2017、2019 等版本兼容）。

32.3.2 文件夹组织结构

明日 ERP 管理系统的文件夹组织结构如图 32.6 所示。

32.4 数据库设计

图 32.6 文件夹组织结构

32.4.1 数据库概要说明

本系统采用 SQL Server 作为数据库，数据库名称为 db_ERP，其中包含 46 张数据表，其数据表树形结构图如图 32.7 所示。

图 32.7 明日 ERP 管理系统中用到的数据表的树形结构图

32.4.2　数据库逻辑设计

（1）创建数据表

由于篇幅所限，所以这里只给出较重要的数据表，其他数据表请参见本书附带资源包。

① BSInven（存货信息表）　BSInven 表用于保存各种存货档案资料，该表的结构如表 32.1 所示。

表 32.1　**存货信息表**

字段名称	数据类型	字段大小	说明
InvenCode	varchar	10	存货编码
InvenName	varchar	40	存货名称
InvenTypeCode	varchar	10	存货类别代码
SpecsModel	varchar	30	规格型号
MeaUnit	varchar	10	计量单位
SelPrice	decimal	9	参考售价
PurPrice	decimal	9	参考进价
SmallStockNum	int	4	最小库存量
BigStockNum	int	4	最大库存量

② PUInStore（采购入库单信息表）　PUInStore 表用于保存原材料采购入库的详细信息，该表的结构如表 32.2 所示。

表 32.2　**采购入库单信息表**

字段名称	数据类型	字段大小	说明
PUInCode	varchar	20	单据编号
PUInDate	datetime	8	单据日期
OperatorCode	varchar	10	操作员代码
SupplierCode	varchar	10	供应商代码
StoreCode	varchar	10	仓库代码
InvenCode	varchar	10	存货编码
UnitPrice	decimal	9	采购单价
Quantity	int	4	采购数量
PUMoney	decimal	9	采购金额
PUOrderCode	varchar	20	采购订单号
EmployeeCode	varchar	10	库管员
IsFlag	char	1	审核标记

③ SEGather（销售收款单信息表）　SEGather 表用于保存产品销售收款的详细信息，该表的结构如表 32.3 所示。

表 32.3　销售收款单信息表

字段名称	数据类型	字段大小	说明
SEGatherCode	varchar	20	单据编号
SEGatherDate	datetime	8	单据日期
OperatorCode	varchar	10	操作员代码
SEOutCode	varchar	20	销售出库单号
SEOutDate	datetime	8	销售出库日期
CustomerCode	varchar	10	客户代码
SEMoney	decimal	9	收款金额
AccountCode	varchar	19	账户代码
EmployeeCode	varchar	10	收款人
Remark	text	16	备注
IsFlag	char	1	审核标记

④ STStock（存货库存信息表）　STStock 表用于记录各种存货的库存信息，该表的结构如表 32.4 所示。

表 32.4　存货库存信息表

字段名称	数据类型	字段大小	说明
StoreCode	varchar	10	仓库代码
InvenCode	varchar	10	存货编码
Quantity	int	4	库存数量
LossQuantity	int	4	损失数量
AvePrice	decimal	9	价格
STMoney	decimal	9	库存金额
LossMoney	decimal	9	损失金额

⑤ PRPlan（主生产计划信息表）　PRPlan 表用于保存主生产计划的详细信息，该表的结构如表 32.5 所示。

表 32.5　主生产计划信息表

字段名称	数据类型	字段大小	说明
PRPlanCode	varchar	20	单据编号
PRPlanDate	datetime	8	单据日期
OperatorCode	varchar	10	操作员代码
SEOrderCode	varchar	20	销售订单号
InvenCode	varchar	10	产品代码
Quantity	int	4	计划数量
FinishDate	datetime	8	完成日期
IsFlag	char	1	审核标记

⑥ PRProduce（生产单主信息表）　PRProduce 表用于保存企业制定的生产单记录，该表的结构如表 32.6 所示。

表 32.6 生产单主信息表

字段名称	数据类型	字段大小	说明
PRProduceCode	varchar	20	单据编号
PRProduceDate	datetime	8	单据日期
OperatorCode	varchar	10	操作员代码
PRPlanCode	varchar	20	主生产计划号
DepartmentCode	varchar	10	车间代码
InvenCode	varchar	10	产品代码
Quantity	int	4	生产数量
StartDate	datetime	8	开始日期
EndDate	datetime	8	结束日期
IsFlag	char	1	审核标记
IsComplete	char	1	完工标记

⑦ PRProduceItem（生产单子信息表） PRProduceItem 表用于记录该笔生产单所需原料的需求量、领用量和使用量等信息，该表的结构如表 32.7 所示。

表 32.7 生产单子信息表

字段名称	数据类型	字段大小	说明
Id	int	4	自增序号
PRProduceCode	varchar	20	生产单号
InvenCode	varchar	10	原料代码
Quantity	int	4	原料的需求量
GetQuantity	int	4	原料的领用量
UseQuantity	int	4	原料的使用量

⑧ SYAssignRight（操作权限信息表） SYAssignRight 表用于保存操作员对模块的操作权限，该表的结构如表 32.8 所示。

表 32.8 操作权限信息表

字段名称	数据类型	字段大小	说明
OperatorCode	varchar	10	操作员代码
ModuleTag	varchar	10	模块标识
RightTag	varchar	10	模块操作标识
IsRight	Char	1	权限标记

（2）创建视图

视图也可称为数据库虚拟表，是一种应用比较灵活的数据库对象，根据数据表的结构，使用 SQL 语句可以灵活设计出程序所需求的特定数据逻辑。

32

💡 **注意**

> 使用视图的优点很多，可以定制数据、简化操作、提高数据安全性等，但也要注意，过分依赖视图会给服务器带来内存压力。

下面介绍明日 ERP 管理系统中的视图 V_BomStruc，该视图的功能是查询哪些存货具有物料清单结构，其创建代码如下：

```
01  CREATE VIEW dbo.V_BomStruct
02  AS
03  SELECT InvenCode, InvenName
04      FROM dbo.BSInven
05        WHERE (InvenCode IN
06            (SELECT ProInvenCode
07          FROM BSBom))
```

（3）创建存储过程

存储过程是一组具有特定逻辑功能的 SQL 语句集合，它存放在数据库中，并预先编译好，是数据库设计中一个很重要的对象。适当地使用存储过程的优点很多，可以降低网络流量、精简代码、提高数据安全性等。

⚡ **注意**

> 如果过分依赖存储过程，则会造成服务器内存压力增大、系统可移植性差、程序代码可读性差等。

下面介绍本系统中的存储过程 P_QueryForeignConstraint，该存储过程的功能是查询某个数据表的主键具有的所有外键约束信息，其创建代码如下：

```
01  CREATE PROCEDURE P_QueryForeignConstraint
02  @PrimaryTable varchar(50)
03   AS
04  SELECT (SELECT Name
05      FROM syscolumns
06        WHERE colid = b.rkey AND id = b.rkeyid) AS primaryColumn,
07      OBJECT_NAME(b.fkeyid) AS foreignTable,
08        (SELECT name
09      FROM syscolumns
10      WHERE colid = b.fkey AND id = b.fkeyid) AS foreignColumn
11  FROM sysobjects a INNER JOIN
12      sysforeignkeys b ON a.id = b.constid INNER JOIN
13        sysobjects c ON a.parent_obj = c.id
14  WHERE (a.xtype = 'f') AND (c.xtype = 'U') AND (OBJECT_NAME(b.rkeyid) = @PrimaryTable)
15  GO
```

32.5 公共类设计

在开发项目中以类的形式来组织、封装一些常用的属性和方法等，不但可以提高代码的重用率，而且可以实现代码的集中化管理。本系统中创建了 5 个公共类，它们分别是：CommonUse、DataBase、PropertyClass、OperatorFile 和 Chart。其中，CommonUse 类主要用来实现控件绑定到数据源、操作权限控制、键盘输入验证等功能；DataBase 类主要用来连接和操作数据库；PropertyClass 类中包含若干用于映射数据表字段的属性；OperatorFile 类提供从 INI 文件中读取指定节点内容的方法；Chart 类使用 GDI+ 绘制饼形图。限于篇幅，这里重点介绍程序中使用频率较高的 CommonUse 类和 DataBase 类，其他 3 个类的详细代码，请参见本书附带资源包中的源代码。

32.5.1　DataBase 类

DataBase 类主要用来连接和操作数据库，除了系统默认提供的命名空间之外，还需要引入 System. Windows.Forms、System.Data、System.Data.SqlClient 和 SMALLERP.ComClass 等 4 个命名空间，主要代码如下：

源码位置　　　　　　　　　　　　　　　👁 资源包 \Code\32\ERP\DataClass\DataBase.cs

```
01  using System.Data.SqlClient;         // 引入相关数据操作类
02  using System.Windows.Forms;          // 引入 Application 类
03  using System.Data;                   // 引入相关数据操作类
04  using ERP.ComClass;                  // 引入 OperatorFile 类
```

（1）DataBase 方法

DataBase 方法是类的构造器，主要用来创建数据库连接和命令对象，在连接数据库时，是通过读取 INI 文件中的配置信息进行动态连接的。代码如下：

源码位置　　　　　　　　　　　　　　　👁 资源包 \Code\32\ERP\DataClass\DataBase.cs

```
01  /// <summary>
02  /// 创建数据库连接和 SqlCommand 实例
03  /// </summary>
04  public DataBase()
05  {
06      string strServer = OperatorFile.GetIniFileString("DataBase", "Server", "", Application.StartupPath +
    "\\ERP.ini");                                          // 获取服务器名
07      string strUserID = OperatorFile.GetIniFileString("DataBase", "UserID", "", Application.StartupPath +
    "\\ERP.ini");                                          // 获取登录用户
08      string strPwd = OperatorFile.GetIniFileString("DataBase", "Pwd", "", Application.StartupPath +
    "\\ERP.ini");                                          // 获取登录密码
09      string strConn = "Server = " + strServer + ";Database=db_ERP;User id=" + strUserID + ";PWD=" +
    strPwd;                                                // 数据库连接字符串
10      try
11      {
12          m_Conn = new SqlConnection(strConn);          // 产生数据库连接
13          m_Cmd = new SqlCommand();                     // 实例化 SqlCommand
14          m_Cmd.Connection = m_Conn;                    // 设置 SqlCommand 的 Connection 属性
15      }
16      catch(Exception e)                                // 捕获异常
17      {
18          throw e;                                      // 抛出异常
19      }
20  }
```

（2）ExecDataBySqls 方法

ExecDataBySqls 方法用来提交多条 Transact-SQL 语句，它使用 List<string> 来封装多个表示 Transact-SQL 语句的字符串，然后使用 SqlTransaction 事务处理对象来提交数据库，实现代码如下：

源码位置　　　　　　　　　　　　　　　👁 资源包 \Code\32\ERP\DataClass\DataBase.cs

```
01  /// <summary>
02  /// 多条 Transact-SQL 语句提交数据
03  /// </summary>
04  /// <param name="strSqls"> 使用 List 泛型封装多条 SQL 语句 </param>
05  /// <returns>bool 值 ( 提交是否成功 )</returns>
06  public bool ExecDataBySqls(List<string> strSqls)
```

```
07  {
08      bool booIsSucceed;                                    // 定义返回值变量
09      if (m_Conn.State == ConnectionState.Closed)           // 判断当前的数据库连接状态
10      {
11          m_Conn.Open();                                    // 打开连接
12      }
13      SqlTransaction sqlTran = m_Conn.BeginTransaction();   // 开始数据库事务
14      try
15      {
16          m_Cmd.Transaction = sqlTran;                      // 设置 m_Cmd 的事务属性
17          // 循环取出封装在列表 strSqls 中表示 SQL 语句的字符串
18          foreach (string item in strSqls)
19          {
20              m_Cmd.CommandType = CommandType.Text;         // 设置命令类型为 SQL 文本命令
21              m_Cmd.CommandText = item;                     // 设置要对数据源执行的 SQL 语句
22              m_Cmd.ExecuteNonQuery();                      // 执行 SQL 语句并返回受影响的行数
23          }
24          sqlTran.Commit();                                 // 提交事务，持久化数据
25          booIsSucceed = true;                              // 表示提交数据库成功
26      }
27      catch
28      {
29          sqlTran.Rollback();                               // 回滚事务，恢复数据
30          booIsSucceed = false;                             // 表示提交数据库失败
31      }
32      finally
33      {
34          m_Conn.Close();                                   // 关闭连接
35          strSqls.Clear();                                  // 清除列表 strSqls 中的元素
36      }
37      return booIsSucceed;
38  }
```

（3）GetDataReader 方法

GetDataReader 方法通过执行 Transact-SQL 语句得到 SqlDataReader 实例，该方法实现时，首先需要对 SqlCommand 对象的相关属性进行设置，然后使用其 ExecuteReader 方法执行 SQL 语句，并将执行结果存储到 SqlDataReader 对象中返回。代码如下：

📖 **源码位置**　　　　　　　　　　👁 **资源包 \Code\32\ERP\DataClass\DataBase.cs**

```
01  /// <summary>
02  /// 通过 Transact-SQL 语句得到 SqlDataReader 实例
03  /// </summary>
04  /// <param name="strSql">Transact-SQL 语句 </param>
05  /// <returns>SqlDataReader 实例的引用 </returns>
06  public SqlDataReader GetDataReader(string strSql)
07  {
08      SqlDataReader sdr;                                    // 声明 SqlDataReader 引用
09      m_Cmd.CommandType = CommandType.Text;                // 设置命令类型为 SQL 文本命令
10      m_Cmd.CommandText = strSql;                          // 设置要对数据源执行的 SQL 语句
11      try
12      {
13          if (m_Conn.State == ConnectionState.Closed)      // 判断数据库连接的状态
14          {
15              m_Conn.Open();                               // 打开连接
16          }
17          // 执行 Transact-SQL 语句（若 SqlDataReader 对象关闭，则对应数据连接也关闭）
18          sdr = m_Cmd.ExecuteReader(CommandBehavior.CloseConnection);
19      }
20      catch (Exception e)                                  // 捕获异常
21      {
```

```
22          throw e;                                            // 抛出异常
23      }
24    //sdr 对象和 m_Conn 对象暂时不能关闭和释放掉，否则在调用时无法使用
25    // 待使用完毕 sdr，再关闭 sdr 对象（同时会自动关闭关联的 m_Conn 对象）
26    return sdr;
27 }
```

（4）GetDataTable 方法

GetDataTable 方法通过执行 Transact-SQL 语句，得到 DataTable 对象，在该方法中，首先使用 SQL 语句和 SqlConnection 对象创建 SqlDataAdapter 对象，然后使用该对象的 Fill 方法对 DataTable 进行填充，最后返回填充之后的 DataTable 对象。代码如下：

源码位置　　　　　　　　　　　　　　　　👁 资源包 \Code\32\ERP\DataClass\DataBase.cs

```
01 /// <summary>
02 /// 通过 Transact-SQL 语句，得到 DataTable 对象
03 /// </summary>
04 /// <param name="strSqlCode">Transact-SQL 语句 </param>
05 /// <param name="strTableName"> 数据表的名称 </param>
06 /// <returns>DataTable 实例的引用 </returns>
07 public DataTable GetDataTable(string strSqlCode, string strTableName)
08 {
09     DataTable dt = null;                                 // 声明 DataTable 引用
10     SqlDataAdapter sda = null;                           // 声明 SqlDataAdapter 引用
11     try
12     {
13         sda = new SqlDataAdapter(strSqlCode,m_Conn);     // 实例化 SqlDataAdapter
14         dt = new DataTable(strTableName);                // 使用指定字符串初始化 DataTable 实例
15         sda.Fill(dt);                    // 将得到的数据源填入 dt 中
16     }
17     catch (Exception ex)                                 // 捕获异常
18     {
19         throw ex;                                        // 抛出异常
20     }
21     return dt;                                           //dt.Rows.Count 可能等于零
22 }
```

说明

　　　由于篇幅有限，DataBase 类中的其他方法的源代码请参见本书附带资源包中的源程序。

32.5.2　CommonUse 类

CommonUse 类主要用来实现控件绑定到数据源、键盘输入验证、生成单据编号等功能，该类中需要添加的命名空间如下：

源码位置　　　　　　　　　　　　　　　　👁 资源包 \Code\32\ERP\ComClass\CommonUse.cs

```
01 using System.ComponentModel;                    // 引入 IComponent 接口
02 using CrystalDecisions.Shared;                  // 引入 TableLogOnInfo 类
03 using CrystalDecisions.CrystalReports.Engine;   // 引入 ReportDocument 类
04 using ERP.BS;                                    // 引入基础管理模块的窗体类
05 using ERP.PU;                                    // 引入采购管理模块的窗体类
06 using ERP.SE;                                    // 引入销售管理模块的窗体类
07 using ERP.ST;                                    // 引入仓库管理模块的窗体类
08 using ERP.PR;                                    // 引入生产管理模块的窗体类
09 using ERP.CU                                     // 引入客户管理模块的窗体类
```

```
10   using ERP.FI;                                    // 引入财务管理模块的窗体类
11   using ERP.SY;                                    // 引入系统管理模块的窗体类
12   using ERP.RP.FORM;                               // 引入报表统计模块的窗体类
13   using ERP.DataClass;                             // 引入 DataBase 类的命名空间
```

（1）BuildTree 方法

自定义一个无返回值类型的 BuildTree 方法，主要用来对 TreeView 控件进行动态数据绑定，该方法首先从数据库中获取数据，并存储到 DataSet 数据集中；然后遍历数据集中临时表的所有行数据，并根据遍历到的行数据动态添加 TreeView 控件的树节点。实现代码如下：

📖 **源码位置**　　　　　　　　　　👁 **资源包 \Code\32\ERP\ComClass\CommonUse.cs**

```
01   /// <summary>
02   /// TreeView 控件绑定到数据源
03   /// </summary>
04   /// <param name="tv">TreeView 控件 </param>
05   /// <param name="imgList">ImageList 控件 </param>
06   /// <param name="rootName"> 根节点的文本属性值 </param>
07   /// <param name="strTable"> 要绑定的数据表 </param>
08   /// <param name="strCode"> 数据表的代码列 </param>
09   /// <param name="strName"> 数据表的名称列 </param>
10   public void BuildTree(TreeView tv,ImageList imgList,string rootName, string strTable, string strCode,
string strName)
11   {
12       string strSql = null;                        // 声明表示 SQL 语句的字符串
13       DataSet ds = null;                           // 声明 DataSet 引用
14       DataTable dt = null;                         // 声明 DataTable 引用
15       TreeNode rootNode = null;                    // 声明 TreeView 的根节点引用
16       TreeNode childNode = null;                   // 声明 TreeView 的子节点引用
17                                                    // 查询数据源的 SQL 语句
18       strSql = "select " + strCode + " , " + strName + " from " + strTable;
19       tv.Nodes.Clear();                            // 删除所有树节点
20       tv.ImageList = imgList;                      // 设置包含树节点所使用的 Image 对象的 ImageList
21       rootNode = new TreeNode();                   // 创建根节点
22       rootNode.Tag = null;                         // 根节点的标签属性设置为空
23       rootNode.Text = rootName;                    // 设置根节点的 Text 属性
24       // 设置根节点处于未选定状态时的图像在列表中的索引值
25       rootNode.ImageIndex = 1;
26       rootNode.SelectedImageIndex = 0;             // 设置根节点处于选定状态时的图像索引值
27       try
28       {
29           ds = db.GetDataSet(strSql, strTable);    // 得到 DataSet 对象
30           dt = ds.Tables[strTable];                // 从 ds 的表集合中取出指定名称的 DataTable 对象
31           foreach (DataRow row in dt.Rows)         // 遍历所有的行
32           {
33               childNode = new TreeNode();          // 创建子节点
34               childNode.Tag = row[strCode];        // 设置 Tag 属性值为代码字段值
35               childNode.Text = row[strName].ToString();  // 设置 Text 属性值为名称字段值
36               childNode.ImageIndex = 1;            // 设置节点处于未选定状态时的图像索引值
37               childNode.SelectedImageIndex = 0;    // 设置节点处于选定状态时的图像索引值
38               rootNode.Nodes.Add(childNode);       // 将子节点添加到根节点集合的末尾
39           }
40           tv.Nodes.Add(rootNode);                  //TreeView 控件添加根节点
41           tv.ExpandAll();                          // 展开所有的节点
42       }
43       catch (Exception e)                          // 捕获异常
44       {
45           MessageBox.Show(e.Message, " 软件提示 ");   // 异常信息提示
46           throw e;                                 // 抛出异常
47       }
48   }
```

415

（2）BindComboBox 方法

自定义一个无返回值类型的 BindComboBox 方法，该方法主要用来将数据源绑定到 ComboBox 或 DataGridViewComboBoxColumn 下拉选择框。具体实现时，首先获取数据库中的所有数据，然后通过设置 ComboBox 或 DataGridViewComboBoxColumn 下拉选择框的 DataSource 属性为其设置数据源，最后分别通过设置它们的 DisplayMember 属性和 ValueMember 属性，设置要在 ComboBox 或 DataGridViewComboBoxColumn 中显示的值和主键值。代码如下：

源码位置　　　　　　　　　　　👁 资源包 \Code\32\ERP\ComClass\CommonUse.cs

```
01  /// <summary>
02  /// ComboBox 或 DataGridViewComboBoxColumn 绑定到数据源
03  /// </summary>
04  /// <param name="obj"> 要绑定数据源的控件 </param>
05  /// <param name="strValueColumn">ValueMember 属性要绑定的列名称 </param>
06  /// <param name="strTextColumn">DisplayMember 属性要绑定的列名称 </param>
07  /// <param name="strSql">SQL 查询语句 </param>
08  /// <param name="strTable"> 数据表的名称 </param>
09  public void BindComboBox(Object obj, string strValueColumn, string strTextColumn, string strSql, string
    strTable)                          //Component － 替换－> Object
10  {
11      try
12      {
13          string strType = obj.GetType().ToString();// 获取 obj 的 Type 值, 并转为字符串
14          // 截取字符串, 得到不包含命名空间的表示类型名称的字符串
15          strType = strType.Substring(strType.LastIndexOf(".") + 1);
16          switch (strType)               // 判断控件的类型
17          {
18              case "ComboBox":// 若是 ComboBox 类型
19                  ComboBox cbx = (ComboBox)obj;          // 类型显式转换
20                  cbx.BeginUpdate(); // 当将多项一次一项地添加到 ComboBox 时维持性能
21                  // 设置数据源
22                  cbx.DataSource = db.GetDataSet(strSql, strTable).Tables[strTable];
23                  cbx.DisplayMember = strTextColumn;  // 设置 ComboBox 的显示属性
24                  cbx.ValueMember = strValueColumn;    // 设置 ComboBox 中的项的实际值
25                  cbx.EndUpdate();    // 恢复绘制 ComboBox
26                  break;
27              case "DataGridViewComboBoxColumn":// 若是 DataGridViewComboBoxColumn 类型
28                  // 类型显式转换
29                  DataGridViewComboBoxColumn dgvcbx = (DataGridViewComboBoxColumn)obj;
30                  // 设置数据源
31                  dgvcbx.DataSource = db.GetDataSet(strSql, strTable).Tables[strTable];
32                  // 设置 DataGridViewComboBoxColumn 的显示属性
33                  dgvcbx.DisplayMember = strTextColumn;
34                  // 设置 DataGridViewComboBoxColumn 中的项的实际值
35                  dgvcbx.ValueMember = strValueColumn;
36                  break;
37              default:
38                  break;
39          }
40      }
41      catch (Exception e)              // 捕获异常
42      {
43          throw e;                     // 抛出异常
44      }
45  }
```

（3）InputNumeric 方法

自定义一个无返回值类型的 InputNumeric 方法，主要用于控制可编辑文本控件的键盘输入，该方法限定可编辑文本控件只可以接收表示非负十进制数的数字字符。InputNumeric 方法实现代码如下：

源码位置

资源包 \Code\32\ERP\ComClass\CommonUse.cs

```
01  /// <summary>
02  /// 控制可编辑控件的键盘输入，该方法限定控件只可以接收表示非负十进制数的字符
03  /// </summary>
04  /// <param name="e"> 为 KeyPress 事件提供数据 </param>
05  /// <param name="con"> 可编辑文本控件 </param>
06  public void InputNumeric(KeyPressEventArgs e,Control con)
07  {
08      // 在可编辑控件的 Text 属性为空的情况下，不允许输入 "." 字符 "
09      if (String.IsNullOrEmpty(con.Text) && e.KeyChar.ToString() == ".")
10      {
11          // 把 Handled 设为 true，取消 KeyPress 事件，防止控件处理按键
12          e.Handled = true;
13      }
14      // 可编辑控件不允许输入多个 "." 字符 "
15      if (con.Text.Contains(".") && e.KeyChar.ToString() == ".")
16      {
17          e.Handled = true;
18      }
19      // 在可编辑控件中，只可以输入 " 数字字符 "、"." 字符 "、"_ 字符 "( 删除键对应的字符 )
20      if (!Char.IsDigit(e.KeyChar) && e.KeyChar.ToString() != "." && e.KeyChar.ToString() != "_")
21      {
22          e.Handled = true;
23      }
24  }
```

（4）BuildBillCode 方法

自定义一个返回值类型为 string 字符串的 BuildBillCode 方法，用于自动生成明日 ERP 管理系统中的各种单据编号，其中单据编号是通过对当前的日期时间进行格式化得到的。BuildBillCode 方法实现代码如下：

源码位置

资源包 \Code\32\ERP\ComClass\CommonUse.cs

```
01  /// <summary>
02  /// 生成单据编号
03  /// </summary>
04  /// <param name="strTable"> 数据表 </param>
05  /// <param name="strBillCodeColumn"> 数据表中表示代码的列 </param>
06  /// <param name="strBillDateColumn"> 数据表中表示日期的列 </param>
07  /// <param name="dtBillDate"> 生成单据的日期 </param>
08  /// <returns> 新单据编号 </returns>
09  public string BuildBillCode(string strTable, string strBillCodeColumn,string strBillDateColumn,DateTime dtBillDate)
10  {
11      string strSql;              // 声明表示 SQL 语句的字符串
12      string strBillDate;         // 表示单据日期
13      string strMaxSeqNum;        // 表示某日最大单据编号的后 4 位
14      string strNewSeqNum;        // 表示新单据编号的后 4 位
15      string strBillCode;         // 表示单据编号
16      try
17      {
18          strBillDate = dtBillDate.ToString("yyyyMMdd");// 单据日期格式化
19          // 使用 SELECT 语句查询数据表，得到某日最大单据编号的后 4 位
20          strSql = "SELECT  SUBSTRING(MAX(" + strBillCodeColumn + "),10,4) FROM " + strTable + " WHERE " + strBillDateColumn + " = '" + dtBillDate.ToString("yyyy-MM-dd")+"'";
21          strMaxSeqNum = db.GetSingleObject(strSql) as string;// 获取查询的结果集并转为字符串
22          if (String.IsNullOrEmpty(strMaxSeqNum)) // 若某日无单据
23          {
24              strMaxSeqNum = "0000"; // 默认最大单据编号的后 4 位为 0000
25          }
```

```
26              // 计算新单据编号的后 4 位
27              strNewSeqNum = (Convert.ToInt32(strMaxSeqNum) + 1).ToString("0000");
28              strBillCode = strBillDate + "-" + strNewSeqNum;        // 得到新单据编号
29          }
30      catch (Exception ex)            // 捕获异常
31      {
32              MessageBox.Show(ex.Message, "软件提示");      // 异常信息提示
33              throw ex;                // 抛出异常
34      }
35      return strBillCode;              // 返回新单据编号
36  }
```

📑 **说明**

由于篇幅有限，有关 CommonUse 类中的其他方法的源代码请参见本书附带资源包中的源程序。

32.6 物料清单模块设计

32.6.1 物料清单模块概述

物料清单英文缩写为 BOM，用于描述产品的物理结构组成，子件按照一定的数量和装配工艺流程来构成母件。物料清单窗体运行结果如图 32.8 所示。

图 32.8 **物料清单窗体**

32.6.2 物料清单模块的业务流程

在设计 ERP 管理系统的物料清单模块时，先要梳理出它的业务流程和实现技术。根据 ERP 管理系统物料清单模块要实现的功能，可以画出如图 32.9 所示的业务流程。

注：带 的为重点难点

图 32.9 **物料清单模块的业务流程**

32.6.3 设计物料清单窗体

💬 **本模块使用的数据表：BSBom**

物料清单模块的具体实现步骤如下：

新建一个 Windows 窗体，命名为 FormBSBom.cs，用于管理物料清单，该窗体主要用到的控件及说明如表 32.9 所示。

表 32.9　物料清单窗体用到的主要控件及说明

控件类型	控件 ID	主要属性设置	说明
ToolStrip	toolStrip1	其 Items 属性的详细设置请查看源程序	制作工具栏
TreeView	tvInven	将其 Modifiers 属性设置为 Public	显示母件
ImageList	imageList1	将其 Modifiers 属性设置为 Public	包含树节点所使用的 Image 对象
DataGridView	dgvStructInfo	设置 Modifiers 属性为 Public；设置 AllowUserToAddRows 属性为 false；其 Columns 属性的设置请查看源程序	显示子件

32.6.4　获取所有母件信息

在 FormBSBom.cs 窗体的代码文件中，首先引入 SMALLERP.ComClass 和 SMALLERP.DataClass 两个命名空间，然后创建 CommonUse 类的一个对象和 DataBase 类的一个对象。实现关键代码如下：

📀 **源码位置**　　　　　　　　　　　　👁 资源包 \Code\32\ERP\BS\FormBSBom.cs

```
01  using ERP.ComClass;            // 引入 CommonUse 类
02  using ERP.DataClass;           // 引入 DataBase 类
03  namespace ERP.BS
04  {
05      public partial class FormBSBom : Form
06      {
07          DataBase db = new DataBase();      // 创建 DataBase 类的实例，用于操作数据
08          CommonUse commUse = new CommonUse();// 创建 CommonUse 类的实例，调用该类的相关方法
09          ……// 其他事件或方法的代码
10      }
11  }
```

在物料清单窗体的 Load 事件中，设置了用户的操作权限，并检索现有的母件信息，并通过调用 CommonUse 类中的 BuildTree 方法将其显示在 tvInven 树控件上。物料清单窗体的 Load 事件代码如下：

📀 **源码位置**　　　　　　　　　　　　👁 资源包 \Code\32\ERP\BS\FormBSBom.cs

```
01  private void FormBom_Load(object sender, EventArgs e)
02  {
03      // 设置用户的操作权限
04      commUse.CortrolButtonEnabled(toolAdd, this);
05      commUse.CortrolButtonEnabled(toolAmend, this);
06      commUse.CortrolButtonEnabled(toolDelete, this);
07      //TreeView 绑定到数据源，显示现有的母件
08      commUse.BuildTree(tvInven, imageList1, "母件", "V_BomStruct", "InvenCode", "InvenName");
09  }
```

📋 **说明**

上面代码中的 CortrolButtonEnabled 方法通过设置按钮的 Enabled 属性来达到控制操作权限的目的，按钮的类型有两种，分别是 Button 和 ToolStripButton。

获取母件信息的效果如图 32.10 所示。

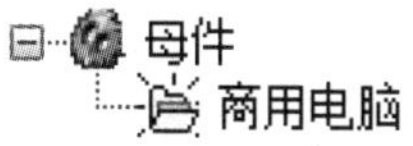

⊟─🗂 母件
　　└─💻 商用电脑

图 32.10　获取母件信息

32.6.5　获取指定母件的子件信息

在物料清单窗体中，单击任意母件，会在窗体的右侧显示组成该母件的子件信息，该功能是通过

在 TreeView 控件的 AfterSelect 事件中调用自定义的 BindDataGridView 方法实现的。TreeView 控件的 AfterSelect 事件代码如下：

源码位置　　　　　　　　　　　　　　　　　　👁 资源包 \Code\32\ERP\BS\FormBSBom.cs

```
01  private void tvInven_AfterSelect(object sender, TreeViewEventArgs e)
02  {
03      commUse.DataGridViewReset(dgvStructInfo);        // 清空 DataGridView
04      if (tvInven.SelectedNode != null)      // 如果是非空节点
05      {
06          if (tvInven.SelectedNode.Tag != null)       // 如果是非根节点
07          {
08              BindDataGridView(tvInven.SelectedNode.Tag.ToString()); // 检索显示母件的子件信息
09          }
10      }
11  }
```

说明

上面代码中的 BindDataGridView 方法实现将 DataGridView 控件绑定到数据源，这里的数据源指绑定到当前母件所对应的子件数据源。

获取指定母件的子件信息的效果如图 32.11 所示。

子件编号	子件名称	规格型号	计量单位	组成数量
01-1	显示器	xsq	台	1
01-2	CPU	cpu	个	2
01-3	主板	zb	个	1
01-4	硬盘	44545	个	1

图 32.11　获取指定母件的子件信息

32.6.6　打开物料清单编辑窗体

单击"添加"按钮，打开物料清单编辑窗体，该功能是在"添加"按钮的 Click 事件中实现的。实现时，首先判断是否选中记录，如果选中记录，则创建 FormBSBomInput 窗体的对象，然后对其 Tag 属性和 Owner 属性进行设置，最后以对话框形式显示该窗体。"添加"按钮的 Click 事件代码如下：

源码位置　　　　　　　　　　　　　　　　　　👁 资源包 \Code\32\ERP\BS\FormBSBom.cs

```
01  private void toolAdd_Click(object sender, EventArgs e)
02  {
03      if (tvInven.SelectedNode != null)              // 如果是非空节点
04      {
05          // 实例化 FormBSBomInput 窗体（物料清单编辑窗体）
06          FormBSBomInput formBomInput = new FormBSBomInput();
07          formBomInput.Tag = "Add";                  // 表示添加操作，说明修改时 Edit
08          formBomInput.Owner = this;                 // 设置拥有此窗体的窗体，即 FormBSBom 窗体
09          formBomInput.ShowDialog();                 // 将窗体显示为模式对话框
10      }
11  }
```

物料清单编辑窗体如图 32.12 所示。

说明

在物料清单编辑窗体的后台代码中自定义了 3 个方法，它们分别是 LoadInven（加载存货信息）、LoadBom（加载物料清单信息）和 ParametersAddValue（给 SQL 语句中的参数赋值）。

图 32.12　物料清单编辑窗体

32.6.7 添加 / 修改物料清单

在物料清单（BOM）编辑窗体中，单击"保存"按钮，程序首先判断在该窗体中执行的是添加操作还是修改操作，然后根据要执行的操作标识，执行 insert 添加数据操作，或者 update 修改数据操作。"保存"按钮的 Click 事件代码如下：

源码位置 👁 资源包 \Code\32\ERP\BS\FormBSBomInput.cs

```csharp
01    private void btnSave_Click(object sender, EventArgs e)
02    {
03        string strProInvenCode = null;                              // 表示母件代码
04        string strMatInvenCode = null;                              // 表示子件代码
05        string strOldMatInvenCode = null;                           // 表示未修改之前的子件代码
06        string strCode = null;                                      // 表示 SQL 语句字符串
07        if (cbxProInvenCode.SelectedIndex == -1)                    // 母件不许为空
08        {
09            MessageBox.Show(" 请选择母件！ "," 软件提示 ");
10            cbxProInvenCode.Focus();
11            return;
12        }
13        if (cbxMatInvenCode.SelectedIndex == -1)                    // 子件不许为空
14        {
15            MessageBox.Show(" 请选择子件！ ", " 软件提示 ");
16            cbxMatInvenCode.Focus();
17            return;
18        }
19        if (cbxMatInvenCode.SelectedValue.ToString() == cbxProInvenCode.SelectedValue.ToString()) /* 母件与子件不许相同 */
20        {
21            MessageBox.Show(" 母件与子件不许相同！ ", " 软件提示 ");
22            cbxProInvenCode.Focus();
23            return;
24        }
25        if (String.IsNullOrEmpty(txtQuantity.Text.Trim()))          // 组成数量不许为空
26        {
27            MessageBox.Show(" 组成数量不许为空！ ", " 软件提示 ");
28            txtQuantity.Focus();
29            return;
30        }
31        if (Convert.ToInt32(txtQuantity.Text.Trim()) == 0)          // 组成数量不许为零
32        {
33            MessageBox.Show(" 组成数量不许为零！ ", " 软件提示 ");
34            txtQuantity.Focus();
35            return;
36        }
37        strProInvenCode = cbxProInvenCode.SelectedValue.ToString(); // 获取当前的母件代码
38        strMatInvenCode = cbxMatInvenCode.SelectedValue.ToString(); // 获取当前的子件代码
39        // 如果是添加操作，则需要判断将要添加的子件是否与现有的子件重复
40        if (this.Tag.ToString() == "Add")
41        {
42            foreach (PropertyClass item in propBoms)                // 遍历包含 Bom 信息的泛型列表
43            {
44                // 若将要添加的子件与当前母件现有的子件重复，则系统禁止添加
45                if (item.ProInvenCode == strProInvenCode && item.MatInvenCode == strMatInvenCode)
46                {
47                    MessageBox.Show(" 子件不许重复！ ", " 软件提示 ");
48                    return;                                          // 程序终止运行
49                }
50            }
51            ParametersAddValue();// 给 INSERT 语句中的参数赋值
52            // 表示为当前母件插入新子件
53            strCode = "INSERT INTO BSBom(ProInvenCode,MatInvenCode,Quantity) ";
```

```
54              strCode += "VALUES(@ProInvenCode,@MatInvenCode,@Quantity)";
55              if (db.ExecDataBySql(strCode) > 0)                          // 执行 SQL 语句成功
56              {
57                  MessageBox.Show("保存成功! ", "软件提示");
58              }
59              else                                                        // 执行 SQL 语句失败
60              {
61                  MessageBox.Show("保存失败! ", "软件提示");
62              }
63          }
64          if (this.Tag.ToString() == "Edit")                             // 若是修改操作
65          {
66              strOldMatInvenCode = formBom.dgvStructInfo[0,
67      formBom.dgvStructInfo.CurrentRow.Index].Value.ToString();          // 获取修改之前的子件代码
68              // 如果修改了子件, 则需要判断该母件是否存在重复子件
69              if (strMatInvenCode != strOldMatInvenCode)
70              {
71                  foreach (PropertyClass item in propBoms)                // 遍历包含 Bom 信息的泛型列表
72                  {
73                      // 如果存在重复子件, 则系统禁止修改
74                      if (item.ProInvenCode == strProInvenCode && item.MatInvenCode == strMatInvenCode)
75                      {
76                          MessageBox.Show("子件不许重复! ", "软件提示");
77                          return;                                         // 终止程序运行
78                      }
79                  }
80              }
81              ParametersAddValue();                                       // 为 SQL 语句中的参数赋值
82              strCode = "UPDATE BSBom SET ProInvenCode=@ProInvenCode,MatInvenCode = @MatInvenCode,Quantity = @
        Quantity ";
83              strCode += " WHERE ProInvenCode = '" + strProInvenCode + "' AND MatInvenCode = '" +
        strOldMatInvenCode + "'";                                           // 修改当前母件的某子件信息
84              if (db.ExecDataBySql(strCode) > 0)                          // 执行 SQL 语句成功
85              {
86                  MessageBox.Show("保存成功! ", "软件提示");
87              }
88              else                                                        // 执行 SQL 语句失败
89              {
90                  MessageBox.Show("保存失败! ", "软件提示");
91              }
92          }
93          commUse.BuildTree(formBom.tvInven, formBom.imageList1, " 母 件 ", "V_BomStruct",
        "InvenCode","InvenName");                                           //TreeView 控件重新绑定到数据
94          // 重新设置物料清单窗体中 TreeView 控件的被选定节点
95          formBom.tvInven.SelectedNode = formBom.tvInven.Nodes[0].Nodes[intNodeIndex];
96          this.Close();                                                   // 关闭当前窗体
97      }
```

32.7 销售收款单模块设计

32.7.1 销售收款单模块概述

销售收款单是对已售商品确认收款的凭证。单据经审核后，被正式确认，系统自动增加账户金额（现金账或银行存款账）；审核后若要修改或删除收款单，需要进行弃审操作。销售收款单窗体运行结果如图 32.13 所示。

图 32.13　销售收款单窗体

32.7.2　销售收款单模块的业务流程

在设计 ERP 管理系统的销售收款单模块时，先要梳理出它的业务流程和实现技术。根据 ERP 管理系统销售收款单模块要实现的功能，可以画出如图 32.14 所示的业务流程。

注：带 🚩 的为重点难点

图 32.14　**销售收款单模块的业务流程**

32.7.3　设计销售收款单窗体

💬 **本模块使用的数据表**：SEGather

新建一个 Windows 窗体，命名为 FormSEGather.cs，用于管理销售收款单，该窗体用到的主要控件及说明如表 32.10 所示。

表 32.10　**销售收款单窗体用到的主要控件及说明**

控件类型	控件 ID	主要属性设置	说明
ToolStrip	toolStrip1	其 Items 属性的详细设置请查看源程序	制作工具栏
TextBox	txtSEGatherCode	将其 ReadOnly 属性设置为 true	显示单据编号
	txtSEOutCode	将其 ReadOnly 属性设置为 true；将其 Modifiers 属性设置为 Public	显示销售出库单编号
	txtSEMoney	将其 ReadOnly 属性设置为 true；将其 Modifiers 属性设置为 Public	输入收款金额
	txtRemark	将其 ReadOnly 属性设置为 true	输入备注信息
ComboBox	cbxOperatorCode	将其 Enabled 属性设置为 false	显示操作员
	cbxCustomerCode	将其 Enabled 属性设置为 false；将其 Modifiers 属性设置为 Public	显示客户名称
	cbxAccountCode	将其 Enabled 属性设置为 false	选择结算账户
	cbxEmployeeCode	将其 Enabled 属性设置为 false	选择收款人
	cbxIsFlag	将其 Enabled 属性设置为 false	显示审核状态
DateTimePicker	dtpSEGatherDate	将其 Enabled 属性设置为 false	显示单据日期
	dtpSEOutDate	将其 Enabled 属性设置为 false；将其 Modifiers 属性设置为 Public	显示出库日期
Button	btnChoice	将其 Enabled 属性设置为 false	打开已审核销售出库单窗体
DataGridView	dgvSEGatherInfo	AllowUserToAddRows 属性设置为 false；其 Columns 属性的设置请参见源程序	显示销售收款单

32.7.4 查看已审核的销售出库单

制定销售收款单的依据是已审核的销售出库单，单击出库单号右边的"…"按钮，打开已审核的销售出库单窗体。"…"按钮的 Click 事件代码如下：

源码位置   👁 资源包 \Code\32\ERP\SE\FormSEGather.cs

```
01   private void btnChoice_Click(object sender, EventArgs e)
02   {
03       // 实例化已审核的销售出库单窗体
04       FormBrowseSEOutStore formBrowseSEOutStore = new FormBrowseSEOutStore();
05       formBrowseSEOutStore.Owner = this; // 设置拥有此窗体的窗体，即销售收款单窗体
06       formBrowseSEOutStore.ShowDialog(); // 将窗体显示为模式对话框
07   }
```

图 32.15 已审核的销售出库单窗体

销售出库单窗体如图 32.15 所示。

在已审核的销售出库单窗体的 Load 事件中，首先获取拥有该窗体的窗体——即销售收款单窗体，然后调用 CommonUse 类中的 BindComboBox 方法将操作员、客户名称、物料名称、仓库、员工名称以及审核标记等信息绑定到 DataGridView 控件中的相应 ComboBox 列中。已审核的销售出库单窗体的 Load 事件代码如下：

源码位置   👁 资源包 \Code\32\ERP\SE\FormBrowseSEOutStore.cs

```
01   private void FormBrowseSEOutStore_Load(object sender, EventArgs e)
02   {
03       // 获取拥有已审核的销售出库单窗体的窗体，即销售收款单窗体
04       formSEGather = (FormSEGather)this.Owner;
05       commUse.BindComboBox(this.dgvSEOutStoreInfo.Columns["OperatorCode"], "OperatorCode", "OperatorName",
     "select OperatorCode,OperatorName from SYOperator", "SYOperator");      // 绑定操作员列表
06       commUse.BindComboBox(this.dgvSEOutStoreInfo.Columns["CustomerCode"], "CustomerCode", "CustomerName",
     "select CustomerCode,CustomerName from BSCustomer", "BSCustomer");      // 绑定客户名称列表
07       commUse.BindComboBox(this.dgvSEOutStoreInfo.Columns["StoreCode"], "StoreCode", "StoreName", "select
     StoreCode,StoreName from BSStore", "BSStore");      // 绑定物料名称列表
08       commUse.BindComboBox(this.dgvSEOutStoreInfo.Columns["InvenCode"], "InvenCode", "InvenName", "select
     InvenCode,InvenName from BSInven", "BSInven");      // 绑定仓库列表
09       commUse.BindComboBox(this.dgvSEOutStoreInfo.Columns["EmployeeCode"], "EmployeeCode", "EmployeeName",
     "select EmployeeCode,EmployeeName from BSEmployee", "BSEmployee");      // 绑定员工名称列表
10       commUse.BindComboBox(this.dgvSEOutStoreInfo.Columns["IsFlag"], "Code", "Name", "select * from
     INCheckFlag", "INCheckFlag");      // 绑定审核标记列表
11       this.BindDataGridView(" WHERE IsFlag = '1'");      // 检索已审核的销售出库单
12       if (dgvSEOutStoreInfo.RowCount <= 0)      // 若无数据行，则系统给出提示信息
13       {
14           gbInfo.Text = "无已审核销售出库单";
15       }
16   }
```

32.7.5 查看指定出库单的详细信息

双击已审核出库单中的某行记录，表示选中该笔出库单，程序会自动将出库单相关信息显示到销售收款单窗口中。双击操作将触发 DataGridView 控件的 CellDoubleClick 事件，该事件的详细代码如下：

源码位置　　　　　　　　　　　　　　● 资源包 \Code\32\ERP\SE\FormSEGather.cs

```
01  private void dgvSEOutStoreInfo_CellDoubleClick(object sender, DataGridViewCellEventArgs e)
02  {
03      if (dgvSEOutStoreInfo.RowCount > 0)                              // 若存在已审核的出库单
04      {
05          // 为窗体 FormSEGather 上面的某些控件传值
06              formSEGather.txtSEOutCode.Text = this.dgvSEOutStoreInfo["SEOutCode", this.dgvSEOutStoreInfo.
CurrentCell.RowIndex].Value.ToString();                                  // 设置出库单号
07              formSEGather.dtpSEOutDate.Value = Convert.ToDateTime(this.dgvSEOutStoreInfo["SEOutDate", this.
dgvSEOutStoreInfo.CurrentCell.RowIndex].Value);  // 设置出库日期
08              formSEGather.cbxCustomerCode.SelectedValue = this.dgvSEOutStoreInfo["CustomerCode", this.
dgvSEOutStoreInfo.CurrentCell.RowIndex].Value;                           // 设置客户
09              formSEGather.txtSEMoney.Text = this.dgvSEOutStoreInfo["SEMoney", this.dgvSEOutStoreInfo.
CurrentCell.RowIndex].Value.ToString();                                  // 设置默认的收款金额
10          this.Close();                                                // 关闭当前窗口
11      }
12  }
```

查看指定出库单详细信息的效果如图 32.16 所示。

销售收款单记录						
单据编号	单据日期	操作员		出库单号	出库日期	客　户
20161205-0001	2016/12/5	系统管理员	∨	20161205-0002	2016/12/5	英国实业公司
20161205-0002	2016/12/5	系统管理员	∨	20161205-0002	2016/12/5	英国实业公司

图 32.16　查看指定出库单的详细信息

32.8　操作权限模块设计

32.8.1　操作权限模块概述

该系统中的操作权限控制模块的实际操作，如添加、修改和审核等，并且按照操作人员来分配权限（也有许多软件按角色分配权限）。操作权限窗体运行结果如图 32.17 所示。

32.8.2　操作权限模块的业务流程

在设计 ERP 管理系统的操作权限模块时，先要梳理出它的业务流程和实现技术。根据 ERP 管理系统操作权限模块要实现的功能，可以画出如图 32.18 所示的业务流程。

图 32.17　操作权限窗体

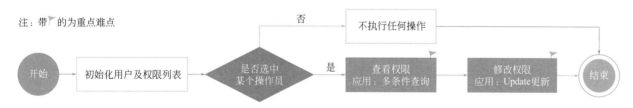

图 32.18　操作权限模块的业务流程

32.8.3　设计操作权限窗体

本模块使用的数据表：SYAssignRight

新建一个 Windows 窗体，命名为 FormAssignRight.cs，用于设置操作员的操作权限，该窗体用到的主要控件及说明如表 32.11 所示。

表 32.11 **操作权限窗体用到的主要控件及说明**

控件类型	控件 ID	主要属性设置	说明
TableLayoutPanel	tableLayoutPanel1	设置 ColumnCount 属性为 3	把窗体拆分成 3 个大小可调的区域
ToolStrip	toolStrip1	其 Items 属性的详细设置请查看源程序	制作工具栏
TreeView	tvOperator tvModule	采用系统默认设置 采用系统默认设置	显示操作员 显示系统模块
ImageList	imageList1	采用系统默认设置	包含树节点所使用的 Image 对象
BindingSource	bsINRight	采用系统默认设置	管理数据源
DataGridView	dgvINRightInfo	AllowUserToAddRows 属性设置为 false；其 Columns 属性的设置请参见源程序	显示某个模块的操作权限信息

32.8.4 初始化用户及其权限列表

自定义一个无返回值类型的 InsertOperation 方法，该方法用于在 DataGridView 控件中插入某个模块应该具有的操作功能及授权信息。该功能主要是通过设置 DataGridView 控件的 Cells 单元格的 Value 属性实现的。InsertOperation 方法实现代码如下：

 **源码位置** 👁 资源包 \Code\32\ERP\SY\FormAssignRight.cs

```
01  /// <summary>
02  /// 在 DataGridView 控件中插入某个模块具有的操作功能及授权信息
03  /// </summary>
04  /// <param name="strModuleTag"> 模块标识 </param>
05  private void InsertOperation(string strModuleTag)
06  {
07      DataGridViewRow dgvr = null;                              // 声明 DataGridViewRow 引用，并初始化 null
08      // 若模块标识符合以下条件，则在 DataGridView 控件中显示添加、修改、删除权限
09      if (strModuleTag.Substring(0, 1) == "1" || strModuleTag == "610" || strModuleTag == "620" ||
strModuleTag == "910")
10      {
11          // 在 DataGridView 控件的末尾添加行
12          dgvr = commUse.DataGridViewInsertRowAtEnd(dgvINRightInfo, bsINRight, dt);
13          // 设置操作员代码
14          dgvr.Cells["OperatorCode"].Value = tvOperator.SelectedNode.Tag;
15          dgvr.Cells["ModuleTag"].Value = tvModule.SelectedNode.Tag;  // 设置模块标识
16          dgvr.Cells["RightTag"].Value = "Add";              // 设置操作标识（表示添加操作）
17          dgvr.Cells["IsRight"].Value = "0";                 // 设置授权标记的默认值为 "0"（即无权限）
18          dgvr = commUse.DataGridViewInsertRowAtEnd(dgvINRightInfo, bsINRight, dt);
19          dgvr.Cells["OperatorCode"].Value = tvOperator.SelectedNode.Tag;
20          dgvr.Cells["ModuleTag"].Value = tvModule.SelectedNode.Tag;
21          dgvr.Cells["RightTag"].Value = "Amend";            // 设置操作标识（表示修改操作）
22          dgvr.Cells["IsRight"].Value = "0";
23          dgvr = commUse.DataGridViewInsertRowAtEnd(dgvINRightInfo, bsINRight, dt);
24          dgvr.Cells["OperatorCode"].Value = tvOperator.SelectedNode.Tag;
25          dgvr.Cells["ModuleTag"].Value = tvModule.SelectedNode.Tag;
26          dgvr.Cells["RightTag"].Value = "Delete";           // 设置操作标识（表示删除操作）
27          dgvr.Cells["IsRight"].Value = "0";
28      }
29      // 若模块标识符合以下条件，则在 DataGridView 控件中显示添加、修改、删除、审核、弃审权限
```

```
30        if (strModuleTag.Substring(0, 1) == "2" || strModuleTag.Substring(0, 1) == "3" ||
31            (strModuleTag.Substring(0, 1) == "4" && strModuleTag != "450") || (strModuleTag.Substring(0, 1)
== "5" && strModuleTag != "530") || strModuleTag.Substring(0, 1) == "7")
32        {
33            // 在 DataGridView 控件的末尾添加行
34            dgvr = commUse.DataGridViewInsertRowAtEnd(dgvINRightInfo, bsINRight, dt);
35            // 设置操作员代码
36            dgvr.Cells["OperatorCode"].Value = tvOperator.SelectedNode.Tag;
37            dgvr.Cells["ModuleTag"].Value = tvModule.SelectedNode.Tag;// 设置模块标识
38            dgvr.Cells["RightTag"].Value = "Add";            // 设置操作标识（表示添加操作）
39            dgvr.Cells["IsRight"].Value = "0";               // 设置授权标记的默认值为 "0"（即无权限）
40            dgvr = commUse.DataGridViewInsertRowAtEnd(dgvINRightInfo, bsINRight, dt);
41            dgvr.Cells["OperatorCode"].Value = tvOperator.SelectedNode.Tag;
42            dgvr.Cells["ModuleTag"].Value = tvModule.SelectedNode.Tag;
43            dgvr.Cells["RightTag"].Value = "Amend";          // 设置操作标识（表示修改操作）
44            dgvr.Cells["IsRight"].Value = "0";
45            dgvr = commUse.DataGridViewInsertRowAtEnd(dgvINRightInfo, bsINRight, dt);
46            dgvr.Cells["OperatorCode"].Value = tvOperator.SelectedNode.Tag;
47            dgvr.Cells["ModuleTag"].Value = tvModule.SelectedNode.Tag;
48            dgvr.Cells["RightTag"].Value = "Delete";         // 设置操作标识（表示删除操作）
49            dgvr.Cells["IsRight"].Value = "0";
50            dgvr = commUse.DataGridViewInsertRowAtEnd(dgvINRightInfo, bsINRight, dt);
51            dgvr.Cells["OperatorCode"].Value = tvOperator.SelectedNode.Tag;
52            dgvr.Cells["ModuleTag"].Value = tvModule.SelectedNode.Tag;
53            dgvr.Cells["RightTag"].Value = "Check";          // 设置操作标识（表示审核操作）
54            dgvr.Cells["IsRight"].Value = "0";
55            dgvr = commUse.DataGridViewInsertRowAtEnd(dgvINRightInfo, bsINRight, dt);
56            dgvr.Cells["OperatorCode"].Value = tvOperator.SelectedNode.Tag;
57            dgvr.Cells["ModuleTag"].Value = tvModule.SelectedNode.Tag;
58            dgvr.Cells["RightTag"].Value = "UnCheck";        // 设置操作标识（表示弃审操作）
59            dgvr.Cells["IsRight"].Value = "0";
60        }
61        // 若模块标识符合以下条件，则在 DataGridView 控件中显示查询权限
62        if (strModuleTag == "450" || strModuleTag == "630" || strModuleTag.Substring(0, 1) == "8")
63        {
64            // 在 DataGridView 控件的末尾添加行
65            dgvr = commUse.DataGridViewInsertRowAtEnd(dgvINRightInfo, bsINRight, dt);
66            // 设置操作员代码
67            dgvr.Cells["OperatorCode"].Value = tvOperator.SelectedNode.Tag;
68            dgvr.Cells["ModuleTag"].Value = tvModule.SelectedNode.Tag;// 设置模块标识
69            dgvr.Cells["RightTag"].Value = "Query";          // 设置操作标识（表示查询操作）
70            dgvr.Cells["IsRight"].Value = "0";               // 设置授权标记的默认值为 "0"（即无权限）
71        }
72        // 若模块标识符合以下条件，则在 DataGridView 控件中显示审核、弃审权限
73        if (strModuleTag == "530")
74        {
75            // 在 DataGridView 控件的末尾添加行
76            dgvr = commUse.DataGridViewInsertRowAtEnd(dgvINRightInfo, bsINRight, dt);
77            // 设置操作员代码
78            dgvr.Cells["OperatorCode"].Value = tvOperator.SelectedNode.Tag;
79            dgvr.Cells["ModuleTag"].Value = tvModule.SelectedNode.Tag;// 设置模块标识
80            dgvr.Cells["RightTag"].Value = "Check";          // 设置操作标识（表示审核操作）
81            dgvr.Cells["IsRight"].Value = "0";               // 设置授权标记的默认值为 "0"（即无权限）
82            dgvr = commUse.DataGridViewInsertRowAtEnd(dgvINRightInfo, bsINRight, dt);
83            dgvr.Cells["OperatorCode"].Value = tvOperator.SelectedNode.Tag;
84            dgvr.Cells["ModuleTag"].Value = tvModule.SelectedNode.Tag;
85            dgvr.Cells["RightTag"].Value = "UnCheck";        // 设置操作标识（表示弃审操作）
86            dgvr.Cells["IsRight"].Value = "0";
87        }
88        // 若模块标识符合以下条件，则在 DataGridView 控件中显示保存权限
89        if (strModuleTag == "930")
90        {
91            // 在 DataGridView 控件的末尾添加行
92            dgvr = commUse.DataGridViewInsertRowAtEnd(dgvINRightInfo, bsINRight, dt);
```

32

```
93          // 设置操作员代码
94          dgvr.Cells["OperatorCode"].Value = tvOperator.SelectedNode.Tag;
95          dgvr.Cells["ModuleTag"].Value = tvModule.SelectedNode.Tag;// 设置模块标识
96          dgvr.Cells["RightTag"].Value = "Save";              // 设置操作标识（表示保存操作）
97          dgvr.Cells["IsRight"].Value = "0";                  // 设置授权标记的默认值为 "0"（即无权限）
98      }
99  }
```

📋 **说明**

> 上面的的 DataGridViewInsertRowAtEnd 方法用于实现在 DataGridView 控件的末尾插入 DataGridViewRow 实例的功能。

在 FormAssignRight 窗体的 Load 事件中，调用 CommonUse 类的 CortrolButtonEnabled 方法设置操作权限；调用 CommonUse 类的 BuildTree 方法绑定 TreeView 控件到数据源；调用 CommonUse 类的 BindComboBox 方法绑定 DataGridView 控件的相关列到数据源，Load 事件的代码如下：

🎛 **源码位置**　　　　　　　　　　　　　　　　👁 资源包 \Code\32\ERP\SY\FormAssignRight.cs

```
01  private void FormAssignRight_Load(object sender, EventArgs e)
02  {
03      commUse.CortrolButtonEnabled(toolSave, this);              // 设置用户操作权限
04      commUse.BuildTree(tvOperator, imageList1, "操作员", "SYOperator Where IsAdmin <> '1'", "OperatorCode",
    "OperatorName");                                           //TreeView 控件绑定到数据源，显示操作员
05      commUse.BuildTree(tvModule, imageList1, "功能模块", "INModule", "ModuleTag", "ModuleName");
    //TreeView 控件绑定到数据源，显示系统模块
06      //DataGridView 控件的 "RightTag" 列绑定到数据源
07          commUse.BindComboBox(dgvINRightInfo.Columns["RightTag"], "RightTag", "RightName", "Select
    RightTag,RightName From INRight", "INRight");
08  }
```

运行程序，选中某个操作员，然后在右侧即可看到其对应的权限列表，效果如图 32.19 所示。

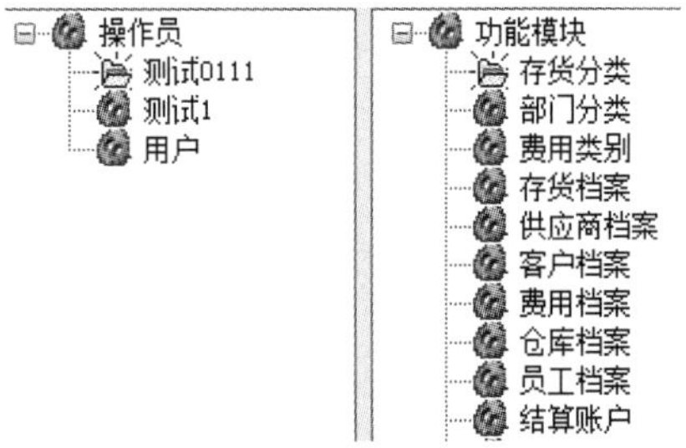

32.8.5　查看操作员的权限

在操作权限窗体中，选择某个操作员，再单击某个功能模块，在窗体的右侧将显示该模块具有的若干个操作权限，单击某个功能模块将触发 TreeView 控件的 AfterSelect 事件，该 AfterSelect 事件的代码如下：

图 32.19　初始化用户及其权限列表

🎛 **源码位置**　　　　　　　　　　　　　　　　👁 资源包 \Code\32\ERP\SY\FormAssignRight.cs

```
01  private void tvModule_AfterSelect(object sender, TreeViewEventArgs e)
02  {
03      commUse.DataGridViewReset(dgvINRightInfo);                  // 清空 DataGridView 控件
04      if (tvOperator.SelectedNode != null)                       // 若操作员节点不为空
05      {
06          if (tvOperator.SelectedNode.Tag != null)               // 若操作员节点为非根节点
07          {
08              if (tvModule.SelectedNode != null)                 // 若模块节点为非空
09              {
10                  if (tvModule.SelectedNode.Tag != null)         // 若模块节点为非根节点
11                  {
```

```
12                      string strSql = "Select OperatorCode,ModuleTag,RightTag,IsRight From SYAssignRight
";// 查询某个操作员的某个模块的操作权限信息
13                      strSql += "Where OperatorCode = '" + tvOperator.SelectedNode.Tag.ToString() + "' and
ModuleTag = '" + tvModule.SelectedNode.Tag.ToString() + "'";
14                      try{
15                          sda = new SqlDataAdapter(strSql, db.Conn);     // 实例化 SqlDataAdapter
16                          // 实例化 SqlCommandBuilder, 用于将数据源所做的更改
17                          // 与关联的 SQL Server 数据库的更改相协调
18                          SqlCommandBuilder scb = new SqlCommandBuilder(sda);
19                          dt = new DataTable();                          // 实例化 DataTable
20                          sda.Fill(dt);                                  // 将得到的数据源填充到 dt 中
21                          bsINRight.DataSource = dt;                     //BindingSource 组件绑定到数据源
22                          //DataGridView 控件绑定到 BindingSource 组件
23                          dgvINRightInfo.DataSource = bsINRight;
24                          // 若无数据行, 则插入该模块具有的操作功能及授权信息
25                          if (dgvINRightInfo.RowCount == 0)
26                          {
27                              InsertOperation(tvModule.SelectedNode.Tag.ToString());
28                          }
29                      }
30                      catch (Exception ex) {                             // 捕获异常信息
31                          MessageBox.Show(ex.Message, " 软件提示 ");        // 异常信息提示
32                          throw ex;
33                      }
34                  }
35              }
36          }
37      }
38 }
```

📑 **说明**

上面的第 19 行代码中用到的 SqlCommandBuilder 类用来自动生成单表命令, 它可以将对 DataSet 所做的更改与关联的 SQL Server 数据库的更改相协调。

查看操作员详细权限的效果如图 32.20 所示。

图 32.20　查看操作员详细权限

32.8.6　修改操作员权限

单击"保存"按钮, 调用 SqlDataAdapter 对象的 Update 方法, 将选择的用户操作权限更新到指定操作员对应的数据记录中。"保存"按钮的 Click 事件代码如下:

🎵 **源码位置**　　　　　　　　　　　　　　　　👁 **资源包 \Code\32\ERP\SY\FormAssignRight.cs**

```
01 private void toolSave_Click(object sender, EventArgs e)
02 {
03     if (tvOperator.SelectedNode != null) {              // 操作员节点不为空
04         if (tvOperator.SelectedNode.Tag != null){        // 操作员节点为非根节点
05             if (tvModule.SelectedNode != null){          // 模块节点为非空
06                 if (tvModule.SelectedNode.Tag != null){  // 模块节点为非根节点
07                     try{
08                         dgvINRightInfo.EndEdit();         // 当前单元格结束编辑
09                         bsINRight.EndEdit();              // 将挂起的更改应用于基础数据源
10                         sda.Update(dt);                   // 执行更改数据命令
11                         MessageBox.Show(" 保存成功! ", " 软件提示 ");
```

```
12                        }
13                    catch (Exception ex){                                    // 捕获系统异常
14                        MessageBox.Show(" 保存失败! (" + ex.Message + ")", " 软件提示 ");
15                    }
16                }
17            }
18        }
19    }
20 }
```

⚡ **注意**

使用 SqlDataAdapter 类的 Update 方法将数据更新到数据源时, 数据源的相应表中必须设置主键, 否则将会产生异常。

在"授权"列中改变指定权限的复选框状态, 然后单击"保存"按钮, 即可修改指定操作员指定模块的权限, 效果如图 32.21 所示。

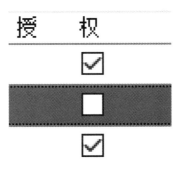

图 32.21　修改操作员权限

📖 **小结**

在开发程序的准备阶段, 应该对系统的所有模块做一个总体分类(可以按照逻辑层次或模块功能划分), 然后按照这个分类建立对应的存放文件夹, 这样有利于程序的开发管理和后期的维护工作。在代码的编写过程中, 要善于合理地使用异常机制, 捕获代码运行中可能存在的异常, 这样有利于快速调试程序并且及时发现代码中存在的漏洞。

扫码领取

· 配套答案
· 在线试题
· 视频讲解
· 实战经验
· 源文件下载